全国建设行业中等职业教育推荐教材

机电基础

（供热通风与空调专业）

主　编　王林根
副主编　胡伯书

中国建筑工业出版社

图书在版编目（CIP）数据

机电基础/王林根主编．—北京：中国建筑工业出版社，2005

全国建设行业中等职业教育推荐教材．供热通风与空调专业

ISBN 7-112-07592-0

Ⅰ.机… Ⅱ.王… Ⅲ.机电工程－专业学校－教材 Ⅳ.TH

中国版本图书馆 CIP 数据核字（2005）第 111216 号

全国建设行业中等职业教育推荐教材

机 电 基 础

（供热通风与空调专业）

主　编　王林根

副主编　胡伯书

*

中国建筑工业出版社出版（北京西郊百万庄）

新华书店总店科技发行所发行

北京华艺制版公司制版

北京云浩印刷有限责任公司印刷

*

开本：787×1092 毫米　1/16　印张：16¾　字数：410 千字

2005 年 11 月第一版　2005 年 11 月第一次印刷

印数：1—2500 册　定价：**23.00** 元

ISBN 7-112-07592-0

（13546）

本社网址：http://www.cabp.com.cn

网上书店：http://www.china-building.com.cn

本书是中等职业学校教材，分为机械和电气两部分。机械部分主要内容有金属的性能、钢的热处理、常用工程材料、金属的焊接与切割、机械传动和机械零件、液压传动基本原理和机械的磨损及润滑等基本知识。电气部分主要内容有电工基本知识、电动机与变压器、供配电系统、电气控制、建筑弱电等电气工程的基本知识。简要介绍了机电设备的组成、基本原理及应用、设备功能与特点、施工及安装等，内容简明扼要、图文并茂、通俗易懂，并附有一定数量的思考题与习题。

本书也可作为建设类其他非机电专业及工程施工人员和维护维修人员的技术培训教材以及工程施工技术管理人员的参考书。

* * *

责任编辑：杨　虹
责任设计：刘向阳
责任校对：刘　梅　李志瑛

前　言

本书主要依据建设部中等职业学校供热通风与空调专业指导委员会通过的教学大纲以及最新国家有关标准和规范编写的，以作为暖通专业机电基础的授课教材；同时也可作为暖通工程安装人员、维护与维修人员的岗位培训教材；亦可供安装工程施工管理人员及安装技术人员参考。其内容主要涉及金属的性能、钢的热处理、常用工程材料、金属的焊接与切割、机械传动和机械零件、液压传动基本原理和机械的磨损及润滑；电工基本知识、电动机与变压器、供配电系统、低压电器及电气控制、建筑弱电等机电基本知识。内容全面详细、通俗易懂。在编写过程中，注重体现中等职业教育和暖通专业的特点，图文并茂、深入浅出，突出实际施工的技术要求和安装工艺，并可配合现代化教学手段和技能训练，以培养学生的专业素质和实际操作能力。

本教材各章内容的教学建议安排见“课时分配表”，使用时可根据学制和实际情况进行调整，内容可根据需要进行适当删减。

课时分配表

单元	课程内容	学时数	授课方式及要求
1	金属的性能	3	课堂授课、试验
2	钢的热处理	4	课堂授课、参观
3	常用工程材料	6	课堂授课、多媒体授课
4	金属的焊接与切割	4	课堂授课、参观
5	机械传动和机械零件	12	课堂授课、实物教学
6	液压传动基本原理	4	课堂授课、多媒体授课、实物教学
7	机械的磨损及润滑	1	课堂授课、实物教学
8	电工基本知识	12	课堂授课
9	电动机与变压器	8	课堂授课、多媒体授课、参观等
10	供配电系统	10	课堂授课、参观
11	低压电器及电气控制	10	课堂授课、实物教学
12	建筑弱电与智能技术	6	课堂授课、实物教学
合计		80	

本书由河南省建筑工程学校高级讲师王林根任主编、新疆建设职业技术学院高级讲师胡伯书任副主编，新疆建设职业技术学院高级讲师冯翠英、周萍，中讯邮电咨询设计院高级工程师王勤参编。王林根编写第8~11单元，胡伯书编写第1、5单元，冯翠英编写第3、6单元，周萍编写第2、4、7单元，王勤编写第12单元。本书在编写过程中得到建设部中等职业学校供热通风与空调专业指导委员会、河南省建筑工程学校、新疆建设职业技术学院等单位及领导的关心和大力支持，在此一并表示感谢。

由于编者水平有限和时间仓促，错漏之处在所难免，敬请广大读者批评指正。

目　录

项目1　机械基础

项目 2　电 气 基 础

项目1 机械基础

单元1 金属的性能

知识点：金属的力学性能；金属的其他性能。

教学目标：领会金属常用的力学性能，了解金属的其他性能。

金属材料是制造现代机械的基本材料，在工程机械、农业机械、交通运输机械、水暖通风工程及电器设备、通风机、空调机、水泵和制冷设备等方面都需要大量的金属材料，因此，它在国民经济建设中占有十分重要的地位。

金属材料之所以获得如此广泛的应用，是由于它具有良好的力学性能、物理性能、化学性能及工艺性能等。其中力学性能是零件设计、使用、维修时选择材料的主要指标。

课题1 金属的力学性能

金属材料的力学性能是指在外力作用下材料本身呈现出来的抵抗能力。衡量金属力学性能的主要指标有：强度、塑性、冲击韧性、硬度、疲劳强度、蠕变和松弛等。

1.1 强 度

强度是金属材料在外力作用下，抵抗塑性变形和断裂的能力。常用的强度指标有：屈服强度（σ_s）和抗拉强度（σ_b）。

1.1.1 屈服强度（σ_s）

材料承受载荷开始出现塑性变形时的应力，称为屈服强度，又称屈服极限，用符号σ_s表示。它代表材料抵抗微量变形的能力，有些金属材料屈服现象不明显，测定σ_s很困难，所以，常规定产生0.2%塑性变形的应力作为屈服强度，并用符号$\sigma_{0.2}$表示。屈服强度可按下式计算：

$$\sigma_s = F_s/A_0$$

式中 F_s——试样产生屈服时的拉伸载荷，N；

A_0——试样拉伸前的横截面积，mm^2。

1.1.2 抗拉强度（σ_b）

材料承受载荷由开始加载到最后断裂时，所能承受的最大应力，称为抗拉强度，又称为强度极限，用符号σ_b表示。它代表材料抵抗大量塑性变形的抗力。强度极限可按下式计算：

$$\sigma_s = F_b/A_0$$

式中 F_b——试样在断裂前所能承受的最大载荷，N；

A_0——试样拉伸前的横截面积，mm^2。

材料的σ_s和σ_b有着十分重要的意义，材料不能在承受超过屈服极限的载荷条件下工作，因为这会引起零件的塑性变形；材料也不能在超过强度极限的载荷条件下工作，因为这会导致零件的断裂。对于一些不允许在塑性变形情况下工作的零件、部件，如：液压、气压相互运动件、压力容器等，计算时应控制在σ_s以下。

在工程上希望金属材料不仅具有高的σ_s，并且具有一定的屈强比，它是σ_s和σ_b的比值。屈强比的大小反映材料的强度有效利用的安全使用程度的情况。σ_s/σ_b的屈强比值越小，零件的可靠性越高，如万一超载，也能由于塑性变形使金属的强度提高，而不致立即断裂。如此值太低，则材料强度的有效利用率太低。对不同的零件有不同的要求，如碳素钢屈强比一般为 0.6 左右，普通低合金钢一般为 0.65～0.75 左右，合金结构钢一般为 0.85 左右。

1.2 塑 性

塑性是指材料在外力作用下产生永久变形而不破坏的能力。常用的塑性指标有伸长率（δ）和断面收缩率（ψ）。

1.2.1 伸长率（δ）

它是指试样拉断后的伸长量与原始长度的比值。用百分率来表示。伸长率可按下式计算：

$$\delta = [(L_1 - L_0)/L_0] \times 100\%$$

式中 L_0——试样原始长度，mm；

L_1——试样拉断后的长度，mm。

由于对同一材料用不同长度的试样所测得伸长率（δ）的数值是不同的。因此，对不同尺寸的试样应标以不同的符号。如，用长度是直径五倍的试样所测得的伸长率用δ_5表示，用长度是直径十倍的试样所测得的伸长率用δ_{10}表示。δ_{10}通常可写为δ。

1.2.2 断面收缩率（ψ）

它是指试样拉断后的断口面积与原始面积的比值，用百分率表示。断面收缩率可按下式计算：

$$\psi = [(A_0 - A_1)/A_0] \times 100\%$$

式中 A_0——试样原始面积，mm^2；

A_1——试样拉断后的面积，mm^2。

一般来说，δ、ψ 值越大，表示材料的塑性越好。如工业纯铁的δ值可达 50%，ψ 值可达 80%，而普通铸铁的δ与ψ值几乎等于零。由于δ的大小是随试样的尺寸而变化的，因此，它不能充分地代表材料的塑性。而断面收缩率与试样尺寸无关，它能较可靠地代表金属材料的塑性。

材料的塑性指标在工程技术中具有十分重要的意义。在冷冲、冷拔时变形时较大，一般选用塑性较好的钢材，以免产生开裂和拉断。从零件工作的可靠性来讲，也需要较好的塑性。使用时，突然过载，由于塑性变形使零件避免突然断裂，提高使用安全程度。一般δ达 5% 或ψ达 10% 的材料就能满足绝大多数零件的要求。

1.3　冲击韧性（α_k）

冲击韧性是指材料在冲击载荷作用下抵抗断裂的一种能力。用符号 α_k 表示。冲击韧性是用摆锤冲击试验测定的。测定前，将被测的金属材料按国标制成标准试样，如图 1-1 所示。

试验时，将标准试样放置在摆锤冲击试验机的支座上，试样缺口背向摆锤的冲击方向，然后将试验机上的摆锤举至一定的高度 H，摆锤自由下落，冲击试样，测定原理如图 1-2 所示。冲击试样所消耗的功 α_k 值，即冲击韧度，直接由试验机的指示盘指针读出。用 A_k 除以试样缺口处的横截面积 F 可计算出 α_k 的值。

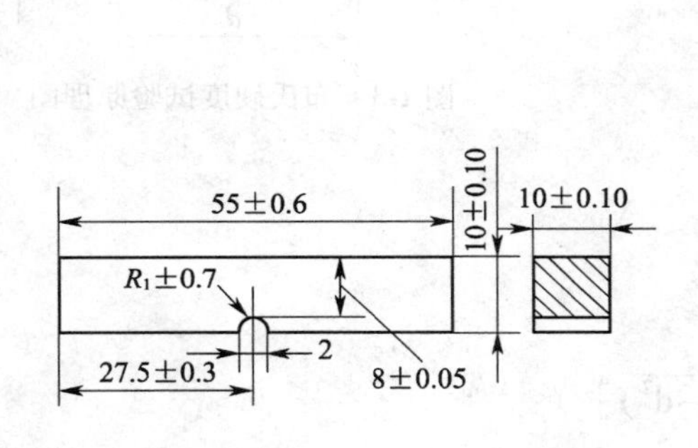

图 1-1　冲击韧性标准试样

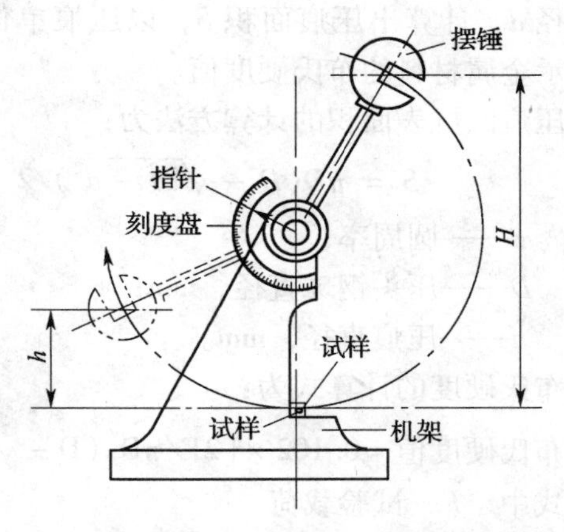

图 1-2　冲击试验示意图

$$\alpha_k = A_k/F = G(H-h)/F$$

式中　A_k——冲击试样所消耗的功，J；

G——摆锤重量，N；

F——试样缺口处横截面积，cm^2；

H——摆锤举起高度，m；

h——冲断试样后，摆锤回升高度，m。

冲击韧性 α_k 值愈大，表示材料的韧性愈好，在受到冲击时载荷时愈不容易断裂。在实际中，绝大多数零、部件在工作时，承受小能量多次冲击，而经过几次、几十次大能量冲击损坏的零部件比较少见，故冲击韧性值，一般只在设计和选材时参考，如受冲击载荷的车桥、内燃机的曲轴等，满足静载荷的条件下还应满足 α_k 值，以保证使用中的安全可靠性。

1.4　硬　　度

硬度是指金属材料抵抗更硬物体压入其表面的能力。也可以说硬度是材料性能的一个综合物理量，它表示金属材料在一个小的体积范围内抵抗弹性、塑性变形或破断的能力。

硬度值大小在一定程度上反映出材料的耐磨性，故无论对零件或工具来讲是很重要的一个力学性能指标。同时，硬度与其他力学性能有一定的内在关系，在某些情况下通过硬度可以间接了解材料的其他性能，如对成品件不便做其他破坏性试验时，可通过硬度检验，间接得到其他值。

硬度值是通过硬度试验测定的，压头压入被测工件表面的压痕越小，其硬度越高，按硬度测定的方法不同，常用的有布氏硬度试验法和洛氏硬度试验法。

1.4.1 布氏硬度

布氏硬度的测定原理如图 1-3 所示。它是用一个直径 D 为 10mm（或 5、2.5mm）直径的淬火钢球或硬质合金钢球，在一定的压力 F 的作用下，压入被测金属表面，并按规定保持一定时间，然后卸去试验载荷，金属表面留下一个压痕，测量钢球在金属表面压出的圆形压痕直径 d，计算出压痕面积 S，以压痕单位面积上的压力表示金属材料的布氏硬度值。

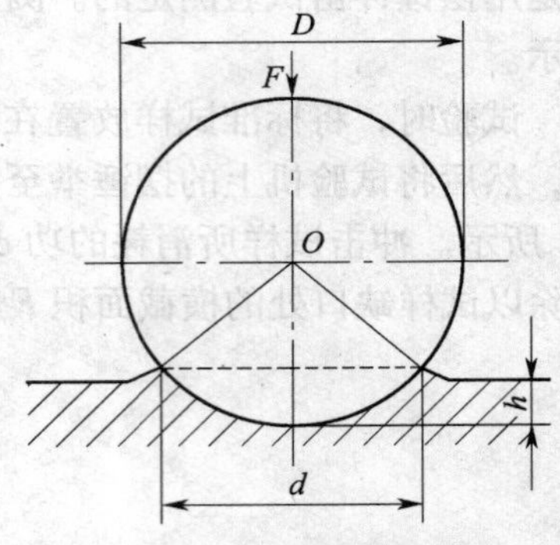

图 1-3 布氏硬度试验原理图

压痕凹坑表面积的计算方法为：

$$S = \pi D(D - \sqrt{D^2 - d^2})/2$$

式中 π——圆周率；

D——压头钢球直径，mm；

d——压痕直径，mm。

布氏硬度的计算式为：

布氏硬度值 $=0.102\times[2F/\pi D\ (D-\sqrt{D^2-d^2})]$

式中 F—试验载荷，N。

在实际应用中，布氏硬度一般不用计算法求得，也不标注单位，而是用专门的刻度放大镜测出试样压痕的直径 d，即可以压痕直径与布氏硬度对照表中查出相应的的布氏硬度值，见表 1-1。

压痕直径与布氏硬度对照表 **表 1-1**

压痕直径 d（mm）	HBS 或 HBV F=29.4kN	压痕直径 d（mm）	HBS 或 HBV F=29.4kN	压痕直径 d（mm）	HBS 或 HBV F=29.4kN	压痕直径 d（mm）	HBS 或 HBV F=29.4kN
2.50	601	3.06	398	3.32	337	3.58	288
2.55	578	3.08	393	3.34	333	3.60	285
2.60	555	3.10	388	3.36	329	3.62	282
2.65	534	3.12	383	3.38	325	3.64	278
2.70	514	3.14	378	3.40	321	3.66	275
2.75	495	3.16	373	3.42	317	3.68	272
2.80	477	3.18	368	3.44	313	3.70	269
2.85	461	3.20	363	3.46	309	3.72	266
2.90	444	3.22	359	3.48	306	3.74	263
2.95	429	3.24	354	3.50	302	3.76	260
3.00	415	3.26	350	3.52	298	3.78	257
3.02	409	3.28	345	3.54	295	3.80	255
3.04	404	3.30	341	3.56	292	3.82	252

续表

压痕直径 d（mm）	HBS 或 HBV $F=29.4$kN	压痕直径 d（mm）	HBS 或 HBV $F=29.4$kN	压痕直径 d（mm）	HBS 或 HBV $F=29.4$kN	压痕直径 d（mm）	HBS 或 HBV $F=29.4$kN
3.84	249	4.26	200	4.68	164	5.25	128
3.86	246	4.28	198	4.70	163	5.30	126
3.88	244	4.30	197	4.72	161	5.35	123
3.90	241	4.32	195	4.74	160	5.40	121
3.92	239	4.34	193	476	158	5.45	118
3.94	236	4.36	191	4.78	157	5.50	116
3.96	234	4.38	189	4.80	156	5.55	114
3.98	231	4.40	187	4.82	154	5.60	111
4.00	229	4.42	185	4.84	153	5.65	109
4.02	226	4.44	184	4.86	152	5.70	107
4.04	224	4.46	182	4.88	150	5.75	105
4.06	222	4.48	180	4.90	149	5.80	103
4.08	219	4.50	179	4.92	148	5.85	101
4.10	217	4.52	177	4.94	146	5.90	99.2
4.12	215	4.54	175	4.96	145	5.95	97.3
4.14	213	4.56	174	4.98	144	6.00	95.5
4.16	211	4.58	172	5.00	143		
4.18	209	4.60	170	5.05	140		
4.20	207	4.62	169	5.10	137		
4.22	204	4.64	167	5.15	134		
4.24	202	4.66	166	5.20	131		

布氏硬度按压头材料不同，用不同的符号加以表示，采用淬火钢时，用 HBS（S 表示淬火钢球），采用硬质合金球用 HBW（W 表示硬质合金）。

布氏硬度与抗拉强度 σ_b 之间存在一定的近似关系，例如：

低碳钢　$\sigma_b \approx 3.6$HBS

高碳钢　$\sigma_b \approx 3.4$HBS

合金调质钢　$\sigma_b \approx 3.25$HBS

灰口铸铁　$\sigma_b \approx 5$（HBS—40）/3

布氏硬度压痕面积较大，故测定的硬度值较准确。主要用于测定 HBS＜450 的金属材料，如退火、正火、调质及灰口铸铁工件的硬度，不易检测薄片材料或成品。

1.4.2　洛氏硬度

洛氏硬度的测试原理如图 1-4 所示。所使用的压头为顶角为 120°的金钢石圆锥体或直径 1.588mm（1/16 英寸）的淬火钢球，在一定的压力 F 的作用下，压入试样表面，

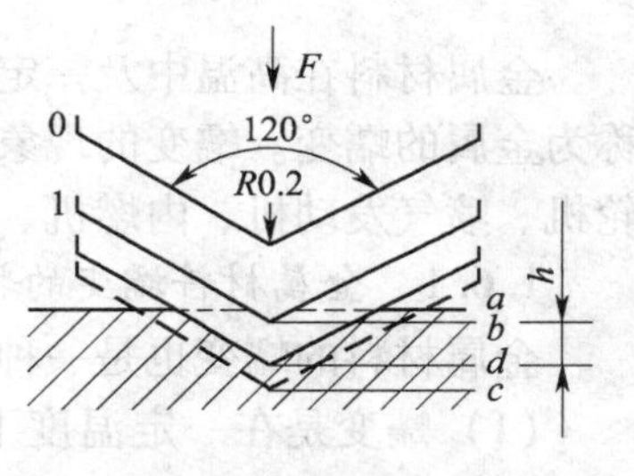

图 1-4　洛氏硬度测定原理图

根据压坑深度来确定洛氏硬度值。规定 0.002mm 为一个硬度值。图中 0 处为 120°金钢石压头没有和试样表面接触的位置，1 处为加入初载使压头和试样表面 a 接触，并压入试样 b 处，b 处为衡量压入深度的起点，再加全载使压头压入 c 处。此时，压头受主载荷作用实现压入材料表面的局部塑性变形深度为 h，可用 h 值的大小来衡量金属材料的软硬程度，金属愈硬，h 值愈小，反之愈大。洛氏硬度试验时，硬度值可直接从洛氏硬度试验机的读数盘中读出，不需计算，也不标单位，直接用数字表示。

洛氏硬度根据试验时所用的载荷与压头的不同，洛氏硬度分为 HRA、HRB 和 HRC 三种，它们的应用范围见表 1-2。

常用洛氏硬度的试验条件及应用范围 **表 1-2**

硬度标度	压头类型	总载荷 F	硬度值有效范围	应 用 举 例
HRA	120°金钢石圆锥体	600	60～85 HRA	硬质合金、渗碳层、渗硬层等
HRB	ϕ1.588mm 钢球	1000	25～100 HRB	退火钢、正火钢
HRC	120°金钢石圆锥体	1500	20～67 HRC	淬火钢、调质钢、工具等

洛氏硬度法操作简单、迅速、压痕小，可测成品及薄层材料，可测最硬的金属与合金。

1.5 疲 劳 强 度

许多机器零件，如轴、齿轮、连杆、弹簧、钢轨等，经常受到大小及方向变化的重复交变载荷。这种重复交变载荷，使金属材料的破坏应力远较它的屈服强度为低时，即发生断裂的现象，称为“疲劳”。当金属材料在无数次（对钢铁来说约 10^6 ～ 10^7）重复交变载荷作用下而不致引起断裂的最大应力，称为“疲劳强度”。当交变应力对称时用符号 σ_{-1} 表示，通常用疲劳曲线来描述，如图 1-5 所示。

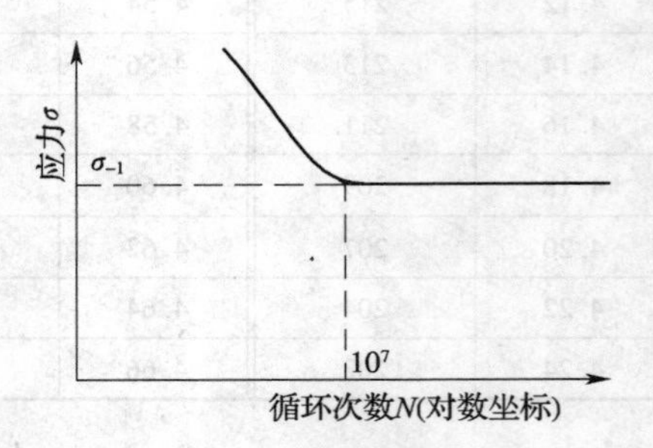

图 1-5　疲劳曲线示意

影响疲劳强度的因素很多，不但与材料的化学成分、金相组织和内部缺陷有密切的关系，而且与表面处理、工作条件、零件的几何形状和表面粗糙度都有关。

以上所述交变载荷下工作的零部件，在设计计算选择材料时，不仅要考虑其力学性能指标，还要考虑疲劳强度能否满足要求。

1.6 金属的蠕变

金属材料在高温中及一定应力作用下，随时间的增加而产生缓慢地连续变形的现象，称为金属的蠕变。蠕变的现象主要出现在长期处在高温下工作的机械设备中，如锅炉、汽轮机、喷气发动机、内燃机、涡轮机、炼油和化工设备长期受热的部位。

1.6.1　金属材料蠕变的特点

金属材料的蠕变也是一种塑性变形，但与一般的塑性变形相比，具有以下特点：

（1）蠕变是在一定温度下产生的，金属材料发生蠕变现象与所处的工作温度有关，熔点高的金属材料开始发生蠕变的温度也高，反之温度也低。对于碳钢多在 400℃以上才发生蠕变，而铅、锡等低熔点金属，在室温下也会发生蠕变现象。

（2）发生蠕变现象时间相当长，一般达几百小时，甚至几万小时才发生蠕变现象。

（3）发生蠕变现象的应力并不很大，一般低于材料的屈服极限甚至低于弹性极限。

1.6.2　评定金属材料蠕变的主要指标

常用的指标有蠕变极限、持久极限和持久塑性。

（1）蠕变极限（蠕变强度）

蠕变极限是指试样在一定温度下经过一定时间产生一定伸长率的应力值。如 $\sigma_{10^5}^{500}$ 值表示试样在500℃以下经过1000h产生0.2%伸长率的应力值。

（2）持久极限（持久强度）

持久极限是指试样在一定强度下经过一定时间发生断裂的应力值。如 $\sigma_{0.2}^{500}$ 值表示试样在500℃以下经过10万小时发生断裂的应力值，20号钢 $\sigma_{10^5}^{500}=40\text{MPa}$。

（3）持久塑性

持久塑性是指试样在一定的温度下，经过一定时间发生断裂后的延伸率和断面收缩率来评定的。

1.6.3　蠕变的危害及改进措施

对于高温下长期受载的机械零部件，要非常重视蠕变现象，如锅炉钢管，由于蠕变会使管径越来越大，管壁越来越薄，最终导致钢管爆破；又如汽轮机叶片，由于蠕变而使叶片与气缸之间的间隙逐渐消失，最终导致叶片气缸碰坏等。

蠕变现象的发生，与零件本身材料的化学成分、组织结构有很大关系，为提高材料的蠕变强度，就要从这几个方面采取措施，如改善冶炼方法，选择合理的热处理工艺，选材上要考虑选择耐热钢等。

1.7　金属的松弛

受预紧力作用的金属零件，在高温条件下工作，随着时间的延长，原来在预紧力作用下的弹性变形逐渐变形而自行降低应力的现象称为松弛。

松弛产生的原因是受弹性变形的金属，在高温条件下由于晶界的扩散过程和晶粒内部更小的晶块转动或移动的过程，使弹性变形逐步转变为塑性变形，这样虽然总变形（弹性和塑性变形）之和不变，但弹性逐渐减小，因而拉应力也随之减小。

金属的松弛和蠕变都是在高温和应力共同作用下，不断产生塑性变形的现象，但两者有一定的区别，蠕变时应力基本不变，但其变形在不断增加；松弛则是变形量不变，而应力逐渐减小。

为了克服松弛现象，如对蒸汽管接头的螺栓在工作一定时间后必须拧紧一次，以免漏水或漏气；对内燃机、汽轮机的缸盖的螺栓也要采用二次拧紧。

课题2　金属的其他性能

金属材料在满足力学性能的前提下，还应根据使用等方面的不同要求分别具有物理性能、化学性能和工艺性能。

2.1 金属材料的物理性能

金属的物理性能是指金属所固有的属性。它主要包括密度、熔点、导热性、导电性、热膨胀性和磁性等。

2.1.1 密度

某种物质单位体积的质量叫该物质的密度。金属材料根据密度的不同分为：

轻金属：密度小于$4.5\times10^3kg/m^3$。

重金属：密度大于$4.5\times10^3kg/m^3$。

如铝、镁属于轻金属；钢铁属于重金属。常用金属的密度，见表1-3。

常用金属的物理性能　　表1-3

金属名称	符号	密度 ρ（20℃）（kg/m^3）	熔点（℃）	热导率 λ [W/(m·k)]	线膨胀系数 α（0～100℃）（10^{-6}/℃）	电阻率 ρ（0℃）（$10^6\Omega\cdot cm$）
银	Ag	10.49×10^3	960.8	418.6	19.7	1.5
铜	Cu	8.96×10^3	1083	393.5	17	1.67～1.68（20℃）
铝	Al	2.7×10^3	660	221.9	23.6	2.655
镁	Mg	1.74×10^3	650	153.7	24.3	4.47
钨	W	19.3×10^3	3380	166.2	4.6（20℃）	5.1
镍	Ni	4.5×10^3	1453	92.1	13.4	6.84
铁	Fe	7.87×10^3	1538	75.4	11.76	9.7
锡	Sn	7.3×10^3	231.9	62.8	2.3	11.5
铬	Cr	7.19×10^3	1903	67	6.2	12.9
钛	Ti	4.508×10^3	1677	15.1	8.2	42.1～42.8
锰	Mn	7.43×10^3	1244	4.98（-192℃）	37	185（20℃）

2.1.2 熔点

金属和合金从固体状态向液体转变时的熔化温度称为熔点。金属都有固定的熔点，根据其熔化的难易程度不同分为：难熔金属（如钨、钼、铬、钒等）和易熔金属（如锡、铅、锌等）。

金属材料的熔点愈高，在高温条件下工作时力学性能变化就愈小，反之，金属材料在高温条件下工作时力学性能变化就愈大。对于摩擦和受热大的零、部件，选择材料时要考虑材料的熔点，如制造汽轮机、内燃机、锅炉的受热部件，要选择难熔金属；对熔丝等可选择易熔金属，常用金属的熔点见表1-3所示。

2.1.3 导电性

金属能够传导电流的性能称为导电性。导电性的好坏一般用电阻率来表示，电阻率越小，导电性能越好，反之，电阻率越大，导电性就越差。

金属材料中导电性最好的是银（如汽车分电盘的触头），其次为铜和铝。工业上常用铜、铝或它们的合金做导电材料（如电线、电机绕组和导体）；用导电差的合金材料做电热元件或零件。常用金属的电阻率见表1-3。

2.1.4 导热性

金属在加热和冷却时能够传导热能的性质称为导热性。导电性好的材料导热性能也好。金属材料的导热性用热导率表示，热导率越大，导热性就越好。

为比较金属的导热性，设导热性最好的材料银的导热率为1，则铜0.9、铅0.5、铁0.15，常用金属热导率见表1-3。

利用材料的导热性，来考虑材料的加工工艺，如合金钢的导热性差，进行锻造和热处理时，应该用较低的速度加热，以免产生裂纹。制造散热器、热交换器等要选用导热性好的材料。

2.1.5 热膨胀性

金属和合金受热时，它的体积会增大，冷却时，则会缩小，金属的这种性质称为热膨胀性。通常用线膨胀系数来表示。它的单位是金属在温度升高1℃时，其单位长度（mm）所伸长的大小（mm）。

热膨胀性是金属材料在生产中应考虑的一项重要物理性能指标。如测量工件，当温度在规定范围内其尺寸符合要求，温度超过规定时，就不符合要求。在零件工作温度变化较大和量具制作时，选材时一定要考虑材料的线膨胀系数，如内燃机中活塞和气缸之间的间隙不能过小，否则，高温工作时会造成拉缸事故。常用材料的线膨胀系数见表1-3。

2.2 金属材料的化学性能

金属与其他物质引起化学反应的特征称为化学性能。它的主要指标有耐腐蚀性、抗氧化性和化学稳定性等。

2.2.1 耐腐蚀性

金属材料在常温下抵抗氧、水蒸气及其他化学介质腐蚀破坏作用的能力称为耐腐蚀性。

腐蚀对金属材料的危害很大，腐蚀不仅使金属材料本身受到损失，严重时，还会使金属结构遭到破坏以致引起重大的事故。在各行业的工程中，发生腐蚀的现象都很多，如供热工程、化工设备、空调设备、工业管道、泵与风机及制药、化肥、制酸设备和制碱设备中要引起足够地重视，要根据腐蚀介质的不同选择不同抗腐蚀的材料。

2.2.2 抗氧化性

金属材料在加热时抵抗氧气氧化作用的能力称为抗氧化性。

金属材料在加热时，氧化作用加速，如钢材在铸造、锻造、热处理和焊接等热加工时，会发生氧化和脱碳，造成材料的损耗和各种缺陷。因此，在加热时，常在坯件或材料周围制造成一种还原气氛和保护气氛，以免材料的氧化。

2.2.3 化学稳定性

化学稳定性是金属材料的耐腐蚀性和抗氧化性的总称。金属材料在高温下的化学稳定性叫作热稳定性。如工业锅炉、加热设备、汽轮机、内燃机等设备中的许多零部件都是在高温下工作的，对制造这些设备零部件的材料要具有良好的热稳定性，可考虑用耐热钢来克服以上问题。

2.3 金属材料的工艺性能

金属材料在加工成型过程中表现出的性能称为工艺性能。它是物理性能、化学性能和力学性能的综合性能。金属的工艺性能的主要指标有铸造性能、可锻造性能、切削加工性能和焊接性能。

2.3.1 铸造性能

金属材料用铸造方法制成铸件时所表现出的性能称为铸造性能。

铸造性能包括流动性、收缩性和偏析（化学成分不均匀的现象）的倾向等。凡是流动性好、收缩小和偏析倾向小的金属材料铸造性能都较好。常用的钢铁材料中，铸铁具有优良的铸造性能，所以，机械设备的机座、阀门、散热器，主要承受压力的零部件和形状复杂的零部件大多采用铸造。

2.3.2 可锻性能

金属材料在热压力加工过程中，所反映出的加工难易程度称为可锻性能。可锻性能又称为锻造性能。可锻性能与金属材料本身的塑性有关，塑性越好，可锻性就越好，一般来说，含碳量低的碳钢和合金钢具有较好的可锻性，而铸铁不可锻造。

2.3.3 切削加工性

金属材料在进行冷加工时，被刀具切削加工的易难程度，称为切削加工性。

切削加工性好的材料，在加工时，切削刀具磨损小，进刀量大，被加工件的表面质量也比较好。一般来说，中碳钢、灰铸铁切削加工性较好，而低碳钢、高碳钢切削加工性较差。

2.3.4 焊接性能

金属材料在采用一定的焊接工艺方法，焊接材料、工艺参数及结构形式的条件下，获得优质焊接接头的难易程度称为焊接性能。

焊接性能好的材料，焊接时不易产生裂纹、夹渣和气孔等缺陷，焊接接头能达到力学性能的要求。一般来说，铸铁的焊接性能很差，焊接时，可采用特殊的焊接工艺，低碳钢的焊接性能较好。

思考题与习题

1. 什么是金属材料的力学性能？它包括哪几个性能指标？各自的定义和符号是什么？
2. 什么是金属的物理性能、化学性能和工艺性能？各包括哪几项指标？试述它们各自的含义？
3. 说明布氏硬度和洛氏硬度的测试原理，各应用范围如何？
4. 什么是疲劳？影响疲劳强度的因素有哪些？
5. 什么是金属的蠕变？什么是金属的松弛？蠕变与松弛主要发生在什么场合？有哪些克服措施？

单元2　钢的热处理

知识点： 金属学的一般知识：金属的构造、铁碳合金的基本知识、铁碳合金相图；钢的热处理：热处理概论、钢在加热与冷却时的组织转变、热处理的基本工艺。

教学目标： 了解金属学的一般知识，了解钢的热处理的一般知识。

课题1　金属学的一般知识

1.1　金属的构造

不同的金属具有不同的性能。其性能差异,从本质上来说,是由内部结构所决定的。因此,掌握金属的内部结构及其对金属性能的影响,对于选用和加工金属材料起着非常关键的作用。

1.1.1　晶体结构的基本知识

（1）晶体与非晶体

一切物质都是由原子组成的，根据内部原子排列的不同，固态物质可分为两种：凡原子呈无序堆积状的称为非晶体，如玻璃、树脂、松香等；而若原子是按一定次序作有规则排列的，称为晶体，如水晶、金刚石等。晶体具有固定的熔点，其性能表现为各向异性，而非晶体没有固定熔点，其性能为各向同性。

（2）晶体和晶胞

实际晶体中各个原子都是紧密地堆积在一起的，利用 X 射线分析法，已经测得了各种晶体中原子的排列规律，如图2-1所示。为了形象的表示这些规律，可以将原子简化成一个点，用假想的线将这些点连接起来，使其构成一个抽象化的空间格架。这样用于描述原子在晶体中排列规律的空间格架叫做晶格。由于晶体中原子排列是具有周期性的，晶格是由许多形状、大小相同的最小几何单元重复堆积而成的。为简化分析，将能够完整地反映晶格特征的最小几何单元，称为晶胞。如图2-2所示。

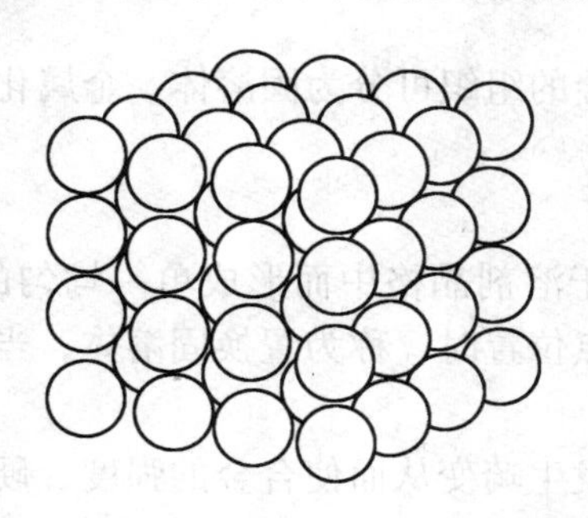

图2-1　晶体内部原子排列示意图

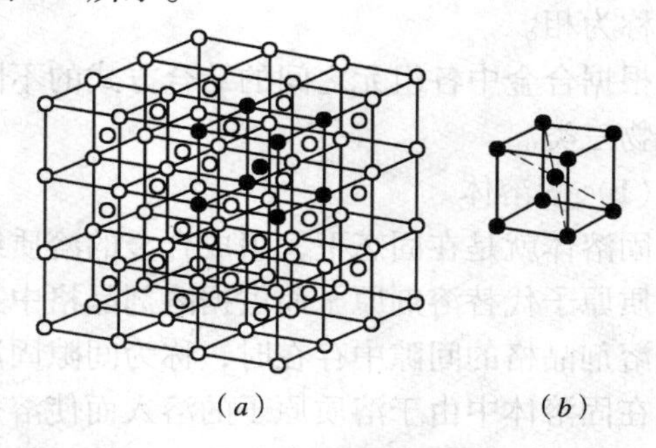

图2-2　晶体和晶胞示意图

（*a*）晶格；（*b*）晶胞

1.1.2　金属晶格的类型

（1）体心立方晶格

晶胞是一个立方体，原子位于立方体的八个顶点和立方体的中心，具有这种晶格形式的常用金属有铬、钼、α铁等。

（2）面心立方晶格

晶胞也是一个立方体，原子位于八个顶点和六个面的中心，属于这种晶格类型的金属有铝、铜、金、银、γ铁等。

（3）密排六方晶格

晶胞是一个正六棱柱，原子位于柱体的每个顶角上各上下底面的中心，另外三个原子在柱体内，属于这种晶格类型的金属有镁、锌、铍等。

1.2　金属的同素异构转变

某些金属，如铁、钴、锡等，在固态下，存在着两种以上的晶格形式，在冷却或加热过程中，其晶格形式也要发生变化。金属在固态下由于温度的变化，由一种晶格转变为另一种晶格，称为同素异构转变。

图2-3为纯铁的冷却曲线，反映了纯铁的同素异构转变。

晶格类型不同，其机械性能不同，同时，晶格的变化伴随着金属体积的变化，转变时会产生较大的内应力，这也是导致工件变形开裂的重要原因。

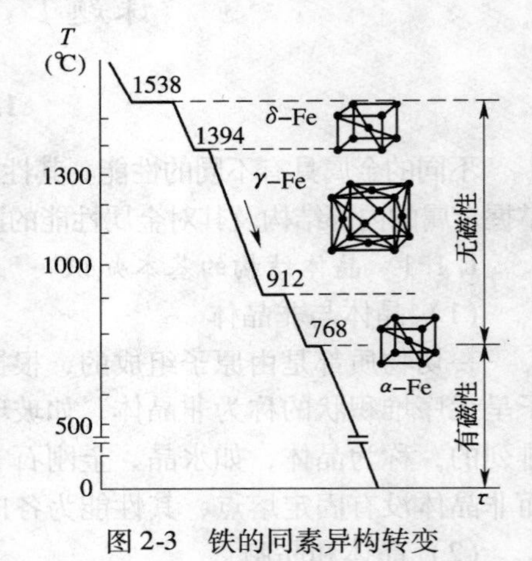

图2-3　铁的同素异构转变

1.3　铁碳合金的基本知识

1.3.1　铁碳合金的晶体结构

由两种或两种以上的金属元素（或金属与非金属元素）经熔合或烧结在一起，固体时具有金属特性的材料称为合金。组成合金最基本的独立元素称为组元，如碳钢是由铁和碳两种组元组成的二元合金。在合金中，成分、结构及性能相同并有界面隔开的独立均匀部分称为相。

根据合金中各组元之间的结合方式的不同，合金的组织可分为固溶体、金属化合物和混合物三类。

（1）固溶体

固溶体就是在固态下，组成合金的溶质组元溶于溶剂晶格中而形成单一均匀的固体。当溶质原子代替溶剂原子而占据溶剂晶格中某些结点位置时，称为置换固溶体；当溶质原子在溶剂晶格的间隙中存在时，称为间隙固溶体。

在固溶体中由于溶质原子的溶入而使溶剂晶格发生畸变从而使合金的强度、硬度提高称之为固溶强化。它是提高金属力学性能的重要途径之一。

（2）金属化合物

合金组元间发生相互作用而形成一种具有金属特性的物质称为金属化合物。其晶格类型不同于任一组元，一般具有复杂的晶格结构。其性能突出之点是具有很高的硬度、很大的脆性、较高的熔点。

（3）混合物

两种或两种以上的相按一定质量分数组成的物质称为混合物。其组成部分可以是纯金属、固溶体或化合物各自的混合，也可以是它们之间的混合。混合物中各相仍保持自己原来的晶格，它的性能取决于各相在混合物中的数量、大小、形状和分布情况。

1.3.2 铁碳合金的基本组织

（1）铁素体（F）

碳溶解在 α-Fe 中形成的间隙固溶体，呈体心立方晶格，晶格间隙很小，所以碳在 α-Fe 中的溶解度很小，在727℃时，溶碳量最大仅为0.0218%，随温度下降，溶碳量逐渐减小，室温下几乎为零。因此，铁素体的性能与纯铁相似，其强度、硬度较低，塑性、韧性较好。

（2）奥氏体（A）

碳溶解在 γ-Fe 中形成的间隙固溶体，呈面心立方晶格，晶格间隙较大，故奥氏体的溶碳能力较强。在1148℃时的溶碳量可达2.11%，随着温度的下降，溶碳量逐渐减少，在727℃时溶碳量为0.77%。奥氏体的强度、硬度较低而塑性较好，是钢材进行锻压和热轧时要求的组织。

（3）渗碳体

是铁和碳的金属化合物，化学分子式为 Fe_3C，其晶体结构复杂，力学性能特点是极硬、极脆，强度较低，不能单独使用，但在一定条件下可以分解为铁和石墨。

（4）珠光体（P）

是铁素体和渗碳体的混合物，一般是铁素体与渗碳体呈片层状相间分布，所以，其力学性能介于铁素体与渗碳体之间，强度较高，硬度适中，具有一定的塑性。

（5）莱氏体（Ld）

高温下莱氏体是奥氏体和渗碳体的力学混合物，由于奥氏体在727℃时要转变为珠光体，故室温下莱氏体由珠光体和渗碳体组成，用符合 Ld′表示。莱氏体的平均含碳量为4.3%，其力学性能与渗碳体相似，硬度很高，塑性很差。

1.4 铁碳合金相图

铁碳合金相图就是研究不同成分的铁碳合金在加热、冷却的条件下，其状态或组织随温度变化的图形。实际生产中应用的铁碳合金相图含碳量在6.69%以下，含碳量超过6.69%的合金极其脆硬，没有使用价值。

图2-4是 $Fe\text{-}Fe_3C$ 相图，纵坐标是温度，横坐标是含碳的百分量。

1.4.1 相图特性

（1）特性点

相图中几个主要特征点的温度、含碳量及物理含义见表2-1。

（2）特性线

1）*ACD* 线。液相线。此线以上区域全部为液相，用 *L* 表示。金属液冷却到此线开始结晶，在 *AC* 线以下从液相中结晶出奥氏体，*CD* 线以下结晶出渗碳体。

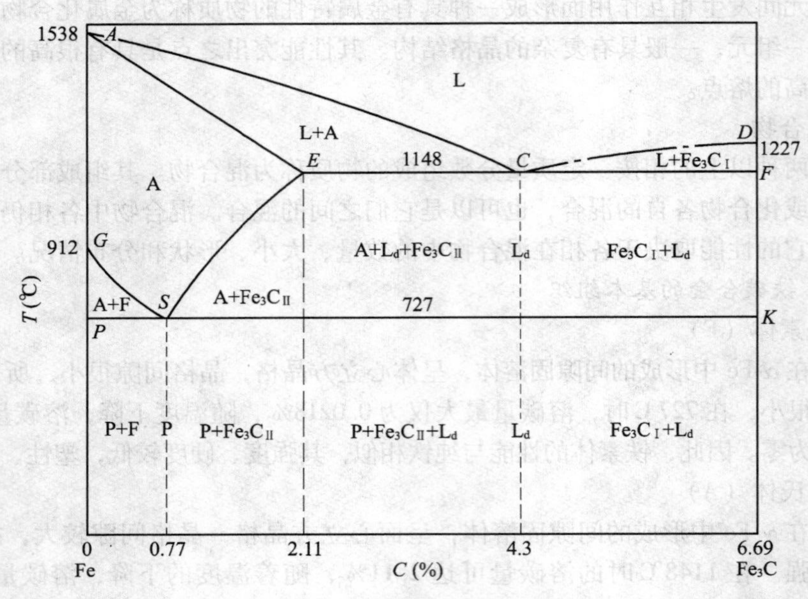

图 2-4　简化后的 $Fe\text{-}Fe_3C$ 相图

$Fe\text{-}Fe_3C$ 相图中的几个特性点　　表 2-1

点的符号	温度（℃）	含碳量（%）	含　义
A	1538	0	纯铁的熔点
C	1148	4.3	共晶点，Lc　　($A+Fe_3C$)
D	1227	6.69	渗碳体的熔点
E	1148	2.11	碳在 γ-Fe 中最大溶解度
G	912	0	纯体的同素异构转变点 α-Fe　　γ-Fe
S	727	0.77	共析点 As　　($F+Fe_3C$)

2）*AECF* 线。固相线。金属液冷却到此线全部结晶为固态，此线以下全部为固态区。

3）*GS* 线。冷却时从奥氏体中析出铁素体的开始线（或加热时铁素体向奥氏体转变的结束线）。奥氏体向铁素体的转变是铁发生同素异构转变的结果。

4）*ES* 线。碳在奥氏体中的溶解度线。在 1148℃时，碳在奥氏体中的溶解度为 2.11%（*E* 点），在 727℃时降到 0.77%（*S* 点），从 1148℃缓慢冷却到 727℃的过程中，碳在奥氏体中的溶解度减少，多余的碳将以渗碳体的形式从奥氏体中析出，称为二次渗碳体（$Fe_3C_{Ⅱ}$）。

5）*ECF* 线。共晶线。金属液冷却到此线（1148℃），将发生共晶转变，从金属液中同时结晶出奥氏体和渗碳体的混合物，即莱氏体。

6）*PSK* 线。共析线。当合金冷却到此线（727℃），将发生共析转变，从奥氏体中同时析出铁素体和渗碳体的混合物，即珠光体。

1.4.2　铁碳合金的分类

根据含碳量、组织转变的特点及室温组织，铁碳合金可分为钢和白口铸铁。

（1）钢

含碳量小于 2.11% 的铁碳合金称为钢。根据其含碳量及室温组织的不同，又可分为：

亚共析钢（含碳量在0.0218%～0.77%之间），共析钢（含碳量为0.77%），过共析钢（含碳量在0.77%～2.11%之间）。

（2）白口铸铁

含碳量从2.11%～6.69%之间的铁碳合金叫白口铸铁。根据其含碳量及室温组织的不同，又可分为：亚共晶白口铸铁（含碳量在2.11%～4.3%之间），共晶白口铸铁（含碳量为4.3%），过共晶白口铸铁（含碳量在4.3%～6.69%之间）。

1.4.3 铁碳合金的结晶过程

（1）共析钢结晶过程

首先从液体中结晶出奥氏体。然后奥氏体均匀冷却，直至727℃时，发生共析反应，奥氏体转变为珠光体。室温下的组织是珠光体。

（2）亚共析钢结晶过程

首先从液体中结晶出奥氏体。冷却到*GS*线，发生固溶体转变，由奥氏体开始析出铁素体。随着温度的下降，奥氏体含碳量沿*GS*线上升，到727℃时，剩余的奥氏体含碳量达到0.77%时，发生共析转变，奥氏体转变为珠光体。室温下的组织是铁素体和珠光体。

（3）过共析钢结晶过程

高温下从液相中结晶出奥氏体。冷却到*ES*线，奥氏体发生二次结晶，析出二次渗碳体。剩余奥氏体含碳量沿*ES*线下降到727℃时发生共晶转变，奥氏体转变为珠光体。室温下的组织为珠光体加二次渗碳体。

（4）共晶白口铁结晶过程

合金在1148℃时发生共晶反应，从液相中结晶出莱氏体。到727℃时，莱氏体中的奥氏体因共析反应转变为珠光体，继续冷却，合金组织不再发生转变。所以，共晶白口铸铁的室温组织是由珠光体和渗碳体组成的混合物，即低温莱氏体组织。

（5）亚共晶白口铸铁结晶过程

首先从金属液中析出奥氏体。在1148℃时发生共晶反应，剩余液体结晶出莱氏体。在1148～727℃温度范围内，奥氏体中析出二次渗碳体。到727℃时，剩余奥氏体转变为珠光体。室温下的组织是莱氏体、珠光体和二次渗碳体。

（6）过共析钢结晶过程

通过一次结晶，液相中结晶出一次渗碳体。在1148℃时发生共晶反应，转变为莱氏体。到727℃时发生共析反应，转变为低温莱氏体。过共析白口铸铁的室温组织是一次渗碳体和低温莱氏体。

1.4.4 铁碳合金的成分、组织与性能关系

铁碳合金的各种组织是由它们的成分及结晶条件决定的，而组织必定会影响合金的性能。其中碳的百分含量是首要的影响因素，如图2-5所示。

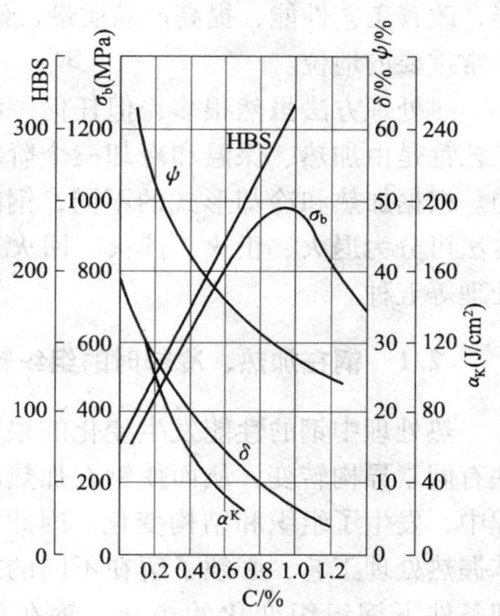

图2-5 含碳量对钢的力学性能的影响

根据铁碳合金相图分析，铁碳合金在室温下的组织都是由铁素体和渗碳体组成。随着含碳量

的增加，铁素体的量逐渐减少，而渗碳体的量则有所增加，而且合金的组织也发生变化，这将必然引起性能的变化，使钢的强度、硬度增加，而塑性、韧性降低。这是由于含碳量越高，钢中的硬脆相 Fe_3C 越多的缘故，但当含碳量超过 0.9% 时，二次渗碳体逐渐构成网状，包围了珠光体，使钢的强度下降。

为了保证工业用钢具有足够的强度和一定的塑性和韧性，一般含碳量不超过 1.4%。

1.4.5　铁碳合金相图的应用

（1）作为选用钢材料的依据

铁碳合金相图所表明的成分、组织及性能的规律，是合理选择钢材料的重要依据。如制造要求塑性、韧性好，而强度要求不高的构件，可采用含碳量较低的钢；要求强度、塑性、韧性等综合性能较好的构件，可选用含碳量适中的钢；各种工具要求较高的硬度及耐磨性，应选用含碳量较高的钢。

（2）在制定热加工工艺方面的应用

1）在铸造生产上的应用。从铁碳合金相图中可以找出不同成分的铁碳合金的熔点，作为确定熔化、浇注温度的依据。从状态图中可以看出，接近共晶成分的铁碳合金不仅熔点较低，而且凝固温度区间也较小，其流动性能较好，缩孔集中，具有良好的铸造性能。

2）在锻造生产上的应用。钢处于奥氏体状态时，强度较低，塑性较好，便于塑性加工，因此，钢材热轧、锻造的温度范围多选择在合金状态图中均匀单一的奥氏体区域内。

3）在热处理中的应用。为了改善钢与铸铁的各种性能，热处理是最重要的工艺之一，而热处理原理及工艺的制定，更需借助于铁碳合金相图。

课题2　钢的热处理

热处理是将固态金属或合金采用适当的方式进行加热、保温和冷却，以获得所需要的组织结构与性能的工艺。钢件经正确的热处理后，可充分发挥材料潜力，提高其使用性能，改善工艺性能，提高产品质量，延长使用寿命，所以，热处理在机械制造业中，占有非常重要的地位。

热处理方法虽然很多，但任何一种热处理工艺都是由加热、保温和冷却三个阶段所组成的。根据加热和冷却形式的不同，钢的热处理方法可分为退火、正火、淬火、回火及表面热处理等五种。

2.1　钢在加热、冷却时的组织转变

热处理中钢的性能发生变化的根本原因是铁有同素异构转变，从而使钢在加热和冷却过程中，发生了组织和结构变化。因此，要正确掌握热处理工艺，必须了解在不同的加热及冷却条件下钢组织变化的规律。钢在加热（冷却）时各临界点的位置如图 2-6 所示。

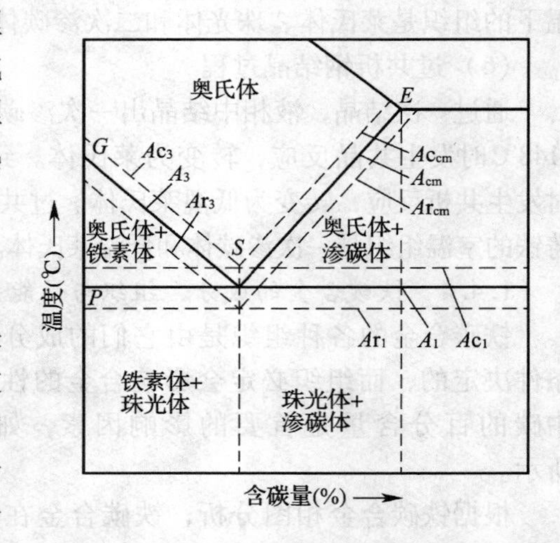

图 2-6　在加热（冷却）各临界点的位置

实际发生组织转变的温度和状态图所示的临界点 A_1、A_3、A_{cm}之间是有一定偏离的。通常把加热时的临界点标为 Ac_1、Ac_3、Ac_{cm}；冷却时的临界点标为 Ar_1、Ar_3、Ar_{cm}。

2.1.1 钢在加热时的组织转变

热处理时，须将钢加热到一定温度，使其组织全部或部分转变为奥氏体，这种通过加热获得奥氏体组织的过程称为奥氏体化。下面以共析钢为例说明钢的奥氏体化过程。

共析钢加热到 Ac_1 以上时，钢中珠光体将向奥氏体转变。这一转变过程遵循结晶过程的基本规律，也是通过形核及晶核长大的过程来进行的，如图 2-7 所示。

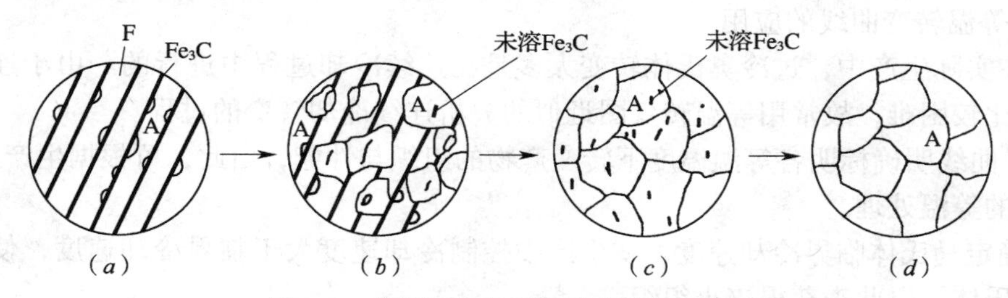

图 2-7 共析钢中奥氏体形成过程示意图

(a) 形核；(b) 长大；(c) 残余渗碳体溶解；(d) 均匀化

奥氏体晶粒的大小对冷却转变后钢的性能有明显的影响。奥氏体晶粒细小，冷却后产物组织的晶粒也细小。细晶粒组织不仅强度、塑性比粗晶粒高，而且冲击韧性也有明显提高。因此，钢在加热时，为了得到细小而均匀的奥氏体晶粒，必须严格控制加热温度、保温时间和加热速度等。

2.1.2 钢在冷却时的组织转变

钢经加热获得奥氏体组织后，在不同的冷却条件下冷却，可使钢获得不同的力学性能。在热处理工艺中，常采用等温转变和连续冷却转变两种冷却方式。

(1) 等温曲线的建立及等温转变的产物

实践证明，奥氏体冷却时的转变产物，决定于其转变温度。从铁碳相图上可知，当温度在 A_1 以下时，奥氏体就要向其他组织转变。把在 A_1 以下尚未转变的奥氏体称为过冷奥氏体。把过冷奥氏体放在 A_1 以下的不同温度中，在某一等温温度，仔细观察并记录过冷奥氏体开始转变的时间、转变产物的组织、转变的数量、转变的结束时间。图 2-8 是共析钢的等温转变曲线图，故又称 C 曲线。

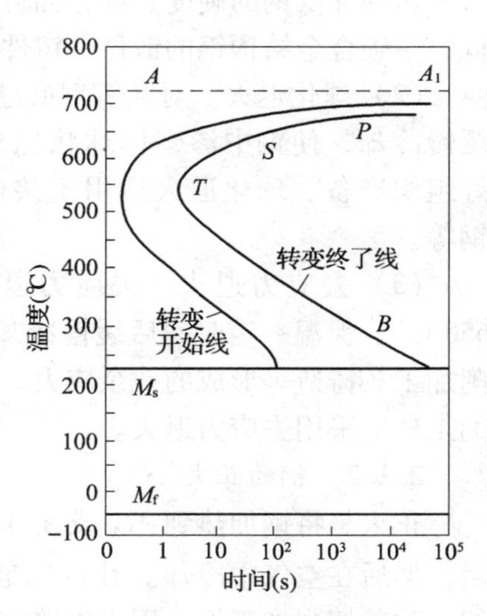

图 2-8 共析钢过冷奥氏体等温转变曲线图

在不同的温度范围内进行等温转变，共析钢在冷却过程中产生三种不同的转变产物。

1) 高温转变。由 A_1 至 C 曲线的鼻尖（约 550℃）之间的转变，由于温度较高称高温转变。其转变产物是珠光体，珠光体的性能主要取决于片层间的距离。

2) 中温转变。从 C 曲线“鼻尖”550℃到 M_s 水平线（约 240℃）范围内，过冷奥氏体发生贝氏体转变。

转变产物是铁素体和碳化物的混合物。按转变温度不同，贝氏体又可分为两类：上贝氏体，硬度可达HRC45左右，塑性较差；下贝氏体，硬度可达HRC55左右，并且有较好的塑性和韧性，所以，在生产中有时采用等温淬火工艺来获得下贝氏体组织。

3）低温转变。当奥氏体作快速冷却到较低温度（M_s 以下）时，形成的过饱和的 α 固溶体（即过饱和的铁素体）称为马氏体。马氏体含碳量愈多，硬度愈高，是钢淬火时所获得的组织，代号为M。通常马氏体转变不能进行到底，有一部分奥氏体不参加转变而被保留下来，成为残余奥氏体。

（2）等温转变曲线的应用

1）在实际生产中，过冷奥氏体转变大多是在连续冷却过程中进行的。由于连续转变图的测定比较困难，故常用等温转变图近似的分析连续冷却转变的过程。

2）C 曲线明确标明各等温温度下转变产物的组织与性能，由此，可根据生产上需要，选择不同的等温处理。

3）确定马氏体临界冷却速度。在生产中控制冷却速度大于临界冷却速度，使奥氏体转变为马氏体，以此来获得淬火组织。

2.2 钢的热处理基本工艺

2.2.1 钢的退火

退火是把钢加热到某一温度，并在此温度下保温一定时间，然后缓慢冷却至室温的一种热处理工艺。根据其加热温度和处理目的不同，可分为五种。常用的退火方法有完全退火、球化退火、去应力退火等几种。

（1）完全退火。完全退火是将钢加热到完全奥氏体化（Ac_3 以上30~50℃），随之缓慢冷却，以获得接近平衡状态组织的工艺方法。在完全退火加热过程中，钢的组织全部转变为奥氏体；在冷却过程中，奥氏体转变为细小而均匀的平衡组织（铁素体+珠光体），从而达到降低钢的硬度、细化晶粒、充分消除内应力的目的。完全退火主要用于中碳钢及低、中碳合金结构钢的锻件、铸件、热轧型材等，有时也用于焊接结构件。

（2）球化退火。对共析钢或过共析钢，加热到 Ac_1（20~30℃），充分保温后，然后缓慢冷却，使钢中渗碳体球状化，以降低硬度，改善切削性能，同时为下一步淬火作好组织准备。球化退火适用于共析钢及过共析钢，如碳素工具钢、合金工具钢、轴承钢等。

（3）去应力退火。去应力退火是将钢加热到略低于 Ac_1 的温度（一般取500~650℃），保温一定时间后缓慢冷却的工艺方法。其目的是消除由于塑性变形、焊接、切削加工、铸造等形成的残余应力。因此，锻造、铸造、焊接及切削加工后（精度要求高）的工件应采用去应力退火。

2.2.2 钢的正火

正火是将钢加热到 Ac_3 或 A_{cm} 的 s 以上30~50℃，保温一段时间，达到完全奥氏体化后，然后在空气中冷却。其目的是：用于低碳钢和某些低合金钢，可细化晶粒、均匀组织、改善切削加工性；用于中碳钢，可改善不合理组织，为随后热处理作准备，而对于要求不高的零件通过调整硬度，作为最终热处理；用于高碳钢，可消除网状碳化物，为球化退火作好组织准备。

正火与退火的目的基本相同，但正火的冷却速度比退火稍快，生产周期短，成本低，操作方便，故在可能的条件下应优先采用正火。

2.2.3 钢的淬火

把钢加热到 Ac_1 或 Ac_3 以上，保温后以大于临界冷却速度冷却，得到马氏体组织的热处理工艺称为淬火。淬火的目的是为提高工具的硬度及耐磨性。

淬火是热处理中最重要的一种工艺方法。淬火的质量与加热温度、加热速度、加热方法、保温时间、冷却速度和冷却方法有关。

（1）淬火温度。亚共析钢的淬火温度是 Ac_3 以上（30～50℃），此时，钢全部为奥氏体组织，淬火后得马氏体组织。

过共析钢淬火温度是 Ac_1 以上（30～50℃）。此时组织是奥氏体和渗碳体，淬火后得马氏体和球状渗碳体，有较高的强度和硬度。

（2）淬火介质。为了使钢淬火时的冷却速度大于其临界冷却速度，必须选择合适的冷却介质。目前用得最多的是水和油。水的冷却能力大，可用于形状简单、截面尺寸较大的碳素钢；油的冷却能力较低，但可减小淬火工件的变形，主要用于形状复杂的中、小合金钢工件；熔融状态的盐适用于等温淬火。

（3）淬火方法。淬火时，为了最大限度地减小变形和避免开裂，除了正确地进行加热及合理地选择冷却介质外，还应该根据工件的材料、尺寸、形状和技术要求选择合理的淬火方法。常用淬火方法有：单液淬火法、双介质淬火、马氏体分级淬火、贝氏体等温淬火等。

2.2.4 钢的回火

将淬火钢重新加热到 Ac_1 以下的某一温度，保温一定时间，然后以一定的冷却速度冷却到室温的热处理工艺称为回火。回火的目的主要是为了消除内应力，使组织稳定，从而使淬火工件尺寸稳定。同时，通过回火，调整淬火钢的力学性能，使其适用于各种使用要求。按加热温度不同，可把回火分为三类，即低温回火、中温回火、高温回火。

（1）低温回火（150～250℃）。低温回火主要得到回火马氏体组织。回火马氏体基本上保持了淬火后钢的硬度与强度，同时降低了内应力，提高了韧性。主要用于刀具、量具、冷变形模具及滚动轴承、渗碳件等。

（2）中温回火（350～500℃）。中温回火时，得到大量弥散分布的细粒状渗碳体和针状铁素体组成的混合物，称为回火屈氏体。它具有较高的弹性极限和屈服极限，并有一定塑性和韧性。主要用于弹性零件及热锻模具等。

（3）高温回火（500～650℃）。高温回火时，得到较大颗粒状的渗碳体和多边形铁素体组成的混合物，称为回火索氏体。它具有良好的综合力学性能。生产中常把淬火及高温回火的复合热处理工艺称为“调质”。调质处理广泛用于受力零件、构件，如螺栓、连杆、齿轮、曲轴等。

2.2.5 钢的表面热处理

某些机械零件，就其整体来说，要求有较好的综合力学性能，对其表面又要求耐磨，有较高的硬度与接触疲劳强度，如用于齿轮、活塞销、凸轮轴等。为满足这种特殊的使用要求，就要进行表面热处理。常用的方法有：表面淬火和化学热处理。

（1）表面淬火。表面淬火是仅对工件表面进行淬火的工艺。常用火焰加热表面淬火和感应加热表面淬火两种。火焰加热表面淬火加热温度及淬硬层深度不易控制，淬火质量不稳定，但设备要求简单。而感应加热表面淬火采用不同频率的电流进行加热，淬硬层深度易于控制，淬火质量好。

(2) 化学热处理。化学热处理是将工件置于某种介质中加热和保温，使介质分解出某些元素渗入零件表层，从而改变其化学成分、组织结构和性能的热处理工艺。化学热处理种类很多，根据渗入元素的不同，有渗碳、渗氮和碳氮共渗等多种。

思考题与习题

1. 名词解释：晶体、非晶体、晶格、晶胞。
2. 何谓铁碳合金相图？试绘制简化后的 $Fe\text{-}Fe_3C$ 相图，说明各主要特性点和线的含义。
3. 随着含碳量的增加，钢的组织和性能有什么变化？
4. 何谓钢的热处理？钢的热处理有何重要意义？
5. 退火的主要目的是什么？生产上常用的退火有哪几种？
6. 何谓淬火？淬火的主要目的是什么？
7. 常用的回火方法有哪几种？指出各种回火的组织及适用范围。
8. 何谓回火？回火的目的是什么？
9. 何谓表面淬火？常用的有哪两种方法？

单元3　常用工程材料

知识点：常用金属材料：碳素钢、合金钢、铸铁与铸钢、有色金属及合金；非金属材料：工程塑料、橡胶、陶瓷、复合材料。

教学目标：掌握常用金属的用途和一般性能，了解常用非金属材料的构成、用途和一般性能。

课题1　常用金属材料

常用金属材料是黑色金属材料和有色金属材料的统称。黑色金属材料主要是以铁、碳为主要成分的合金，即钢和铸铁材料。有色金属是除钢铁材料以外的其他金属材料，如铝、铜、镍、锌、铅等材料，它们是现代工业中应用最广泛的金属材料。

1.1　碳　素　钢

碳素钢简称为碳钢。其成分除铁和碳两种元素外，在任何钢中均含有一些杂质，如硫、磷、锰、硅等。

1.1.1　常存杂质对钢性能的影响

（1）硫

硫是在冶炼时由矿石和燃料焦炭中带到钢中的杂质，它是钢中的一种有害元素。含硫量愈高，热脆现象愈严重。

（2）磷

磷也是从矿石中带入钢中的，在冶炼时难以除尽。磷在钢中也是有害杂质，含磷愈高，冷脆性愈大。

（3）硅、锰

硅、锰是在冶炼时作为脱氧剂人为加入钢中的。锰对碳钢的性能有良好的影响，是一种有益的元素。

1.1.2　碳素钢的分类

碳素钢有多种分类方法，常用的分类有以下几种：

（1）按钢的含碳量分类

1）低碳钢：含碳量≤0.25%；

2）中碳钢：含碳量0.25%～0.6%；

3）高碳钢：含碳量≥0.6%。

（2）按钢的质量分类

碳钢质量的高低，主要根据钢中有害杂质硫、磷的含量来划分为：

1）普通碳素钢：S≤0.055%，P≤0.045%；

2）优质碳素钢：S、P≤0.04%；

3）高级优质碳素钢：S≤0.03%，P≤0.035%。

（3）按用途分类

1）碳素结构钢：又分为普通碳素结构钢和优质碳素结构钢。

2）碳素工具钢：用于制造各种加工工具，如刀具、模具及量具。又分为碳素工具钢、合金工具钢、高速工具钢。

1.1.3　钢号的表示方法

（1）普通碳素钢

其牌号由代表屈服点的汉语拼音字首（Q）、屈服点数值（σ_S）、质量等级符号（A、B、C、D、E）、脱氧方法（F—沸腾钢、B—半镇静钢、Z—镇静钢、TZ—特殊镇静钢，Z、TZ可省略不标）等四部分按顺序组成。

例：Q256A——表示屈服点σ_S≥256MPa，质量为A级的半镇静碳素结构钢。

（2）优质碳素钢：

其牌号仅用两位数字表示，如08、10、20、45等。钢号数字表示钢平均含碳量的万分之几。

例：45——表示钢中含碳量为0.45%的优质碳素钢。

（3）高级优质碳素钢

它的表示方法是优质碳素钢号后面加一个A字。

例：30A——表示钢中平均含碳量为0.30%的高级优质碳素钢。

（4）碳素结构钢

1）普通碳素结构钢。其牌号表示方法同普通碳素钢。表3-1列出了这类钢的牌号、化学成分，表3-2列出了这类钢材在拉伸和冲击试验条件下的力学性能。

普通碳素结构钢的化学成分（GB 700—88）　　**表3-1**

牌号	等级	化学成分（%）					脱氧方法
		C	Mn	Si	S	P	
				不大于			
Q195	—	0.06～0.12	0.25～0.50	0.3	0.050	0.045	F、b、Z
Q215	A	0.09～0.15	0.45～0.55	0.3	0.050	0.045	F、b、Z
	B				0.045		
Q235	A	0.14～0.22	0.30～0.65	0.30	0.050	0.045	F、b、Z
	B	0.12～0.20	0.30～0.70		0.045		
	C	≤0.18	0.35～0.80		0.040	0.040	Z
	D	≤0.17			0.035	0.035	TZ
Q255	A	0.18～0.28	0.40～0.70	0.30	0.050	0.045	Z
	B				0.045		
Q275	—	0.28～0.38	0.50～0.80	0.35	0.050	0.045	Z

普通碳素结构钢的力学性能（GB 700—88） 表 3-2

牌号	等级	拉伸试验													冲击试验	
		屈服点 σ_S（N/mm^2）						抗拉强度 σ_b（N/mm^2）	伸长率 δ_S（mm）						温度 ℃	V 型冲击功（纵向）（J）
		钢材厚度（直径）（mm）							钢材厚度（直径）（mm）							
		≤16	>16~40	>40~60	>60~100	>100~150	>150		≤16	>16~40	>40~60	>60~100	>100~150	>150		
		不小于							不小于							不小于
Q195	—	(195)	185	—	—	—	—	315~390	33	32	—	—	—	—	—	—
Q215	A	215	205	195	185	175	165	335~410	31	30	29	28	27	26	—	—
	B														20	27
Q235	A	235	225	215	205	195	185	335~410	26	25	24	23	22	21	—	—
	B														20	27
	C														0	
	D														-20	
Q255	A	255	245	235	225	215	205	410~510	24	23	22	21	20	19	—	—
	B														20	27
Q275	—	275	265	255	245	235	225	490~610	20	19	18	17	16	15	—	—

2）优质碳素结构钢。其牌号表示方法同优质碳素钢。如钢中含锰量较高，还应在表明含碳量的两位数字后面附以汉字“锰”或“Mn”的元素符号，如 20Mn 表示平均含碳量为 0.2% 的含锰量较高的优质碳素结构钢。表 3-3 给出了部分优质碳素结构钢的性能、用途。

优质碳素结构钢性能用途表 表 3-3

钢号	σ_S	σ_b	δ	ψ	α_K	HB	说明
	（N/mm^2）		（%）		（J/cm^2）	热轧	
08	200	330	33	60	—	131	属于软钢。强度低、塑性好，用于制造冷轧钢板、深冲压件
10	210	340	31	55	—	137	
15	230	380	27	55	—	143	属于低碳钢。强度低、塑性、焊接性好，用于制造冲压件、焊接件。如经渗碳淬火可提高表面硬度和耐磨性，用于高速、重载、受冲击件
20	250	420	25	55	—	156	
25	280	460	23	50	90	170	
30	300	500	21	50	80	179	属于中碳钢。调质后具有良好的综合力学性能，用于受力较大的重要件。如再表面淬火，可提高表面硬度和耐磨性，用作高速重载重要件，如齿轮类零件等
35	320	540	20	45	70	187	
45	360	610	16	40	50	241	
55	390	660	13	35	—	255	
60	410	690	12	35	—	255	属于高碳钢。经淬火，中、低温回火，弹性或耐磨性高，用作弹性件或耐磨件，如弹簧、板簧等
65	420	710	10	30	—	255	

（5）碳素工具钢

其牌号是用“T”的后面加数字表示，数字表示钢的平均含碳量的千分之几。若为高级优质碳素钢则在牌号后加 A。碳素工具钢的牌号及用途见表 3-4。

例：T9——表示平均含碳量为 0.9% 的碳素工具钢；

T12A——表示平均含碳量为 1.2% 的高级优质碳素工具钢。

碳素工具钢的牌号及用途 表 3-4

牌号	含碳量（%）	退火后的硬度（HBS（W））	淬火后的硬度（HRC）	应用举例
		不大于	不大于	
T7、T7A	0.65 ~0.74	187	62	凿子、模具、锤子、木工工具及钳工装配工具等不受大的冲击，需要高硬度和耐磨性的工具
T8、T8A	0.75 ~0.84	187	62	
T9、T9A	0.85 ~0.94	192	62	刨刀、冲模、丝锥、手工锯条、卡尺等不受较大冲击的工具和耐磨机件
T10 T10A	0.95 ~1.04	197	62	
T12 T12A T13	1.05 ~1.14	207	62	
	1.15 ~1.24	207	62	钻头、锉刀、刮刀等不受冲击而要求极高硬度的工具和耐磨机件
	1.25 ~1.35	217	62	

1.2 合 金 钢

为了提高钢的机械性能，改善钢的工艺性能和得到某些特殊的物理、化学性能，特意在冶炼过程中加入某些合金元素的钢，称为合金钢。在合金钢中加入的主要合金元素是：硅、锰、铬、镍、钼、钨、钒、钛、铌、铝、铜、氮、硼和稀土等。

1.2.1 合金钢的分类

（1）按主要用途分类

合金钢分为合金结构钢、合金工具钢和特殊性能合金钢。

1）合金结构钢。合金结构钢主要用于制造各种重要工程结构（房屋、船舶、桥梁、车辆、压力容器等）及各种重要机器的零件（轴、齿轮、各种连接件等）。

2）合金工具钢。主要用于制造各种加工工具，如金属切削用刀具、量具、模具等。见表 3-5 所示。

常用合金工具钢表 表 3-5

类别	钢号	特性	用途
低合金刃具钢	9SiCr CrMn CrWMn	高硬度、高耐磨性、高淬透性、变形小	要求较高的量具及一般模具、刃具，例如块规、丝锥、板牙、铰刀等
高速钢	W18Cr4V W6Mo5Cr4V2	高热硬性、高硬度、高耐磨性及强度	中速切削刃具及复杂刃具，如铣刀、拉刀、耐磨件、冷冲模、冷挤压模等

续表

类　别	钢　号	特　性	用　途
冷变形模具钢	Cr12	高硬度耐磨性、高淬透性、强度韧性好、变形小	尺寸大、变形小的冷模具，如冲模
	Cr12MoV		
热变形模具钢	5CrNiMo	高温下强度韧性高、耐磨性及抗疲劳性好	尺寸大的热段模及挤压模
	3Cr2W8V		
备注	1. 滚珠轴承钢 GCr6、GCr 15 等也是很好的低合金工具钢 2. 低合金刃具钢的热硬性约 300℃，做低速切削刃具；高速钢热硬性 500 ~600℃，做中速切削刃具 3. 5CrNiMo 做大锻模，小锻模可用 5CrMnMo 代		

3）特殊性能合金钢。指具有某种特殊的物理或化学性能的钢，主要用于有特殊性要求的零件。如不锈钢、耐热钢、耐磨钢等。

（2）按合金元素总含量分类

按合金元素总含量，合金钢分为低合金钢、中合金钢和高合金钢。

1）低合金钢。合金元素总含量质量分数小于 5% 为低合金钢。

2）中合金钢：合金元素总含量质量分数为 5% ~10% 中合金钢。

3）高合金钢：合金元素总含量质量分数大于 10% 高合金钢。

1.2.2　合金钢的表示方法

根据国家标准规定，合金钢的牌号采用国际化学元素符号、汉字和汉语拼音字母并用的原则。

（1）合金结构钢

其牌号原则采用“二位数字 + 化学元素符号 + 数字”的方法。前面的二位数字表示钢的平均含碳量的万分之几，化学元素直接用化学符号（或汉字）表示，后面的数字表示钢中含合金元素的百分之几。凡合金元素的含量少于 1.5% 时，只注明元素符号而不注其含合金量，如大于或等于 1.5%、2.5%、3.5%……，则相应地在化学元素符号后面注明 2、3、4……等表示。

例：60Si2Mn——表示平均含碳量为 0.6%，含硅量为 2%，含锰量小于 1.5% 的合金结构钢；

40Cr——表示平均含碳量为 0.4%，含铬量小于 1.5% 的合金结构钢。

（2）合金工具钢

当含碳量 <1% 时，采用“一位数字 + 元素符号 + 数字”的表示方法。前面一位数字表示平均含碳量的千分之几。而后面的元素符号 + 数字的表示方法与合金结构钢相同。

例：9Mn2V——表示平均含碳量为 0.9%，含锰量为 2%，含钒量小于 1.5% 的合金工具钢。

当含碳量 ≥1% 时，为避免与合金结构钢混淆，则在牌号前不标注数字。

例：Cr12MoV——表示平均含碳量为 ≥1%，含铬量为 12%，含钼、钒量分别小于 1.5% 的合金工具钢。

（3）特殊性能合金钢

其牌号表示方法基本上与合金工具钢相同。

例：3Cr13——表示平均含碳量为 0.3%，含铬量为 13% 不锈钢。

除此之外，还有些高合金特殊钢，不在钢中表示含碳量而只在钢号前加以汉语拼音。

例：GCr15——表示含铬量为 1.5% 滚动轴承钢（Cr 后面的数字表示含铬量的千分之几）。

1.3 铸铁与铸钢

1.3.1 铸铁

铸铁是指含碳量为 2.5% ~4.0% 的铁碳合金，主要由铁、碳和硅组成的合金的总称。有时为了提高机械性能或得到某种特殊性能，还可加入铬、钼、钒、铜、铝等合金元素。如加入一定量的其他合金元素，这种铸铁称为合金铸铁。

铸铁具有良好的铸造性、耐磨性、减振性和切削加工性，生产简单、价格便宜，被广泛地用于工业生产中。

根据碳在铸铁中的存在形式不同，一般铸铁可分为白口铸铁、灰铸铁、球墨铸铁和可锻铸铁。

（1）白口铸铁

白口铸铁中的碳几乎全部以渗碳体（Fe_3C）的形式存在。断口呈白亮色，性能硬而脆，很少直接用来制作机械零件，主要用作炼钢原料或可锻铸铁件毛坯。

（2）灰铸铁

灰铸铁是指碳主要以片状石墨的形态存在，分布在铁素体、铁素体 + 珠光体或珠光体的基体上，断口呈灰色。灰铸铁是现代工业中常用铸铁中价格最低，应用最广泛的一种铸铁。因而被广泛地用来制作各种承受压力和要求消振性的泵体（机座、管路附件等）、阀体、机架、结构复杂的箱体、壳体、缸体等。

灰铸铁的牌号：

其牌号以“HT + 数字”组成。其中“HT”是“灰铁”两字汉语拼音的第一个字母，数字表示其最低抗拉强度，常用灰铸铁的牌号、用途见表 3-6 所示。

灰铸铁的牌号和用途 **表 3-6**

铸铁类型	牌号	σ_b (N/mm²)（不小于）	硬度（HB）	应用举例
铁素体灰铸铁	HT100	100	143 ~ 229	低负荷和不重要的零件，如外罩、手轮、支架、重锤等
铁素体珠光体灰铸铁	HT150	150	163 ~ 229	承受中等负荷的零件，如汽轮机泵体、轴承座、齿轮箱等
珠光体灰铸铁	HT200	200	170 ~ 241	承受较大负荷的零件，如气缸、齿轮、液压缸、阀壳、飞轮、床身、活塞、制动鼓、联轴器、轴承座等
	HT250	250	170 ~ 241	
孕育铸铁	HT300	300	187 ~ 225	承受高负荷的重要零件，如齿轮、凸轮、车床卡盘、剪床和压力机的机身、高压液压缸、阀壳、飞轮、床身等
	HT350	350	197 ~ 269	

（3）球墨铸铁

球墨铸铁中的石墨以球状形态存在。球墨铸铁兼有铸铁和钢的优点，因而得到了广泛应用。它可以代替碳钢、合金钢、可锻铸铁等材料，制成受力复杂，强度、硬度和耐磨性要求较高的零件，如曲轴、齿轮及轧辊等。

球墨铸铁的牌号：

其牌号以“QT + 数字 + 数字”表示。其中“QT”表示“球铁”两字汉语拼音的第一个字母，后两组数字分别表示最低抗拉强度和最低延伸率值。常用球墨铸铁的牌号、用途见表 3-7 所示。

球墨铸铁的牌号和用途 **表 3-7**

基体类型	牌号	σ（N/mm^2）	$\sigma_{0.2}$（N/mm^2）	δ（%）	硬度（HB）	应用举例
铁素体	QT400—18	400	250	18	130～180	阀体、汽车内燃机零件、机床零件
	QT400—15	400	250	15	130～180	
	QT450—10	450	310	10	160～210	
铁素体加珠光体	QT500—7	500	320	7	170～230	机油泵齿轮、机车车辆轴瓦
	QT600—3	600	370	3	190～270	
珠光体	QT700—2	700	420	2	225～305	柴油机曲轴、凸轮轴、气缸体、气缸套、活塞环，部分磨床、铣床、车床的主轴等
	QT800—2	800	480	2	245～335	
下贝氏体	QT900—2	900	600	2	280～360	汽车的螺旋齿轮，拖拉机减速齿轮，柴油机凸轮轴

（4）可锻铸铁

可锻铸铁又称为马铁。它实际上并不可锻，之所以称为可锻铸铁，是因为其塑性（δ = 2%～12%）和韧性比灰铸铁好。

在工业生产中，可用来制造一些尺寸较小，形状较复杂，而又要求有较高强度和韧性的零件，如管箍、弯头及三通等管接头。

可锻铸铁的牌号：

其牌号由“三个字母 + 数字”表示。其中三个字母如是 KTH 表示为黑心可锻铸铁，如是 KTZ 表示为珠光体可锻铸铁。后两组数字分别表示最低的抗拉强度和最低延伸率。常用牌号、用途见表 3-8 所示。

1.3.2　铸钢

将熔炼好的钢液直接铸成零件毛坯，不再进行锻造的钢件称为铸钢件。一般用于形状复杂的零件很难用锻压成型，用铸铁又难以满足其机械性能要求时则采用铸钢件，如机座、箱体、联轴器等。

铸钢的牌号：

其牌号为“ZG + 两组数字”表示。其中，“ZG”表示“铸钢”二字汉语拼音首位字母，后两组数字分别表示为最低屈服点和最低抗拉强度值。其牌号、成分、力学性能见表 3-9。

可锻铸铁的牌号、机械性能及用途 **表 3-8**

类别	牌号	σ_b (MPa)	δ (%)	硬度 (HBS10/3000)	应用举例
黑心可锻铸铁	KTH300—06	300	6	不大于150	汽车、拖拉机的后桥外壳、转向机构、弹簧钢板支座等；机床上用的扳手；低压阀门、管接头和农具等
	KTH330—08	330	8		
	KTH350—10	350	10		
	KTH370—12	370	12		
珠光体可锻铸铁	KTZ450—06	450	6	150～200	曲轴、连杆、齿轮、凸轮轴、摇臂、活塞环等
	KTZ550—04	550	4	180～250	
	KTZ650—02	650	2	210～260	
	KTZ700—02	700	2	240～290	

注：表中数据均采用 ϕ16mm 毛坯试棒测得（GB 5679—85）。

铸造碳钢的化学成分、力学性能和应用举例 **表 3-9**

钢号	化学成分（%）≤					力学性能≥			应用举例
	C	Si	Mn	S	P	σ_s或$\sigma_{0.2}$ (MPa)	σ_b (MPa)	δ (%)	
ZG200—400	0.2		0.8			200	400	25	受力不大，要求韧性的机件，如机座、变速箱壳体
ZG230—450	0.3	0.5				230	450	22	机座、机盖、箱体
ZG270—500	0.4			0.04	0.04	270	500	18	飞轮、机架、蒸汽锤、水压机工作缸、横梁
ZG310—570	0.5	0.6	0.9			310	570	15	载荷较大的零件，如大齿轮、联轴器、汽缸
ZG340—640	0.6					340	640	10	起重运输机中的齿轮、联轴器

1.4 有色金属及其合金

根据有色金属的密度大小，可分为两大类：密度小于 3.5g/cm^3 的有色金属称为轻金属（如铝、镁、铍、锂等），以轻金属为基体的合金称作有色轻合金；密度大于 3.5g/cm^3 的有色金属称为有色重金属（如铜、镍、锌、铅等），以这类金属为基体的合金称作为有色重金属。

下面简要介绍工程及工业上应用广泛的铝、铜及其合金和轴承合金。

1.4.1 铝及铝合金

(1) 工业纯铝

纯铝是一种银白色的轻金属，在自然界中分布极广，具有密度低、导电性和导热性好、塑性高、抗腐蚀性能好等特点。

工业纯铝的纯度为 98%～99%，杂质主要是铁和硅。工业纯铝依其杂质限量编号，牌号有 L1、L2、L3……L7 表示，即用“铝”字的汉语拼音字母首加上序号表示。顺序号越大，纯度越低。

工业纯铝的主要用途是：代替纯铜制作电线、电缆及强度要求不高的器皿等。

（2）铝合金

由于纯铝的强度很低，不宜用来制作结构零件。在铝中加入适量的硅、铜、镁、锰等合金元素，可以得到较高强度的铝合金。再经冷加工或热处理，其强度得到提高，可用于制造承受一定载荷的机器零件。

根据铝合金的成分及生产工艺特点，可分为形变铝合金和铸造铝合金两大类。

1）铸造铝合金。铸造铝合金包括铝镁、铝硅、铝铜和铝锰合金。其中铝硅铸造合金应用最为广泛。铸造铝合金具有优良的铸造性能，抗蚀性好，广泛用于制造轻质、耐蚀、形状复杂的零件，如管件、阀门，泵、活塞、仪表外壳、发动机缸体等。

铸造铝合金牌号用“ZL”加顺序号表示，如ZL1、ZL2、ZL3……ZL16，即1号铸造铝合金、2号铸造铝合金等。

2）形变铝合金。形变铝合金按其性能和用途分防锈铝、硬铝、超硬铝和锻铝。其牌号分别用LF、LY、LC、LD，再加上序号表示，其中L为“铝”字汉语拼音之首字母，F、Y、C、D分别为“防、硬、超、锻”字汉语拼音之首字母。如LF11表示为11号防锈铝。

形变铝合金主要特性及用途见表3-10

变形铝合金主要特性及用途举例　　表3-10

类别	合金代号	主要特性	用途举例
防锈铝	LF2 LF21	热处理不能强化，强度不高，塑性与耐蚀性好，焊接性好	在液体介质中工作的零件，如油箱、油管、液体容器，防锈蒙皮等
硬铝	LY21	可热处理强化，力学性能良好，但耐蚀性不高	中等强度的零件和构件，如飞机上的骨架零件、蒙皮、铆钉等
超硬铝	LC4	室温强度高、塑性较低，耐蚀性不高	高载荷零件。如飞机上的大梁、桁条、加强框、起落架等
锻铝	LD5	高强度锻铝，锻造性能好，耐蚀、切削加工性好	形状复杂和中等强度的锻件、冲压件等
	LD7	耐热锻铝，热强性较高，耐蚀性、切削加工性好	内燃机活塞、叶轮，在高温下工作的复杂锻件等

1.4.2　铜及铜合金

（1）纯铜

纯铜呈玫瑰红色，表面形成氧化铜膜后，外观为紫红色，俗称紫铜。最显著的特点是导电与导热性好。纯铜的抗拉强度不高，硬度很低，但塑性很好，易于热压或冷压加工。

根据杂质含量不同，工业纯铜可分为三种：T1、T2、T3。纯度为99.7%～99.95%，编号越大，纯度越低。

由于纯铜的强度低，不宜作为结构材料使用，而广泛地用于制造电线、电缆、电刷、铜管以及作为配制合金的原料。

(2) 铜合金

纯铜的机械性能较低，为了满足制作结构件的要求，改善其机械性能，可在纯铜中加入一些适宜的合金元素制成铜合金。铜合金是具有较好的导电、导热、耐蚀、抗磁等特殊性能的合金。

根据化学成分的特点，铜合金分为黄铜、青铜和白铜三大类。工业上最常用的是黄铜和青铜。

1）黄铜。黄铜是以锌为主要合金元素的铜合金，因色黄而得名。黄铜敲起来音响很好，又叫响铜，因此锣、铃、号等都是黄铜制造的。黄铜又分为普通黄铜和特殊黄铜。常用黄铜的牌号及应用见表 3-11。

常用黄铜的牌号、机械性能和用途 表 3-11

组别	合金牌号	化学成分（%）		机械性能				应用举例
		Cu	其他	σ_b（kg/mm²）	σ_s（kg/mm²）	δ（%）	HB	
普通黄铜	H80	79～81	余量为 Zn	32	12	52	53	又称金色黄铜，用于镀层及装饰品，造纸工业、金属网
	H70	69～72	余量为 Zn	32	9.1	55	—	又称药筒黄铜，用于制造弹壳、冷凝器管、套筒、衬套
	H62	60.5～63.5	余量为 Zn	33	11	49	56	散热器垫圈、弹簧、垫片、各种网、螺钉等
	H59	57～60	余量为 Zn	38	11.9	44	—	热压及滚压零件、阀杆、螺钉等
特殊黄铜	HPb59—1	57～60	0.8～0.9Pb 余量为 Zn	40	14	45	90	热冲、热压的套管、深冷设备的零件、螺母、垫圈、法兰等
	HSn70—1	69～71	1.0～1.5Sn 余量为 Zn	35	10	60	—	制造预热器和蒸发器的管子、海船元件
	Hsi80—3	79～81	2.5～4.5Si 余量为 Zn	35 30		20 15	100 90	船舶元件、齿轮、各种阀件、泵、管件等
	ZHMn58—2—2	57～60	1.5～2.5Mn 1.5～2.5Pb 余量为 Zn	35 25		18 10	80 70	轴承、衬筒和其他耐磨零件、车辆轴承的里衬、轴套
	ZHAl66—6—3—2	64～68	5.0～7.0Al 2.0～4.0Fe 1.5～2.5Mn 余量为 Zn	65 60		7 7	160 160	重载下压紧螺丝的螺帽、大型蜗杆

A. 普通黄铜。即铜锌合金。它色泽美观，加工性能很好。其牌号用“H 加数字”表示，H 是“黄”字的汉语拼音字首，数字表示平均含铜量的百分之几。如 H70 表示平均

含铜量为70%的普通黄铜，常用的普通黄铜有H80、H70、H62等几种。

B．特殊黄铜。在普通黄铜中加入锡、硅、铅、铝、锰等合金元素所组成的铜合金，分别称为锡黄铜、硅黄铜、铅黄铜等。

其牌号用H加元素的化学符号和数字表示，其数字分别表示铜和加入元素的百分数。如HPb59-1表示铅黄铜，平均含铜量为59%，含铅量1%，其余为锌的含量。

2）青铜。青铜是除黄铜（锌）和白铜（镍）以外的铜合金。因铜与锡的合金呈青色而得名。按主加合金元素种类可分为锡青铜、铝青铜、硅青铜和铍青铜等；按加工方法不同又可分为加工青铜和铸造青铜两类。

其牌号用Q加第一个主加元素符号及除去基本元素铜以外的成分数字组表示，铸造青铜应在代号前加“Z”（铸造）。如QSn4-3表示为：锡含量为4%，锌含量为3%，余量为铜的锡青铜。

青铜是人类历史上应用最早的一种合金，我国古代遗留下来的古镜、钟鼎之类便由这些合金制成。在现代工业中，用于制造齿轮、蜗轮、传动轴、弹簧、阀体、轴套等。

3）白铜。白铜则是以镍为主要合金元素的铜合金，因色白而得名。它的表面很光亮，不易锈蚀，主要用于制造精密仪器、仪表中耐蚀零件及电阻器、热电偶等。

1.4.3　轴承合金

轴承可分为滚动轴承和滑动轴承两种。在滑动轴承中，用来制造轴瓦及其内衬的合金称为轴承合金。

轴承是支承着轴进行工作的，当轴在其中转动的时侯，在轴和轴瓦之间必然有强烈地摩擦。因此，要求轴瓦及内衬必须具有较高的抗压强度和疲劳强度，足够的塑性和韧性，良好的磨合能力，减摩性和耐磨性，制造容易，价格低廉。

常用的轴承合金有锡基、铅基、铝基轴承合金。其合金代号、成分和用途见表3-12。

常用锡基、铅基轴承合金代号、成分和用处　　**表3-12**

组别	合金代号	主要化学成分（%）				硬度(HBS)	应用举例
		Sb	Cu	Pb	Sn	大于或等于	
锡基轴承合金	ZChSnSb8—4	7～8	3～4	—	其余	24	用于一般大机器轴承及轴衬
	ZChSnSb12—4—10	11～13	2.5～5.0	9～11	其余	29	适用于中等速度和受压的机器主轴衬，但不适用于高温部分
	ZChSnSb11—6	10～12	5.5～6.5	—	其余	27	适用于1471kW以上的高速蒸汽机和368kW的涡轮压缩机、涡轮泵及高速内燃机等
铅基轴承合金	ZChPbSb16—16—2	15～17	1.5～2.0	其余	15～17	30	工作温度<120℃，无显著冲击载荷、重载高速的轴承，如汽车拖拉机曲柄轴承，750kW以内电动机轴承
	ZChPbSb15—10	14～16	≤0.5	其余	9～11	24	中等载荷、中速、冲击载荷的机械轴承，如汽车、拖拉机的曲轴轴承，连杆轴承，也适用于高温轴承

课题2 非金属材料

非金属材料在近几十年来发展非常迅速。由于非金属材料具有优良的耐腐蚀性，原料来源广泛，品种繁多，适合于因地制宜，就地取材。又因具有其特殊的性能，因此越来越多地应用于工业、农业、国防和科学技术等各个领域。目前，在机械行业中应用比较广泛的非金属材料主要有工程塑料、橡胶、复合材料和陶瓷等。

2.1 工 程 塑 料

塑料是以树脂为主要成分，再加入其他添加剂。它具有成型加工性能好，生产效率高，在一定的温度与压力下，可用注射、挤压、浇铸、吹塑、喷涂、焊接及机械切削等工艺进行加工，可制成各种形状的塑料制品，如塑料薄膜、塑料板材、棒材、塑料管等。

(1) 塑料的组成

塑料是以高聚物（树脂）为基体，再加入各种添加剂，在一定温度、压力下可塑制成形的一种非金属材料。树脂是起粘结作用的，而添加剂是起着改善塑料的性能，防止塑料老化，延长和稳定塑料的使用寿命的作用。其添加剂有增塑剂、稳定剂、填充剂、防老剂、固化剂，此外还有特殊目的的添加剂，如发泡剂、防静电剂、阻燃剂等。

(2) 塑料的分类

1) 按塑料的应用范围分类。可分为通用塑料、工程塑料和特种塑料。

A. 通用塑料。其特性是价格低、产量大、应用范围广。主要用于制造包装材料、工农业生产、日常生活用品及一般载荷不大的机械零件。常用的有聚乙烯、聚氯乙烯、聚丙烯、聚苯乙烯和酚醛塑料等。

B. 工程塑料。这类塑料具有较高的机械强度，耐高温、耐腐蚀、耐辐射等性能。能代替金属来制造机械零件。常用的工程塑料有 ABS 塑料、有机玻璃、尼龙和聚四氯乙烯等。

C. 特种塑料。是指具有特殊性能和特种用途的塑料。如耐高温塑料、医用塑料等。

2) 按塑料的热性能分类。可分为热塑性塑料和热固性塑料两大类。

A. 热塑性塑料。这类塑料加热后软化、熔融、冷却后变硬。可以反复多次，而化学结构基本不变。常用的有尼龙（聚酰胺）、聚氯乙烯、聚乙烯、有机玻璃等。

B. 热固性塑料。这类塑料可在常温或受热后起化学反应，固化成型，但成型后若再加热则不再具有可塑性，保持坚硬的固体状态。常用的有酚醛塑料、氨基塑料、环氧塑料等。

部分常用热塑性塑料和用途见表 3-13，常用热固性塑料的特点及用途见表 3-14。

2.2 橡 胶

橡胶是一种高分子材料，具有高的弹性、优良的伸缩性能及积储能量的能力，是密封、抗震、减振的优质材料。橡胶还有良好的耐磨性、隔声性和阻尼特性。广泛用于国防、国民经济和人民生活各方面，起着其他材料不能替代的作用。

部分常热塑性塑料的特点及用途 表 3-13

名称（代号）	主 要 特 点	用 途 举 例
聚乙烯（PE）	优良的耐蚀性、电绝缘性，尤其是高频绝缘性，可用玻璃纤维增强。低压聚乙烯：熔点、刚性、硬度和强度较高；高压聚乙烯：柔软性、伸长率、冲击强度和透明性较好；超高分子量聚乙烯：冲击强度高、耐疲劳、耐磨，需冷压烧结成型	低压聚乙烯：耐腐蚀件，绝缘件，涂层；高压聚乙烯：薄膜；超高分子量聚乙烯：减摩耐磨及传动件
聚丙烯（PP）	密度小，强度、刚性、硬度、耐热性均优于低压聚乙烯，可在100℃左右使用。优良的耐蚀性，良好的高频绝缘性，不受湿度影响，但低温发脆，不耐磨，较易老化；可与乙烯、氯乙烯共聚改性，可用玻璃纤维增强	一般机械零件、耐腐蚀件、绝缘件
聚氯乙烯（PVC）	优良的耐腐蚀性和电绝缘性；醋酸乙烯、丁烯橡胶等共聚或掺混改性。硬聚氯乙烯：强度高，可在15～60℃使用；软聚氯乙烯：强度低，伸长率大，耐腐蚀性和电绝缘性因增塑剂品种和用量而异，但均低于硬质的，易老化；改性聚乙烯：耐冲击或耐寒；泡沫聚氯乙烯：质轻、隔热、隔声、防振	硬质聚氯乙烯：耐腐蚀件、一般化工机械零件；软质聚氯乙烯：薄膜、电线电缆绝缘层，密封件；泡沫聚氯乙烯：包装、保温材料
聚苯乙烯（PS）	优良的电绝缘性，尤其是高频绝缘性，无色透明，透光率仅次于有机玻璃，着色性好，质脆，不耐苯、汽油等有机溶剂。改性聚乙苯：冲击强度较高；泡沫聚苯烯：质轻、隔热隔声、防振，可用玻璃纤维增强	绝缘件、透明件、装饰件；泡沫聚苯乙烯；包装铸造模样、管道保温
丙烯腈、丁二烯－苯乙烯共聚体（ABS）	较好的综合性能，耐冲击，尺寸稳定性较好；丁二烯含量愈高，冲击强度愈大，但强度和耐候性降低；增加丙烯腈，可提高耐腐蚀性；增加苯乙烯可改善成型加工性	一般机械零件，减摩、耐磨及传动件，大型减摩耐磨及传动
聚酰胺（尼龙，PA）含酰胺基	坚韧、耐磨、耐疲劳、耐油、抗菌霉、无毒、吸水性大。尼龙6：弹性好，冲击性加大；尼龙66：强度高，耐磨性好；尼龙610：与尼龙66相似，但吸水性和刚性都较小；尼龙1010：半透明，吸水性较小，耐寒性较好，可用玻璃纤维增强	一般机械零件，减摩及传动件耐磨
氟塑料	优越的耐磨蚀、耐老化及电绝缘性，吸水性较小，聚四氟乙烯俗称“塑料王”，几乎能耐所有化学药品的腐蚀，包括“王水，但易受熔融碱金属侵蚀，摩擦系数在塑料中最小（$\mu=0.04$），不黏，不吸水，可在－180～＋250℃长期使用	耐腐蚀件、减磨件、密封件、绝缘件

常用热固性塑料的特点和用途 表 3-14

名 称	主 要 特 点	用 途 举 例
F 酚醛塑料（主要为塑料粉）	具有优良的耐热、绝缘、化学稳定及尺寸稳定性，抗蠕变性优于许多热塑性工程塑料，因填料不同，电性能及耐热性均有差异。若用于高频绝缘件用，高频绝缘性好、耐潮湿；若用于耐冲击件，冲击强度一般；若用于耐酸件，耐酸、耐霉菌；耐热件，可在140℃下使用，若用于耐磨件，能在水润滑条件下使用	一般机械零件、绝缘件、耐腐蚀件。水润滑轴承

续表

名称	主要特点	用途举例
氨基塑料（主要为塑料粉）	电绝缘性优良，耐电弧性好，硬度高，耐磨、耐油脂及溶剂，着色较好，对光稳定。眠醛塑料颜色鲜艳，半透明如玉，又名电玉；三聚氰胺料耐电弧性优越，耐热、耐水，在干湿交替环境中性能优于脲醛塑料	一般机械零件、绝缘件、装饰件
环氧塑料（主要为浇铸料）	在热固性塑料中强度较高，电绝缘性、化学稳定性好，耐有机溶剂性好；因填料品种及用量不同，性能有差异，对许多材料的胶接力强，成型收缩率小，电绝缘性随固化剂不同而有差异，固化剂有胺、酸酐及咪唑等类	塑料模，电气、电子组件及线圈的灌封与固定，修复机件
有机硅塑料（有浇铸料及塑料粉）	优良的电绝缘性能、电阻高、高频绝缘性能好、耐热，可在100～200℃长期使用，防潮性强，耐辐射、耐臭氧，亦耐低温	浇铸料；电气、电子组件及线圈灌封与固定；塑料粉；耐热件、绝缘件
聚邻（间）苯二甲酸二丙烯脂塑料（有浇铸料及塑料粉）	优异的电绝缘性能，在高温高湿下性能几乎不变，尺寸稳定性好，耐酸、耐碱、耐有机溶剂，耐热性高，易着色，聚邻苯二甲酸二丙烯酯能在－60～200℃使用；聚间苯二甲酸二丙烯酯长期使用温度较高	浇铸料；电气、电子组件及线圈灌封与固定；塑料粉；耐热件、绝缘件
聚氨脂塑料（有浇铸料及基软质、硬质泡沫塑料）	柔韧、耐油、耐磨，易于成型，耐氧、耐臭氧、耐辐射及耐许多化学药品；泡沫聚氨酯优良的弹性及隔热性	密封件、传动带；泡沫聚氨酯；隔热、隔声及吸振材料

（1）橡胶的组成

橡胶是一种高分子材料，是以生胶为基础加入适量的配合剂组成的高分子弹性体。

1）生胶。生胶是橡胶的主要成分，生胶按原料来源可分为天然橡胶及合成橡胶。生胶对橡胶性能起决定性作用。但单纯的生胶在高温时发生黏性，低温下发生脆性，且易被溶剂溶解。因此，需要加入适量的配合剂并经硫化处理，以形成较好性能的工业用橡胶。

2）配合剂。配合剂是为了提高和改善橡胶制品的性能而加入的物质。如硫化剂、促进剂、补强剂、软化剂、填充剂和防老剂等。

（2）橡胶的分类

橡胶可分为天然橡胶和合成橡胶两大类。

1）天然橡胶。它属于天然树脂，是橡树上流出的胶乳，经过凝固、干燥、加压等工序制成片状生胶，再经硫化工艺制成弹性体。

2）合成橡胶。合成橡胶是指具有类似橡胶性质的各种高分子化合物。它的种类很多，主要有：丁苯橡胶、顺丁橡胶、氯丁橡胶、丁基橡胶等。

（3）橡胶的应用

橡胶常用来制造轮胎、胶鞋、胶布、胶带、胶管、电缆胶粘剂、汽车门窗嵌条、橡胶弹簧、减振器、刹车皮碗等。

2.3 陶 瓷

2.3.1 陶瓷的分类

陶瓷是无机非金属固体材料，可分为传统陶瓷、特种陶瓷和金属陶瓷三大类。

（1）传统陶瓷

传统陶瓷是用黏土、长石及石英等天然原料，经粉碎、成型和烧结制成。它主要用于日用品、建筑，电气绝缘，化工、卫生及工业上的耐酸、过滤，纺织等行业。

（2）特种陶瓷

特种陶瓷是以人工化合物为原料（如氧化物、氮化物等）制成的陶瓷。它是具有各种特殊物理、化学和力学性能的新型陶瓷。这类陶瓷主要用于化工、冶金、机械、电子工业和某些新技术领域等。如制造高温器皿、电绝缘及电真空器件、高速切削刀具、耐磨零件、炉管等。

（3）金属陶瓷

金属陶瓷是由金属碳化物或其他化合物的粉末和粘结剂（如纯金属的钴、镍、钨等）经混合加工成形后，再经烧结而成的一种粉末冶金材料。主要用于刀具、模具等工业部门。

2.3.2 陶瓷的性能

其性能主要有硬度高，抗压强度大，耐高温、抗氧化、耐磨损和耐腐蚀性能好，但质脆，受力后不易产生塑性变形，经不起敲打碰撞，急冷急热时性能较差。

2.3.3 常用陶瓷材料

常用的陶瓷有普通陶瓷、氧化铝陶瓷、氮化硅陶瓷及碳化硅陶瓷。

2.4 复合材料

2.4.1 复合材料的组成

复合材料是由两种或两种以上性质不同的材料组合而成，均可称为复合材料。两者保留了各自的优点，得到单一材料无法比拟的综合性能，是一种新型的工程材料。

2.4.2 复合材料的分类

（1）复合材料按性能不同，可分为结构复合材料及功能复合材料；

（2）按增强基体不同，可分为塑料基复合材料、金属基复合材料、橡胶基复合材料和陶瓷基复合材料；

（3）按增强材料的种类和结构形式不同，可分为层叠、细粒、纤维增强复合材料等。

2.4.3 复合材料的性能

复合材料具有以下性能：

（1）减摩性与耐磨性好；

（2）抗疲劳性与减振性好；

（3）耐蚀性与高温性能好；

（4）加工成型好；

（5）比强度高和比模量大。

其他特殊性能：如化学稳定性、隔热性、烧蚀性以及特殊的电、光、磁等性能。

2.4.4 复合材料的应用

主要用于制造机械零件（如齿轮等）；化工容器（如储油罐、电解槽等）；船艇、汽车车身，大型发动机罩壳；耐腐蚀结构件（如泵、阀、管道等）；减摩、耐磨及密封件；绝缘材料等。

思考题与习题

1. 钢中常存在的杂质有哪些？硫、磷对钢的性能有哪些有害和有益的影响？
2. 碳素钢常用分类方法有哪几种？
3. 合金钢中经常加入的合金元素有哪些？怎样分类？
4. 下列钢号各代表何种钢？符号中数字各有什么意义？
Q235—A、Q235—A．F、20、20g、16Mn、1Cr13、0Cr10Ni9、00Cr17Ni14Mo2。
5. 试比较可锻铸铁与球墨铸铁和铸钢的牌号表示方法？
6. 举例说明灰铸铁，可锻铸铁、球墨铸铁和铸钢的牌号表示方法？
7. 试述工业纯铝的性能特点？并举例说明其牌号及用途。
8. 硬铝和铝硅合金各属于哪类铝合金？试举例说明其牌号及用途。
9. 试述工业纯铜的性能特点？并举例说明其牌号及用途。
10. 什么是黄铜？什么是青铜？它们可以分为哪几类？
11. 轴承合金应具备哪些性能？常用的轴承合金有哪几种？
12. 轴承合金在组织上有何特点？简述常用轴承合金的应用。
13. 什么是工程塑料？举例说明它在工业上的应用？
14. 与金属材料相比，塑料具有哪些特性？
15. 橡胶的组成和结构的特点是什么？
16. 橡胶分哪几类？有什么用途？
17. 合成橡胶与天然橡胶在性能上有何不同？
18. 什么是复合材料？有何优异的性能？
19. 常用的纤维复合材料有哪些？各有何特点？
20. 陶瓷性能的主要缺点是什么？分析其原因，并指出改进方法。

单元4　金属的焊接与切割

知识点：手工电弧焊：焊接电弧、焊接设备、焊条、焊接接头与焊缝形式、焊接工艺参数、焊接过程；气焊与气割：焊接气体与材料、气焊设备与工具、气焊火焰、气焊工艺、气割工艺；其他焊接方法。

教学目标：了解手工电弧焊常用的设备、材料和焊接工艺参数，掌握其焊接方法；了解气焊与气割的设备、材料及工艺参数，掌握气焊与气割方法。

在金属结构和机器的制造中，经常需要将两个或两个以上的零件连接在一起。连接方式主要有两种：一种是机械连接，可以拆卸，如螺栓连接、键连接等；另一种是永久性连接，不能拆卸，如铆接、焊接等。过去，金属构件的连接主要采用铆接工艺，随着焊接技术的迅速发展及应用，而焊接与铆接相比具有节省材料、简化工序、接头质量高、易实现自动化等优点。因此，焊接逐步取代了铆接，成为金属构件主要的加工及连接方法之一。

焊接就是通过加热或加压，或两者并用，并且用（或不用）填充材料，使焊件达到原子结合的一种加工方法。按焊接过程中金属所处的状态不同，可以把焊接分为熔焊、压焊和钎焊三类。

课题1　手工电弧焊

1.1　焊接电弧

焊接电弧是由焊接电源供给的，具有一定电压的两极间或电极与焊件间，在气体介质中产生的强烈而持久的放电现象，称为焊接电弧。

1.1.1　焊接电弧的构造及温度

焊接电弧的构造可分为三个区域：阴极区、阳极区、弧柱区。其构造如图4-1。

（1）阴极区

为保证电弧稳定燃烧，阴极区的任务是向弧柱区提供电子流和接受弧柱区送来的正离子流。在阴极表面上有一个明亮的斑，称为阴极斑点，它是电子发射时的发源地。阴极区的温度一般达2130～3230℃，放出的热量占36%左右。

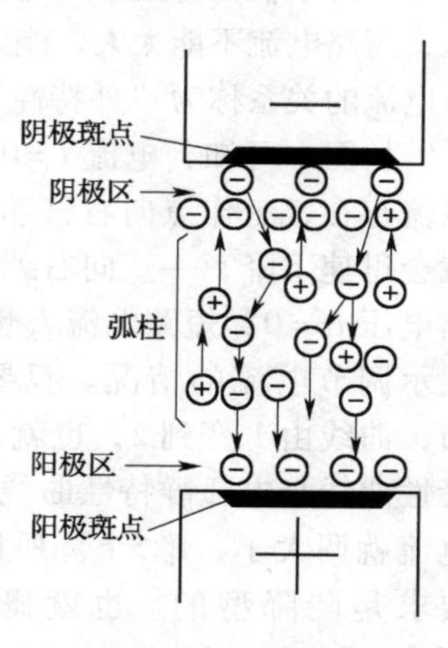

图4-1　焊接电弧的构造

（2）阳极区

其任务是接受弧柱区流过来的电子流和向弧柱区提供正离子流。在阳极表面也有一个光亮的斑点，称为阳极斑点。它是集中接收电子的微小区域。阳极性的温度一般达到2330～3980℃，放出热量占43%左右。

（3）弧柱区

电弧阴极区和阳极区之间的部分，起着电子流和正离子流的导电通路的作用。弧柱区的中心温度可达5730～7730℃，放出的热量占21%左右。

（4）电弧电压

就是阴极区、阳极区和弧柱区电压降之和，即 $U_{弧}=U_{阴}+U_{阳}+U_{柱}$。

1.1.2　电弧的静特性

在电极材料、气体介质和弧长一定的情况下，电弧稳定燃烧时，焊接电流与电弧电压变化的关系称为电弧静特性。如图4-2所示。电弧静特性曲线呈U形，它有三个不同区域，当电流较小时（*ab*段），电弧静特性是属于下降特性区，随着电流增加而电压降低；在正常工艺参数焊接时，电流通常从几十安培到几百安培，这时的电弧特性曲线如曲线中的*bc*段，称为平特性区，即电流大小变化时电压几乎不变；当电流更大时（*cd*段），电弧静特性为上升特性区，电压随电流增加而升高。

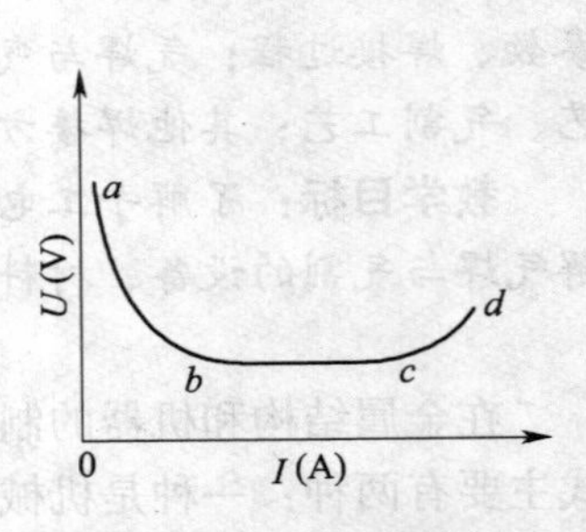

图4-2　电弧的静特性

不同的焊接方法，在一定的条件下，其电弧静特性只是曲线中的某一区域。手工电弧焊由于使用电流受限制（<500A），故其静特性曲线无上升特性区；埋弧自动焊在正常电流密度下焊接时，其静特性为平特性区。若采用大电流密度焊接时，其静特性为上升特性区；钨极氩弧焊一般在小电流区间焊接时，其静特性为下降特性区。若在大电流区间焊接时，其静特性为平特性区；细丝熔化极气体保护焊，由于电流密度很大，所以其静特性曲线为上升特性区。

1.2　焊接设备

1.2.1　焊机外特性曲线

作为电弧的电源，电焊机必须满足电弧的要求，才能使电弧稳定燃烧。同时，要便于操作，易于获得合格的焊缝。因此，焊接设备应具备空载电压较高，有适当的电弧工作电压，短路电流不能太大，能方便调节电流大小等条件。电焊机作为电弧的电源，输出电压与电流的关系称为“外特性”。图4-3为电焊机的外特性曲线。

从图中可知，电流 $I=0$ 时，即为空载，空载电压为50～90V。只要电弧引燃就有电流存在，工作点向右移动，由曲线看，输出电压就会迅速下降，一直向右到 I_K 为短路电流，此时输出电压 $U=0$，短路电流 I_K 也不算太大。曲线1和2表示调节电流的情况。只要改变外特性曲线的分布，曲线由1变到2，也就改变了电弧工作点（外特性曲线与电弧静特性曲线的交点）。由 *a* 变到 *b*，电流就调大了，$I_b>I_a$。所以，从对电焊机外特性要求是陡降型的，也就概括了对电焊机特性的要求。

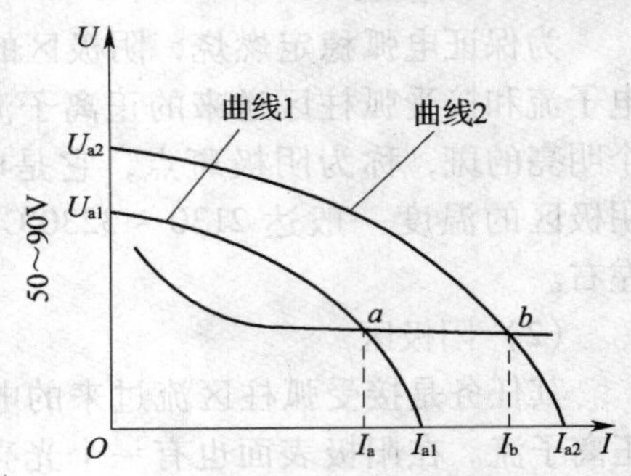

图4-3　电焊机的外特性曲线

1.2.2 焊机分类

按照供应的电流性质，可将电焊机分为交流弧焊机和直流弧焊机两大类。交流弧焊机是一种供电弧燃烧使用的具有下降外特性的降压变压器，亦称弧焊变压器。常用的有分体式弧焊机、同体式弧焊机、动铁漏磁式弧焊机、动圈式弧焊机、抽头式弧焊机等。直流弧焊机根据所产生的直流电的原理不同，又分为直流弧焊发电机和弧焊整流器，如硅整流焊机、晶闸管弧焊机、逆变式弧焊机等。

在生产中如果采用酸性焊条，则选用弧焊变压器；如果采用碱性焊条，则选用弧焊整流器或弧焊发电机。

1.3 焊　　条

焊条就是涂有药皮的供手工弧焊用的熔化电极，它由药皮和焊芯两部分组成。手工电弧焊时，焊条作为电极在熔化后可作为填充金属直接过渡到熔池，与液态的母材熔合后形成焊缝金属。因此，焊条不但影响电弧的隐定性，而且直接影响到焊缝质量。

1.3.1 焊芯

焊条中被药皮包覆的金属芯称焊芯。焊芯有两个作用，一是传导焊接电流，产生电弧把电能转换成热能；二是焊芯本身熔化作为填充金属与液体母材金属熔合形成焊缝。手工电弧焊时，焊芯金属占整个焊缝金属的50%～70%。所以，焊芯的化学成分直接影响焊缝的质量。焊芯按国标（GB 1300—77）规定分类，可分为碳素结构钢、合金结构钢、不锈钢三类。

1.3.2 药皮

压涂在焊芯表面上的涂料层称为药皮。药皮具有提高焊接电弧稳定性、保护熔化金属不受外界空气的影响、保证焊缝金属获得所要求的性能、改善焊接工艺性能等作用。

1.3.3 焊条的分类

（1）按焊条的用途分类

按焊条的用途可分为碳钢焊条、低合金焊条、不锈钢焊条、堆焊焊条、铸铁焊条、镍及镍合金焊条、铜及铜合金焊条、铝及铝合金焊条及特殊用途焊条等共9种。

（2）按焊条药皮熔化后的熔渣特性分类

按焊条药皮熔化后的熔渣特性可分为酸性焊条和碱性焊条。

1）酸性焊条。其熔渣的成分主要是酸性氧化物（SiO_2、TiO_2、Fe_2O_3）及其他在焊接时易放出氧的物质，药皮里的造气剂为有机物，焊接时产生保护气体。一般用于焊接低碳钢和不太重要的钢结构。

2）碱性焊条。其熔渣的主要成分是碱性氧化物（如大理石、萤石等），并含有较多的铁合金作为脱氧剂和合金剂，焊接时，大理石分解产生CO_2作为保护气体。其焊缝中的力学性能和抗裂性能均比酸性焊条好，可用于合金钢和重要碳钢的焊接。

1.3.4 焊条的型号

以普遍使用的碳钢焊条为例，国家标准规定的焊条型号编制方法如下：

字母“E”表示焊条。前两位数字表示熔敷金属抗拉强度的最小值，单位为：×10MPa。第三位数字表示焊条的焊接位置，“0”及“1”表示焊条适用于全位置焊接，

"2"表示适用于平焊及平角焊，"4"表示适用于向下立焊。第三和第四位数组合表示焊接电流种类及药皮类型。举例如下：

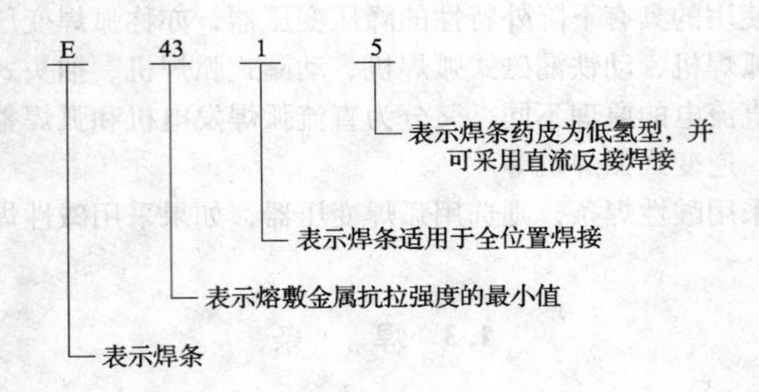

1.3.5 焊条的选用

要充分考虑焊件的机械性能、化学成分及焊件的工作条件、使用性能。同时要考虑简化工艺，降低成本。在许可的情况下，尽量多采用酸性焊条，以保证焊工的身体健康。

1.4 焊接接头与焊缝形式

1.4.1 焊接接头的分类及选择

用焊接方法连接的接头称为焊接接头，它包括焊缝、熔合区和热影响区。由于焊件的结构形状、厚度及技术要求不同，其焊接接头的形式及坡口形式也不相同。焊接接头的基本形式可分为：对接接头、T型接头、角接接头、搭接接头四种。

（1）对接接头

两焊件端面相对平行的接头叫作对接接头。对接接头是各种焊接结构中采用最多的一种接头形式。

1）I形不开坡口对接接头。用于较薄钢板的焊件。若产品不要求全焊透，则可进行单面焊接，但必须保证焊缝的熔透深度不小于板厚的0.7倍。

2）开坡口对接接头。用于钢板较厚而需要全焊透的焊件，根据钢板厚度不同，可开成各种形状的坡口，常用的有V形、X形和U形等，如图4-4所示。

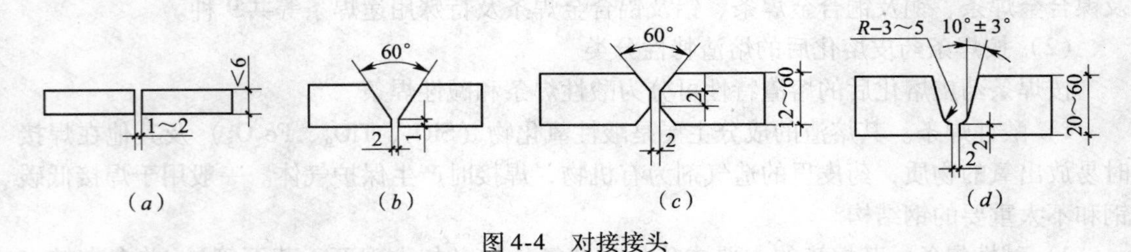

图4-4 对接接头

(a) I形坡口；(b) V形坡口；(c) X形坡口；(d) U形坡口

开坡口的主要目的是保证接头根部焊透，以便清除熔渣获得优质的焊接接头，而且坡口还可以调节焊缝中母材金属所占的比例。一般钢板厚度为6～40mm时，采用V形坡口。坡口加工容易，但焊件易产生变形；钢板厚度为12～60mm时，可采用X形坡口，主要用于焊件厚度大但要求变形小的结构中；钢板厚度为20～60mm时，可采用U形坡口，其特点是焊敷金属量最小，加工困难，一般只用于较重要的焊接结构。

（2）T 型接头

一焊件之端面与另一焊件表面构成直角或近似直角的接头称为 T 型接头，如图 4-5 所示。这是一种用途仅次于对接接头的焊接接头。在造船厂的船体结构中占 70%。按垂直板件厚度不同，当厚度在 2～30mm 时，可采用 I 形坡口；若 T 型接头的焊缝要求承受载荷，则应按照钢板厚度和对结构强度的要求，分别选取用单边 V 形、K 形、双 V 形等坡口形式，使接头焊透，保证接头强度。

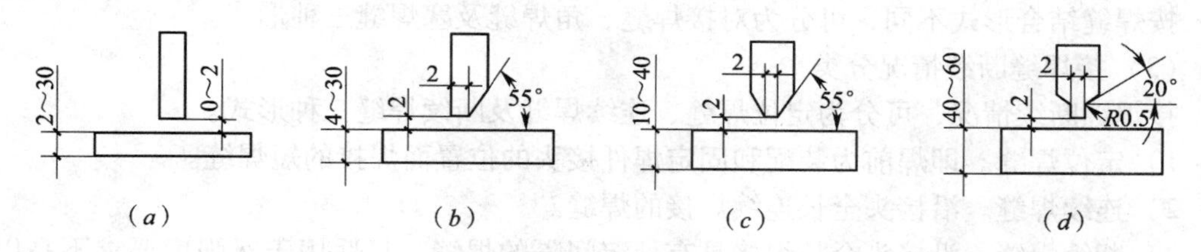

图 4-5　T 形接头

（a）I 形坡口；（b）单边 V 形坡口；（c）带钝边双单边 V 形坡口；（d）带钝边双 J 形坡口

（3）角接接头

两焊件端面间构成大于 30°、小于 135°夹角的接头称为角接接头。如图 4-6 所示。这种接头承载能力较差，常用于不重要的结构中。根据焊件厚度不同，接头形式也可分为开坡口和不开坡口两种。

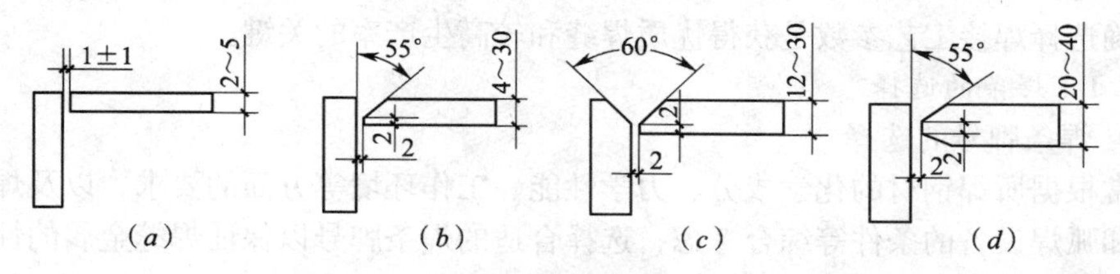

图 4-6　角接接头

（a）I 形坡口；（b）单边 V 形坡口；（c）带钝边 V 形坡口；（d）带钝边双单边 V 形坡口

（4）搭接接头

两焊件部分重叠构成的接头称为搭接接头。根据其结构形式和对强度要求的不同可分为如图 4-7 所示的三种形式。当重叠钢板面积较大时，为了保证结构强度，可根据需要分别选用圆孔塞焊缝和长孔槽焊缝形式，搭接接头特别适用于被焊结构狭小及密闭的焊接结构。

焊接接头还可按结构形式分为平板对接、管板角接、管—管对接三种形式。

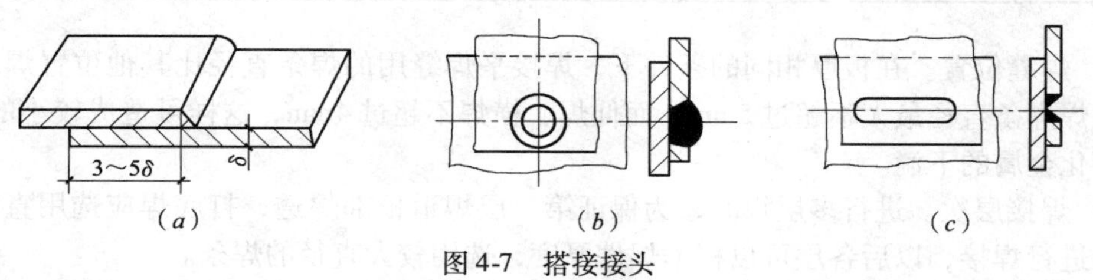

图 4-7　搭接接头

（a）I 形坡口；（b）塞焊缝；（c）槽焊缝

1.4.2　焊缝形式

焊缝是焊件经焊接后所形成的结合部分。焊缝按不同的分类方法可分为下列几种形式。

（1）按焊缝在空间位置分类

按焊缝在空间位置的不同，可分为平焊缝、立焊缝、横焊缝及仰焊缝四种形式。

（2）按焊缝结合形式分类

按焊缝结合形式不同，可分为对接焊缝、角焊缝及塞焊缝三种形式。

（3）接焊缝断续情况分类

接焊缝断续情况，可分为定位焊缝、连续焊缝及断续焊缝三种形式。

1）定位焊缝。即焊前为装配和固定焊件接头的位置而焊接的短焊缝。

2）连续焊缝。沿接头全长连续焊接的焊缝。

3）断续焊缝。沿接头全长焊接具有一定间隔的焊缝，只适用于对强度要求不高以及不需要密闭的焊接结构。

1.5　焊接工艺参数

焊接工艺参数（焊接规范）是指焊接时为保证焊接质量而选定的各项参数，如焊接电流、电弧电压、焊接速度、线能量等的总称。

手工电弧焊的焊接工艺参数通常包括：焊条的选择、电弧电压、焊接速度、焊接层数等。正确选择焊接工艺参数是获得优质焊缝和较高生产率的关键。

1.5.1　焊条的选择

（1）焊条牌号的选择

通常根据所焊钢材的化学成分、力学性能、工作环境等方面的要求，以及焊接结构承载情况和弧焊设备的条件等综合考虑，选择合适的焊条牌号以保证焊缝金属的性能要求。

（2）焊条直径的选择

焊条直径大小的选择与下列因素有关：

1）焊件的厚度。厚度较大的焊件应选用直径较大的焊条；反之，薄焊件的焊接，则应选用小直径的焊条。在一般情况下，焊条直径与焊件厚度之间关系的参考数据见表4-1。

焊条直径选择的参考数据　　**表4-1**

焊件厚度（mm）	≤1.5	2	3	6～12	6～12	≥12
焊条直径（mm）	1.5	2	3.2	3.2～4	4～5	4～6

2）焊缝位置。在板厚相同的条件下，焊接平焊缝用的焊条直径比其他位置焊缝大一些。立焊焊条直径最大不超过5mm，而仰焊、横焊不超过4mm，这样可造成较小的熔池，减小熔化金属的下淌。

3）焊接层次。进行多层焊时，为保证第一层焊道根部焊透，打底焊应选用直径较小的焊条进行焊接，以后各层可以根据焊件厚度，选用较大直径的焊条。

4）接头形式。T形接头不存在全焊透问题，应比对接接头使用的焊条粗些，以提高生产率。

1.5.2 焊接电流的选择

焊接电流是手弧焊最重要的工艺参数，也是影响焊接生产率和焊接质量的重要因素之一。

焊接时，适当地加大焊接电流可以加快焊条的熔化速度，从而提高工作效率。但是过大的焊接电流会造成焊缝咬边、焊瘤、烧穿等缺陷，而且金属组织还会因过热而发生变化。电流过小易造成夹渣、未焊透等缺陷，降低了焊接接头的力学性能，所以，应选择合适的焊接电流。焊接电流主要由焊条直经、焊接位置和焊道层次来决定。

（1）焊条直经

焊条直径越粗，焊接电流越大。不同焊条直径均有不同的许用焊接电流范围，还可根据下列经验公式来确定焊接电流范围，再通过试焊，逐步得到合适的焊接电流。

$$I = (30 \sim 55)d$$

式中 I——焊接电流，A；

d——焊条直径，mm。

（2）焊缝位置

在相同焊条直径条件下，在平焊位置焊接时，熔池中的熔化金属容易控制，可以适当选择较大的电流。横、立、仰位置焊接时，焊接电流应比平焊位置小 10% ~20%。角焊电流比平焊电流稍大一些。

（3）焊道层次

通常焊接打底焊道时，特别是焊接单面焊双面成形焊道时，使用的焊接电流要小，这样便于操作和保证背面焊道的质量；焊填充焊道时，为提高效率，通常使用较大的焊接电流；而焊盖面焊道时，为防止咬边和获得较美观的焊缝，使用的电流要稍小些。

另外，碱性焊条选用的焊接电流比酸性焊条小 10% 左右，不绣钢焊条比碳钢焊条选用的电流小 20% 左右等。

1.5.3 电弧电压

手工电弧焊的电弧电压主要由电弧长度来决定。电弧长，电弧电压高；电弧短，电弧电压低。在焊接过程中，一般希望弧长始终保持一致，而且尽可能用短弧焊接。因为电弧过长，电弧燃烧不稳定，飞溅增多，焊缝成形不易控制，尤其对熔化金属的保护不利，有害气体的侵入，直接影响焊缝金属的力学性能。

1.5.4 焊接速度

单位时间内完成的焊缝长度称为焊接速度。速度过慢，热影响区加宽，晶粒粗大，变形也大；速度过快，易造成未焊透、未熔合、焊缝成形不良等缺陷。焊接过程中，焊接速度应该均匀适当，既要保证焊透，又要保证不烧穿，同时还要使焊缝宽度和高度符合图纸设计要求。

1.5.5 焊接层数

当焊件厚度较大时，往往需要多层焊。多层焊时，后层焊道对前一层焊道重新加热和部分熔合，可以消除后者存在的偏析、夹渣及一些气孔。同时，后层焊道还对前层焊道有热处理作用，能改善焊缝的金属组织，提高焊缝的质量。因此，对质量要求较高的焊缝，每层厚度最好不大于 4 ~5mm。

1.5.6 线能量

以上各项焊接工艺参数，在选择时，不能单以一个参数的大小来衡量对焊接接头的影响。例如，焊接电流增大，虽然热量增大，但不能说，加到焊接接头上的热量也大，因为还要看焊接速度的变化情况。当焊接电流增大时，如果焊接速度也相应增快，则焊接接头所得到的热量就不一定大，故对焊接接头的影响就不大。所以，焊接参数的大小应综合考虑，即用线能量来表示。

线能量是指熔焊时，由焊接能源输入给单位长度焊缝上的能量。电弧焊时，焊接能源是电源通过电能转换为热能，利用热能来加热和熔化焊条及焊件。实际电弧所产生的热量总有一些损耗，即电弧功率中有一部分能量损失，真正加热的焊件的有效功率为：

$$q_0 = \eta IU$$

式中 q_0——电弧有效功率，J/cm；

η——电弧有效功率系数；

I——焊接电流，A；

U——电弧电压，V。

因为焊件受热程度还受焊接速度的影响，在焊接电流、电压不变的情况下，加大焊速，焊件受热减轻。因此，线能量为：

$$q = \eta IU/v$$

式中 q——线能量，J/cm；

v——焊接速度，m/h。

由图4-8可以看出，焊接电流增大或焊接速度减慢使焊接线能量增大时，过热区的晶粒粗大，韧性严重下降；反之，线能量趋小时，硬度虽有提高，但韧性要变差。因此，对于不同钢材和不同焊接方法，线能量的最佳范围也不相同，需要通过一系列实验来确定合适的线能量和最佳的焊接工艺参数。

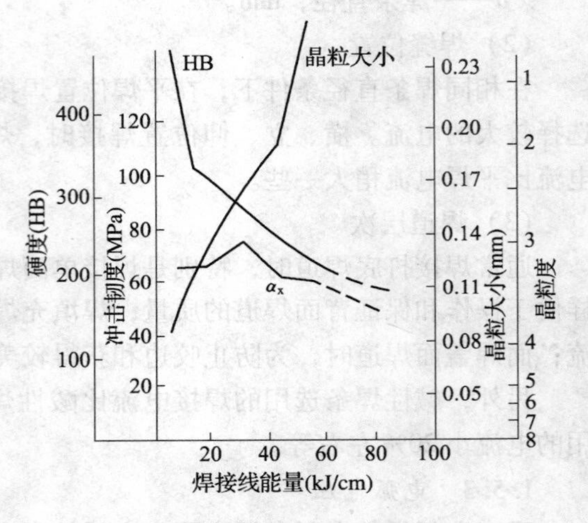

图4-8 焊接线能量对20Mn钢过热区性能的影响

1.6 焊接过程

1.6.1 电弧的引燃

引弧方法有划擦法和直击法两种。

(1) 划擦引弧法

先将焊条末端对准焊件，然后像划火柴似的使焊条在焊件表面划擦一下，提高2~3mm的高度，引燃电弧。引燃电弧后，应保持电弧长度不超过所用焊条直径。

(2) 直击引弧法

先将焊条垂直对准焊件，然后将焊条碰击焊件，出现弧光后迅速将焊条提起2~3mm，产生电弧使其稳定燃烧。

1.6.2 运条方法

在电弧引燃后，焊条要有三个基本方向的运动，才能使焊缝良好成形。即朝着熔池方向作逐渐送进动作，沿焊接方向移动，横向摆动，如图 4-9。

焊条向熔池方向送进的目的是在焊条不能熔化的过程中保持弧长不变；焊条沿焊接方向移动，是为了控制焊道成形；焊条的横向摆动是为了得到一定宽度的焊道。

在焊接中，根据不同的焊缝位置、焊件厚度、接头形式等因素，有许多运条方法，以下是几种常用的运条方法及实用范围，如图 4-10 所示。

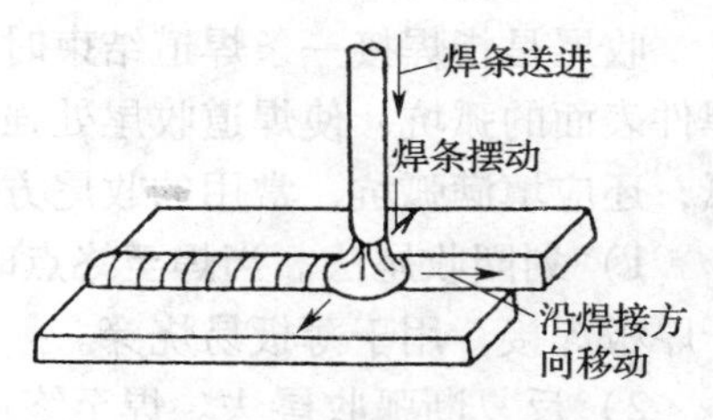

图 4-9 运条的三个基本运动

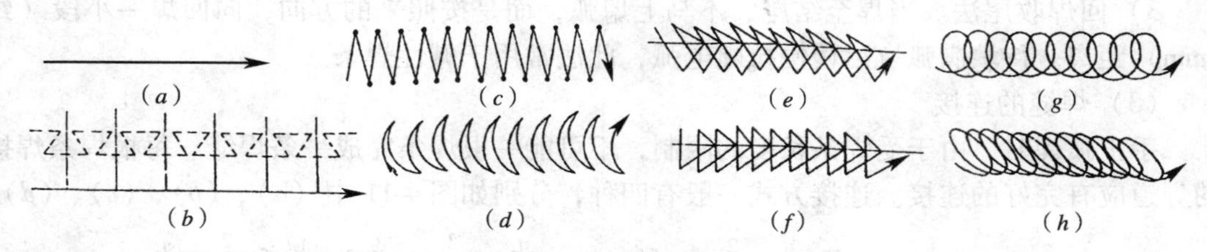

图 4-10 常用的运条方法

(a) 直线形运条法；(b) 直线往复运条法；(c) 锯齿形运条法；(d) 月牙形运条法；(e) 斜三角形运条法；(f) 正三角形运条法；(g) 正圆圈形运条法；(h) 斜圆圈形运条法

(1) 直线形运条法

焊接时，保持一定的弧度，焊条仅沿焊接方向作不摆动的前移。多用于不开坡口的对接平焊、多层多道焊。

(2) 直线往返运条法

将焊条末端在焊缝的纵向作来回直线形摆动。适用于薄板和接头间隙较大的焊缝。

(3) 锯齿形运条法

使焊条末端沿焊接方向作锯齿形连续摆动，并在两边稍停片刻，以防止咬边。这种方法在生产中应用较广，适用于较厚钢板的焊接。

(4) 月牙形运条法

是使焊条末端沿焊接方向作月牙形的左右摆动。其适用范围和锯齿形运条法基本相同，但其焊缝余高较高。

(5) 三角形运条法

是焊条末端作连续的三角运动，并不断向前移动。根据它的适用范围不同，又可分为斜三角运条法和正三角运条法两种。

(6) 圆圈形运条法

是焊条末端连续作圆圈形运动，并不断前移。

1.6.3 焊缝的起头、收尾及连接

(1) 焊缝的起头

焊缝的起头就是指刚开始焊接的部分。这部分焊缝余高略高，这是由于焊件的温度很低，引弧后又不能迅速地使这部分金属的温度升高，所以起点这部分的熔深较浅，使焊缝的强度减弱，为了减少这种现象的产生，应该在引弧后先将电弧稍微拉长，对焊缝端头进行必要的预热，然后适当缩短电弧长度进行正常的焊接。

（2）焊缝的收尾

收尾是指焊接一条焊道结束时的熄弧操作。如果收尾时立即拉断电弧，则会形成低于焊件表面的弧坑，使焊道收尾处强度减弱，并容易产生弧坑裂纹。所以收尾动作不仅是熄弧，还应填满弧坑，常用的收尾方法有三种：

1）划圈收尾法。当焊至终点时，焊条作圆圈运动，直到填满弧坑再息弧。此法适用于厚板焊接，用于薄板易烧穿。

2）反复断弧收尾法。焊至终点，焊条在弧坑上需作数次反复熄弧、引弧，直到填满弧坑。此法适用于薄板和大电流焊接。

3）回焊收尾法。当焊至结尾，不马上熄弧，而是按照来的方向，向回焊一小段（约5mm）距离。待填满弧坑后慢慢拉断电弧，此法常用于碱性焊条。

（3）焊缝的连接

手工弧焊时，由于受焊条长度的限制，不可能一根焊条完成一条焊缝。每根焊条焊接的焊道应有完好的连接。连接方式一般有四种，分别如图4-11中（*a*）、（*b*）、（*c*）、（*d*）。

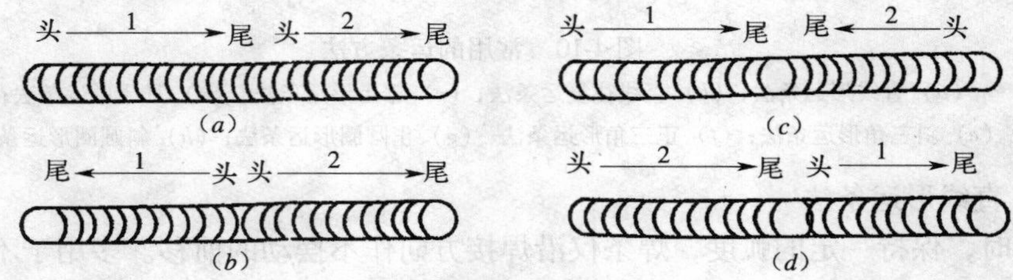

图4-11　焊道的连接方式

1—先焊的焊道；2—后焊的焊道

上图（*a*）连接方式应用最多，接头的方法是在先焊的焊道弧坑前约10mm处引弧，将拉长的电弧缓缓地移到原弧坑处，当新形成的熔池外缘与原弧坑外缘相吻合时，压低电弧，焊条再作微微转动，待填满弧坑后，焊条立即向前移动，进行正常焊接。

图中（*b*）、（*c*）、（*d*）连接方式应用较少，一般用于长焊缝分段焊时，采用焊道的头与头相接、尾与尾相接和尾压头相接，它们的操作方法与（*a*）基本相同，即利用长弧预热，适时而准确压弧，保证接头平滑。

课题2　气焊与气割

气焊与气割是金属材料加工的主要方法之一。它具有设备简单、操作方便、质量可靠、成本低、实用性强等特点。气焊与气割是利用可燃气体与助燃气体混合燃烧所释放出的热量作为热源进行金属材料的焊接或切割。可燃气体的种类很多，例如乙炔气、氢气、天然气和液化石油气等。乙炔气与氧燃烧产生的温度最高，应用最广。

2.1　气焊和气割用气体及材料

2.1.1　气焊材料

气焊材料主要有氧气、乙炔、气焊丝和气焊熔剂等。

（1）氧气

工业上常采用液化空气分离法制取，它是助燃气体，其纯度对气焊与气割的质量和效率都有很大影响。

(2) 乙炔

又称电石气。它是一种无色的碳氢化合物，其分子式为C_2H_2，在标准状态下密度是1.179kg/m^3，比空气轻。乙炔是易燃气体，其熔点为335℃；乙炔又是易爆气体，当压力为0.15MPa，气体温度为580～600℃时，乙炔就会自行爆炸。它与空气混合燃烧的火焰温度为2350℃，而与氧气混合燃烧的火焰温度为3000～3300℃，能迅速熔化金属，达到焊接或切割的目的。乙炔气在工业上用电石与水的反应来获得。

(3) 气焊丝

气焊丝用于填补焊缝，其成分直接影响到焊缝的机械性能。常用的气焊丝种类有：碳素结构钢焊丝、合金结构钢焊丝、不锈钢焊丝、铜及铜合金焊丝、铝及铝合金焊丝和铸铁焊丝等。气焊丝的选用应考虑母材的力学性能，使之符合要求，还要考虑能保证焊接质量，不产生气孔、夹渣、裂纹等缺陷，同时，焊丝表面应无油脂、锈蚀等污物。焊丝熔点等于或略低于被焊金属的熔点。

(4) 气焊熔剂

为了防止金属的氧化及消除已经形成的氧化物，改善润湿性，在焊接有色金属、铸铁以及不锈钢等材料时，通常必须采用气焊熔剂。接其所起作用的不同，可分为化学反应熔剂和物理溶解熔剂两大类。

2.1.2 气焊熔剂的要求

(1) 熔剂应具有很强的反应能力，能迅速熔解某些氧化物或高熔点化合物，生成低熔点和易挥发化合物。

(2) 熔化的熔剂应黏度小，流动性好，熔渣的熔点和密度应比母材和焊丝低。

(3) 熔剂能降低熔化金属表面张力。

(4) 熔剂应无毒和腐蚀性，焊后熔渣易清除。

2.2 气焊设备及工具

2.2.1 氧气瓶

它是一种储存和运输氧气的高压容器。主要由瓶体、瓶帽、瓶阀及瓶箍等组成。气瓶容积为40L，工作压力为15MPa，可储存6m^{3}氧气。瓶体使用时，应直立放置，若卧放时，应使减压阀处于最高位置。

2.2.2 乙炔瓶

它是一种贮存和运输乙炔的容器。主要由瓶体、瓶阀、瓶内的多孔性填料等组成。气瓶容积为40L，工作压力为15MPa。在瓶体内装有浸满着丙酮的多孔性填料，能使乙炔稳定而安全地贮存在乙炔瓶内。由于乙炔是易燃、易爆气体，因此，必须严格按照安全规则使用。

2.2.3 减压器

储存在气瓶内的气体都是高压气体，而气焊气割工作中所需的工作压力一般都比较低，因此，需要用减压器把储气瓶内的气体压力降低后，再输送到焊炬或割炬内使用。同时，减压阀还具有稳定气体工作压力的作用。

减压器按用途分有集中式和岗位式；按构造分有单级式和双级式；按作用原理分有正作用式和反作用式。

2.2.4　焊炬

又称焊枪，是气焊的主要工具。它的作用是用来控制气体混合比例、流量及火焰结构。焊炬的好坏直接影响焊接质量，所以，对焊炬的要求是能方便地调节氧与乙炔的比例和热量的大小，同时，要求结构重量轻，安全可靠。

焊炬按可燃气体与氧气混合的方式不同可分为：低压焊炬（常用）和等压式焊炬两类。

2.2.5　割炬

割炬是气割的主要工具，它的作用是使可燃气体与氧混合，形成一定热量和形状的预热火焰，并能在预热火焰中心喷射出较高压力的氧气进行切割。割炬按可燃气体压力不同分为低压割炬和等压式割炬；按用途不同分为普通割炬、重型割炬、焊割两用炬等。

此外，还有其他辅助工具，如橡皮胶管及其接头，点火枪、护目镜等。

2.3　气焊火焰及其工艺

2.3.1　气焊火焰

氧—乙炔焰是氧与乙炔混合燃烧所形成的火焰。氧—乙炔焰的外形、构造及火焰的温度分布与氧气和乙炔的混合比大小有关。根据混合比的不同，可分为三种不同性质的火焰，如图4-12所示。

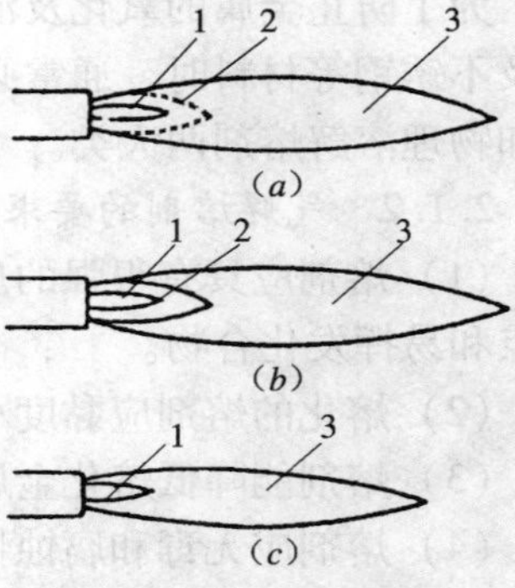

图4-12　氧乙炔焰的构造和形状
(a) 中性焰；(b) 碳化焰；(c) 氧化焰
1—焰芯；2—内焰；3—外焰

(1) 中性焰

是氧与乙炔的混合比为1.1～1.2时燃烧形成的火焰，此时乙炔可充分燃烧，无过剩的氧和乙炔。中性焰距焰心2～4mm处温度最高，达到3150℃，此时热效率最高，保护效果也最好。中性焰适用于低碳钢、中碳钢、低合金钢、不锈钢、紫铜等材料的焊接（割）。

(2) 碳化焰

是氧与乙炔的混合比小于1.1时燃烧所形成的火焰。因有过剩的乙炔存在，在火焰高温作用下分解出游离碳。碳化焰具有较强的还原作用和一定的渗碳作用，只适用于含碳量较高的高碳钢、铸铁、硬质合金及高速钢的焊接。碳化焰比中性焰长，其最高温度为2700～3000℃。

(3) 氧化焰

是氧与乙炔混合比大于1.2时燃烧所形成的火焰。因为火焰中有过量的氧，在尖形焰芯外面形成一个有氧化物的富氧区，由于氧化反应剧烈，内、外焰分不清，整个火焰长度较短，氧化焰最高温度约在3100～3300℃，通常焊接黄铜时采用。

2.3.2　气焊工艺

气焊工艺参数是保证焊缝质量的主要技术依据，通常包括焊丝牌号及直径、火焰性质及能率、焊炬倾斜角、焊接方向及速度等。

(1) 焊丝牌号及直径

焊丝的牌号选择应根据焊件材料的机械性能或化学成分，选择相应性能或成分的焊丝。

焊丝直径要根据焊件厚度选择。焊接5mm以下板材时，一般选用直径1～3mm的焊丝。若焊丝过细，焊接时焊件尚未熔化，而焊丝已熔化下滴，造成未熔合等缺陷。相反，如果焊丝过粗，焊丝加热时间增加，焊件热影响区变宽，会产生未焊透等缺陷。

开坡口焊件的第一二层焊缝焊接时，应选用较细的焊丝，其他各层焊缝可采用粗焊丝。另外，一般右焊法所选用的焊丝要比左焊法粗些。

（2）火焰的性质及能率

1）火焰的性质。应根据不同材料的焊件，正确的选择和掌握火焰的成分。通常中性焰可以减少被焊材料元素的烧损和增碳，对含有低沸点元素的材料选用氧化焰，对允许和需要增碳的材料选用碳化焰。

2）火焰能率的选择。火焰能率是以每小时可燃气体的消耗量（L/h）来表示的。它主要取决于氧—乙炔混合气体的流量。一般根据材料性能不同，选用不同的火焰能率。焊接厚件、高熔点、导热性好的金属材料，应选较大的火焰能率，才能确保焊透；反之，应选小的火焰能率。在实际生产中，在确保焊接质量的前提下，为提高生产率，应选用较大的火焰能率。

3）焊嘴倾角的选择。焊嘴倾角与焊件的熔点、厚度、导热性以及焊接位置有关。焊件越厚、导热性及熔点越高，应采用较大的焊嘴倾角，使火焰热量集中。反之，则采用较小的倾角。另外，焊嘴倾角在气焊过程中要经常改变，起焊时大，结束时小。焊接碳素钢时，焊嘴倾角与焊接厚度的关系见图4-13。

4）焊接方向。按照焊炬和焊丝的移动方向，可分为左向焊法和右向焊法两种。如图4-14所示。

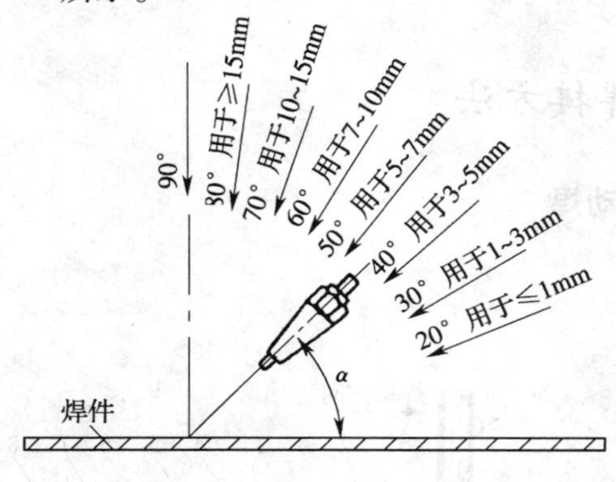

图4-13　焊炬倾斜角与焊件厚度的关系

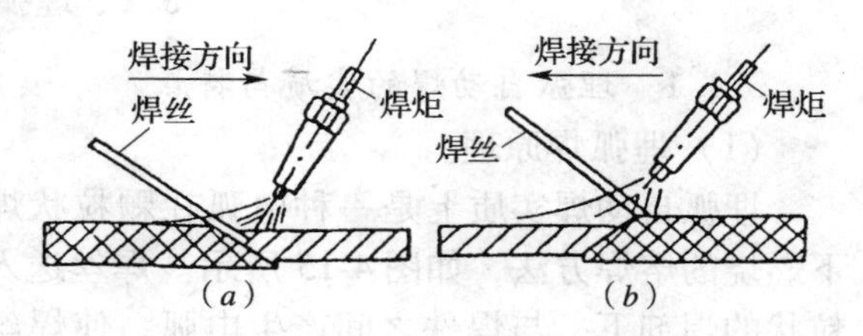

图4-14　右向焊法和左向焊法

（*a*）右向焊法；（*b*）左向焊法

5）焊接速度。焊接速度的快慢，将影响产品质量与生产率。通常焊件厚度大、熔点高，则焊速应慢，以免产生未熔合。反之，则要快，以免烧穿和过热。

2.4　气割工艺

2.4.1　气割基本原理

气割是利用气体火焰的热能将工件切割处预热到一定温度（熔点），喷出高速切割氧流，使其燃烧并放出热量，来实现切割的方法。由于它投资少，质量高，所以应用较广。

金属的气割过程包括预热——燃烧——喷渣三个阶段，其实质是金属在纯氧中燃烧的过程，而不是熔化的过程。

进行气割的金属必须具备下列条件：

(1) 金属材料的燃点应低于熔点。

(2) 金属的氧化物熔点应低于金属的熔点。

(3) 金属的导热要差。

(4) 金属燃烧是放热反应。

(5) 金属中含阻碍切割和易淬硬的元素杂质应少。

2.4.2 气割工艺参数

(1) 切割氧的压力。

切割氧压力随着切割件的厚度和割嘴的孔径增大而增大。此外，随着氧的纯度降低，使氧的消耗量也增加。

(2) 气割速度

割件越厚，气割速度越慢，气割速度是否得当，通常根据割缝的后拖量来判断。

(3) 预热火焰的能率

它与割件厚度有关，常与气割速度综合考虑。

(4) 割嘴与割件间的倾角。

倾角的大小，主要根据割件的厚度来定，它对气割速度和后拖量有着直接的影响。

(5) 割嘴离割件表面的距离。

应根据预热火焰的长度及割件厚度来定。

课题 3 其他焊接方法

3.1 埋弧自动焊

3.1.1 埋弧自动焊的实质与特点

(1) 埋弧焊原理

埋弧自动焊实质上是一种电弧在颗粒状焊剂下燃烧的熔焊方法，如图 4-15 所示。焊丝送入颗粒状的焊剂下，与焊件之间产生电弧，使焊丝与焊件熔化形成熔池，熔池金属结晶为焊缝；部分焊剂熔化形成熔渣，并在电弧区域形成一封闭空间，液态熔渣凝固后成为渣壳，覆盖在焊缝金属上面。随着电弧沿焊接方向移动，焊丝不断地送进并融化，焊剂也不断的撒在电弧周围，使电弧埋在焊剂层下燃烧，由此实现自动的焊接过程。

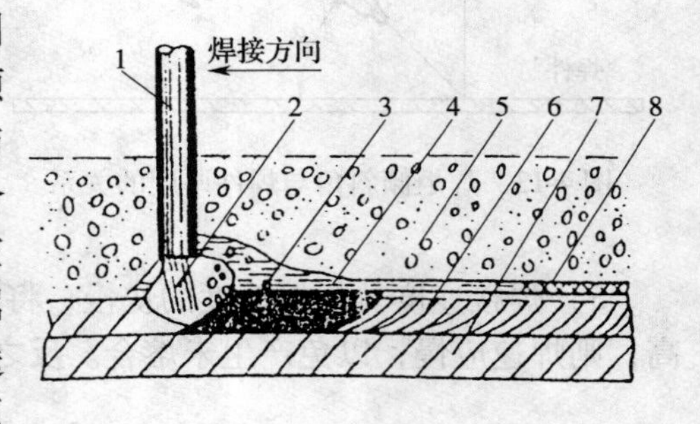

图 4-15 埋弧自动焊示意图

1—焊丝；2—电弧；3—熔池；4—熔渣；5—焊剂；6—焊缝；7 焊件；8—渣壳

(2) 埋弧焊特点

埋弧自动焊主要是用于低碳钢及合金钢中

厚板的焊接，是大型焊接结构生产中常用的一种焊接技术。与手工电弧焊相比，其主要特点是：焊接生产率高、焊接质量好、改善了劳动条件。但它仅适用于水平面焊缝的焊接，对焊件边缘的加工和装配质量要求较高，设备复杂，一些形状不规则的焊缝焊接难以实现。

3.1.2 电弧长度自动调节方法

（1）电弧长度调整

合理地选择焊接工艺参数，并保证预定的工艺参数在焊接过程中稳定，才能获得优质的焊缝。但是，在焊接过程中经常会受到诸如网络电压的波动、焊件表面不平整、焊件坡口加工不规则及定位焊缝的存在等因素的干扰，使电弧长度不断地发生变化。这种电弧的变化会造成电弧燃烧的不稳定。因此，在焊接过程中，当电弧变化时并希望能迅速得到调整，恢复到原来长度。而电弧长度是由焊丝给送速度和焊丝熔化速度决定的，只有保证焊丝给送速度与焊丝熔化速度同步时，电弧才能保持稳定不变。为此，可通过两种途径来实现，一是调节焊丝给送速度（单位时间内送入焊接区的焊丝长度）；二是调节焊丝熔化速度（单位时间内熔化送入焊接区的焊丝长度）。

（2）电弧长度自动调节

埋弧自动焊机采用两种自动调节弧长的方式，即电弧自身调节和电弧电压自动（强制）调节。根据两种不同的调压原理，设计和制造了等速送丝式埋弧自动焊机（机型有MZ1—1000型）和变速送丝式埋弧自动焊机（机型有MZ—1000型）。

3.1.3 埋弧焊的焊接材料

（1）焊丝

目前，埋弧自动焊丝与手工电弧焊焊条的焊芯同属一个国家标准。按照焊丝成分和用途，可分为碳素结构钢、合金结构钢和不锈钢焊丝三大类。常用的焊丝直径为2、3、4、5、6mm。焊丝在使用时，表面要清洁，无氧化皮、铁锈和污物。

（2）焊剂

焊剂的主要作用，一是熔化后形成焊渣，可以防止空气中氧、氮等气体侵入熔池，并减缓焊缝冷却速度，改善焊缝的结晶状况，促使焊缝良好成形；二是可向熔池过渡有益的合金元素，改善焊缝的化学成分，提高其力学性能。

对焊剂的主要要求是：

1）与焊丝配合，能保证焊缝的化学成分及机械性能都符合要求。

2）应有良好的焊接工艺性，燃烧稳定，脱渣容易，焊缝成形美观。

3）有一定的物理性能，且不易吸潮。

3.1.4 埋弧自动焊的焊接工艺

埋弧自动焊的焊缝形状不仅关系到焊缝表面的成形，还会直接影响到焊缝金属的质量。

焊缝形状系数 Ψ 表示焊缝形状的特征，由焊缝熔化宽度 c 与焊缝熔化深度 s 之比决定：即 $\Psi = c/s$。当 Ψ 值过小时，焊缝容易产生气孔、夹渣、裂纹等缺陷；当 Ψ 值过大时，熔宽过大或焊深浅会造成未焊透。埋弧焊时，Ψ 值在1.3～2之间较为适宜。由于焊缝形状由焊接工艺参数决定，因此，正确选择焊接工艺参数十分重要。

埋弧自动焊时，需要控制的工艺参数很多，主要有：焊接电流、焊接电压、焊接速度、焊丝直径和工艺因素等。

3.2 氩弧焊

气体保护电弧焊是用外加气体（如氩气）作为电弧介质并保护电弧和焊接区的电弧焊方法。其原理是直接依靠从喷嘴中连续送出的气流，在电弧周围形成局部的气体保护层，使电极端部、熔滴和熔池金属处于保护气罩内，使其与空气隔绝，从而保证焊接过程的稳定，获得质量优良的焊缝。

3.2.1 氩弧焊的过程及特点

(1) 氩弧焊的过程

从焊枪喷嘴中喷出的氩气流，在焊区内形成厚而密的气体保护层和隔绝空气，同时，在电极（钨丝或焊丝）与焊接之间燃烧产生的电弧热量使被焊处熔化，并填充焊丝将被焊金属连接在一起，以获得牢固的焊接接头。

(2) 氩弧焊的特点

焊缝质量高，焊接变形小，可焊材料范围广，易于实现机械化。

(3) 氩弧焊的分类

氩弧焊根据所用的电极材料，可分为钨丝（不熔化极）氩弧焊和熔化极氩弧焊；按其操作方式又分为手工、半自动和自动氩弧焊等。

3.2.2 钨极氩弧焊

(1) 氩弧的特性

1) 电弧引燃。由于氩气电离电位较高，所以引燃电弧较困难。

2) 电弧燃烧稳定。在氩气中，电弧一旦引燃，燃烧就很稳定。

(2) 电流种类和极性

1) 直流钨极氩弧焊。直流钨极氩弧焊分直流正接和直流反接，一般都采用直流正接。因为直流电没有极性变化，并且焊件（阳极区）上的热量大，钨极许用电流大，电子发射能力强，所以一经引弧便能稳定燃烧。同时，钨极不易老化，焊件熔深较大，焊接效率高。

直流反接时，有去除氧化膜的作用，即“阴极破碎”作用。在焊接铝、镁及其合金时，由于金属的化学性质活泼，极易氧化形成熔点很高的氧化膜，焊接时覆盖在熔池表面，阻碍基体金属与填充金属的良好融合，无法使焊缝良好成形。钨极氩弧焊采用直流反接时，焊件是阴极，氩的正离子流向焊件，撞击金属熔池表面，可将铝、镁等金属表面致密难熔的氧化膜击碎并去除，使焊接顺利进行，这种现象称为“阴极破碎”作用。直流反接虽能将金属表面氧化膜去除，但电弧燃烧不稳定，铝、镁及其合金应尽量采用交流电来焊接。

2) 交流钨极氩弧焊。焊接铝、镁及其合金时，使用交流钨极氩弧焊会产生较好的焊接效果。

(3) 引弧和稳弧措施及直流分量的消除

氩气的电离电位较高，引弧困难，提高焊机的空载电压虽能改善引弧条件，但对人身安全不利，通常钨极氩弧焊是使用高频振荡器协助引燃电弧。对交流钨极氩弧焊，还需使用脉冲稳弧器，以保证重复引燃电弧。一般采用在焊接回路中串联电容的方法消除交流电中的直流分量。

（4）钨极氩弧焊的焊接材料和设备

1）氩气。是一种理想的保护气体，一般是将空气液化后采用分馏法制取，是制氧过程中的副产品。

2）钨极材料。钨极氩弧焊对钨极材料的要求是：耐高温、电流容量大、施焊损耗小，还应具有很强的电子发射能力，以保证引弧容易，电弧稳定。钨极的熔点高达3410℃，适合作为不熔化电极。

3）氩弧焊设备。钨极氩弧焊机一般用于厚度6～8mm焊件的焊接，典型的通用钨极氩弧焊机有NSA—500—1型、NSA2—300—1型、NSA4—300型、NZA18—500型等。NSA—500—1型钨极氩弧焊设备主要由焊接电源、控制箱、焊枪、供气及冷却系统等部分组成。它采用具有陡降外特性的BX3—1—500型动圈式弧焊变压器作为焊接电源。

（5）钨极氩弧焊的焊接工艺参数

手工钨极氩弧焊的主要工艺参数有：钨极直径、焊接电流、电弧电压、焊接速度、电源种类和极性、氩气流量、喷嘴直径、喷嘴与焊件间的距离、钨极伸出长度等。

3.3 二氧化碳气体保护焊

3.3.1 二氧化碳保护焊原理

二氧化碳气体保护焊是用CO_2作为保护气体，依靠焊丝与焊件之间的电弧来熔化金属的气体保护焊方法，简称CO_2焊。其焊接过程是：焊接电源的两输出端分别接在焊枪和焊件上，盘状焊丝由送丝机构带动，经软管与导电嘴不断向电弧区域送给，同时，CO_2气体以一定的压力和流量一并送入焊枪，通过喷嘴后形成一股保护气流，使熔池和电弧与空气隔绝。随着焊枪的移动，熔池金属冷却凝固形成焊缝。

3.3.2 CO_2保护焊分类

CO_2保护焊以生产效率高、抗锈能力强、焊接变形小、操作性能好、成本低等特点而得到越来越广泛地运用，是一种值得推广的高效焊接方法。按所用焊丝直径不同，可分为细丝CO_2焊和粗丝CO_2焊；按操作方式又分为CO_2半自动焊和CO_2自动焊。CO_2气体保护焊的焊接材料及设备有CO_2气体、焊丝、焊接电源、焊枪及送丝机构、CO_2供气装置和控制系统等。

3.3.3 CO_2保护焊工艺参数

CO_2气体保护焊的焊接工艺参数主要包括：焊丝直径、焊接电源、焊弧电压、焊接速度、焊丝伸出长度、气体流量、电源极性等。应按细丝焊和粗丝焊及半自动焊和自动焊的不同形式而确定，同时，要根据焊件厚度、接头形式和焊缝空间位置等因素，来正确选择焊接工艺参数。

3.4 电　渣　焊

随着重型机械工业的发展，需要对许多大厚度板材进行焊接，如果采用埋弧焊，不但需要开坡口，还要采用多道多层焊，这样生产率低，质量也难以保证。电渣焊是利用电流通过液体熔渣所产生的电阻热进行垂直位置焊接的方法。对于大厚度的焊件，电渣焊可以不必开坡口，一次焊好，而且焊缝缺陷少，成本低。

其他焊接方法还有等离子弧焊接、钎焊、电阻焊、冷压焊、超声波焊等，本书不做一一介绍。

课题4　焊接缺陷与检验

焊接缺陷的存在，将直接影响到焊接结构的安全使用，因此，必须了解其产生的原因、危害和防治方法，而且还必须了解焊缝检验的方法，以便及时消除各种缺陷，保证焊接产品的质量符合要求。

4.1　常见的各种焊接缺陷

常见的焊接缺陷按其在焊缝中的位置不同，可分为内部缺陷和外部缺陷两类。

4.1.1　外部缺陷

外部缺陷位于焊缝表面，用肉眼或低倍放大镜就可以看到，如焊缝外形尺寸不符合要求、咬边、焊瘤、内凹、弧坑、表面气孔、表面裂纹及表面夹渣等。

4.1.2　内部缺陷

内部缺陷位于焊缝内部，必须通过无损探伤等方法才能发现，如焊缝内部的夹渣、未溶合、未焊透、气孔、裂纹等。

4.2　焊接质量的检验

焊接质量检验可分为非破坏性检验和破坏性检验两类。

4.2.1　非破坏性检验

(1) 外观检验

焊接接头的外观检验是以肉眼直接观察为主，通常还须借助量规、样板及专用测量工具来发现焊接接头的表面缺陷，如外气孔、咬边、焊瘤、裂纹、焊缝尺寸等。

(2) 致密性检验

致密性检验是用来检验焊接盛器、管道、密闭容器上焊缝或接头是否存在不致密的方法。如焊缝中有贯穿的裂纹、气孔、夹渣、未焊透以及疏松组织等，就会导致上述结构不致密，致密性检验就能及时发现这类缺陷，并以此进行修复。常用的致密性检验方法有气密性试验、氨气试验、煤油试验、水压、气压试验等。

(3) 无损探伤检验

无损探伤检验是非破坏性检验中的一种特殊的检验方式，它利用渗透（荧光检验、着色检验）、磁粉、超声波、射线等方法来发现焊缝表面的细微缺陷以及存在于焊缝内部的缺陷，这类检验方法已在重要的焊接结构中得到广泛运用。

4.2.2　破坏性检验

破坏性检验是从焊件或试件上切取试样，或以产品（或模拟体）的整体破坏作试验，以检查其各种力学性能、抗腐蚀性能等的检验方法。

(1) 力学性能试验

力学性能试验是用在对焊接接头的检验方法。一般是指对焊接试板进行拉伸、弯曲、冲击、硬度和疲劳等试验。焊接试样板的材料、坡口形式、焊接工艺等均与产品的实际情况相同。

（2）接头的金相检验

其目的是检验焊缝、热影响区、母材的金相组织和确定内部缺陷。可分为宏观检验和微观检验两种。

（3）焊缝金属的化学分析

目的是检验焊缝金属的化学成分。通常从焊缝中或堆焊层上钻取50～60g试样供化学分析用。碳钢焊缝分析的元素有碳、锰、硅、硫、磷；合金或不锈钢焊缝有时需要分析镍、铬、钒、铜等。

（4）腐蚀试验

目的是确定在给定条件下，金属抵抗腐蚀的能力，估计其使用寿命，分析引起腐蚀的原因，找出防止或延缓腐蚀的方法。常用的方法有不锈钢晶间腐蚀、应力腐蚀、疲劳腐蚀、大气腐蚀和高温腐蚀试验等。

思考题与习题

1. 名词解释：焊接电弧、电弧电压、电弧静特性。
2. 介绍焊接电弧的组成。
3. 电弧静特性是什么形状？当采用不同的电弧焊接方法时，在一定条件下，静特性是曲线的哪一部分？
4. 焊条药皮的作用是什么？
5. 什么是焊接工艺参数？
6. 什么是焊接接头？焊接接头的基本形式有哪几种？
7. 减压器的作用是什么？减压器如何分类？
8. 气焊工艺参数包括哪些？应如何选择？
9. 气割的原理是什么？
10. 埋弧自动焊与手工电弧焊相比有哪些优点？
11. 简述CO_2气体保护焊的焊接过程。
12. 钨极氩弧焊采用直流正接与直流反接时，各自的特点是什么？
13. 焊接检验方法分为哪两大类？它们各自有哪些主要检验方法？

单元5　机械传动和机械零件

知识点： 机械传动：基本知识、带传动、齿轮传动；轴系零件：轴、键连接、滚动轴承、滑动轴承、联轴器和离合器；螺纹连接：螺纹的类型和应用、螺纹连接。

教学目标： 领会机械传动的基本知识，了解常用的带传动和齿轮传动的基本特征；了解常用轴系零件的基本组成及性能；了解螺纹连接的类型和应用。

机械是机器和机构的总称。是利用力学原理组成的，用来转换或利用机械能的装置。机械传动采用一系列机械零件，如齿轮、蜗轮、轴、带轮和链轮等组成的传动装置来进行能量传递。

本章主要介绍几种常用机械传动和机械零件的结构特点、工作原理和有关参数，其内容主要包括机械传动、轴系零件和螺纹连接三个部分。

课题1　机 械 传 动

1.1　机械传动的基础知识

1.1.1　机械的组成

任何一台完整的机械通常由原动机、传动机构和工作机构三大部分组成。如图5-1所示的可逆式卷扬机，它是由电动机通过联轴器、二级闭式减速器减速后带动卷筒旋转，改变电动机的旋转方向，卷筒即可改变旋转方向，卷入或放出钢丝绳，满足工程对机械的工作要求。图5-2所示的钢筋切断机，它由电动机通过带传动进行一级减速，再通过齿轮机构带动偏心轴转动，偏心轴通过连杆带动滑块作往复运动，装在滑块上的活动刀片则周期地靠近和离开固定刀片，将钢筋切断。

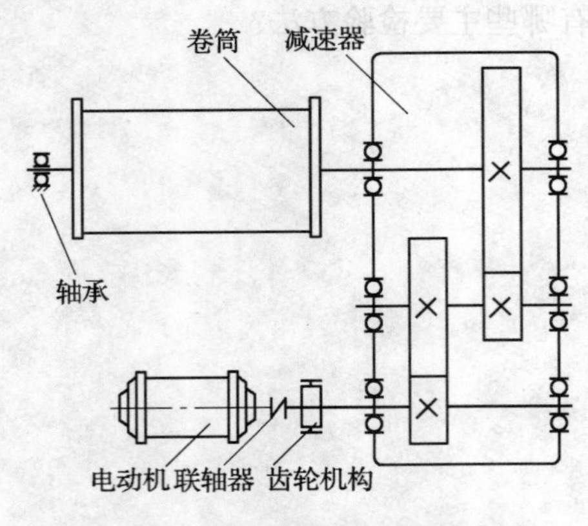

图5-1　电动可逆式卷扬机示意图

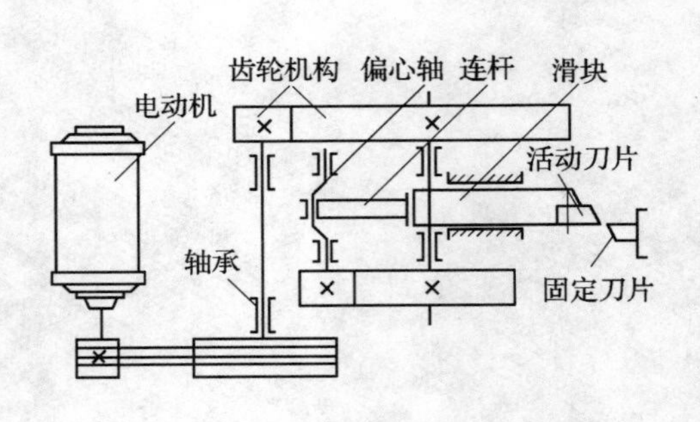

图5-2　钢筋切断机示意图

通过以上两个实例，可见卷扬机、切断机和其他机械一样都具有以下三部分：原动机——机械的动力来源，上两例的原动机为电动机。工作机构——机械按照一定的动作直接完成工作要求的部分，图 5-1 中的卷筒，图 5-2 的刀片是机械直接从事工作的部分。传动机构——机械原动机和工作机构连接的环节，图 5-1 中的联轴器、带轮、齿轮和轴等。

机械传动是传动方式的一种，常见的传动主要有机械传动、液压与液力传动、气压传动和电力传动等。采用齿轮、带轮、轴、轴承、蜗轮等各大类机械零件组成的传动系统来进行能量传递的称为机械传动。

1.1.2 机械传动的作用

机械传动主要有以下三个方面的作用。

(1) 传递运动和动力

原动机的运动和动力通过传动系统分别传给各工作机构。如图 5-1 中，传动机构把运动和动力传给卷扬机的卷筒，使卷筒改变旋转方向，根据需要使钢丝绳卷入卷筒或放出卷筒。图 5-2 中，传动机构把运动和动力传给钢筋切断机的滑块，带动活动刀片使之切断钢筋。

(2) 改变运动形式

传动系统可将原动机的运动形式改变成工作机构所需要的运动形式。如图 5-2 中，将电动机的旋转运动传给切断机的滑块，使之变为往复直线运动。

(3) 调节运动速度

通过传动系统可以将原动机的运动速度改变为工作机构所需要的运动速度。如图 5-1 中，将电动机的高转速通过传动系统（二级闭式齿轮减速器）进行二级齿轮减速使卷筒低速旋转。根据工作的需要，通常传动系统可进行增速、减速、变速，反向及离合等作用。一般汽车的变速箱具有这些所有功能。

由以上三个方面分析可知，传动系统是任何一部机械的一个重要的组成部分，该部分零部件数量最多，而且从设计、制造、使用和维修的方面来看，机械的三个组成部分中，原动机一般根据机械工作的需要，选用标准产品，而工作机构完全取决于机械本身的用途，往往需要一定的专业方面的知识，故本章仅简要介绍机械传动系统。

1.1.3 机械传动中的主要传动参数

机械传动的主要传动参数一般是指运动指标和动力指标。运动指标有传动比（i）、转速（n）、圆周线速度（V）；动力指标有功率（P）、机械效率（η）和转矩（T）等。

(1) 传动比

主动轮与从动轮转速之比称为传动比，用符号“i”表示。即：

$$i_{12} = \frac{n_1}{n_2}$$

式中 n_1——主动轮转速，r/min；

n_2——从动轮转速，r/min。

传动比可以反映机械传动的运动情况；

$i > 1$ 时，表明该传动系统为减速传动；

$i = 1$ 时，表明该传动系统为等速传动；

$i<1$ 时，表明该传动系统为增速传动。

如图 5-3 所示的电动慢速卷扬机，选用的电动机额定功率 $P=4\text{kW}$，满载时的转速 $n=960$（r/min），小带轮直接装在电动机轴上，带传动比 $i=3$，则传到从动轮 n_2 的转速为：

$$n_2 = \frac{n_1}{i_2} = \frac{960}{3} = 320(\text{r/min})$$

大多机械中的机械传动系统，多采用多级传动机构，以获得大的传动比，如图 5-1，卷扬机是两级齿轮传动；图 5-2 钢筋切断机由一级带传动和两级齿轮传动组成的三级传动机构；图 5-3 卷扬机由一级带传动和一级蜗轮蜗杆传动组成的二级传动机构。从三例分析中可见，每一级传动有一个传动比，这样就产生了总传动比。总传动比等于各传动比的连乘数。即：

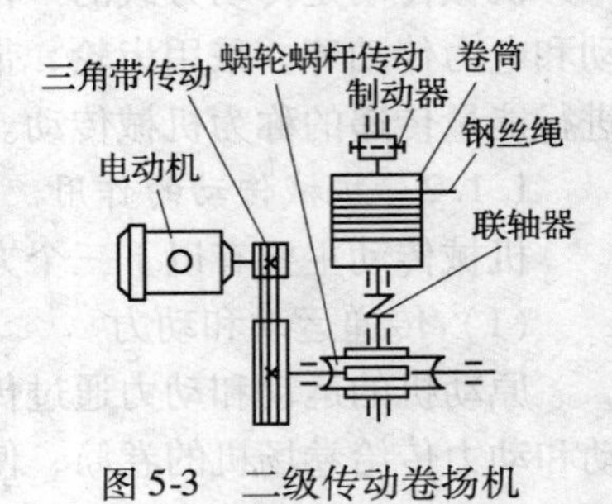

图 5-3　二级传动卷扬机

$$i_{总} = i_1 \times i_2 \times i_3 \cdots\cdots i_n$$

（2）转速和圆周线速度

转速 n 和圆周线速度 V 都是描述传动机构运动速度的，只是在不同的设计和计算场合下使用。转速 n 和圆周线速度 V 的关系如下：

$$V = \frac{\pi D n}{60 \times 1000}(\text{m/s})$$

式中　n——转速，r/min；

　　　D——直径，mm。

（3）功率

当机械的作用力和工作速度已知时，就可用下式求出机械所需的功率（消耗能量的多少），用符号"P"表示。即：

$$P = \frac{QV}{1000}(\text{kW})$$

式中　Q——作用力，N。

（4）机械效率

上述功率是不考虑摩擦损失时的理论值，而实际上因为机械各部分在相对运动的过程中总是存在摩擦损失的，故所需要的实际功率比理论功率大。我们把机构的有用功率与输入功率的比称为机械效率。它表明机械对输入功率的有效利用程度，用 η 表示，即：

$$\eta_{总} = \eta_1 \cdot \eta_2 \cdots\cdots \eta_n$$

机械效率是评价机械动力性能的重要指标之一。根据传动比和传动系统的不同，其值约为 25% ~98%（$\eta<1$）。对于一台多级传动的机械，它的总传动效率应该是整个传动系统中各级传动效率的乘积。即：$\eta = \frac{P_2}{P_1} \times 100\%$

式中　P_1——输入功率，kW；

　　　P_2——输出功率，kW。

η 愈小，表示功率损耗愈严重。

（5）转矩

转矩是使传动机构产生转动的物理量，用符号“T”表示，它与转速 n 和功率 P 有关。即：

$$T_1 = 9550\frac{P_1}{n_1}$$

$$T_2 = 9550\frac{P_2}{n_2}$$

式中 T_1——主动轮转矩，N·m；

T_2——从动轮转矩，N·m；

P_1——主动轮功率，kW；

P_2——从动轮功率，kW；

n_1——主动轮转速，r/min；

n_2——从动轮转速，r/min。

从上式可以看出，转速愈低，其转矩愈大。

将 $i_{12}=\frac{n_1}{n_2}$ $\eta=\frac{P_2}{P_1}\times100\%$ 代入上式，并整理得：

$$T_2 = T_1 \times i \times \eta$$

由此可见，转矩由主动轮传到从动轮，其数值增加近 i 倍。这样，采用减速传动机构（$i>1$），即可使工作机构获得较大的工作能力。如汽车上坡和重载采用慢速档就是此道理。

1.2 带 传 动

带传动主要由主动带轮，从动带轮和紧套在两轮上的环形的传动胶带所组成，如图5-4所示。它是用带作为挠性拉曳元件的一种摩擦传动。带传动与其他传动（如齿轮传动）相比具有传动平稳、过载保护、造价低廉、维护方便、缓冲吸振和能传递较大的中心距等优点，故在各类机械中得到广泛应用。

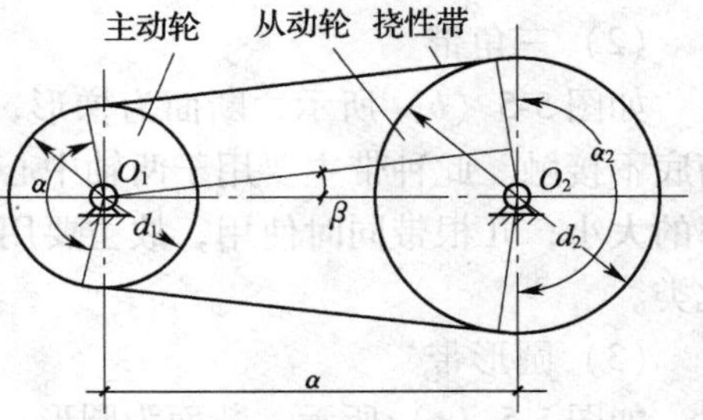

图5-4 带传动

1.2.1 带传动的工作原理

带传动是由主动轮、从动轮和紧套在两轮上的环形带组成。它们是依靠带与带轮之间的摩擦力来传递运动和动力的，当原动机带动主动轮转动时，主动轮作用于传动轮上的摩擦力使从动轮转动。在带传动机构中，传动带拉力较大的一边（绕进主动轮的一边）称为紧边；拉力较小的一边（绕进从动轮的一边）称为松边。

在带轮传动中，主动轮和从动轮的转速比与主动轮和被动轮的计算直径成反比，其计算式为：

$$i_{12} = \frac{n_1}{n_2} = \frac{D_1}{D_2}$$

式中 i——主动轮和从动轮的传动比；

n_1——主动轮转速，r/min；

n_2——从动轮转速，r/min；

D_1——主动轮计算直径，mm；

D_2——从动轮计算直径，mm。

1.2.2 传动带的主要类型

按胶带断面的几何形状不同，带的类型主要有以下四种，如图5-5所示。

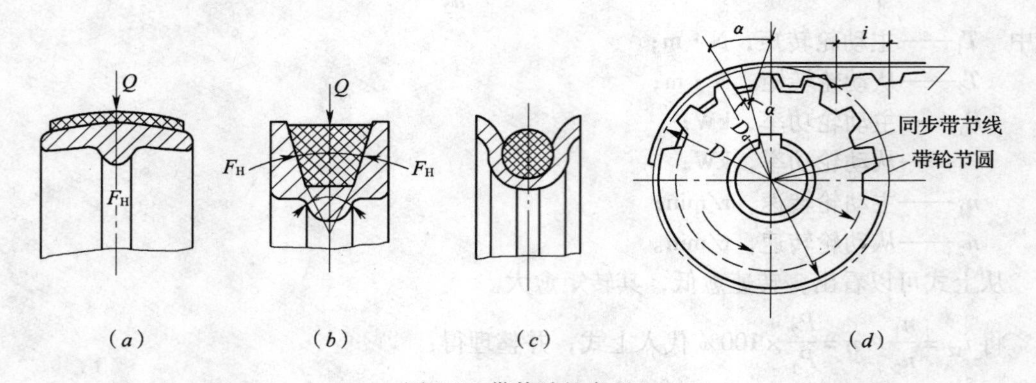

图5-5 带传动的类型

(a) 平行带传动；(b) 三角带传动；(c) 圆形带传动；(d) 同步齿形带传动

(1) 平行带

如图5-5 (a) 所示，断面为长方形，主要用于中心距较大，载荷不大，$i<5$ 的场合。常见的平型带主要有橡胶带、皮革带、棉布带、涤纶纤维带，应用最广的是橡胶带，其规格可由国家标准 GB 524—74 查得。

(2) 三角带

如图5-5 (b) 所示，断面为梯形，其工作面是与轮槽相接触的两侧面，但带与轮槽槽底不接触。此种带主要用于两轴中心距不大的平面开式传动。三角带通常根据其传递功率的大小，几根带同时使用，故主要用于承载力较大的场合，大多机械中的带传动都采用此类。

(3) 圆形带

如图5-5 (c) 所示，断面为圆形，其工作面是与轮内相接触的槽内表面，主要用于两轴中心距不大、功率很小的开口式传动，常用于仪器和家用电器中，如电影放影机的带传动，缝纫机等。

(4) 同步带

如图5-5 (d) 所示，带形为锯齿形，相应的带轮也为锯齿形。同步带传动具有齿轮啮合传动的特点，即传动比能保持恒定，同时又具有带传动的特点，能缓和冲击，同步带主要适用于 $V<50$m/s，$i<10$ 要求同步，传动力大而又要求结构紧凑的场合。

1.2.3 带传动的主要类型

按带传动时布置的情况不同，带传动主要有以下三种形式，见表5-1。

带传动的主要形式 **表 5-1**

传动简图	开口式	交叉式	半交叉式
小皮带轮的包角 α	$\alpha \approx 180° - \dfrac{D_2 - D_1}{l} \times 60°$	$\alpha \approx 180° + \dfrac{D_2 + D_1}{l} \times 60°$	$\alpha \approx 180° + \dfrac{D_1}{l} \times 60°$
皮带的几何长度（未考虑它的张紧和悬垂）	$L = 2l + \dfrac{\pi}{2}(D_2 + D_1) + \dfrac{(D_2 - D_1)^2}{4l}$	$L = 2l + \dfrac{\pi}{2}(D_1 + D_2) + \dfrac{(D_1 + D_2)^2}{4l}$	$L = 2l + \dfrac{\pi}{2}(D_1 + D_2) + \dfrac{D_1^2 + D_2^3}{2l}$

（1）开口式

此种带传动为两轴平行，且两轴的回转方向相同，其传动比 $i_{max} = 5$。开口式传动是带传动中应用最广的一种，以上四种带的类型均可以采用此类传动。

（2）交叉式

此种带传动为两轴平行，但两轴的回转方向不同，其传动比 $i_{max} = 6$。交叉式传动，带在交叉处相互摩擦，使带的摩损加快，故一般在圆形带中采用，特殊情况下，平行带也可采用，但需要 $A_{min} > 20b$（A——两轮中心距，b—带宽）。

（3）半交叉传动

此种带传动两轴既不平行也不相交，在一般情况下，两带轮的中心平面相互垂直，由于两轴既不平行又不相交，为了防止带的脱落，故设计时，其中心线必须以该轮的中心平面内，带脱开带轮时，二者之间的夹角 α 不得大于 25°，其传动比 $i_{max} \leqslant 3$，半交叉传动只适宜于平行带作单向传动。

1.2.4 带轮包角和带的几何长度计算

（1）带轮的包角

环形带与带轮接触弧所对的中心角称为带轮的包角，见表 5-1。由于带与带轮接触部分角一小段均产生正压力，所以接触弧愈长，总摩擦力及传递的功率也愈大，α 角太小将引起带的打滑，故对带的包角 α 有一定的要求，一般只计算小带轮的包角，如小带轮包角满足要求，大带轮一定能满足要求，其计算见表 5-1。

（2）带的几何长度

带的几何长度计算是选取带的主要依据，按表 5-1 中，不同式计算出几何长度（节线长度），再按皮带各型长度系列选取标准长度。

［例 5-1］ 某开口式带传动，已知：$D_1 = 200$mm，$D_2 = 600$mm，$l = 1200$mm，求小皮带轮的包角 α 和皮带的几何长度 L。

［解］ $\alpha = 180° - \dfrac{600 - 200}{1200} \times 60° = 160°$

$\alpha > 120°$，故满足要求。

$$L=2\times1200+\frac{3.14}{2}\times(600+200)+\frac{(600-200)^2}{4\times1200}=2400+1256+33.3=3689.3\text{mm}$$

1.2.5　平行带与三角带受力分析

平行带的工作面为内表面，而三角带横剖面为两侧面。设紧套在两轮上的皮带与带轮的接触面间产生一定的正压力，皮带以同样的压力 Q 压向带轮，带与带轮之间的摩擦系数为 f，根据力的平衡条件，分析如下：

(1) 平形带传动受力分析

如图 5-5 (a) 所示，平型带内表面与带轮面间的法向力为：

$$P_{\mathrm{H}}=Q$$

因此，平行带产生的摩擦力为：

$$F=Q\times f=P_{\mathrm{H}}\times f$$

式中　f——摩擦系数，由材料而定。

(2) 三角带传动受力分析

如图 5-5 (b) 所示，三角带一般以 40°角度作用在带轮 34°～40°的轮槽角的槽内，两侧为工作面，其法向力为：

$$2P_{\mathrm{H}}=Q/\sin\frac{\phi}{2}$$

式中　ϕ——带轮轮槽角，查表可知。

因此产生的摩擦力：

$$P_{\mathrm{H}}=Q/2\sin\frac{\phi}{2}$$

因此，三角带产生的摩擦力为：

$$F=2P_{\mathrm{H}}\times f=Q/\sin\frac{\phi}{2}\times f$$

若 $\phi=34°$，则：

$$F=\frac{Q}{\sin17°}\times f=3.42Q\times f$$

以上说明在初拉力相等时，三角带的摩擦力比平型带的摩擦力大 3.42 倍，所以大多数机械中的带传动都采用三角带传动。故带传动主要介绍三角带传动。

1.2.6　普通三角皮带

(1) 三角皮带的结构

三角皮带横剖面结构可分为帘布结构和绳芯结构两种，如图 5-6 所示，三角皮带都是由伸张层、强力层、压缩层和包布层四部分组成。伸长层——由胶料构成，弯曲时受拉伸；强力层——由几层挂胶的帘布或浸胶的棉线(或尼龙绳)构成，工作时主要承受拉力，近年来为了提高三角皮带的拉拽能力，采用钢丝绳作强力层；压缩层——由胶料构成，带弯曲时承受压力；包布层——由挂胶的帘布构成。

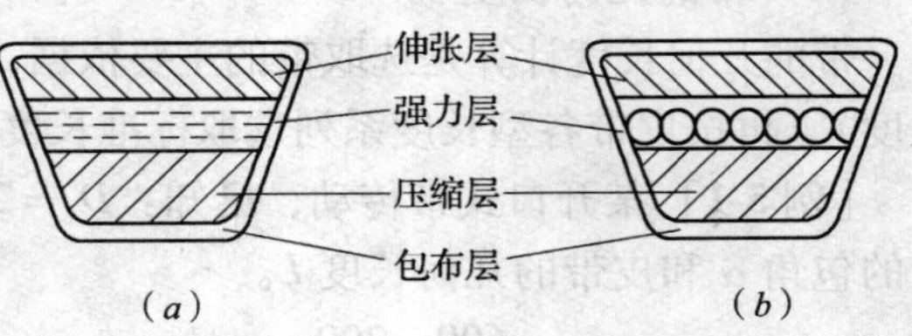

图 5-6　三角胶带结构示意

(a) 帘布结构；(b) 绳芯结构

目前，国产三角皮带传动多采用帘布

结构，只在带轮直径小、转速高的情况下，才使用绳芯结构的三角皮带，因为它比较柔软，弯曲疲劳性能好，但其拉伸强度低，只有帘布结构的80%左右。

（2）普通三角皮带的型号

三角皮带已经标准化。根据GB/T 11544—1997，我国生产的普通三角皮带按截面尺寸由大到小分为：Y、Z、A、B、C、D、E等七种型号，各种型号皮带的剖面尺寸如表5-2所示。

普通V带截面尺寸（GB/T 11544—1997） **表5-2**

型号	Y	Z	A	B	C	D	E
顶宽 b（mm）	6.0	10.0	13.0	17.0	22.0	32.0	38.0
节宽 b_p（mm）	5.3	8.5	11.0	14.0	19.0	27.0	32.0
高度 h（mm）	4.0	6.0	8.0	11.0	14.0	19.0	25.0
每米长质量 m（kg/m）	0.04	0.06	0.10	0.17	0.30	0.60	0.87

无接头的环形三角带除截面尺寸有标准规定外，其长度也有标准规定，其剖面的水平宽度 b_p（表5-2中所示）的周长 L 称为计算长度，供几何尺寸计算用。在规定的张紧力下，三角带位于基准直径上的周线长度称为基准长度 L_d，一般按此长度选购三角皮带。长度系列见表5-3所示，通常购买三角皮带时可看三角皮带最大直径外侧上的印痕，如印痕"A1800GB/T 11544—1997"，表示该三角皮带为A型，基准长度 $L_d=1800$mm。

普通V带基准长度系列（GB/T 11544—1997） **表5-3**

L_d（mm）	带型							L_d（mm）	带型						
	Y	Z	A	B	C	D	E		Y	Z	A	B	C	D	E
315	+							1800		+	+	+	+		
355	+							2000			+	+	+		
400	+	+						2240			+	+	+		
450	+	+						2500			+	+	+		
500	+	+						2800			+	+	+	+	
560		+						3150			+	+	+	+	
630		+	+					3550			+	+	+	+	
710		+	+					4000			+	+	+	+	
800		+	+					4500				+	+	+	+
900		+	+	+				5000				+	+	+	+
1000		+	+	+				5600					+	+	+
1120		+	+	+				6300					+	+	+
1250		+	+	+				7100					+	+	+
1400		+	+	+				8000					+	+	+
1600		+	+	+				9000					+	+	+
								10000					+	+	+

注：表中打"+"表示该基准长系列有此带型。

1.2.7 三角带轮

（1）带轮的结构

三角带轮一般由轮缘、轮辐、轮毂三部分组成。

1）轮缘。带轮外圆环状部分，轮缘上有槽，它是与带直接接触部分，其槽数及结构尺寸与所选的三角带根数和型号相对应，各部尺寸由表5-4查得。

基准宽度制V形带轮的轮槽尺寸（GB/T 13575.1—92） **表5-4**

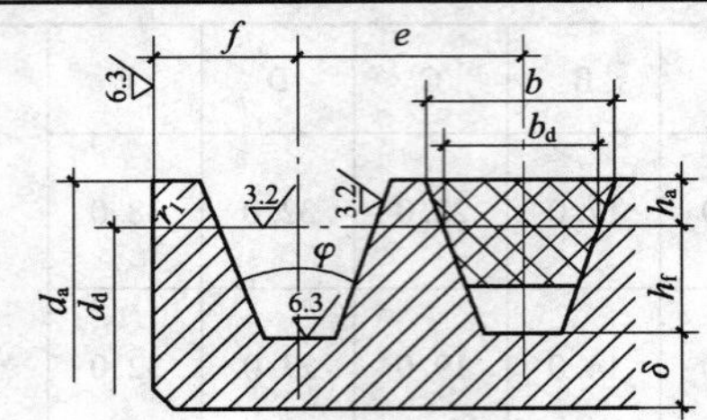

项目	符号	槽形 Y	槽形 Z SPZ	槽形 A SPA	槽形 B SPB	槽形 C SPC	槽形 D	槽形 E
基准宽度	b_d	5.3	8.5	11.0	14.0	19.0	27.0	32.0
基准线上槽深	h_{amin}	1.6	2.0	2.75	3.5	4.8	8.1	9.6
基准线下槽深	h_{fmin}	4.7	7.0 9.0	8.7 11.0	10.8 14.0	14.3 19.0	19.9	23.4
槽间距	e	8±0.3	12±0.3	15±0.3	19±0.4	25.5±0.5	37±0.6	44.5±0.7
槽边距	f_{min}	6	7	9	11.5	16	23	28
最小轮缘厚	δ_{min}	5	5.5	6	7.5	10	12	15
圆角半径	r_1	0.2~0.5						
带轮宽	B	$B=(z-1)e+2f$　z——轮槽数						
外径	d_a	$d_a=d_d+2h_a$						
轮槽角 φ 32°	相应的基准直径 d_d	≤60	—	—	—	—	—	—
轮槽角 φ 34°	相应的基准直径 d_d	—	≤80	≤118	≤190	≤315	—	—
轮槽角 φ 36°	相应的基准直径 d_d	>60	—	—	—	—	≤475	≤600
轮槽角 φ 38°	相应的基准直径 d_d	—	>80	>118	>190	>315	>475	>600
轮槽角 φ 极限偏差		±30′						

注：槽间距 e 的极限偏差适用于任何两个轮槽对称中心面的距离，不论相邻还是不相邻。

2）轮毂。轴与带轮相配合的部分。

3）轮辐。轮缘与轮毂的连接部分。轮辐的结构不同，常用的有实心轮，如图5-7（*a*）所示，实心轮用于直径较小的场合；辐板轮如图5-7（*b*）、（*c*）所示，辐板轮用于中等直径的场合：一般 $d_d \leqslant 400$mm。当 $d_d \leqslant 250$mm 时，采用（*b*）图所示辐板无孔型；当 $d_d \leqslant 400$mm 时，采用（*c*）图所示辐板有孔型；轮辐式带轮如图5-7（*d*）所示，轮辐主要用于大直径的带轮，$d_d > 400$mm。

普通V带轮各部分尺寸见表5-5。轮辐数目 Z_A 选取范围：$d_d < 500$mm 时，取 $Z_A = 4$；$d_d = 500 \sim 1600$mm 时，取 $Z_A = 6$；$d_d = 1600 \sim 3000$mm 时，取 $Z_A = 8$。

（2）带轮的材料

对带轮的基本要求是要有足够的强度、材料均匀和工作面光滑等。由于带轮的破坏与带轮的圆周速度有关，因此，当圆周速度 $V \leqslant 30\mathrm{m/s}$ 时，通常采用 HT150、HT200，速度更高时，可采用铸钢或钢板冲压后焊接，小功率或低转速时，可采用铝合金和塑料。

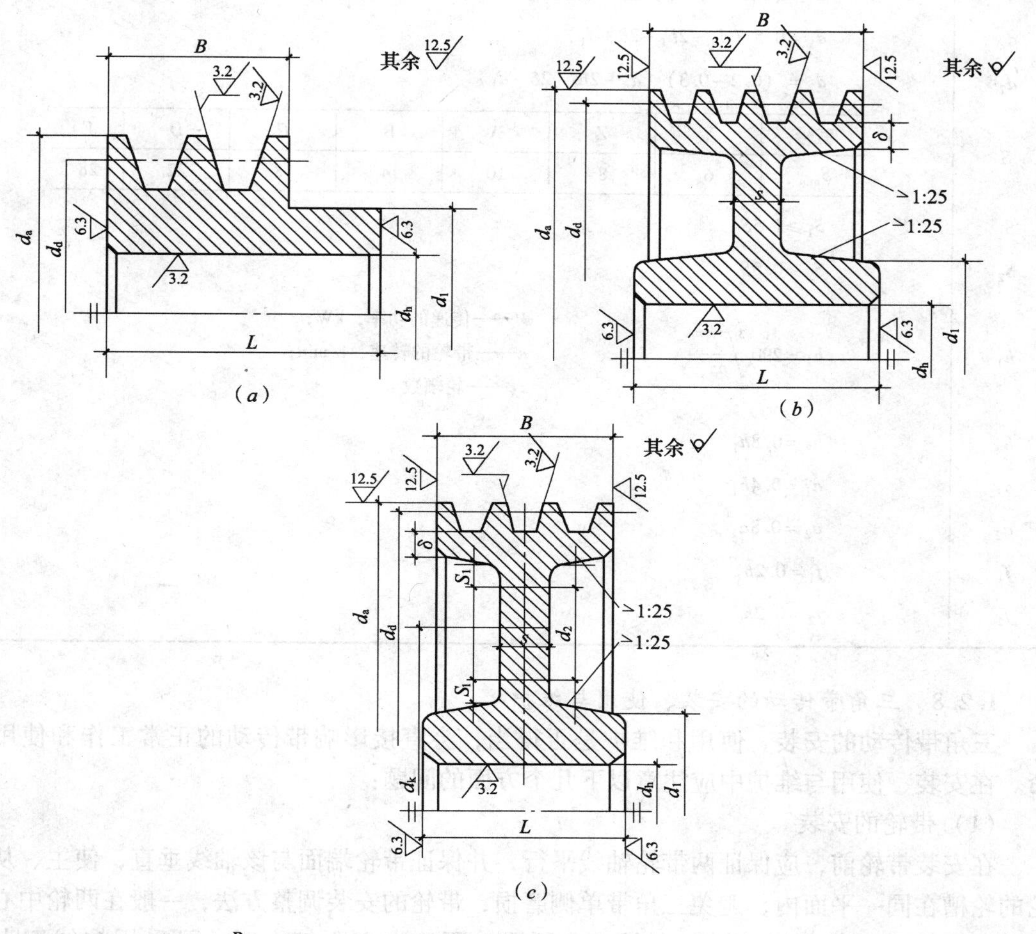

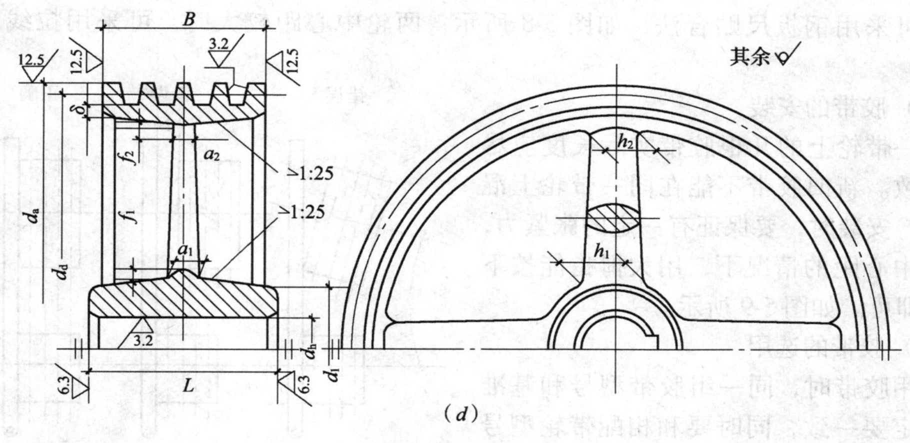

图 5-7　轮幅示意图

普通 V 形带轮的结构尺寸（mm） **表 5-5**

<table>
<tr><th>结构尺寸</th><th colspan="8">计 算 公 式</th></tr>
<tr><td>d_1</td><td colspan="8">$d_1=(1.8\sim2)\ d_h$（d_h 为轴的直径）</td></tr>
<tr><td>L</td><td colspan="8">$L=(1.5\sim2)\ d_h$，当 $B<1.5d_h$ 时，$L=B$</td></tr>
<tr><td>d_k</td><td colspan="8">$d_k=0.5\ (d_d-2h_f-2\delta+d_1)$</td></tr>
<tr><td>d_2</td><td colspan="8">$d_2=(0.2\sim0.3)\ (d_d-2h_f-2\delta-d_1)$</td></tr>
<tr><td rowspan="2">S</td><td>型号</td><td>Y</td><td>Z</td><td>A</td><td>B</td><td>C</td><td>D</td><td>E</td></tr>
<tr><td>S_{min}</td><td>6</td><td>8</td><td>10</td><td>14</td><td>18</td><td>22</td><td>28</td></tr>
<tr><td>S_1</td><td colspan="8">$S_1\geqslant1.5S$</td></tr>
<tr><td>S_2</td><td colspan="8">$S_2\geqslant0.5S$</td></tr>
<tr><td>h_1</td><td colspan="8">$h_1=290\sqrt[3]{\frac{P}{nz_A}}$　　P——传递的功率，kW；
n——带轮的转速，r/min；
z_A——轮辐数</td></tr>
<tr><td>h_2</td><td colspan="8">$h_2=0.8h_1$</td></tr>
<tr><td>a_1</td><td colspan="8">$a_1=0.4h_1$</td></tr>
<tr><td>a_2</td><td colspan="8">$a_2=0.8a_1$</td></tr>
<tr><td>f_1</td><td colspan="8">$f_1=0.2h_1$</td></tr>
<tr><td>f_2</td><td colspan="8">$f_2=0.2h_2$</td></tr>
</table>

1.2.8　三角带传动的安装、使用与维护

三角带传动的安装、使用和维护是否得当，会直接影响带传动的正常工作和使用寿命。在安装、使用与维护中应注意以下几个方面的问题：

（1）带轮的安装

在安装带轮前，应保证两带轮轴线平行，并保证带轮端面与该轴线垂直，使主、从动轮的轮槽在同一平面内，避免三角带单侧磨损，带轮的安装调整方法，一般在两轮中心距较小时可采用钢板尺贴合法，如图 5-8 所示；两轮中心距较大时，可采用拉线四点贴合法。

（2）胶带的安装

同一带轮上的几根胶带实际长度应尽可能一致。新旧胶带不能在同一带轮上混合使用，安装时，要保证有一定的张紧力，在中等中心距的情况下，用大拇指能按下 1.5cm 即可。如图 5-9 所示。

（3）胶带的选用

选用胶带时，同一组胶带型号和基准长度一定要一致，同时要和相配带轮型号要一致。如胶带型号大于相配带轮轮槽型

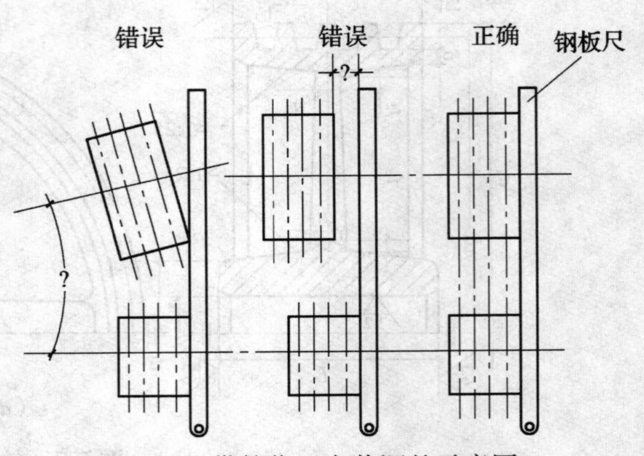

图 5-8　带轮位置安装调整示意图

号将会高出轮槽，接触面减小，降低传递能力；胶带型号小于相配带轮，将使胶带和带轮轮槽底接触，使摩擦力降低，寿命降低。

（4）胶带的张紧装置

1.5cm

图5-9　三角胶带的张紧程度

带传动是靠摩擦力来传递动力的，故要保证带和带轮工作面之间有一定的摩擦力，新带在使用一定时间后，由于长期受拉力的作用会产生永久变形，使长度增加而造成胶带松弛，甚至在带轮上打滑不能正常工作。为保证带传动的工作能力，使其保持一定的张紧程度和便于安装，常把两轮中心距做成可调整的，常见有以下几种方法：

1）定期张紧法。如图5-10所示，图中（*a*）张紧法多用于水平或接近水平的传动；（*b*）图张紧法多用于垂直或接近垂直的传动。

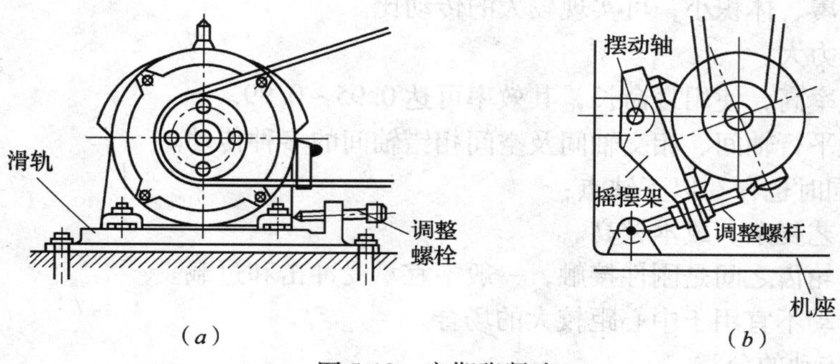

图5-10　定期张紧法

（*a*）水平张紧；（*b*）垂直张紧

2）自动张紧法。如图5-11所示，该法利用电动机的自重或定子的反力矩张紧，电动系统摆动轴转动使带自动张紧，该张紧法多用于小功率传动，布置时，应使电动机和带轮的转向有利于减轻配重或减小偏心距。

3）张紧轮法。主要用于两轴不可调节的场合，图5-12（*a*）所为外侧张紧，它在配重作用下自动张紧；图5-12（*b*）为内侧张紧，它要定期进行调整，达到张紧目的。采用张紧轮法，可任意调节预紧力大小，增大包角，容易装拆，但影响带的寿命，不能逆转。

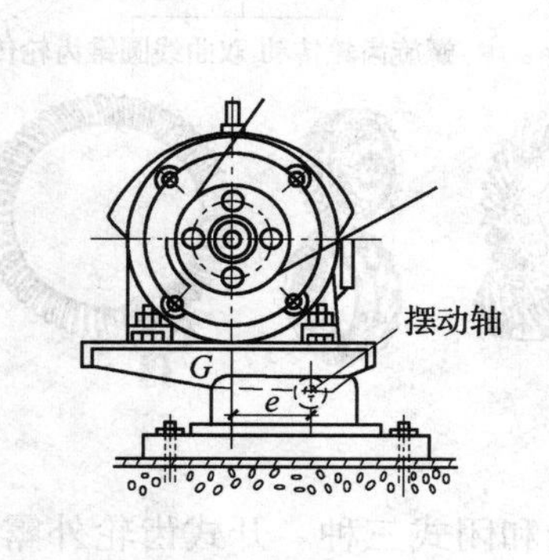

图5-11　自动张紧法

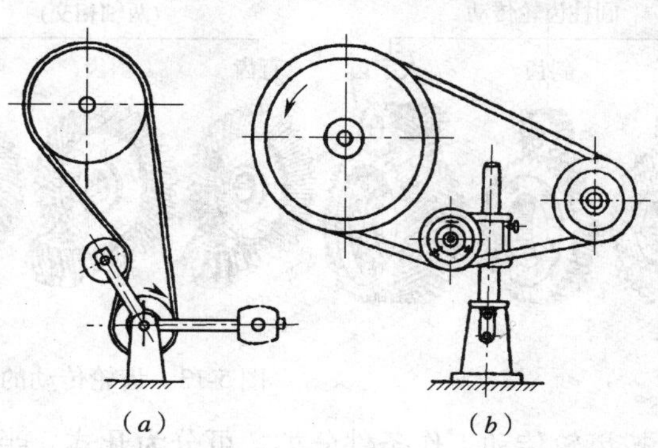

图5-12　带传动的张紧轮装置

（*a*）外侧张紧；（*b*）内侧张紧

1.3 齿轮传动

1.3.1 概述

齿轮传动是利用齿轮间轮齿的直接接触——啮合来传递运动和动力。齿轮传动是机械传动中应用最广的一种传动形式，在各类金属切削机床、动力机械、采矿机械、建筑机械、冶金设备、纺织机械、维修机械及仪器仪表中普遍都有齿轮传动。最小的齿轮直径仅几毫米，最大的齿轮直径可达十几米；传递最大功率可达数万马力，小的不到百万分之一马力；圆周速度大的可达150m/s，而小的只有几个μm/s。

(1) 齿轮传动的特点

齿轮传动之所以得到广泛的应用，是因为它具有以下优点：

1）能保证准确的传动比，传递运动准确可靠。

2）结构紧凑、体积小，可实现较大的传动比。

3）承载能力大。

4）传动效率高，使用寿命长，其效率可达0.95~0.99。

5）能实现平行轴间、相交轴间及空间相错轴间的多种传动。

齿轮传动同时也存在以下缺点：

1）制造工艺复杂，成本较高。

2）轮齿与轮齿之间是刚性接触，一般不宜承受冲击和过载。

3）齿轮传动不宜用于中心距较大的场合。

(2) 齿轮传动的分类

齿轮的种类很多，可按不同方法进行分类。

1）按两齿轮轴线的相对位置分类。可分为平面齿轮传动（两轴平行）和空间齿轮传动（两轴不平行），如图5-13所示。

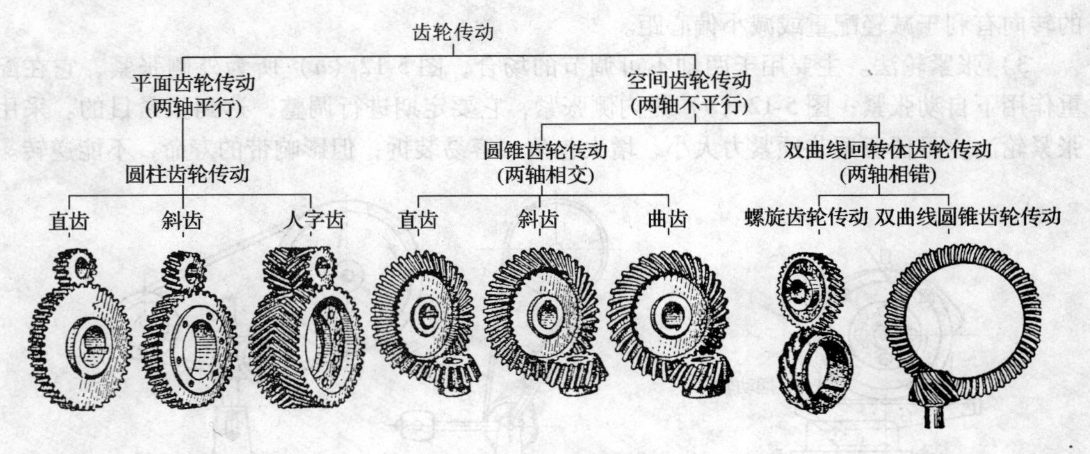

图5-13 齿轮传动的分类

2）按齿轮传动工作条件分类。可分为开式、半开式和闭式三种。开式齿轮外露、轮齿容易磨损，安全性较差，多用于低速传动的场合；半开式齿轮底部浸入油池中，上部外露，磨损仍比较严重，也只适用于低速传动的场合；闭式所有的零件都安装在密闭的壳体内，润滑条件良好，多用于中速和高速传动的场合。

3）按圆周速度不同分类。一般可分为低速（$V<3\text{m/s}$）、中速（$V=3\sim15\text{m/s}$）、高速（$V>15\text{m/s}$）三种。

1.3.2 齿轮的传动比计算

主动齿轮转速与被动齿轮转速之比称为传动比，用 i 表示，用公式表示为：

$$i_{12}=\frac{n_1}{n_2}=\frac{Z_2}{Z_1}$$

式中 n_1——主动齿轮转速，r/min；

n_2——从动齿轮转速，r/min；

Z_1——主动齿轮齿数；

Z_2——从动齿轮齿数。

当有两对或两对上以齿轮啮合传动时，如图5-14所示，其计算式为：

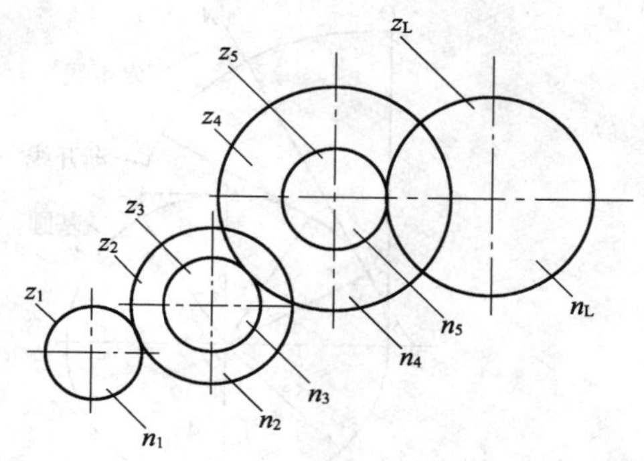

图5-14 两对以上齿轮的啮合传动

$$i_{12}=\frac{n_1}{n_2}=\frac{Z_2}{Z_1}\times\frac{Z_4}{Z_3}\times\frac{Z_6}{Z_5}\cdots\cdots\times\frac{Z_L}{Z_{L-1}}$$

式中 n_1——第一个主动齿轮转速，r/min；

n_L——最后一个从动齿轮转速，r/min；

Z_1、Z_3、Z_5……Z_{L-1}——主动齿轮齿数；

Z_2、Z_4、Z_6……Z_L——从动齿轮齿数。

1.3.3 对齿轮传动的基本要求

齿轮的传动是个复杂的运动过程，为了保证正常传动，必须满足以下两个基本要求：一是传动平稳——即要求齿轮在传动过程中保持传动比恒定，以减少冲击、振动和噪声；二是有足够的承载能力——要求传动可靠、耐火、不易打牙、点蚀和磨损，既要求齿轮在一定的使用期限内不失效。

1.3.4 渐开线的形成及其性质

为了满足对齿轮传动的两个基本要求，就必须选用适当的轮齿齿廓曲线，目前绝大多数齿轮都是渐开线齿廓。

（1）渐开线的形成

如图5-15所示，当一直线 AB 沿半径为 r_0 的圆作纯滚动时，此直线上任一点 K 的轨迹 CKD 称为该圆的渐开线。该圆称为渐开线的基圆，该直线长为渐开线的发生线。为了使齿轮在正反两个方向转动，渐开线齿轮的轮齿由两条完全对称的渐开线齿廓组成。

（2）渐开线的性质

1）弧长 DC 等于线段 DB 的长度；

2）线段 DB 是渐开线 D 点的法线；

3）渐开线的形状完全取决于基圆；

4）基圆内无渐开线。

1.3.5　直齿圆柱齿轮各部分名称及符号

图5-16所示为渐开线直齿圆柱齿轮的一部分，对照此图，对各部名称及符号介绍如下。

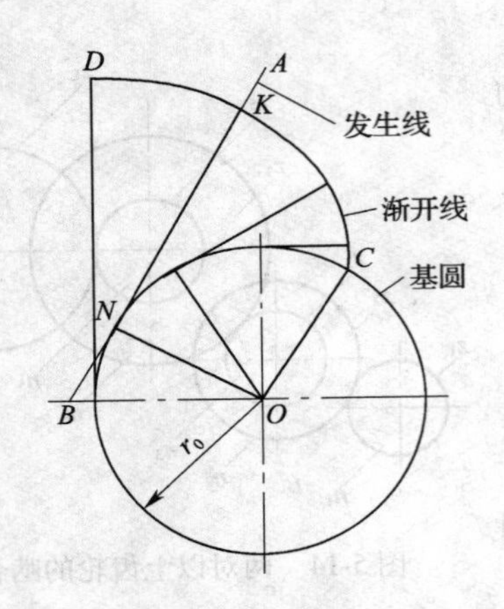

图5-15　渐开线的形成

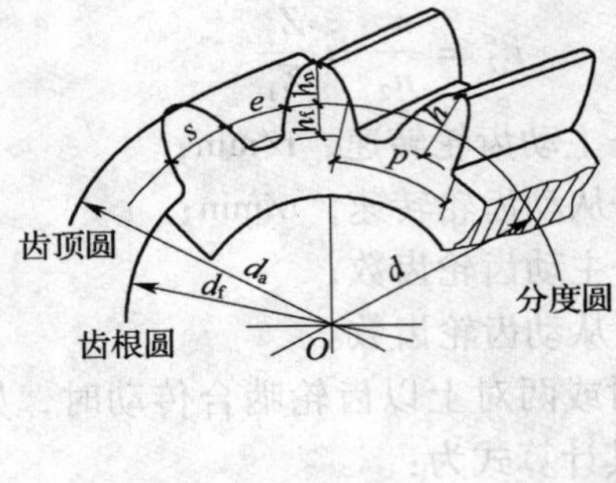

图5-16　齿轮各部分名称

（1）齿顶圆

连接各齿顶端的圆称为齿顶圆。其直径用 d_a 表示。

（2）齿根圆

连接各齿底部的圆称为齿根圆。其直径用 d_f 表示。

（3）分度圆

在齿顶圆与齿根圆之间取一个圆，作为计算、制造和测量齿轮的基准，该圆称为分度圆。其直径用 d 表示。对于标准齿轮，分度圆上的齿厚与齿槽宽相等。

（4）齿厚、齿槽宽

标准齿轮分度圆上的齿厚与齿槽宽相等。分度圆上的齿厚用 s 表示，齿槽宽用 e 表示。

（5）齿顶高、齿根高和全齿高

分度圆与齿顶圆之间的径向距离，称为齿顶高，用 h_a 表示。

分度圆与齿根圆之间的径向距离，称为齿根高，用 h_f 表示。

齿顶圆与齿根圆之间的径向距离，称为全齿高，用 h 表示。$h = h_a + h_f$

（6）两齿轮中心距

相啮合的一对齿轮轮心间的距离，用 a（A）表示

1.3.6　直齿圆柱齿轮的基本参数

（1）模数 m

如果齿轮的齿数为 Z，则分度圆直径 d 与齿数 Z 和周节 P 三者之间的关系为：

$$\pi d = ZP \text{ 或 } d = P/\pi \times Z$$

令 $P/\pi = m$，m 称为模数。所以 $d = m \times Z$，它是齿轮各部尺寸计算的基本参数，单位是mm。

一般来说，模数越大，周节也越大，轮齿越大，轮齿承载能力也越大。所以，模数

的大小又是轮齿工作能力的重要标志。齿轮的模数在我国已经标准化，其标准模数系列见表5-6。

渐开线圆柱齿轮模数（mm）（GB 1357—87） **表5-6**

第一系列	1	1.25	1.5	2	2.5	3	4	5	6
	8	10	12	16	20	25	32	40	50
第二系列	1.75	2.25	2.75	(3.25)	3.5	(3.75)	4.5	5.5	(6.5)
	7	9	(11)	(14)	18	22	28	36	45

注：1. 对斜齿圆柱齿轮是指法向模数；
2. 优先选用第一系列，括号内的模数尽可能不用。

（2）压力角 α

渐开线上各点的压力角是不相等的。我国规定分度圆上的压力角为齿轮的标准压力角，简称压力角，用 α 表示。其标准值为 $\alpha=20°$（国外某些国家有的规定为 $14\frac{1}{2}°$ 和 $15°$ 等）。

（3）齿顶高系数 h_a^*

我国标准规定：正常齿 $h_a^*=1$，短齿 $h_a^*=0.8$。

（4）顶隙系数：C^*

一个齿轮的齿根圆与配对齿轮的齿顶圆之间在连心线上量度的距离，称为顶隙，用 C 表示。顶隙过小会造成齿根与另一个轮齿的齿顶相互干涉，并不利于贮存润滑油，所以规定标准齿轮的顶隙系数为：$C=C^*\times m$（C^*—顶隙系数，我国规定正常齿 $C^*=0.25$、短齿 $C^*=0.3$）。

1.3.7 外啮合标准直齿圆柱齿轮几何尺寸的计算

齿轮中凡齿顶高系数和顶隙系数为标准值、标准模数、标准压力角，分度圆上的齿厚与齿槽宽相等的齿轮称为标准齿轮。外啮合标准直齿圆柱齿轮几何尺寸计算见表5-7。

外啮合标准直齿圆柱齿轮几何计算公式（$h_a^*=1$，$C^*=0.25$，$\alpha=20°$） **表5-7**

名　称	代　号	计 算 公 式
模数	m	按表5-6取标准值
压力角	α	$\alpha=20°$
分度圆直径	d (d_f)	$d=mZ$
周节	p (t)	$p=\pi m$
齿顶高	h_a (h_e, h')	$h_a=h_a^* m=m$
齿根高	h_f (h_i, h'')	$h_f=(h_a^*+C)\ m=1.25m$
齿高	h	$h=h_a+h_f$
齿顶圆直径	d_a (d_e)	$d_a=d+2h_a=m(Z+2h_a^*)$
齿根圆直径	d_f (d_i)	$d_a=d-2h_f=m(Z-2h_a^*-2C^*)$

续表

名　称	代　号	计算公式
齿厚	s	$s=p/2=\pi m/2$
齿槽宽	e	$e=s=\pi m/2$
径向间隙	c	$c=0.25$
中心距	a (A)	$a=(d_1+d_2)/2=m(Z_1+Z_2)/2$

1.3.8　一对标准直齿圆柱齿轮正确啮合条件

一对齿轮能连续顺利地转动，仅有标准的渐开线齿廓是不够的，还需要在运转过程中一对齿轮的轮齿依次交替的正确啮合，互不干扰。若要保证一对齿轮正确啮合，必须满足以下两个条件：一是两齿轮模数必须相等，即 $m_1=m_2=m$；二是两齿轮分度圆上的压力角必须相等，即 $\alpha_1=\alpha_2=\alpha$。

课题2　轴 系 零 件

轴系零件主要是指轴和安装在轴上的键、轴承、联轴器和离合器等零（部）件。例如，轴和键、销及轮毂的连接；轴与轴之间采用联轴器、离合器的连接；轴采用轴承的支承等，这些零部件是机械传动中应用最广的基础件。

2.1　轴

机器中的传动件都必须被支承起来才能进行工作，支承传动件的零件称为轴。轴的功用是支承转动或摆动的零件，传递扭矩和运动；而轴本身又由轴承来支承。一切转动零件（如齿轮、带轮、链轮、联轴器、离合器）都要装在轴上才能实现其旋转运动、传递扭矩，并确定轴上零件的工作位置。所以，任何机器都离不开轴。对轴主要介绍轴的分类、材料，轴的结构及轴上零件的固定。

2.1.1　轴的分类

轴的种类很多，根据轴的工作条件和承载情况，可以将轴分为转轴、心轴和传动轴三类。

（1）转轴

如图5-17所示，工作时既承受弯矩，又承受扭矩的轴，称为转轴。例如齿轮减速器中的轴、车床的主轴、卷扬机卷筒的主轴等都是转轴。转轴是机器中最常见的轴。

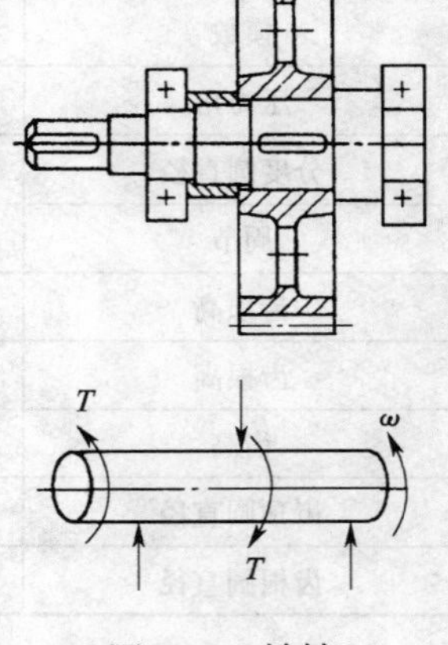

图5-17　转轴

（2）心轴

如图5-18所示，工作时只承受弯矩而不传递扭矩的轴称为心轴。心轴是用来支承转动件的。按心轴的工作状况不同，心轴分为以下两类：

1）固定心轴。固定心轴在工作时不转动，它的弯曲应力方向不变，图5-18（a）所示的定滑轮轴、自行车的前轮轴，都是固定心轴。

2）转动心轴。工作时转动心轴随同旋转零件一同转动，它的弯曲应力作对称循环变化，图 5-18（*b*）所示的滑轮轴、铁路车辆的支承车轴都是转动心轴。

（3）传动轴

工作时，它只承受扭矩而不承受弯矩（或承受很小的弯矩）的轴称为传动轴。如图 5-19 所示。驱动行车大车行走的轴、车床床身侧面的光杠、汽车连接变速箱与驱动桥差速器之间的轴都是传动轴。另外，根据轴线的不同，轴又可分为直轴、曲轴和挠性钢丝轴等。

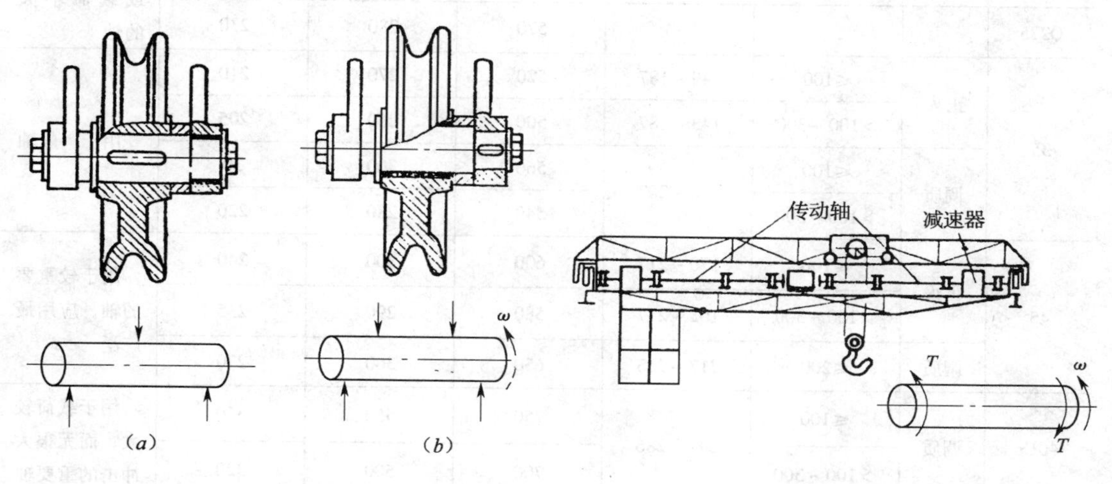

图 5-18　心轴

（*a*）固定心轴；（*b*）转动心轴

图 5-19　传动轴

2.1.2　轴的材料

轴的材料主要采用碳素结构钢、合金钢、结构钢，用圆钢锻制而成，也有部分轴采用球铁铸造制成。碳素结构钢比合金钢成本低，且对于应力集中敏感性较小，所以得到广泛的应用。常用的碳素结构钢有 35、40、45 号钢等。

为使轴得到良好的机械性能，一般要对轴的材料进行正火或调质处理，对于受载较小或用于不重要场合的轴，可采用普通碳素钢，常用的有 Q235A、Q275 等，作为轴的材料。合金钢成本较高，但具有较高的力学性能，淬透性也较好，多用于重要场合下工作的轴。球铁有良好的铸造性，且价格低廉，可用于外形复杂的轴，如小型内燃机的曲轴等。轴的常用材料及力学性能见表 5-8。

2.1.3　轴的结构

如图 5-20 所示，轴由轴头、轴颈、轴身和轴肩等部分组成。

（1）轴头

与轴上其他零件（如带轮、齿轮、联轴器、离合器等）配合的轴段。图 5-20 中的①。

（2）轴颈

轴上与轴承配合的轴段。图 5-20 中的②、⑦。

（3）轴身

连接轴头与轴颈的轴段。图 5-20 中的④、⑤。

（4）轴肩

用以轴向定位的轴段。图 5-20 中的③、⑥。

轴的常用材料及其力学性能 **表 5-8**

材料牌号	热处理	毛坯直径（mm）	硬度（HBS）	抗拉强度 σ_b（MPa）	屈服强度 σ_s（MPa）	弯曲疲劳极限 σ_{-1}（MPa）	应用说明
Q235				440	240	180	用于不重要或载荷不大的轴
Q275				570	280	230	
35	正火	≤100	149～187	520	270	210	用于一般轴
		＞100～300	143～187	500	260	205	
	调质	≤100	156～207	560	300	20	
		＞100～300		540	280	220	
45	正火	≤100	170～217	600	300	240	用于较重要的轴，应用最广泛
		＞100～300	162～217	580	290	235	
	调质	≤200	217～255	650	360	270	
40Cr	调质	≤100	241～286	750	550	350	用于载荷较大，而无很大冲击的重要轴
		＞100～300		700	500	320	
40MnB	调质	25	≤207	1000	800	485	性能接近 40Cr，用于重要的轴
		200	241～286	750	500	335	
30CrMo	调质	≤100	207～269	750	550	350	用于重载荷的轴
		＞100～300		700	500	320	
20Cr	渗碳淬火回火	15	表面 56～62HRC	850	550	375	用于要求强度及韧性均较高的轴
		30		650	400	280	
		≤60		650	400	280	
QT600—3			190～270	600	370	215	用于制造复杂外形的轴
QT800—2			245～335	800	480	290	

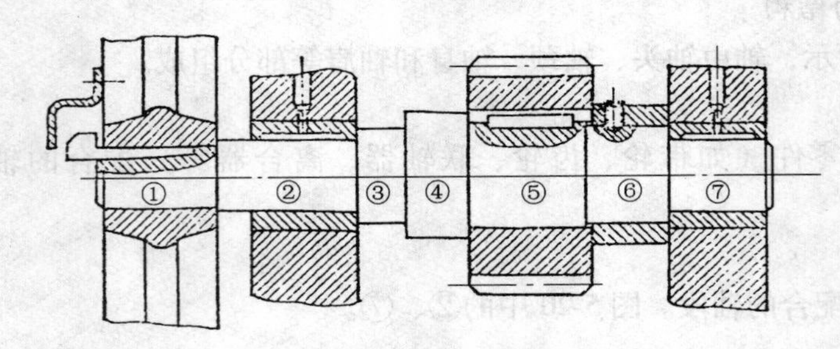

图 5-20　轴的典型结构

轴的结构和许多因素有关，如机器的总体布局、轴上零件的类型、毛坯种类、轴上零件的定位方式、轴上载荷的大小及分布情况、轴的加工、轴的装配工艺、维修工艺等，以及轴上零件的位置、轴上零件配合性质及其他特殊要求，应综合加以考虑。

2.1.4　轴上零件的固定

为了保证轴上零件能够正常工作，轴上零件应有确定的工作位置。轴上零件的固定方式要根据轴上零件的工况而定，轴上零件的固定方式分为周向固定和轴向固定。

（1）周向固定

使轴上的零件与轴不发生相对转动，保证轴上的零件同轴一起转动并能传递扭矩的方式称周向固定。常用的固定方法有楔键连接、花键连接、平键连接和过盈配合连接。

1）楔键连接。将轴头和轮毂开键槽，轴头上底部开平键槽，轮毂顶部制成1:100的斜度，楔键的顶亦制成1:100的斜度。如图5-21所示。装配时，将轮毂装入轴头，然后将键打入键槽内，上下两面与键槽挤紧来传递扭矩，两侧留有间隙。楔键连接对中性较差，一般用于低速和振动性较小机器中的轴端零件的连接。

2）花键连接。花键连接由同规格、同型号的花键轴和花键槽相配合，如图5-22所示。常用于传递大扭矩的周向固定。

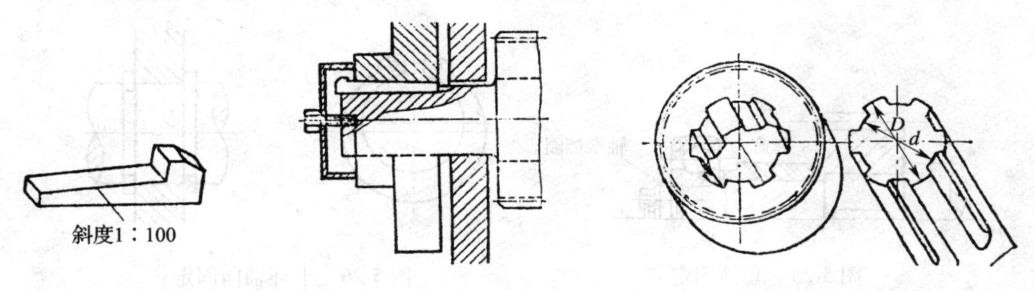

图5-21　楔键连接　　　图5-22　花键连接

3）平键连接。平键连接是用一个截面为矩形的长方体，和同等宽度的轮毂键槽、轴键槽相配合，如图5-23所示。这种连接主要用于静连接的周向固定。

4）过盈配合。基本尺寸相同的轴和孔，轴的公差带在孔的公差带上方，（即轴的尺寸大于孔的尺寸），根据公差的大小采用热装、冷装和红装的方式，进行装配的轴与轮毂的连接，一般用于不可拆轴与毂的连接。

（2）轴向固定

使轴上零件与轴不发生轴向移动，对轴上零件起轴向定位作用的方式称为轴向固定。轴上零件常用的轴向固定方式有轴肩、螺母、定位套筒、压板、卡环等。

1）轴肩。用于单方向的轴向固定。如图5-24中齿轮的固定就是轴肩固定，图中的轴肩固定限制了齿轮向左的轴向移动。轴肩尺寸参照标准规定。

2）螺母。轴端零件和轴中部零件另一侧的轴向移动，一般可用螺母固定。如图5-24所示。一般用于无法采用套筒，或用套筒时套筒必须很长时采用圆螺母，此方式拆卸方便，固定可靠，能承受较大的轴向力，为避免削弱轴的强度，一般采用细牙螺纹，使用时加防松装置。

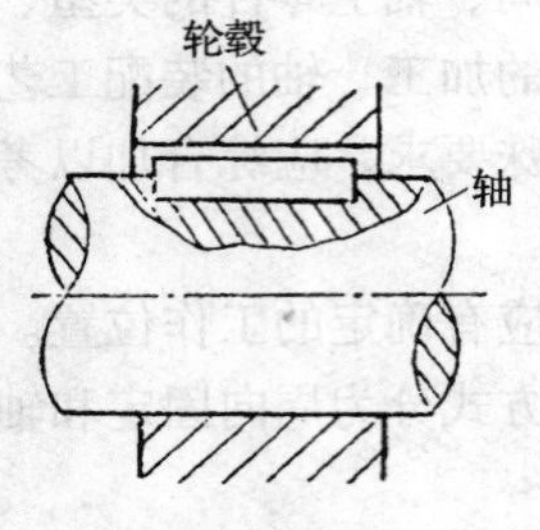

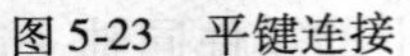

图 5-23　平键连接

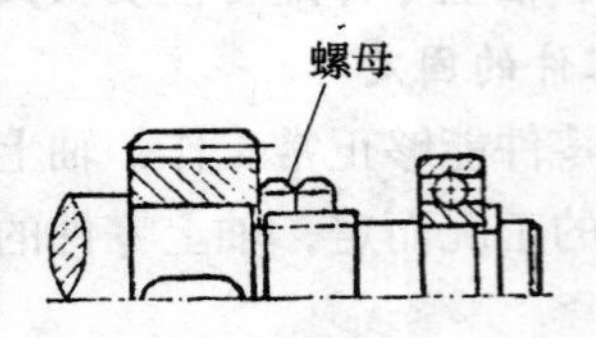

图 5-24　螺母轴向固定

3）定位套筒。套筒也称为轴套。一般用在两个零件间距离较小的场合，主要依靠位置已定的零件固定。如图 5-25 所示。此种方法与螺母作轴向固定的方法相比，可避免在轴上切制螺纹等，这样既简化了轴的结构又提高了轴的疲劳强度。为了使套筒能压紧轮毂，套筒的长度应大于该段轴的长度，其相差值可查有关标准。

4）压板。压板又称轴端挡圈，如图 5-25 所示。它适用于受轴向力不大的轴端零件的固定。

5）卡环。它主要用于过渡配合零件的轴向固定，如图 5-26 所示的是滚动轴承的轴向固定。

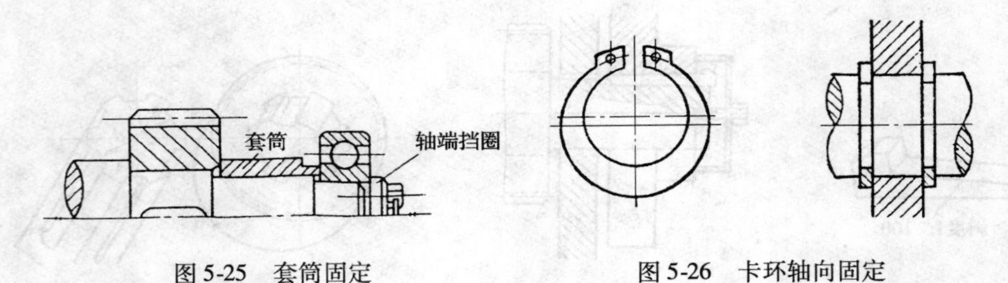

图 5-25　套筒固定

图 5-26　卡环轴向固定

2.2　键　连　接

键连接主要用于轴和轴上的旋转零件或摆动件之间的周向固定，并传递扭矩，也用于轴向动连接。键连接属于可拆连接，其结构较简单，工作可靠，拆装及维修方便，标准化，故得到广泛的应用。

由于键是标准件，因此键连接一般要根据工作条件和各类键的应用性能，按照相配轴径的大小、轮毂的长度和键所处的位置选用不同的类型和相应的几何尺寸，必要时，进行强度校核。

2.2.1　平键连接

平键连接只能对轴上零件作周向固定，而不能作轴上零件的轴向定位和承受轴向力。平键连接结构简单、拆装方便、对中性较好，故应用比较广泛。按用途不同，平键分为普通平键、导向键和滑键等。

（1）普通平键

普通平键是一个截面为矩形的长六方体，键的两侧是工作面，轴和轮毂上开有相配的键槽，如图 5-27（*a*）所示。工作时，靠两侧面受挤压来传递扭矩，主要用于静连接。

普通平键按其端部形状的不同可分为圆头（A 型）、平头（B 型）和半圆头（C 型）三种类型，如图 5-27（*b*）所示。B 型和 C 型主要用于对与轴头相配旋转零件的周向固定。A 型主要用于对于轴配旋转零件的周向固定。平键连接适用于中、高速机械上。

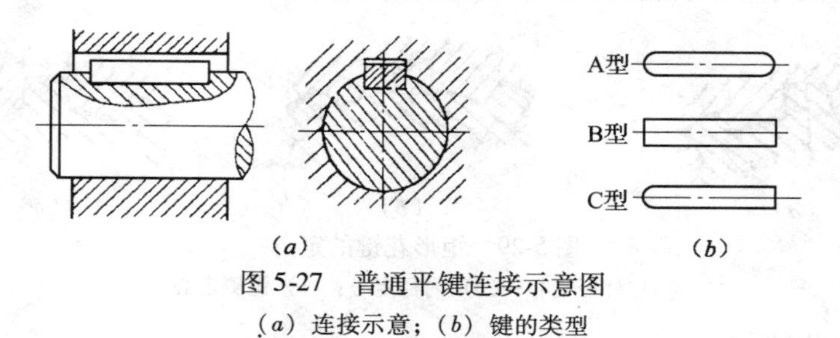

图 5-27　普通平键连接示意图

（*a*）连接示意；（*b*）键的类型

（2）导向键

导向键是一个较长的平键，如图 5-28 所示，将键用埋头螺钉紧固在轴槽内，它是用于动连接的连接元件，工作时，轴上的零件可以沿键的两侧面作轴向滑动。导向键按其端头形状的不同可分为圆头（A 型）、平头（B）型二种。导向键主要用于被连接轴向滑动不大动连接的场合。

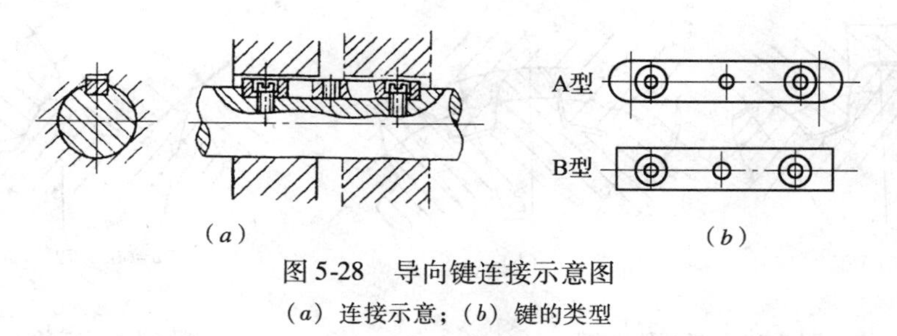

图 5-28　导向键连接示意图

（*a*）连接示意；（*b*）键的类型

（3）滑键

滑键与导向键一样也是用于动连接的连接元件。但与导向键不同的是，滑键与轮毂固定，当轮毂沿轴向滑动时，滑键在轴的键槽中滑动。滑键主要用于被连接零件轴向滑动距离较大的场合。

2.2.2　花键连接

将轴和轮毂孔沿圆周方向均开相同数量和尺寸的键槽所构成的连接称为花键连接（图 5-22），花键连接的工作面是齿的侧面，由于有多个键同时承载。因此花键连接有较高的承载能力，而且定心性和导向性较好。所以对轴的削弱少，故适用于载荷大、定心要求较高的静连接和动连接的场合，大多用于动连接，如各类车床的变速箱、汽车的变速箱，汽车的主传动轴等定心要求高、传递扭矩大的经常滑移的连接。但花键连接的缺点是加工需专用设备，制造成本较高。花键连接按齿形的不同分为矩形花键、渐开线花键和三角形花键。

（1）矩形花键

矩形花键的齿侧面为两平行平面，加工容易，易得到较高的精度，是应用最广的一种花键。矩形花键的尺寸已标准化，其标准为 GB 1144—87。

为了确保矩形花键上零件运动平稳，花键连接具有一定的定心精度。矩形花键的定心方式有三种方式：外径定心，如图 5-29（*a*）所示，利用外圆的精确配合，保证定心精度；内径定心，如图 5-29（*b*）所示，利用内圆的精确配合，保证定心精度；键侧定心，如图 5-29（*c*）所示，利用花键各齿侧面的精确配合，保证定心精度。

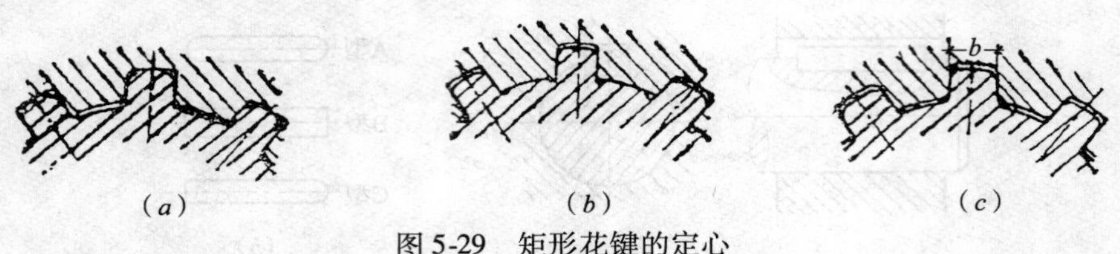

图 5-29 矩形花键的定心

（*a*）外径定心；（*b*）内径定心；（*c*）键侧定心

（2）渐开线花键

其齿形为渐开线，如图 5-30 所示，加工方法与齿轮加工方法相同，渐开线齿形花键齿的根部较宽，承载能力大，故多用于传递大扭矩的场合，渐开线花键的定心方式主要有：齿形定心，如图 5-30（*a*）所示，利用齿形两侧定心；外径定心，如图 5-30（*b*）所示，利用花键轴大径定心。

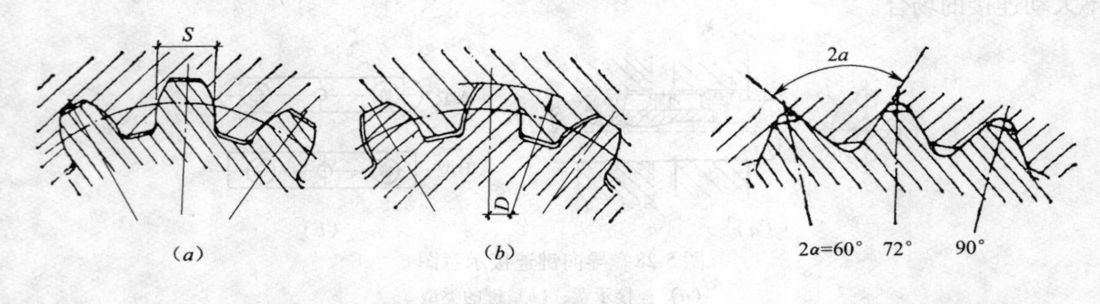

图 5-30 渐开线花键

（*a*）齿形定心；（*b*）外径定心

图 5-31 三角形花键

（3）三角形花键连接

三角形花键连接的外花键为分度圆压力角等于 45°的渐开线齿形，内花键的齿形为斜直线齿形。如图 5-31 所示。三角形花键沿圆周分布的齿数较多，齿细小，故承载能力低，一般用于直径较小或薄壁零件的轴毂连接，不用于经常轴向移动的连接。

2.3 滚动轴承

滚动轴承是各类机械设备中广泛使用的标准零件，是应用最广的零件之一。其结构形式很多，一般根据工作条件加以选用，必要时，加以验算。对滚动轴承主要介绍构造、类型、代号、特点及应用。

2.3.1 滚动轴承的构造

滚动轴承一般由内圈、外圈、滚动体和保持架组成。如图 5-32 表示。内圈通常与轴颈紧配在一起，并与轴一起转动，外圈与轴承座相固定，一般不转动，但个别情况内圈固定，外圈转动。外圈通常是固定在轴承座或机械零件上，起支承作用。一般内、外圈具有凹槽，滚动体就沿凹槽滚动。滚道除起导向作用外，还起降低滚动体与保持架之间的接触应力的作用；滚动体是滚动轴承的主体，它在凹槽内滚动，它的大小和数量决定轴承的承载能力；保持架的作用是把相邻的滚动体隔开，如果没有保持架，相邻滚动体就会相互接触，使滚动体很快磨损。

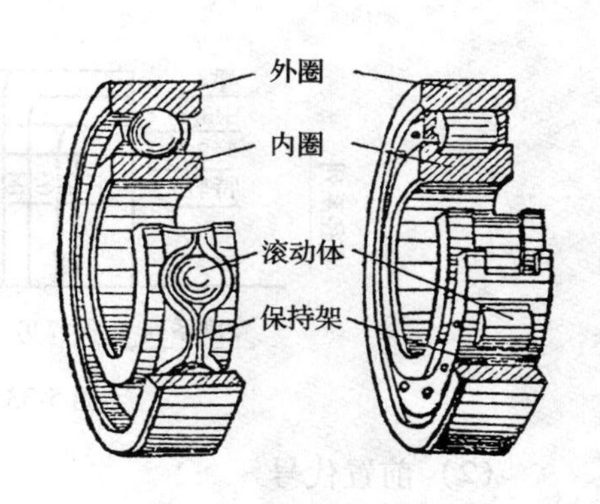

图 5-32　滚动轴承的结构

2.3.2　滚动轴承的类型

滚动轴承分类方法如下：

（1）按轴承所能承受的载荷作用方向分类

按轴承所能承受的载荷作用方向，分为向心轴承、推力轴承和向心推力轴承三大类。

1）向心轴承。主要承受径向载荷。

2）推力轴承。用来承受轴向载荷。

3）向心推力轴承。可同时承受轴向载荷和径向载荷。

（2）按轴承中滚动体的形状分类

按轴承中滚动体的形状，分为球轴承和滚子轴承两大类。

1）球轴承。滚动体为球形体。

2）滚子轴承。滚动体为滚子，按滚动体的形状不同分为：短圆柱滚子、长圆柱滚子、圆锥滚子、球面滚子、螺旋滚子和滚针轴承。

（3）按滚动体的列数分类

按滚动体的列数，分为单列、双列、三列、四列和多列。

（4）按其能否自动调心分类

按其能否自动调心，分为自动调心（当轴在受外力作用下发生弯曲，配合面加工不精确或安装时有些倾斜仍能正常工作）和非自动调心轴承。

现将常用滚动轴承的名称、结构代号、主要特性和应用等列于表 5-9 中，以供参考。

2.3.3　滚动轴承的代号

GB/T 272—93 规定了滚动轴承的代号。滚动轴承的代号由前置代号、基本代号和后置代号组成，用数字和字母表示，其代号的构成见表 5-10。

（1）基本代号

1）内径代号。右起第一二位数表示轴承内径（GB/T 272—93 规定），对于内径 10mm，内径代号：00；内径 12mm，内径代号为 01；内径 15mm，内径代号 02；内径 17mm，内径代号为 03。内径在 20～495mm 范围内时，内径代号乘以 5 即为轴承内径尺寸，单位：mm。

2）直径系列代号。右起第三位数表示轴承的直径系列，直径系列指同一内径的轴承，有不同的外径尺寸。分特轻、轻、中和重系列，分别用 1、2、3、4 代表。如图 5-33 所示。

3）宽度系列代号。右起第四位数字表示轴承宽度系列，宽度系列指同一内径和外径的轴承但宽度不同。分窄、正常、宽和特宽系列，分别用 0、1、2、3、7 代表。如图 5-33。

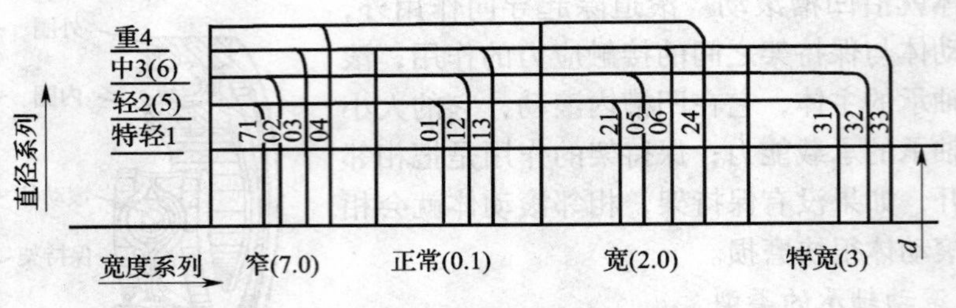

图 5-33 轴承的直径系列和宽度系列

(2) 前置代号

前置代号表示可分离轴承的分部件，用字母表示，如用 L 表示可分离的内圈或外圈。

(3) 后置代号

用字母和数字表示，见表5-10，包括八项内容，置于基本代号右边，并且与基本代号空半个汉字距离或采用“—”“/”分隔。

滚动轴承的主要类型和特性 **表 5-9**

轴承名称 类型代号	结构代号	结构简图	承载方向	基本额定动载荷比*	极限转速比**	允许倾斜角	主要特性和应用
调心球轴承 1	10000			0.6~0.9	中	2°~3°	主要承受径向载荷，同时也能承受少量的轴向载荷。因为外圈滚道表面是以轴线中点为球心的球面，故能自动调心
调心滚子轴承 2	20000			1.8~4	低	1°~2.5°	能承受很大的径向载荷和少量轴向载荷，承载能力大，具有自动调心性能
圆锥滚子轴承 α=10°~18° 3	30000			1.1~2.5	中	2′	能同时承受较大的径向、轴向联合载荷，因系线接触，承载能力大于7类，内、外圈可分离，装拆方便，成对使用
大锥角圆锥滚子轴承 α=27°~30° 3	30000B						
推力球轴承 （轴向接触球轴承） 5	51000 52000			1	低	不允许	只能承受轴向载荷，而且载荷作用线必须与轴线相重合，不允许有角偏差。有两种类型： 单向—承受单向推力； 双向—承受双向推力。 高速时，因滚动体离心力大，球与保持架摩擦发热严重，寿命较低，只用于轴向载荷大、转速不高之处

续表

轴承名称 类型代号	结构代号	结构简图	承载方向	基本额定 动载荷比*	极限转 速比**	允许 倾斜角	主要特性和应用
深沟球轴承 6	60000			1	高	2′~10′	主要承受径向载荷，同时也可承受一定量的轴向载荷。当转速很高而轴向载荷不太大时，可代替推力球轴承承受纯轴向载荷
角接触球轴承 7	70000C $\alpha=15°$ 70000AC $\alpha=25°$ 70000B $\alpha=40°$			1.0~1.4	较高	2′~10′	能同时承受径向、轴向联合载荷，接触角越大，轴向承载能力也越大。有接触角 $\alpha=15°$（7200C），$\alpha=25°$（7200AC）和 $\alpha=40°$（7200B）三种，成对使用，可以分装于两个支点或同装于一个支点上
圆柱滚子轴承 （外圈无挡边， 径向接触 滚子轴承） N	N0000			1.5~3	较高	2′~4′	能承受较大的径向载荷，不能承受轴向载荷。因系线接触，内、外圈只允许有极小的相对偏转
滚针轴承 NA	NA0000			—	低	不允许	径向尺寸最小，径向承载能力较大，摩擦系数大，极限转速较低。内、外圈可以分离，工作时允许内、外圈有少量的轴向错动。适用于径向载荷很大而径向尺寸受到限制的地方，如万向联轴器、活塞销等

注：*基本额定动载荷比：与6类轴承为1的比值。

**极限转速比：高——为6类轴承的90%~100%；中——为6类轴承的60%~90%；低——为6类轴承的60%以下。

滚动轴承代号的构成 **表5-10**

前置代号	基本代号					后置代号							
	五	四	三	二	一								
	系列尺寸代号			内径代号		内部结构代号	密封防尘结构代号	保持架及其材料代号	特殊轴承材料代号	公差等级代号	游隙代号	多轴承配置代号	其他代号
轴承部件代号	类型代号	宽度系列代号	直径系列代号										

注：基本代号下面的一至五表示代号自右向左的位置序号。

滚动轴承公差等级分为六级，分别为/P0、/P6、/P6X、/P5、/P4、/P2，依次由低级到高级，/P0 为常用普通级，在轴承代号中不标出。有关其他后置代号的内容可查阅设计手册及轴承标准。

滚动轴承代号举例如下：

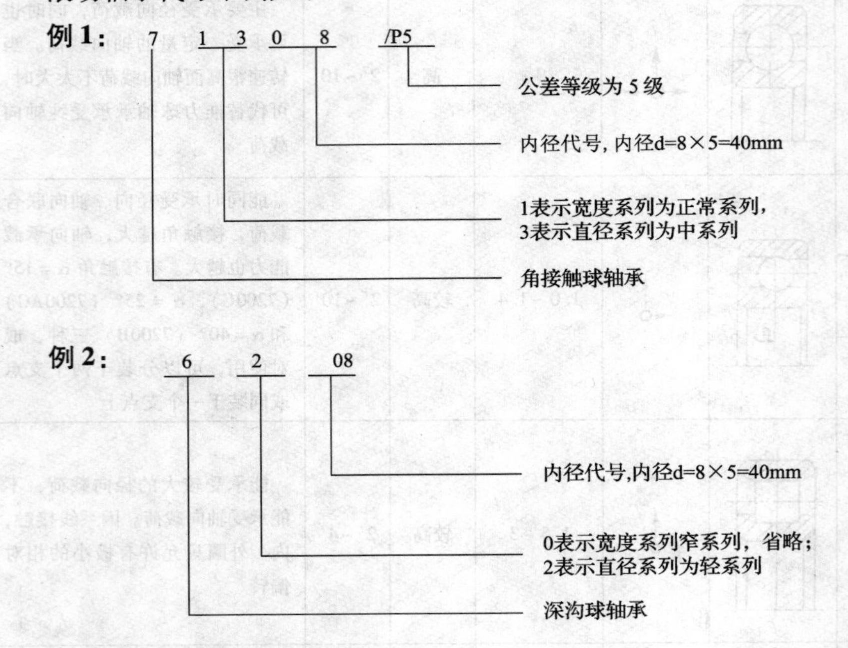

2.3.4 滚动轴承的选择

由于滚动轴承是标准件，故选择轴承时首选要明确，载荷的大小、方向、性质、调心性能的要求，轴承所占的空间位置，转速，经济性及其他特殊要求等。滚动轴承的选择包括类型选择和尺寸选择，有计算法和类比法，类比法比较简单，用于选择一般机械的轴承。

根据表 5-9 所述各类轴承的特性，参照类似机械的使用经验，提供以下参考建议：

（1）向心球轴承摩擦系数小，极限转速较高，适用于转速较高的场合。

（2）滚子轴承的承载能力大，且耐冲击，故适用于大型、重载或有冲击的机器中。

（3）高速而轴向负荷大时，宜采用向心或向心推力轴承。

（4）如果轴承同时受有轴向和径向载荷，一般采用向心推力轴承。

（5）单列向心推力轴承应成对使用，两只都装在轴的一端或分装在两端。

2.4 滑 动 轴 承

滑动轴承是指工作时轴承和轴的支承面形成直接或间接滑动摩擦的轴承，对滑动轴承主要介绍轴承的特点、应用、分类及构造。

2.4.1 滑动轴承的分类

滑动轴承的分类方法很多，一般可按受载荷方向和接触工作面的润滑状态分类。

（1）按工作时的受载荷方向分类

1）径向滑动轴承。承受径向载荷。

2）止推滑动轴承。承受轴向载荷。

（2）按滑动轴承接触工作面的润滑状态分类

1）非液体摩擦滑动轴承。摩擦表面一部分润滑油膜分开，一部分为直接接触，摩擦系数$f=0.008\sim0.1$。

2）液体摩擦滑动轴承。摩擦表面全部被润滑油膜分开，摩擦系数$f=0.001\sim0.008$

2.4.2 滑动轴承的特点

滑动轴承与滚动轴承相比较，有以下特点：

（1）工作平稳性好，无噪声。

（2）润滑油具有吸振能力，故能承受较大的冲击，适用于高速旋转的轴支承。

（3）由于是面接触，因此具有较大的承载能力。

（4）结构简单，制造方便，成本低。

（5）摩擦阻力大。

2.4.3 滑动轴承的应用

随着机械工业的发展，滑动轴承已不如滚动轴承应用广泛，但由于滑动轴承具有一些特殊的性能，故在下列情况下可经常使用。

（1）高速轴承。如磨床主轴的主轴承，每分钟转速几千转，如采用滚动轴承噪声大、振动大、寿命低。

（2）高精度轴承。用于精密机床的主轴承，工作平稳，且易达到较高精度。

（3）重载轴承。轧钢机轴承、回转窑体支承轴承，承载大，如采用滚动轴承则需要特殊的系列，价格昂贵。

（4）承受冲击或振动的轴承。内燃机曲轴的主轴承，冲击力很大。

（5）直径较小的轴承。内燃机凸轮轴，仪器、仪表等轴径较小的场合。

（6）结构上要求剖分的轴承。便于拆装和维修的场合。

2.4.4 滑动轴承的结构

滑动轴承一般由轴承座、轴承盖、轴瓦、润滑装置和密封装置等组成。

（1）径向滑动轴承

径向滑动轴承按其结构的不同有整体式、对开式和调心式。

1）整体式滑动轴承。整体式滑动轴承的结构如图5-34所示，轴承座和轴承盖为一体和机架连在一起。轴瓦采用过渡式过盈配合压入轴承座内，轴瓦磨损后轴颈与轴瓦（轴套）的间隙无法调整，安装拆卸不方便，所以只用于间歇性工作和低速轻载的简单机械中，整体式滑动轴承的标准为JB/T 2560—91。

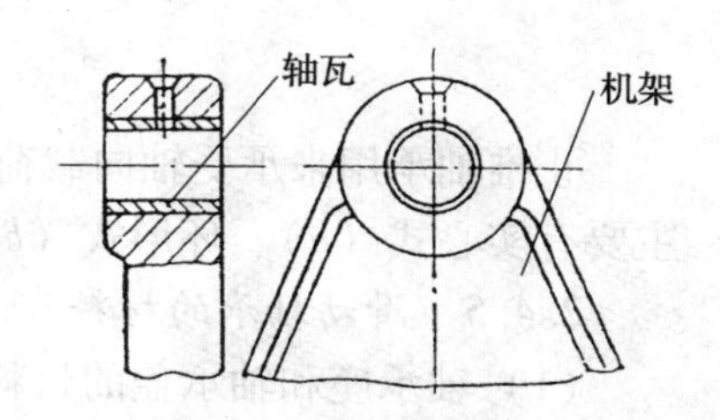

图5-34 整体式径向滑动轴承

2）对开式滑动轴承（部分剖分式径向滑动轴承）。对开式滑动轴承的结构如图5-35所示，它由轴承座、轴承盖、轴瓦和螺栓组成。轴承盖和轴承座在接合处制成凹凸状的配合面，用以防止轴承盖与轴承座上下对中时横向移动，轴承盖上部制有螺纹加油孔，用于装油杯或油管，轴瓦上开有油孔和油槽。对开式轴承按对开位置的不同，分为正滑动轴承和斜滑动轴承（对开面与底座的平面呈45°角）。对开式滑动轴承装拆方便，轴瓦磨损后，采用刮瓦和加垫拧紧螺栓，可恢复其配合间隙，应用广泛，对开式滑动轴承的标准为JB/T 2561—91。

3）调心式滑动轴承。调心式滑动轴承的结构如图5-36所示，它由轴承座、轴承盖、螺栓、可动轴瓦组成。轴承座、轴承盖内制成和轴瓦相配合的球面，当轴受 F 力作用时，轴弯曲变形或两轴承轴线不对中时，轴瓦可自动调心，以避免轴边缘过度磨损，该类轴承适用于轴承宽度 B 与轴径 d 之比大于1.5的场合。

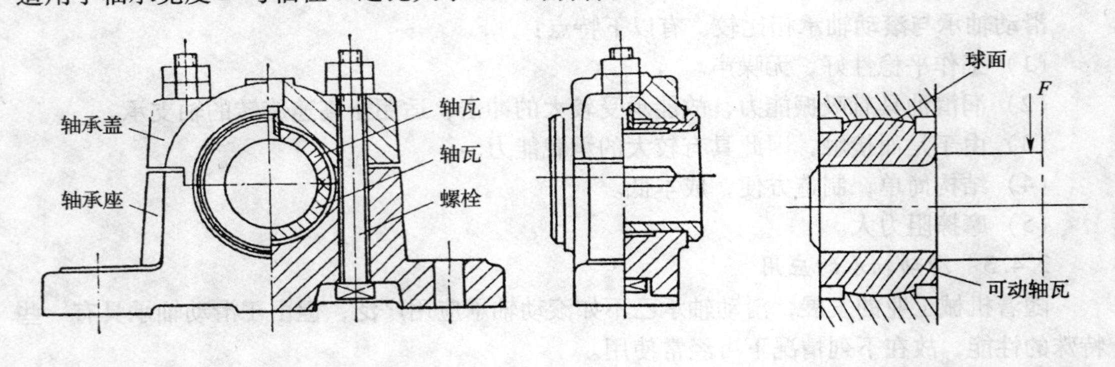

图5-35　剖分式径向滑动轴承　　图5-36　调心式滑动轴承

（2）止推滑动轴承

止推滑动轴承如图5-37所示，它由轴承座和止推轴颈组成。

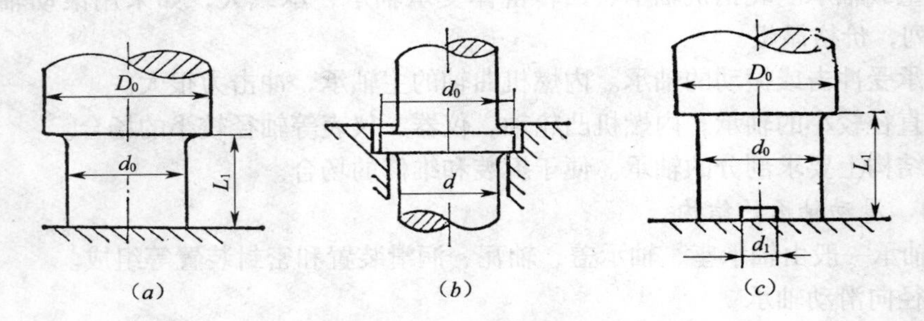

图5-37　止推滑动轴承

（a）实心式；（b）环形式；（c）空心式

止推轴承用来承受轴向载荷，当与径向轴承配合使用可以承受复合载荷，其结构形式主要有实心式（a）、环形式（b）和空心式（c）。

2.4.5　滑动轴承的材料

（1）轴承座和轴承盖的材料

轴承座和轴承盖一般用灰口铸铁。重载或受冲击载荷情况下可用铸钢制成，非标准的单件用焊接件，如装在机体上，则用和机体相同的材料。

（2）轴瓦及轴衬材料

轴瓦和轴颈是直接接触的部分，要求具有较低的摩擦系数，良好的耐磨性和足够的强度等，轴瓦可以用单一材料制成，为了提高轴承的性能，可在轴瓦上浇铸一层轴衬。常用轴瓦及轴衬材料见表5-11。

常用轴瓦及轴衬材料 **表 5-11**

材料		最大许用值				用途
名称	牌号	[p] (MPa)	[v] (m/s)	[pv] (MPa·m/s)	t (℃)	
铸造锡锑轴承合金	ZSnSb11Cu6	平稳荷载			150	用于高速重载的重要轴承，变载荷下易疲劳，价贵
		25	80	20		
	ZSnSb8Cu4	冲击载荷				
		20	60	15		
铸造铅锑轴承合金	ZPbSb16Sn16Cu2	15	12	10	150	用于中速、中等载荷的轴承。不宜受显著冲击。可作为锡锑轴承合金的代用品。
	ZPbSb15Sn5Cu3	5	6	5		
	ZPbSb15Sn10	20	15	15		
铸造锡青铜	ZCuSn10P1	15	10	15	280	用于中速、重载及受变载荷的轴承
	ZCuSn5Pb5Zn5	5	3	10		用于中速、中载的轴承
铸造铝青铜	ZCuAl10Fe3	15	4	12	280	用于润滑充分的低速、重载轴承

注：1. [*P*] 为许用压强；
2. [*PV*] 为许用值；
3. [*V*] 为许用速度。

2.5 联轴器和离合器

联轴器和离合器是机械传动中的常用部件。

联轴器和离合器的功用是将两轴联成一体，使其一同旋转，并传递扭矩。两者不同点是：联轴器是用来把两轴牢固地连接在一起以传递扭矩和运动。机器工作时，两轴不能分离，只有在机器停车后，将联轴器拆开，两轴才能分开。离合器在轴旋转时，根据要求可随时分离或接合。

联轴器和离合器的类型很多，常用的联轴器和离合器已经标准化或规格化了。使用时，主要根据机器的工作条件和使用要求选择合适的类型，然后按轴的直径、传递的扭矩和转速，查阅有关手册中联轴器和离合器的标准，确定具体尺寸。

2.5.1 联轴器

根据联轴器补偿两轴相对位移能力的不同，联轴器分为刚性联轴器和挠性联轴器两大类。

（1）刚性联轴器

刚性联轴器是一种结构简单应用较广的联轴器，安装和运转时要求两轴线严格同心，刚性联轴器由刚性传力件组成，它可分为固定式刚性联轴器（有套筒式联轴器和凸缘式联轴器）和可移动式联轴器。

1）套筒式联轴器。套筒式联轴器为一套筒，并用平键或销钉将两轴连接，其结构如图 5-38 所示。这种联轴器的结构简单，径向尺寸小，被连接件能同心旋转。但拆卸时必须使一根轴作轴向移动。套筒式联轴器常用于同心度要求高，工作平稳的场合。

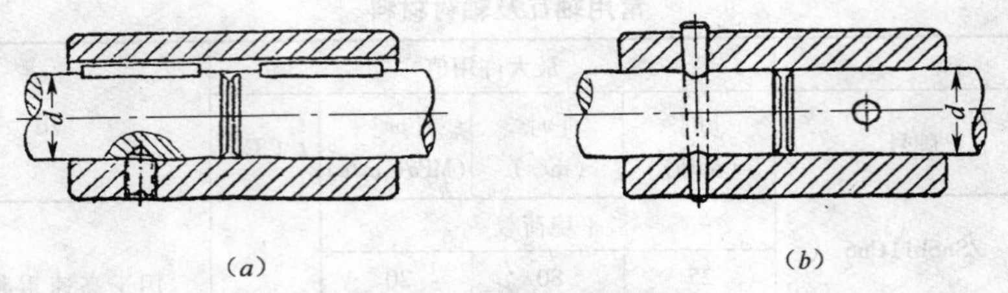

图 5-38　套筒式联轴器

(*a*) YLD 型；(*b*) YL 型

2) 凸缘式联轴器。凸缘式联轴器其结构如图 5-39 所示，它由两个凸缘盘 1、2（半联轴器），分别用键与两轴连接，并用螺栓将两个半联轴器连接，以实现两轴的连接。

凸缘式联轴器有 YLD 型，如图 5-39（*a*）所示，它利用半联轴器 1 上的凸台与半联轴器 2 上的凹孔相配合，对中精度高，拆卸不方便；图 5-39（*b*）为 YL 型，它靠铰制的孔用精制螺栓连接实现对中，对中精度较差，但拆卸方便。该类联轴器可按 GB 5843—86 选用，适用于低速、大扭矩、载荷平稳的场合。

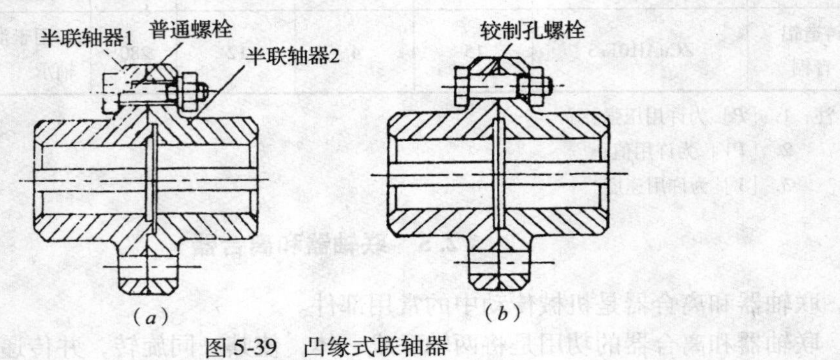

图 5-39　凸缘式联轴器

(*a*) YLD 型；(*b*) YL 型

(2) 挠性联轴器

挠性联轴器允许两轴轴线在安装及运转时有一定限度的轴向位移 X、径向位移 Y，角度位移 α 和综合位移，如图 5-40 所示。

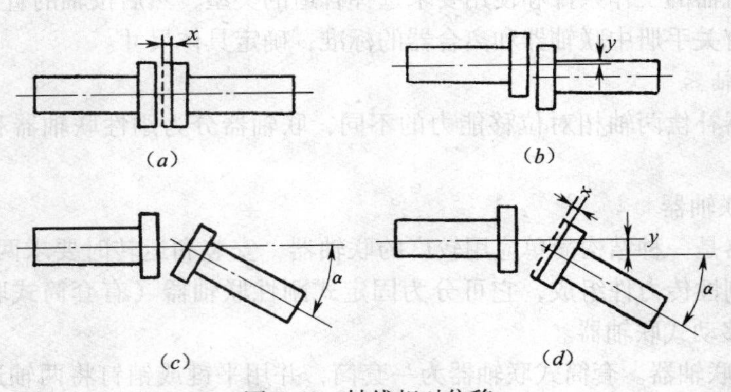

图 5-40　轴线相对位移

(*a*) 轴向位移；(*b*) 径向位移；(*c*) 角位移 α；(*d*) 综合位移

挠性联轴器又称可移式联轴器，可以补偿两轴线的相对偏移。常见的挠性联轴器有：十字滑块联轴器、万向联轴器和齿轮联轴器等。

1）十字滑块联轴器。十字滑块联轴器是一种可以补偿径向偏移的刚性联轴器，其结构如图5-41所示，它由两个端面有凹槽的套筒和一个两端均有凸牙的十字中间圆盘组成。当轴线间有相对径向偏移时，中间的圆盘可以在两个套筒的凹槽中滑动，补偿安装及运转过程中两轴间的相对位移，此种联轴器适用于工作转速较低的场合。

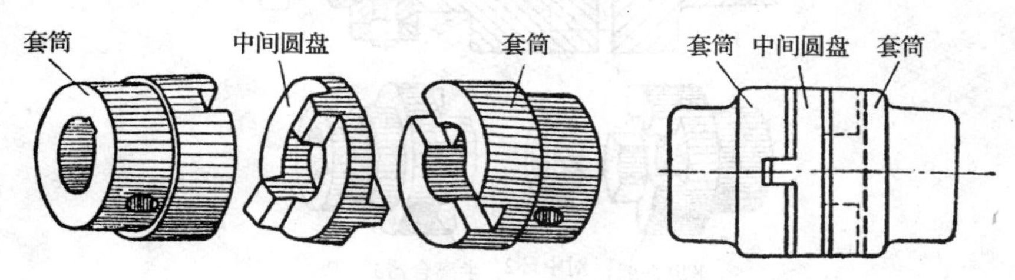

图5-41　十字滑块联轴器

2）万向联轴器。它由两个叉形零件、一个十字形零件和销轴等构成，其结构如图5-42所示，为单万向联轴器，但其角度不稳定。要使被动轴的角速度保持不变，可采用双万向联轴器。

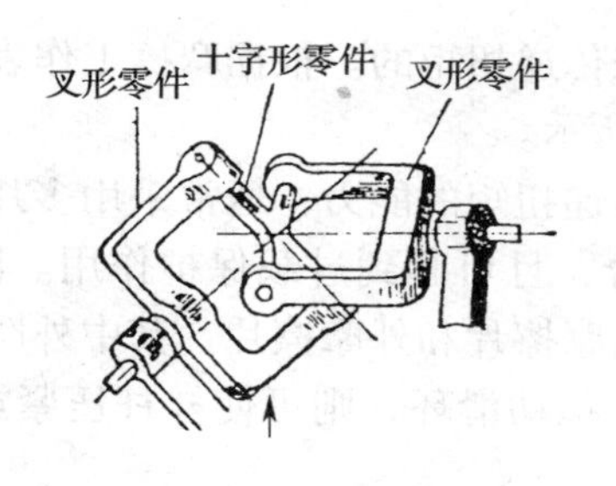

图5-42　单万向联轴器

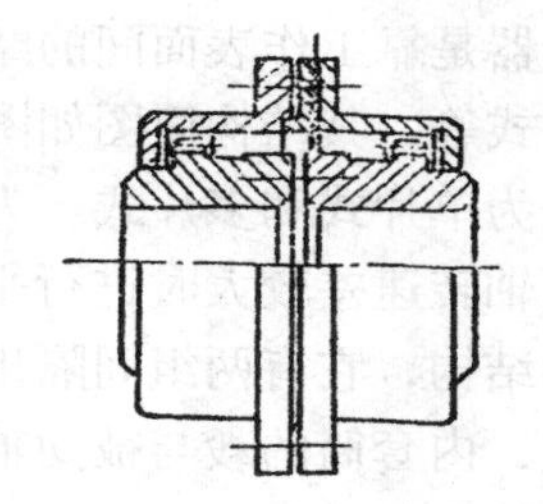

图5-43　齿轮联轴器

3）齿轮联轴器。齿轮联轴器由两个带有外齿的套筒和两个带有内齿的套筒等组成，其构造如图5-43所示。外齿套和轴用键连接，内齿套用螺栓连接，工作时靠内、外齿轮的相互啮合来传递扭矩，它具有补偿径向、轴向和角位移的综合能力。齿轮联轴器传递扭矩大，故广泛用于重型机械上。

2.5.2　离合器

根据工作原理不同，离合器分为嵌合式和摩擦式离合器两种。

（1）嵌合式离合器

嵌合式离合器又称牙嵌式离合器，其构造如图5-44所示。它由两个端面上有牙的半离合器1和3组成。半离合器1用平键和螺钉固定在主动轴上，半离合器3用导键或花键与从动轴相连，用拨叉拨动滑环4使其轴向移动，使离合器分离或结合。为了保证两轴线的对中，在半离合器1上固定有对中环2。

嵌合式离合器是靠端面上的凸齿来传递扭矩的。其结构简单，尺寸较小，工作时无滑动，并能传递较大的扭矩，故应用较为广泛。但在运动时接合有冲击，故只用于低速或不需在运转中接合动力的场合。

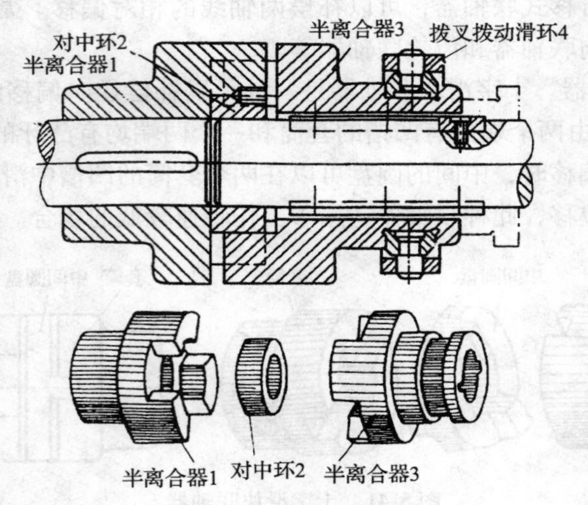

图 5-44　嵌合式离合器

嵌合式离合器牙型有矩形齿、梯形齿和锯齿形齿等，常用的为矩形齿，如图 5-45 所示。

（2）摩擦式离合器

摩擦式离合器是靠工作表面间的摩擦力来传递扭矩的。根据摩擦工作表面的形状可分锥式、盘式和片式等，其结构简图如图 5-46 所示。

片式的又分为单片式和多片式。为提高传递扭矩的能力，通常采用多片式离合器，它能在不停车或两轴转速差较大时进行平稳结合，且可起到过载保护作用。图 5-47 所示为多片式离合器的结构，它有两组间隔排列的内摩擦片和外摩擦片。其中外摩擦片通过外套筒上的花键相连，内套筒的毂与被动轴连接，移动滑环，则可使杠杆压紧或放松摩擦片，以实现离合器的接合与放松。

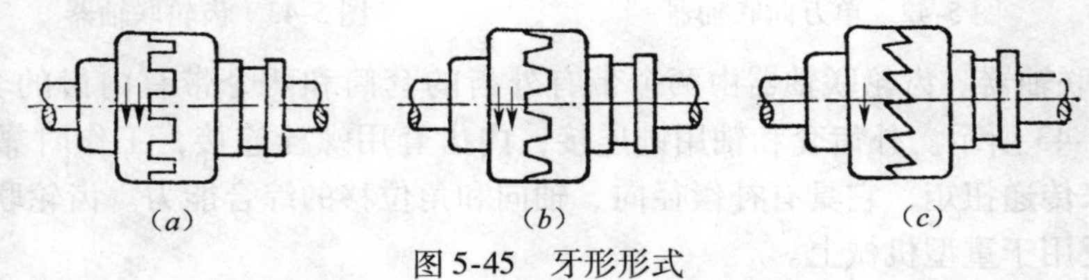

图 5-45　牙形形式

（a）矩形齿；（b）梯形齿；（c）锯齿形齿

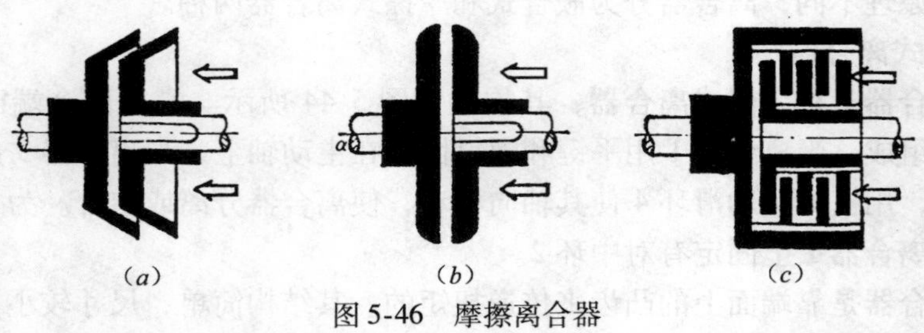

图 5-46　摩擦离合器

（a）锥式；（b）盘式；（c）片式

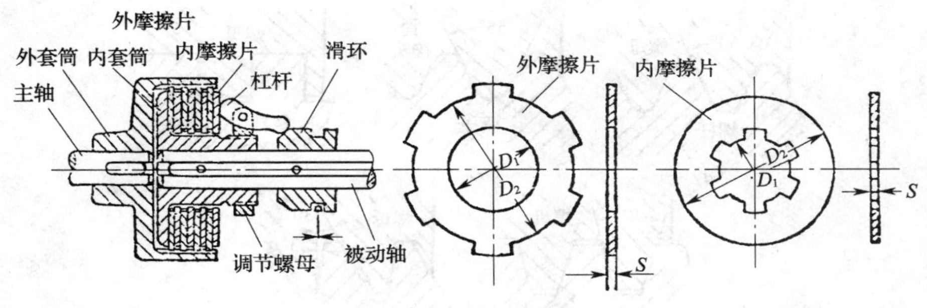

图 5-47　多片式摩擦离合器

课题 3　螺 纹 连 接

连接有可拆的和不可拆的。允许多次装拆而无损于使用性能的连接称为可拆连接，螺纹连接就是利用螺纹零件所构成的一种可拆连接。由于螺纹连接在装拆中不破坏和损伤连接件和被连接件，且类型多样、结构简单、工作可靠，故在机械设备的连接中应用最广。螺纹连接已标准化（为标准件）。标准螺纹的基本尺寸，可由有关标准或手册查得。本节主要介绍螺纹的类型、用途、螺纹连接和螺栓及螺栓连接件。

3.1　螺纹的类型和应用

3.1.1　螺纹的形成

如图 5-48 所示，将一个直角三角形的纸片 *ABC* 绕在直径 d_2 的圆柱体上，三角形的斜边 *AC* 在圆柱体表面上就形成一条螺旋线。如果用车刀沿螺旋线切出不同形状的沟槽，便得到不同牙型的螺纹。

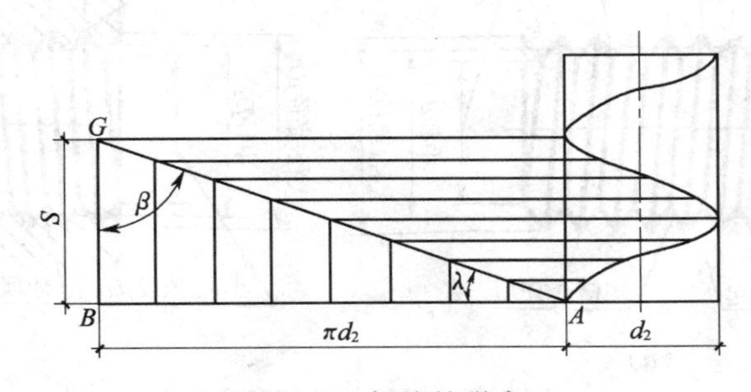

图 5-48　螺纹的形成

3.1.2　螺纹的类型

螺纹的类型很多，一般分类如下：

（1）按牙形分

主要分为三角形螺纹、管螺纹、矩形螺纹、梯形螺纹和锯齿形螺纹等，如图 5-49 所示。三角螺纹和管螺纹用于连接，其余多用于传动。

（2）按螺纹的旋线旋向分

按螺纹的旋线旋向，分为左旋和右旋，应用较广的为右旋。

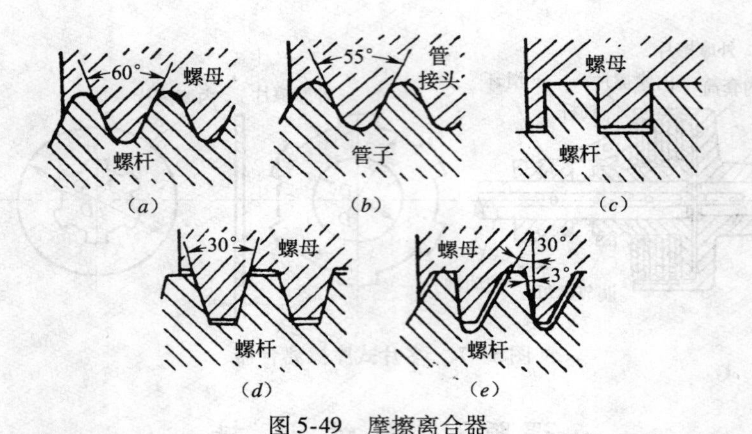

图 5-49　摩擦离合器

(a) 三角形螺纹；(b) 管螺纹；(c) 矩形螺纹；(d) 梯形螺纹；(e) 锯齿形螺纹

(3) 按螺纹的螺旋线数目分

按螺纹的螺旋线数目有单线（单头）、双线（双头）和多线（多头），单线一般用于连接，双线或多线一般用于传动。

(4) 按螺纹切制母体的表面分

如果螺纹切制在母体的外表面，叫外螺纹（如螺栓的螺纹）；切制在母体的内表面，叫内螺纹（如螺母的螺纹），二者共同组成螺纹副用于连接或传动。

(5) 按公英制分

有米制螺纹，称公制螺纹；有英制螺纹。我国除管螺纹外都采用公制螺纹。

3.1.3　螺纹的主要参数

现以图 5-50 所示圆柱普通螺纹为例，对其参数加以说明：

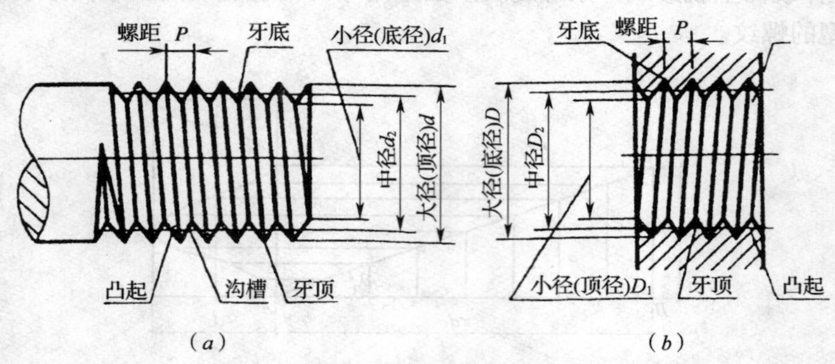

图 5-50　螺纹的几何参数

(a) 外螺纹；(b) 内螺纹

(1) 牙形和牙形角——通过螺纹轴线将螺纹剖切开，螺纹的截面形状称为牙形。图 5-50 所示为三角形牙形，各类牙形的牙形角 2α 分别的 60°、30°等。

(2) 大径——与外螺纹牙顶或内螺纹牙底相切的假想圆直径，是螺纹的最大直径，代号为 D（内螺纹）和 d（外螺纹）。

(3) 小径——与外螺纹牙底或内螺纹牙顶相切的假想圆直径，是螺纹的最小直径，代号为 D_1（内螺纹）和 d_1（外螺纹）。

(4) 中径——在螺纹的轴向剖面内，牙厚与牙槽宽相等处的假想圆的直径，代号为

D_2（内螺纹）和 d_2（外螺纹）。

（5）螺距 P——螺纹相邻两牙在中径线上对应点的轴向距离。

（6）导程 S——同一条螺旋线上相邻两牙在中径线上对应两点间的轴向距离。单线螺纹的导程等于螺距（$S=P$）；双线的 $S=2P$；多线的 $S=nP$。如图 5-51 所示。

（7）旋向——左旋和右旋之分。沿旋进方向观察时，顺时针旋转时旋入的螺纹为左螺纹。如图 5-52（*a*）所示。逆时针旋转时旋入的螺纹为右螺纹，如图 5-52（*b*）所示。

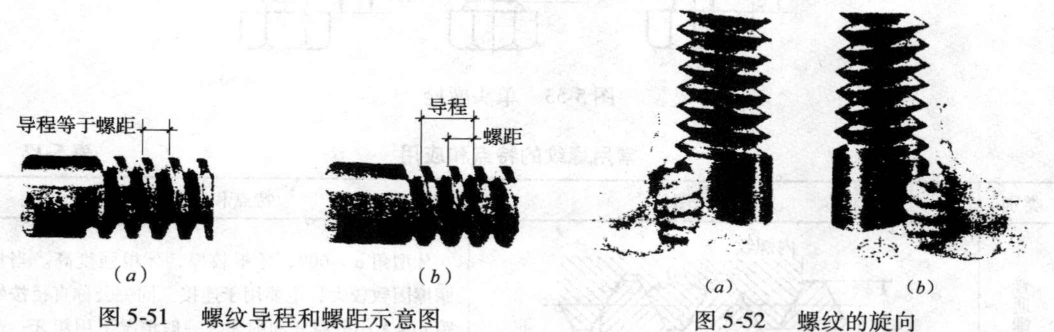

图 5-51　螺纹导程和螺距示意图

（*a*）单线螺纹；（*b*）双线螺纹

图 5-52　螺纹的旋向

（*a*）右旋螺纹；（*b*）左旋螺纹

外螺纹和内螺纹成对使用时，只有当上述七个参数完全相同时，才能旋合在一起。

为了便于设计、制造和使用，国家标准对螺纹的牙形，大径、中径、小径和螺距都作了规定，凡这五个参数都符合标准的称为标准螺纹。

3.1.4　常用螺纹的特点和应用

常用的螺纹有普通螺纹、管螺纹、矩形螺纹、梯形螺纹和锯齿形螺纹，除矩形螺纹外，均已标准化。其中除管螺纹采用英制（螺距以每英寸牙数表示）外，均采用公制。常用螺纹的特点和应用见表 5-12。

3.2　螺纹连接

3.2.1　螺纹连接的基本类型

根据被连接件的具体情况不同，螺纹连接有螺栓连接、双头螺栓连接、螺钉连接和紧定螺栓连接四种基本类型。其结构、主要尺寸关系、特点和应用见表 5-13。

3.2.2　螺纹连接件

螺纹连接件包括螺栓、双头螺柱、螺钉、螺母和垫圈等。这些连接件都已标准化，其类型和尺寸，在国家标准中都有规定，使用时可查阅有关手册，按标准选择。

（1）螺栓

螺栓由螺栓头和螺杆构成，如图 5-53 所示。螺栓头一般为六角形；杆部可以全部是螺纹或只有一段螺纹，螺纹精度分为 A、B、C 级，通常多用 C 级。如和铰制孔相配螺栓，其配合光杆直径 d_s，长度 L_3处和相配孔径尺寸有较高的精度要求。

（2）双头螺柱

螺柱两端均制有螺纹，旋入被连接件螺纹孔的一端为座端，该端厚度较大，为不便穿透的被连接件，另一端用螺母旋紧，中部为光杆，分为 A 型［图 5-54（*a*）］和 B 型［图 5-54（*b*）］两种。A 型两端有倒角，B 型两端设有倒角，螺纹辗制而成。

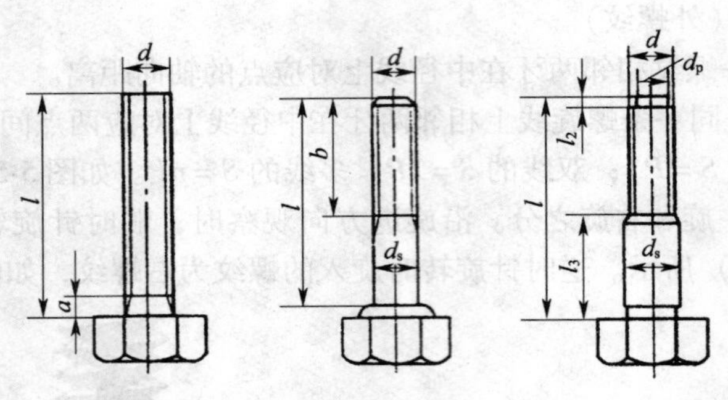

图 5-53　单头螺栓

常用螺纹的特点和应用　　表 5-12

类别	牙型图	特点和应用
普通螺纹	内螺纹 60° d d₂ d₁ p 外螺纹	牙型角 $\alpha=60°$，牙根较厚，牙根强度高。当量摩擦因数较大，主要用于连接。同一公称直径按螺距 t 的大小分粗牙和细牙。一般情况下用粗牙；薄壁零件或受动载荷的连接常用细牙
圆柱管螺纹	内螺纹 55° d d₁ d₂ p 外螺纹	牙型角 $\alpha=55°$，也有 $\alpha=60°$ 的。螺距以每英寸牙数计算，也有粗牙、细牙之分，多用于修配英、美等国家的零件
	接头 55° d d₂ d₁ p 管子	牙型角 $\alpha=55°$，牙顶呈圆弧。旋合螺纹间无径向间隙，紧密性好，公称直径为管子直径，以英寸为单位。多用于压力在 1.57MPa 以下的管子连接
矩形螺纹	内螺纹 d d₂ d₁ p 外螺纹	螺纹牙的剖面通常为正方形，牙厚为螺距的一半，尚未标准化。牙根强度较低，难于精确加工，磨损后间隙难以补偿，对中精度低。当量摩擦因数最小，效率较其他螺纹高，通常用于传动
梯形螺纹	内螺纹 30° d d₂ d₁ p 外螺纹	牙型角 $\alpha=30°$，效率比矩形螺纹低，但可避免矩形螺纹的缺点。广泛用于传动
锯齿形螺纹	3° 30° 内螺纹 d d₂ d₁ p 外螺纹	工作面的牙斜角为 $\beta=3°$，非工作面的牙斜角 $\beta=30°$，兼有矩形螺纹效率高和梯形螺纹牙根强度高的优点，但只能用于单向受力的传动

螺纹连接的基本类型、特点和应用 **表 5-13**

连接类型	结　构	主要尺寸关系	特点和应用
螺栓连接：普通螺栓	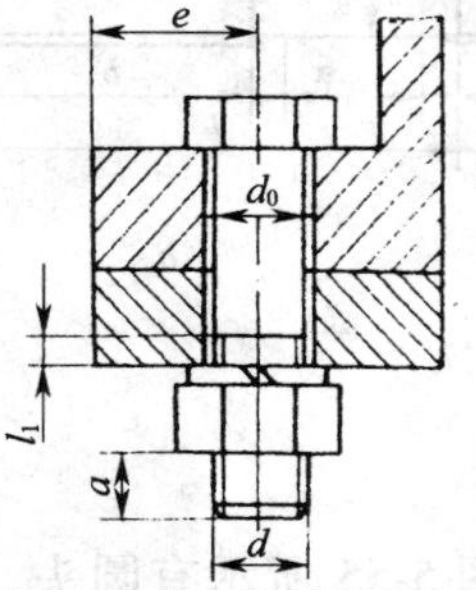	螺纹余留长度 l_1 普通螺栓连接 静载荷 $l_l \geqslant (0.3 \sim 0.5)d$ 变载荷 $l_l \geqslant 0.75d$ 冲击、弯曲载荷 $l_l \geqslant d$ 铰制孔用螺栓连接 l_l 尽可能小螺纹伸出长度 $a \approx (0.2 \sim 0.3)d$ 螺栓轴线到被连接件边缘的距离 $e = d + (3 \sim 6)\text{mm}$	无需在被连接件上切制螺纹，使用不受被连接件材料的限制。构造简单，装拆方便，应用广泛。用于可制通孔的场合
螺栓连接：铰制孔用螺栓	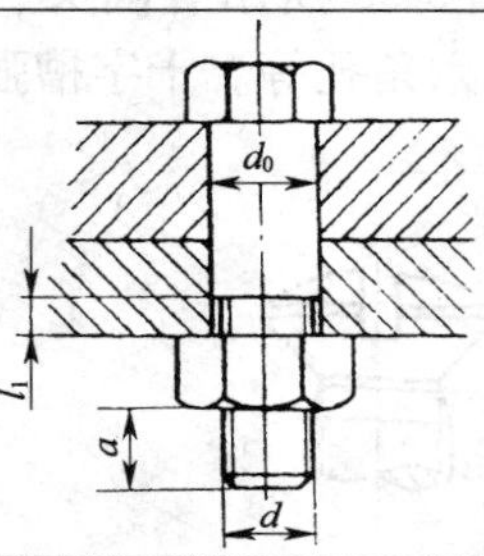		
双头螺柱连接	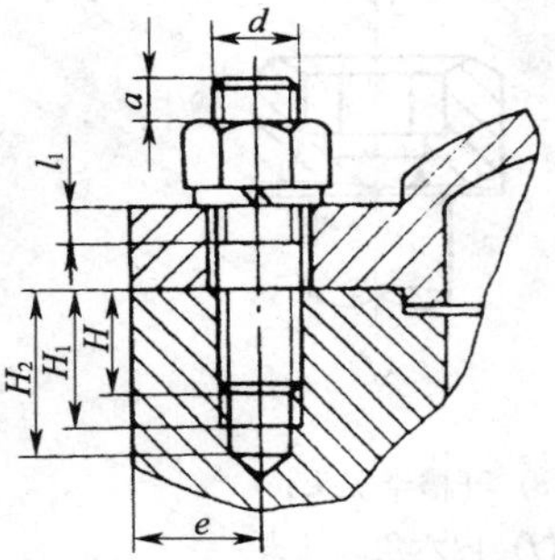	螺纹旋入深度 H，当螺纹孔零件为 钢或青铜 $H \approx d$ 铸铁 $H \approx (1.25 \sim 1.5)d$ 铝合金 $H \approx (1.5 \sim 2.5)d$ 螺纹孔深度 $H_1 \approx H + (2 \sim 2.5)p$ 钻孔深度 $H_2 \approx H_1 + (0.5 \sim 1)d$ l_1、a、e 同上 （式中 p——螺距）	双头螺柱的一端旋入并紧定在被连接件之一的螺纹孔中。用于结构受限制而不能用螺栓或要求连接较紧凑的场合 螺钉连接不用螺母，应用与双头螺柱相似，但不宜用于经常装拆的连接，以免损坏被连接件的螺纹孔
螺钉连接	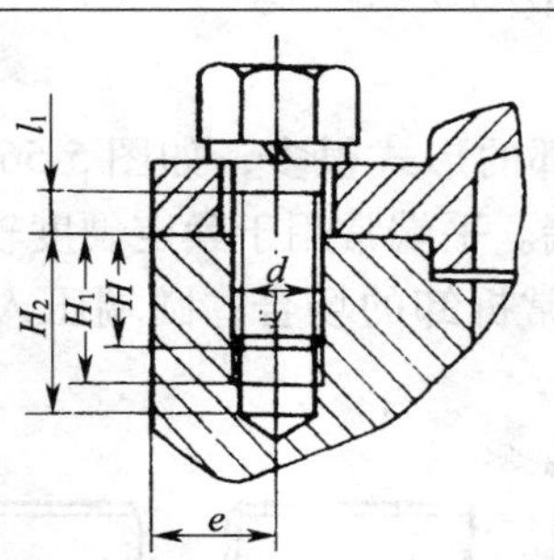		
紧定螺钉连接	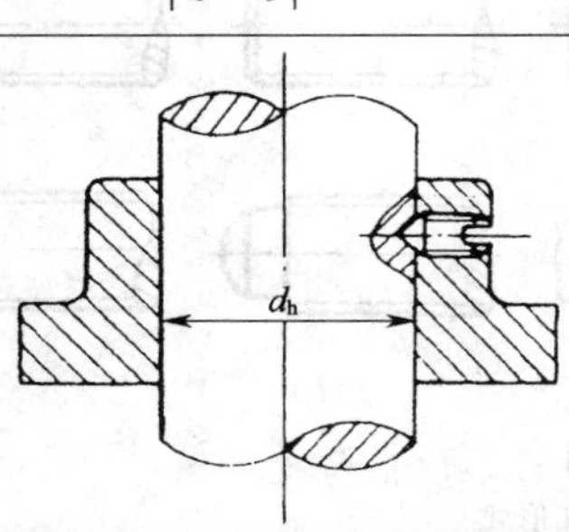	$d = (0.2 \sim 0.3)\ d_h$ 当力和转矩大时取大值	旋入被连接件之一的螺纹孔中，其末端顶住另一被连接件的表面或顶入相应的坑中，以固定两个零件的相互位置，并可传递不大的力或转矩

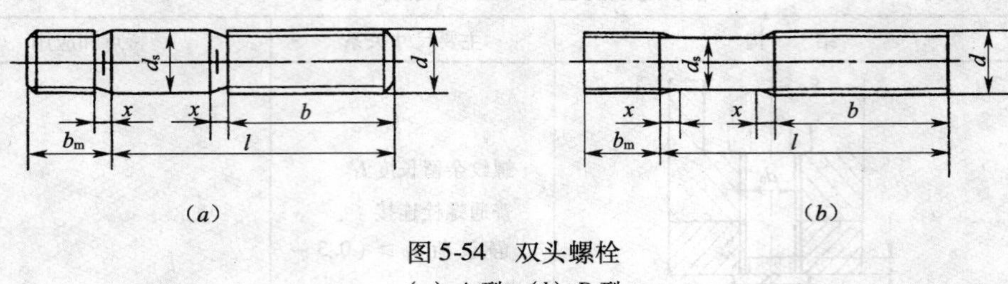

图 5-54　双头螺栓

(*a*) A 型；(*b*) B 型

(3) 螺钉

螺钉结构与螺栓基体相似，但头部形状比较多，图 5-55 所示有圆头、扁圆头、内六角头、圆柱头和沉头等。起子槽有一字槽、十字槽、内六角孔等。十字槽强度高，便于用机动工具，内六角孔用于要求结构紧凑的地方。

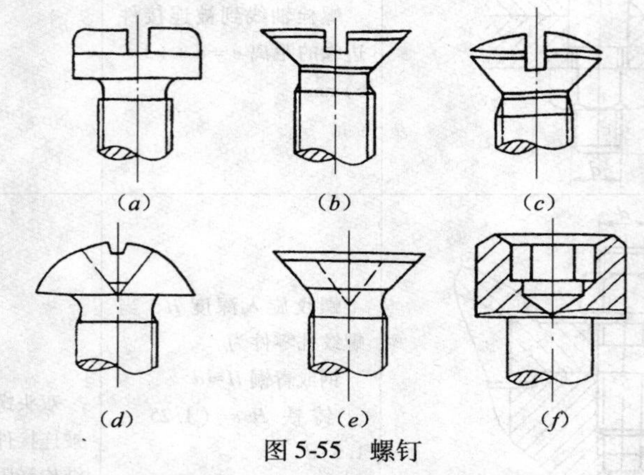

图 5-55　螺钉

(*a*) 开槽圆柱头；(*b*) 开槽沉头；(*c*) 开槽半沉头；
(*d*) 十字槽盘头；(*e*) 十字槽沉头；(*f*) 内六角圆柱头

(4) 紧定螺钉

紧定螺钉种类很多，其结构特点由于头部和尾部的形式很多，如图 5-56 所示。常用的紧钉螺钉末端形状有：紧定螺钉平端、锥端和圆端。平端常用于紧定硬度较高的平面或经常拆卸的场合；锥端用于被紧定件硬度低，不经常拆卸的场合；圆端压入轴上的凹坑中，适用于紧定空心轴上的零件。

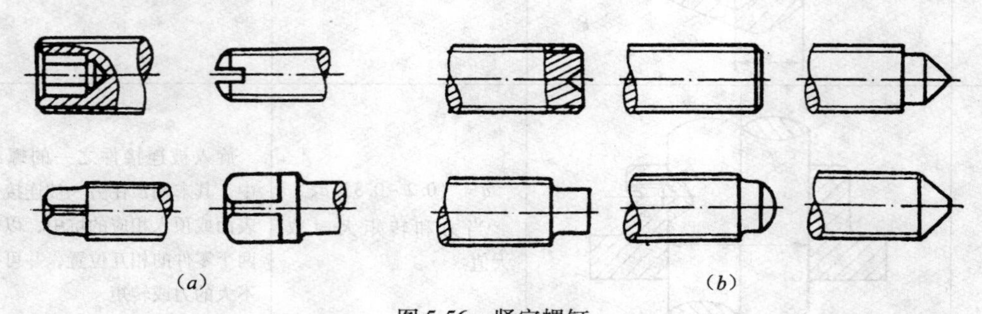

图 5-56　紧定螺钉

(*a*) 头部形式；(*b*) 尾部形式

（5）螺母

螺母的结构形式很多，常用的有六角螺母［图5-57（a）］、六角槽形螺母［图5-57（b）］和圆螺母［图5-57（c）］。应用最广的为六角螺母，圆螺母主要用于轴上零件的固定。

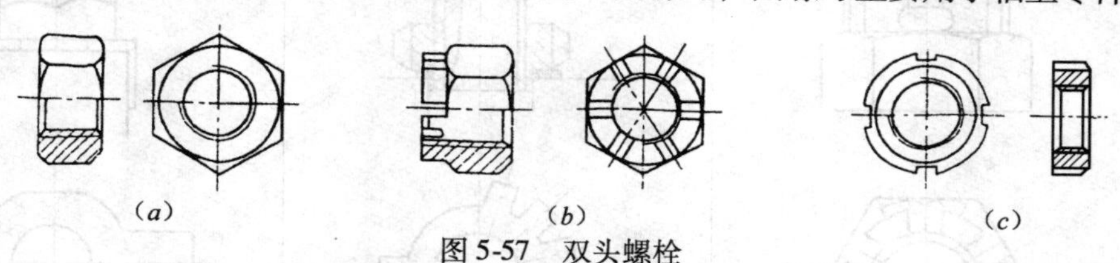

图5-57　双头螺栓

（a）六角螺母；（b）六角槽形螺母；（c）圆螺母

（6）垫圈

垫圈常放在螺母与被连接件之间起保护支承表面、垫平和防松的作用。根据用途不同有衬垫用垫圈和防松用垫圈。衬垫用垫圈，分为普通型［图5-58（a）］、倒角型［图5-58（b）］和防松用的弹簧垫圈［图5-58（c）］。

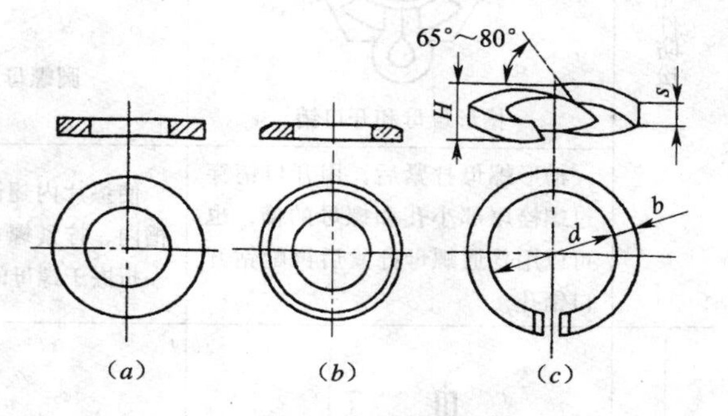

图5-58　垫圈

（a）普通型；（b）倒角型；（c）弹簧垫圈

3.2.3　螺纹连接的拧紧与防松

在绝大多装配件的连接中对螺纹的连接都要拧紧，对受拉螺栓，拧紧可以提高螺栓的疲劳强度，增强被连接件紧密性的防松能力；对受剪螺栓，拧紧可以提高被连接件接合面的摩擦力。

连接用的三角螺纹，一般为单线的。都具有自锁性，在静载荷和温度变化不大的状况下，不会自动松脱。但在冲击、振动变载作用下，连接会失去自锁作用，另外，经常处于高温下工作，螺母都会发生松脱现象，松脱危害性极大，所以要根据受载和工作环境的不同选择不同的防松措施。防松的方法很多，常用的方法见表5-14。

常用的防松方法　　表5-14

利用附加摩擦力防松	弹簧垫圈	对顶螺母	尼龙圈锁紧螺母
	弹簧垫圈材料为弹簧钢，装配后垫圈被压平，其反弹力能使螺纹间保持压紧力和摩擦力	利用两螺母的对顶作用使螺栓始终受到附加的拉力和附加的摩擦力。结构简单，可用于低速重载场合	螺母中嵌有尼龙圈，拧上后尼龙圈内孔被胀大，箍紧螺栓

续表

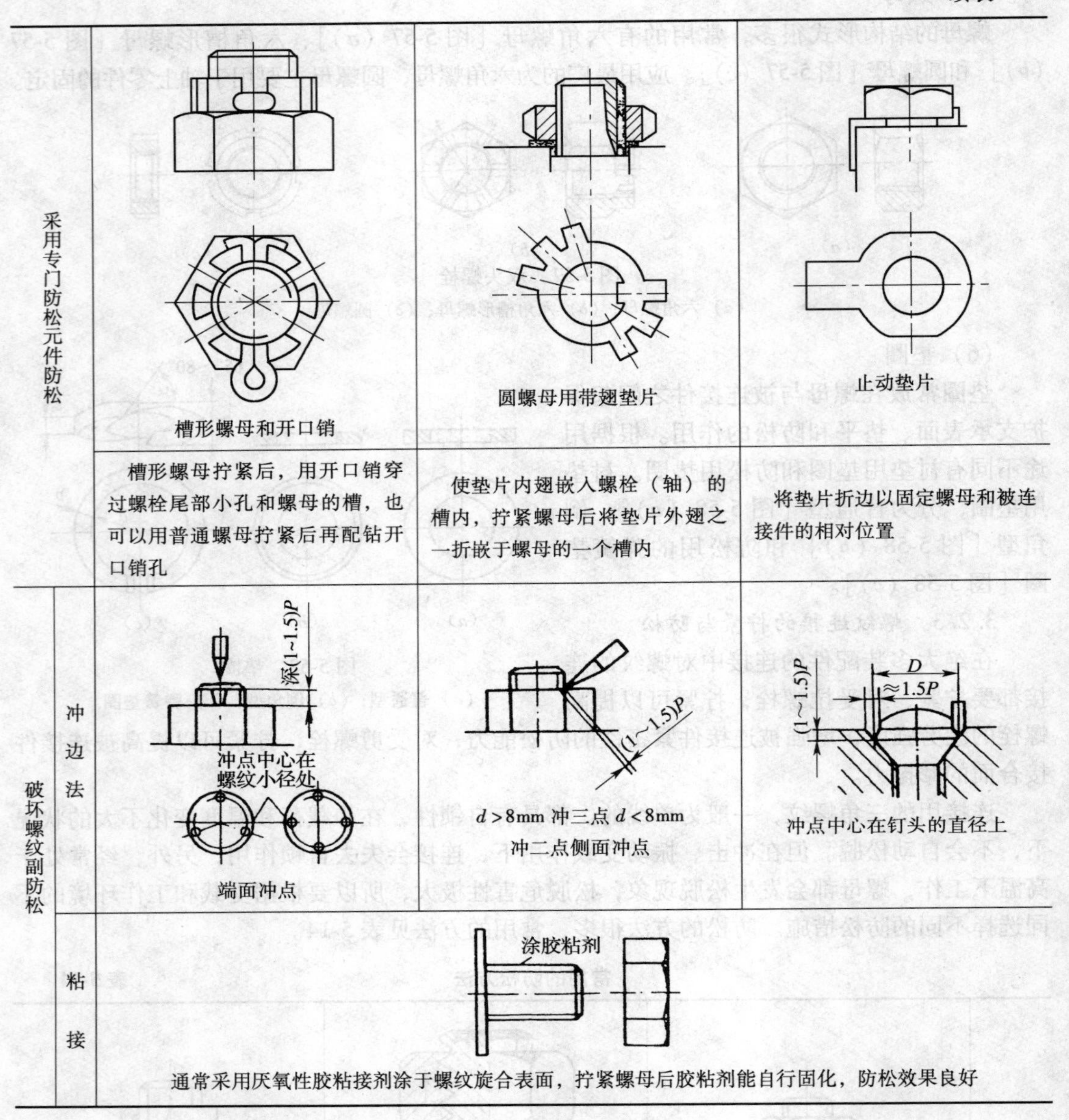

防松方法				
采用专门防松元件防松		槽形螺母和开口销	圆螺母用带翅垫片	止动垫片
		槽形螺母拧紧后，用开口销穿过螺栓尾部小孔和螺母的槽，也可以用普通螺母拧紧后再配钻开口销孔	使垫片内翅嵌入螺栓（轴）的槽内，拧紧螺母后将垫片外翅之一折嵌于螺母的一个槽内	将垫片折边以固定螺母和被连接件的相对位置
破坏螺纹副防松	冲边法	深(1~1.5)P 冲点中心在螺纹小径处 端面冲点	(1~1.5)P $d>8$mm 冲三点 $d<8$mm 冲二点侧面冲点	D $\approx 1.5P$ (1~1.5)P 冲点中心在钉头的直径上
	粘接	涂胶粘剂 通常采用厌氧性胶粘接剂涂于螺纹旋合表面，拧紧螺母后胶粘剂能自行固化，防松效果良好		

思考题与习题

1．试述带传动的特点及应用。

2．普通 V 型带有哪几种？何谓 V 型带的基准长度？说明 V 型带标记为 A1400 GB/T 11544—1997 的含义。

3．V 型带为什么要张紧？常用的张紧方法有哪几种？

4．何谓分度圆模数和压力角？一对标准直齿圆柱齿轮啮合应满足什么条件？

5．已知一外啮合标准圆柱齿轮的中心距 $A=160$mm，$Z_1=20$，$Z_2=60$，求模数和分度圆直径。

6．根据轴所受载荷性质不同，轴分为哪几种类型？自行车的前轴、中轴和后轴各属什么类型？

7．轴的材料有哪几中类型？试述应用场合。

8．轴上零件为什么要周向固定？有哪些固定方法？

9．轴上零件为什么要轴向定位和固定？有哪些固定方法？

10．按用途不同，平键可分为哪几类？说明各自的特点及应用。

11．常用的键连接有哪些类型？各用在什么场合？

12．滚动轴承主要有哪些类型？各有什么特点。

13．试述滚动轴承代号的意义，说明下列滚动轴承代号的含义：6308、31209、30315/P4、51310、7211C/P5、7310B/P5、52207和7210AC/P5。

14．选择滚动轴承时，要考虑哪些因素？

15．滚动轴承和滑动轴承各适用于什么场合？

16．滑动轴承主要有哪些类型？各有什么特点？

17．滑动轴承的常用材料有哪几类？说明各自的特点及应用场合。

18．联轴器与离合器在功用上有什么不同？说明各自的应用场合。

19．常用的联轴器有哪些类型？主要特点有哪些？

20．常用的离合器有哪些类型？主要特点有哪些？

21．选择联轴器时要考虑哪些因素？

22．螺纹的主要参数有哪些？说明各参数的含义？

23．常用的螺纹有哪些特点？传动和连接各用什么螺纹？

24．螺纹连接的基本形式有哪几种？各用在什么场合？

25．试述普通螺纹、管螺纹、矩形螺纹和梯形螺纹的特点及应用。

26．螺纹连接为什么会松动？常用的防松方法有哪些？各用在什么场合？

单元6 液压传动的基本原理

知识点：液压传动的工作原理及组成：液压传动的工作原理、液压传动的组成；液压传动装置：动力元件、执行元件、控制元件；液压传动系统：方向控制回路、压力控制回路、速度控制回路。

教学目标：领会液压传动的工作原理；了解液压传动的组成；了解常用液压传动装置各元件的作用及构成；领会液压传动系统各回路的作用原理。

课题1 液压传动的工作原理及组成

1.1 液压传动的工作原理

由帕斯卡定律可知，加在密闭容器内液体任一部分的压强，其大小不变，由液体本身向各个方向传递。如图6-1所示，油压千斤顶工作时，利用杠杆将缸2中的柱塞1向下压，促使缸2下腔的密封容积减小，油液压力升高，压力油通过单向阀3流入缸7内，推动柱塞8将重物W举起。管道中的单向阀3阻止了油液从缸7倒流回缸2。在柱塞1行程终了后，又可以用杠杆将柱塞1向上提起，这时，缸2下腔密封容积增加，形成部分真空，于是油箱5中的油液在外界大气压力的作用下，经过吸油管及单向阀4进入缸2的下腔，并充满柱塞缸。再压下柱塞1又将油液压入缸7内。这样反复地拉、压柱塞1，就可以使重物W不断上升，从而达到起重的目的。将阀门6旋转90°，在重物W的重力作用下，缸7内的油液排回油箱。这种在密闭容器内利用受压液体传递压力能，再通过执行机构把压力能转换为机械能而做功的传动方式即是液压传动，也称为容积式液压传动。

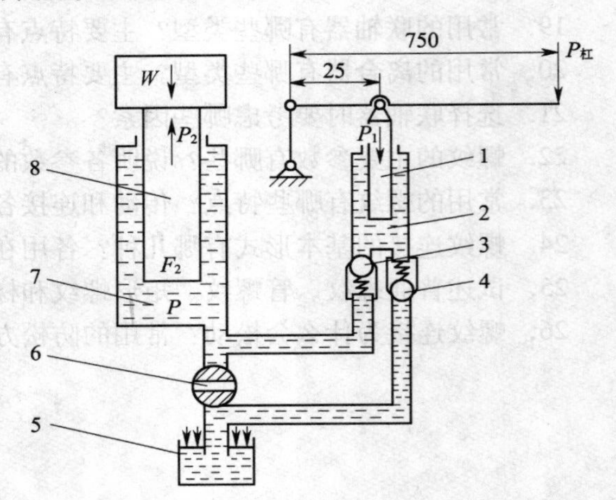

图6-1 油压千斤顶工作原理图
1—柱塞；2—柱塞缸；3—单向阀；4—单向阀；5—油箱；6—阀门；7—柱塞缸；8—柱塞

1.2 液压传动的组成

液压传动装置主要由动力元件、执行元件、控制元件和辅助元件四部分组成。

1.2.1 动力元件

动力元件的作用是给液压系统提供压力油，将电动机或发动机输出的机械能转换为油液的压力能，用以推动整个液压系统工作。最常见的形式就是液压泵。

1.2.2　执行元件

执行元件的作用是将油液的压力能转换为机械能的能量转换装置。常见的形式有液压缸或液压马达。它们将液压能转换为机械的直线往复运动或旋转运动。

1.2.3　控制元件

控制元件的作用是对系统中油液的压力、流量、流向进行控制，以满足机械的工作要求。常用的控制阀有溢流阀、节流阀、换向阀、开关阀等。

1.2.4　辅助元件

辅助元件的作用是输送液体、储存液体、过滤液体、密封等。常用的包括油箱、油管和管接头、冷却器、蓄能器、滤油器等。

1.3　液压系统的图形符号

液压系统图的图形符号，目前主要有结构式和职能式两种表示方法。

1.3.1　结构式表示方法

结构式表示法近似实物的剖面图，比较容易理解，但是还反映不出元件的职能作用，当系统中元件数量多时绘制起来比较麻烦，已逐渐被职能符号所取代。

1.3.2　职能式表示方法

一般液压系统图都应按国标《常用液压系统图形符号》（GB 786—76）（表6-1）规定的图形绘制。图6-2是用职能符号表示的推土机液压系统原理图，简单明了，便于绘制。有些液压元件的职能如果无法用这些符号表达时，仍可采用结构示意图表示。

常用液压系统图形符号（GB 786—76）　　　　表6-1

类别	名称	符号	类别	名称	符号
管路及连接	工作管路		液压泵、液压马达及液压缸 / 液压泵	单向定量泵	
	控制管路			单向变量泵	
	泄漏管路		液压马达	双向变量泵	
	连接管路			双向变量马达	
	交叉管路			双向定量马达	
	软管			摆动马达	
	流动方向				
	放气装置（放气口朝上）				
	通油箱管路（左图为管端在液面之上，右图为管端在液面之下）				
	堵头				

续表

类别		名称	符号
液压泵、液压马达及液压缸	单作用液压缸	单作用柱塞缸	
		单作用活塞缸	
		单作用伸缩式套筒缸	
	双作用液压缸	双作用单活塞缸	
		双作用带可调单向缓冲式缸	
		差动式缸	
		双作用双活塞杆缸	
控制方式		手柄控制	
		按钮控制	
		脚踏控制	
		弹簧控制	
		顶杆控制	
		直接液压控制	
		先导液压控制（上图为加压控制 下图为卸压控制）	
		单线圈电磁控制	
控制方式		双向旋转直流电动机控制	D
		定位机构	
		机械反馈机构	
压力控制阀		溢流阀	
		定压减压阀	
流量控制阀		固定节流器	
		可调节流器	
		可调式集流阀	
		分流-集流阀	
方向控制阀		三位四通阀	
		三位四通阀	
		单向元件（与其他元件组合使用）	
		单向阀	
		液控单向阀	
		开关	
伺服阀		四通伺服阀	

续表

类别	名称	符号	类别	名称	符号
辅件及其他装置	开式油箱		辅件及其他装置	粗滤油器	
	蓄能器			精滤油器	
	隔离式气体蓄能器			压力继电器	
	增压缸			交流电动机	D ~
	油温调节器			指针式压力表	
	冷却器（上图为带冷却介质通道的符号，下图为简化符号）			直读温度计	

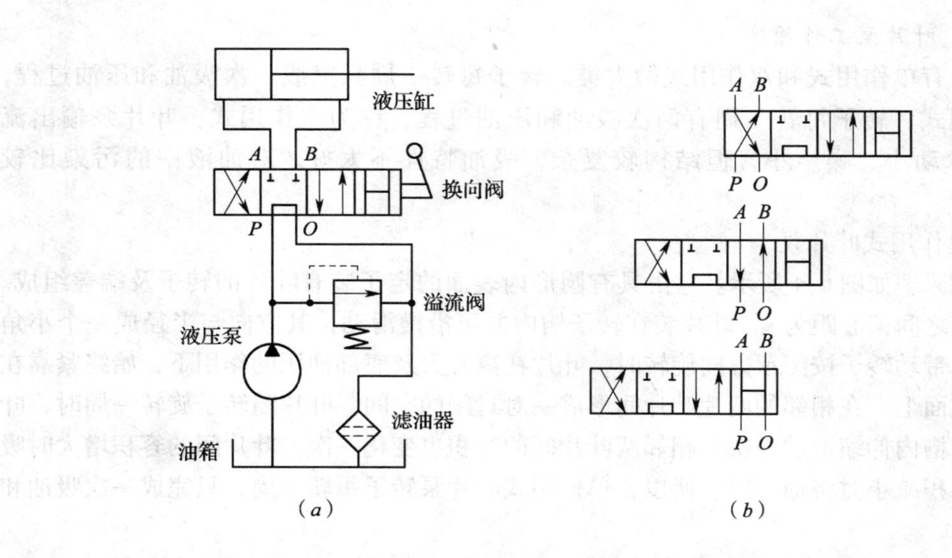

图 6-2　用职能符号表示的推土机液压系统原理图

（*a*）推土机液压系统原理图；（*b*）液压系统油路连通情况

课题2　液压传动装置

2.1　动 力 元 件

液压泵作为液压系统的动力元件，将原动机输入的机械能转换成液压能输出，为执行元件提供压力油。液压泵的性能好坏直接影响到液压系统的工作性能和可靠性。液压系统中常用的液压泵有齿轮泵、叶片泵、柱塞泵、螺杆泵等。

2.1.1　齿轮泵工作原理

齿轮泵的结构原理如图6-3所示，它是由泵壳、端盖和一对齿数相同互相啮合的齿轮组成，它将泵腔分隔成不相通的两部分，即吸油腔和压油腔。当齿轮1由电动机带动按图示方向转动时，与之啮合的齿轮2也相应按图方向转动，在齿轮啮合过程中，轮齿脱离啮合处容积由小变大，形成了部分真空，外界油液在大气压力作用下，由吸油腔进入油泵，填满了齿谷空间 a、b、c 及 a'、b'、c'，油液由转动的轮齿带到油泵另一端的油腔内，随着轮齿的不断啮合，这一空腔的容积由大变小，于是形成压油作用，通过出油口将油排出。齿轮泵一般适用于中、低压系统，且速度精度要求不高的施工机械液压系统中。

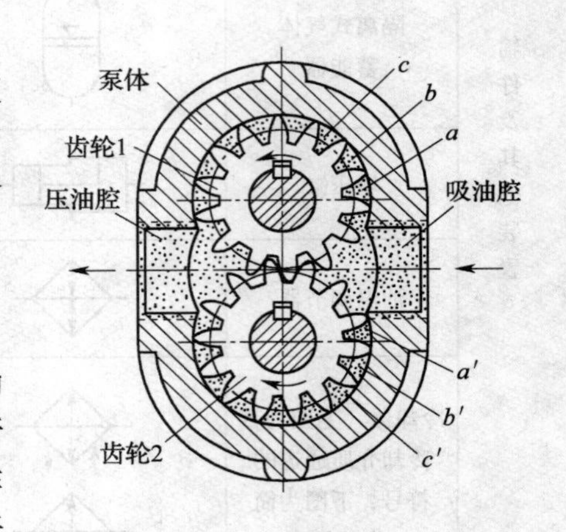

图6-3　齿轮泵工作原理图

2.1.2　叶片泵工作原理

叶片泵有单作用式和双作用式两大类。转子每转一周只完成一次吸油和压油过程，称为单作用式；转子每转一周有两次吸油和压油过程，称为双作用式。叶片泵输出流量均匀、脉动小、噪声小，但结构较复杂，吸油特性不太好，对油液中的污染比较敏感。

(1) 单作用式叶片泵

其工作原理如图6-4所示。它由具有圆形内表面的定子装有叶片的转子及端盖组成。转子与定子之间偏心距为 e，叶片装在转子槽内并可沿槽滑动，其方向与半径成一个小角度。电动机带动转子按图示方向旋转时，叶片在离心力及底部油压的作用下，始终紧靠在定子的内表面上，在相邻的两片叶片间形成一对封闭的空间。叶片随转子旋转一周时，叶片在转子的槽内伸缩滑动一次，相邻两叶片间的容积也变化一次。叶片间的容积增大时吸入油液，容积减小时将油压出。所以，单作用式叶片泵转子每转一周，只完成一次吸油和压油过程。

(2) 双作用式叶片泵

双作用式叶片泵工作原理如图6-5所示，由转子、定子和端盖所组成，转子与定子之间没有偏心距，定子的内表面为椭圆形。转子每转一周，叶片在转子的槽内伸缩滑动两次，相邻叶片之间的容积随之变化两次，完成两次吸油和压油过程。

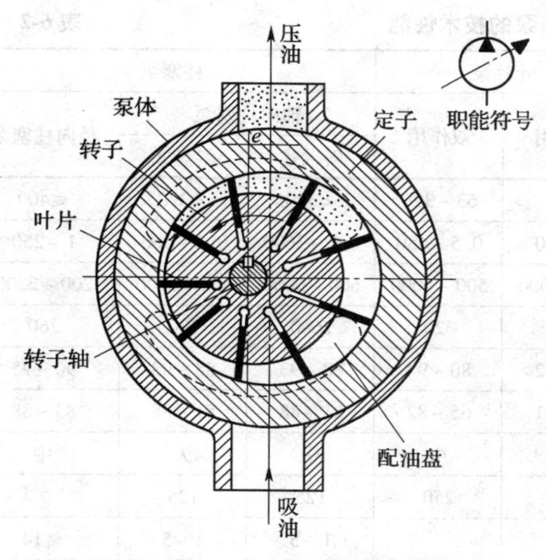

图 6-4　单作用式叶片泵工作原理

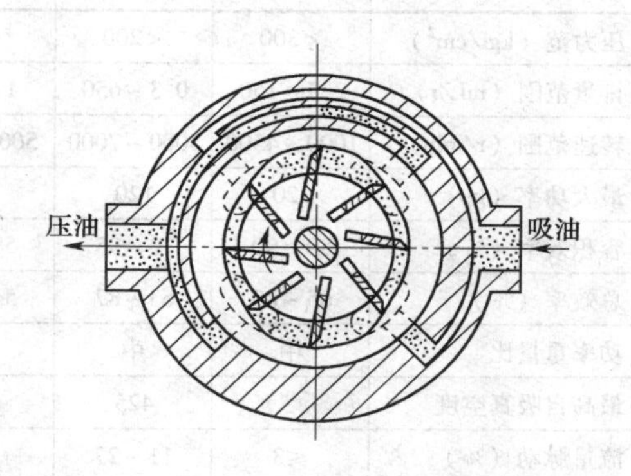

图 6-5　双作用式叶片泵

2.1.3　柱塞泵的工作原理

柱塞泵的特点是压力高、流量脉动小且流量容易调节。柱塞泵分为径向柱塞泵、轴向柱塞泵。径向柱塞泵的工作原理如图 6-6 所示，它由定子、带有若干个柱塞的转子和配油轴等组成。

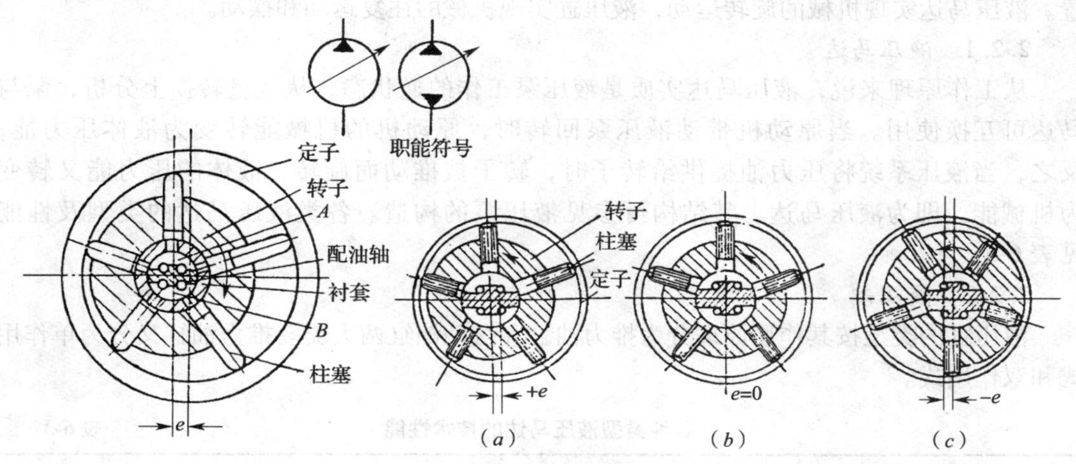

图 6-6　径向柱塞泵工作原理

(*a*) 正向供油；(*b*) 停止供油；(*c*) 反向供油

定子中心和转子中心之间有偏心距 e。当电动机带动转子轴顺时针方向转动时，由于偏心距 e 使转子上的柱塞分别在各个油缸内沿半径方向往复滑动，转子在上半周转动时柱塞从缸内滑出，油缸容积增大，油从配油轴上面的油口 A 吸入油缸内，当转子在下半周转动时，柱塞向中心移动，使油缸容积减小，缸内的油便从配油轴下面的油口 B 压出。

柱塞泵通过调整转子中心和定子中心的偏心距，可以改变输出油量的大小和方向，如图 6-6（*a*）、（*c*）所示，当偏心 e 为零时，供油量等于零，如图 6-6（*b*）所示；偏心方向相反时，油流的方向也相反，如图 6-6（*c*）所示。各类油泵的主要性能及特点，见表 6-2。

各种类型液压泵的技术性能　　表 6-2

类型	齿轮泵		叶片泵		柱塞泵		
	内啮合	外啮合	单作用	双作用	轴向柱塞泵		径向柱塞泵
					斜轴式	斜盘式	
压力范（kgf/cm^2）	<300	<200	<63	63 ~ 320	<320	<320	≤400
排量范围（mL/r）	2.5 ~ 150	0.3 ~ 650	1 ~ 320	0.5 ~ 480	0.2 ~ 3600	0.2 ~ 560	1 ~ 250
转速范围（r/min）	1000 ~ 4500	3000 ~ 7000	500 ~ 2000	500 ~ 4000	600 ~ 6000	600 ~ 6000	200 ~ 2200
最大功率（hp）	120	120	30	320	2660	730	260
容积效率（%）	80 ~ 90	70 ~ 95	58 ~ 92	80 ~ 94	88 ~ 93	88 ~ 93	90 ~ 95
总效率（%）	65 ~ 80	63 ~ 87	54 ~ 81	65 ~ 82	81 ~ 88	81 ~ 88	83 ~ 88
功率重量比	中	中	小	中	中	大	中
最高自吸真空度		425	250	250	125	125	
流量脉动（%）	≤3	11 ~ 27			1 ~ 5	1 ~ 5	≤14
对污染的敏感性	小	小	中	中	大	大	小

2.2 执 行 元 件

液压系统的执行元件是液压缸和液压马达。它们是将液体的压力能转换为机械能的装置。液压马达实现机械的旋转运动，液压缸实现机械的往复运动和摆动。

2.2.1 液压马达

从工作原理来说，液压马达实质是液压泵工作的逆状态，从能量转换上分析，泵与马达可互换使用。当原动机带动液压泵回转时，原动机的机械能转变为液体压力能；反之，当液压系统将压力油提供给转子时，转子被推动而旋转，液体的压力能又转变为机械能，即为液压马达。其结构可参见液压泵的构造。各类液压马达的类型及性能见表 6-3。

2.2.2 液压缸

液压缸的类型按其作用原理分为推力油缸和摆动油缸两大类。推力油缸又分为单作用式和双作用式。

各种类型液压马达的技术性能　　表 6-3

类型	齿轮马达	叶片马达	轴向柱塞马达	径向柱塞马达		
				曲轴连杆式	静力平衡式	内曲线多作用式
压力范围（kgf/cm^2）	<200	60 ~ 175	160 ~ 320	120 ~ 200	120 ~ 200	160 ~ 320
排量范围（mL/r）	0.3 ~ 650	0.5 ~ 480	250 ~ 25000	125 ~ 10000	100 ~ 6300	250 ~ 50000
转速范围（r/min）	200 ~ 3000	50 ~ 4000	30 ~ 3000	5 ~ 400	5 ~ 600	1 ~ 200
容积效率（%）	70 ~ 95	80 ~ 94	90 ~ 98	85 ~ 93	88 ~ 95	90 ~ 96
起动机械效率（%）	70 ~ 80	75 ~ 85	80 ~ 90	85	90	90 ~ 93
制动性能	差	较差	好	尚好	尚好	尚好

1）单作用式液压缸。单作用式液压缸又分为活塞式、柱塞式和伸缩套筒式三种，如图6-7所示。活塞式液压缸：油的压力只作用在活塞的一端，使活塞往一个方向运动，往返靠外力或自重实现，如图6-7（*a*）所示。柱塞式液压缸：缸体的内壁与柱塞不接触，所以缸体内壁可以不精加工。适用于作长行程油缸，如图6-7（*b*）所示。伸缩套筒式液压缸：它由缸体和多个互相联动的活塞组成，其行程可以改变，但要有外力作用才能使活塞返回。适用于油缸外形、长度都受限制而要求行程较大的场合，如图6-7（*c*）所示。

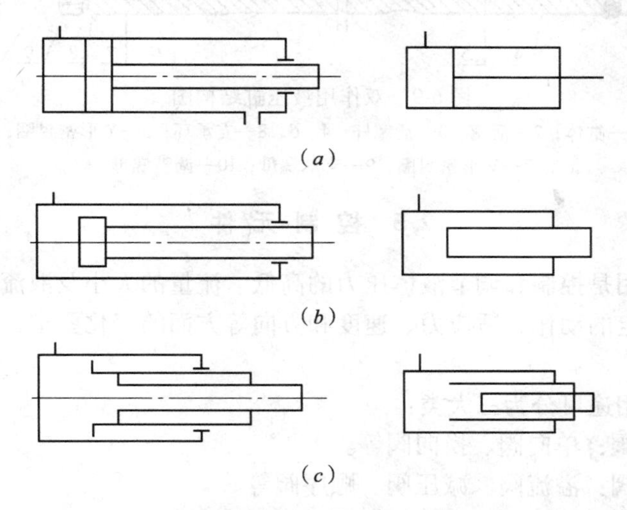

图6-7　单作用式油缸示意图

（*a*）活塞式油缸；（*b*）柱塞式油缸；（*c*）伸缩套筒式油缸

2）双作用式液压缸。图6-8所示为双作用液压缸。其原理为压力油可交替地向活塞两侧供油，利用油压的作用力，实现液压缸的往复直线运动。这种油缸在机械上得到广泛的应用。双作用式油缸可分为单活塞杆式、双活塞杆式和伸缩套筒式三种。

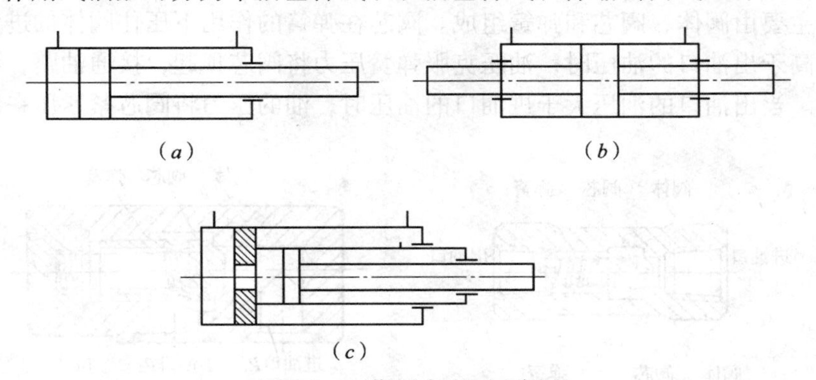

图6-8　双作用式油缸示意图

（*a*）单活塞杆液压缸；（*b*）双活塞杆液压缸；（*c*）伸缩式套筒液压缸

图6-9所示为双作用液压缸结构示意图，其工作原理为：压力油从通油口 *A* 进入液压缸左腔，推动活塞2向右运动，右腔的油则通过油口 *B* 排出。反向通油，则活塞运动方向相反。这种油缸由于活塞两侧的承压面积不相等，所以活塞左、右往复运动的速度不相等。

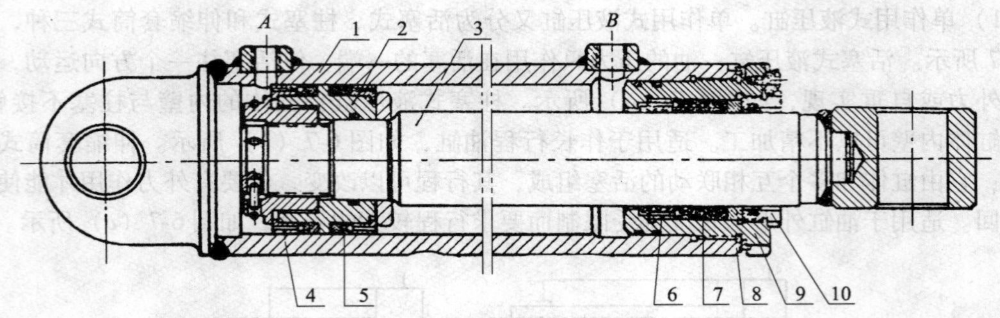

图6-9　双作用液压缸结构图

1—缸体；2—活塞；3—活塞杆；4、6、8—支承环；5—Y形密封圈；7—V形密封圈；9—支承螺母；10—调整螺母

2.3　控制元件

控制元件的作用是控制和调节液体压力的高低、流量的大小及液流的方向，以保证液压执行元件完成预定的动作，适应力、速度和方向等方面的变化要求，从而保护液压系统能安全可靠的工作。

控制元件按其用途可分为三大类：

（1）方向控制阀：单向阀、换向阀等。

（2）压力控制阀：溢流阀、减压阀、顺序阀等。

（3）流量控制阀：节流阀、调速阀、分流阀等。

2.3.1　*方向控制阀*

（1）单向阀

单向阀的作用是只允许油向一个方向流动，不能反向流动。单向阀又分为直通式单向阀［图6-10（*a*）、（*b*）］及直角式单向阀［图6-10（*c*）］两种。

单向阀主要由阀体、阀芯和弹簧组成。阀芯在弹簧的作用下压住阀体的进油口，当进油口的油压高于出油口的油压时，油压克服弹簧压力将阀芯顶起，接通油路，油从进油口流向出油口。当出油口的油压大于进油口的油压时，油的压力将阀芯紧紧压在阀体上，油路不通。

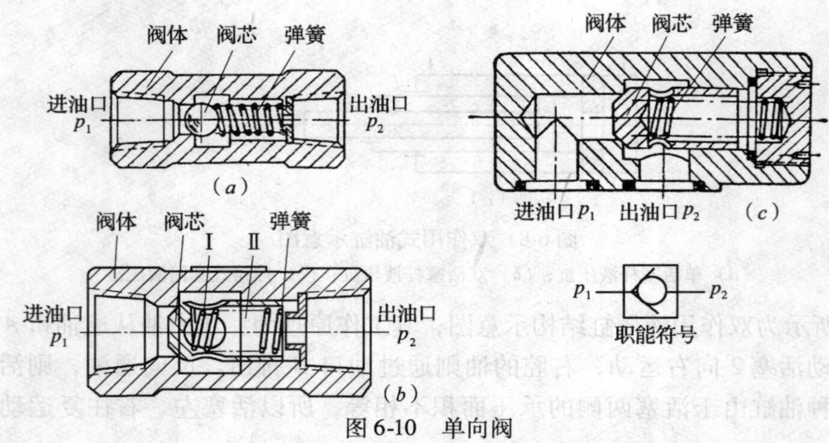

图6-10　单向阀

（*a*）、（*b*）直通式单向阀；（*c*）直角式单向阀

（2）换向阀

换向阀的作用是利用阀芯和阀体间的相对运动来变换液流的方向，接通或关闭油路。

换向阀种类很多，按阀芯运动形式分为转阀和滑阀；按阀芯工作位置数目分为二位、三位、四位等阀；按阀的通道数目又可分为二通阀、三通阀、四通阀等。图6-11为三位四通换向阀示意图。通常将阀能够接通的油口数目称为“通”，阀芯相对阀体的工作位置数目称为“位”。图6-11（*d*）中符号内的三格表示三位；方格中的箭头表示两油口间油流的方向；方格中“⊥”或“T”表示相应的油口被滑阀封闭。

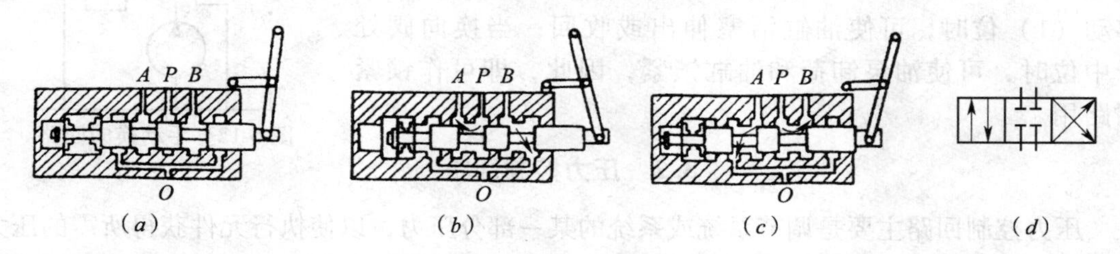

图6-11　三位四通手动换向阀

（*a*）位置一；（*b*）位置二；（*c*）位置三；（*d*）符号

2.3.2　压力控制阀

压力控制阀有溢流阀、减压阀、顺序阀、背压阀和平衡阀等。它们的共同特点是，利用油液压力和弹簧力相平衡的原理来进行工作的。但在使用时，其用途各不相同。溢流阀的作用是使液压系统的压力保持恒定，将多余的压力油通过阀芯溢流回油箱；顺序阀的作用是控制液压系统中多个执行元件的顺序动作，常串联在主油路中；减压阀的作用是使某一支路油压降到主油路压力之下，并保持压力稳定，常与主油路并联。

2.3.3　流量控制阀

流量控制阀的作用是用来控制进入液压缸或液压马达的流量，以控制执行元件的工作速度。其调速原理均为改变通流面积来控制流量的大小，从而使机构获得所需要的工作速度。液压系统中常用的流量控制阀有节流阀、调速阀、溢流阀和分流阀等。

2.4　辅助元件

液压系统中除了液压泵、液压马达、液压缸和控制阀等基本元件外，还有许多的辅助装置，如滤油器、油箱、冷却器、油管、管接头和蓄能器等。从液压系统的工作原理看，它们是起辅助作用的。但如设计、安装得不好，或出现故障，都会严重影响甚至破坏整个液压系统的正常工作。

辅助装置中已有某些部颁标准或专业标准（如密封件、油管和管接头）可供查找，或者有现成产品可供参考，在实际工作中参照现有产品选定。

课题3　液压传动系统

任何一种液压系统，不论其复杂程度如何，实际上都是由一些液压基本回路所组成。常用的基本回路按其功用可分为方向控制回路、压力控制回路、速度控制回路等。

3.1 方向控制回路

控制液流的通、断和流动方向的回路称为方向控制回路。常用的有换向回路和锁紧回路等。

液压系统中执行元件的换向动作大都由换向阀来实现。图6-12 为 M 型三位四通手动滑阀式换向回路。其工作原理为：当换向阀从（1）位移至（2）位，或由（2）位移动（1）位时，可使油缸活塞伸出或收回；当换向阀处于中位时，可使油泵卸荷和油缸锁紧，因此，即可作锁紧回路用。

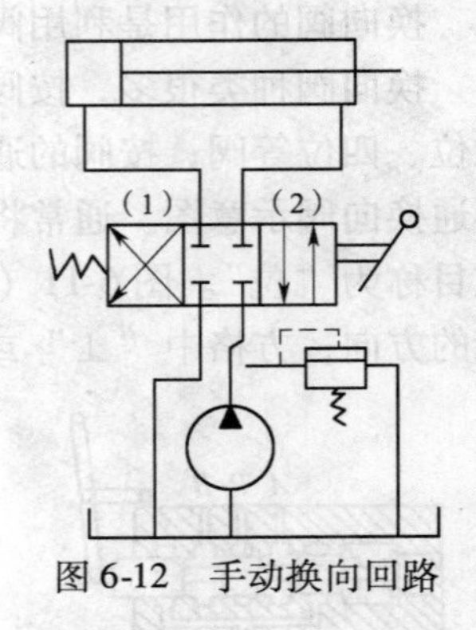

图 6-12 手动换向回路

3.2 压力控制回路

压力控制回路主要是调节系统或系统的某一部分压力，以使执行元件获得所需的压力或转矩，或保持受力状态的回路，其回路包括调压、减压、保压、增压、卸荷等。

3.2.1 调压回路

调压回路的功用是使液压系统整体或某部分的压力保持恒定或不超过某个数值。调压回路分为单级调压回路及多级调压回路。

（1）单级调压回路

图 6-13 为单级调压回路。该回路是在油泵出口处并联一个溢流阀，用以控制系统的最高压力，则对泵和整个系统进行过载保护。

（2）多级调压回路

图 6-14 为两级调压回路。该回路中安装了两个溢流阀，高压溢流阀控制活塞下降的工作行程；低压溢流阀，则控制活塞上升的工作行程。

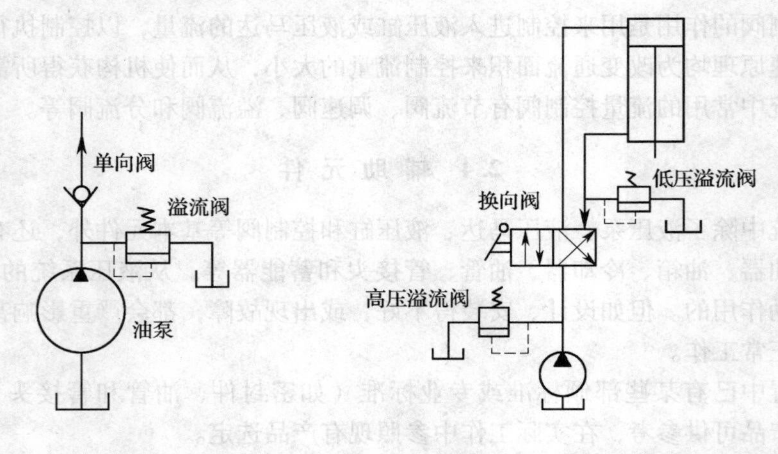

图 6-13 单级调压回路　　图 6-14 两级调压回路

3.2.2 减压回路

对于只有一个油压泵的液压系统，若某个执行元件或某个支路所需要的工作压力比溢流阀所调定的低，便要采用减压阀组成的减压回路。如图 6-15 所示，主油路由溢流阀 2 调定，分支路则由减压阀 3 控制。如溢流阀调压为 40kg/cm²，减压阀的出口压力可在 5～35kg/cm²范围内调节，则达到了对分支路的压力进行减压的作用。

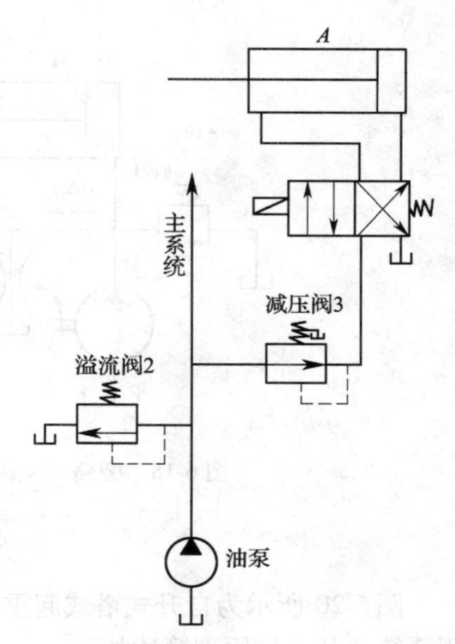

图 6-15　减压回路

3.3　速度控制回路

速度控制回路是用来实现执行元件运动速度的调节，如增速、减速、速度换向等，以满足机器对运动速度的要求。常用的回路有节流调速回路、容积调速回路、限速回路等。

3.3.1　节流调速回路

（1）进油节流调速回路

将节流阀串联在液压泵和液压缸之间，用它来控制进入液压缸的流量，达到调速的目的，如图 6-16 所示。

（2）回油节流调速回路

将节流阀串联在液压缸的回油路上，借助节流阀控制液压缸的排油流量来实现速度调节，如图 6-17 所示。

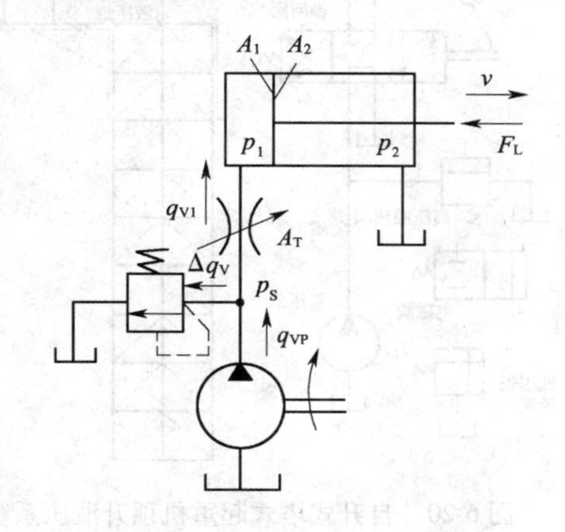

图 6-16　进油节流调速回路

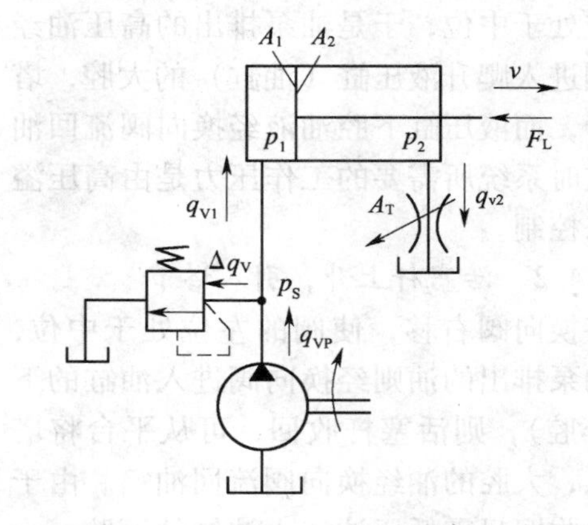

图 6-17　回油节流调速回路

（3）旁路节流调速回路

将节流阀装在液压缸并联的支路上。旁路节流调速较前两者合理，但运动速度受外负载影响较大，如图 6-18 所示。

3.3.2　容积调速回路

容积调速回路是指改变液压泵或液压马达的排量（流量）的方法来调节执行元件的速度的。图 6-19 所示的恒功率变量泵调速回路属于自动调节容积调速回路。恒功率变量泵的出口直接接液压缸的工作腔，泵的输出流量全部进入液压缸，泵的出口压力即为液压缸的负载压力。因为负载压力反馈作用在泵的变量活塞上，与弹簧力相比较，因此负载压力增大时，泵的排量自动减小，并保持压力和流量的乘积为常量，即为功率恒定。

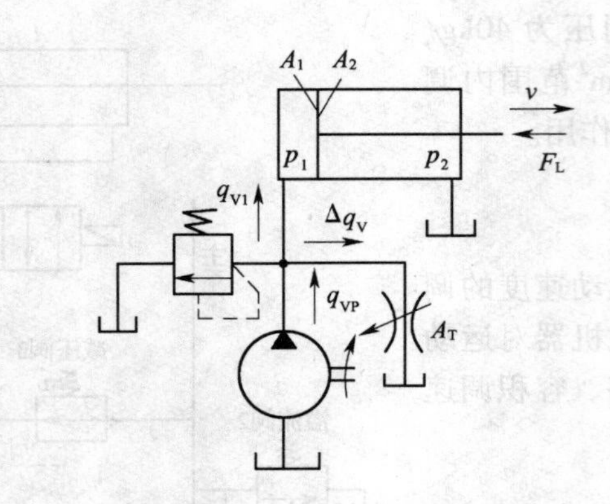

图 6-18　旁路节流调速回路

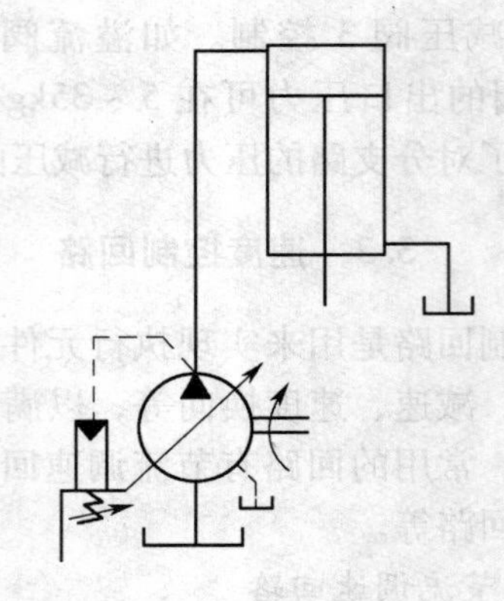

图 6-19　容积调速回路

3.4　液压系统实例

图 6-20 所示为自升式塔式起重机顶升液压系统。其工作原理简述如下。

3.4.1　塔顶爬升

将三位四通换向阀向左移动，使换向阀的右位处于中位，于是油泵排出的高压油经换向阀进入爬升液压缸（油缸）的大腔，塔顶顶升，而液压缸下腔油液经换向阀流回油箱，这时系统所需要的工作压力是由高压溢流阀来控制。

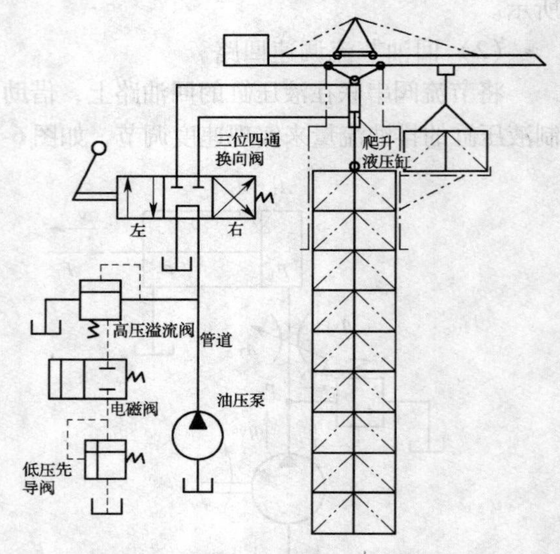

图 6-20　自升式塔式起重机顶升液压系统

3.4.2　活塞杆上升，引入塔节

将换向阀右移，使阀的左位处于中位，于是油泵排出的油则经换向阀进入油缸的下腔（小腔），则活塞杆收回，可从平台将塔节引入，大腔的油经换向阀流回油箱。由于活塞杆收回只需低压油进入油缸的下腔，为此，可操纵二位二通电磁阀使高压溢流阀远控接通低压先导阀，于是系统压力改由低压先导阀门控制，当压力上升到低压先导阀的调定值时，高压溢流阀即溢流。活塞杆提升过程改为低压溢流，溢流损失较小，可节约部分动力，减少流液发热。

思考题与习题

1. 根据图 6-1 液压千斤顶工作示意图，说明其组成及工作原理。
2. 试说明液压系统由几大元件组成？其作用是什么？
3. 试说明齿轮泵、液压油缸的工作原理及职能符号。
4. 为什么液压泵的输出压力必须比系统所需的最大工作压力大？
5. 一台机床工作台往复两个方向运动速度，要求一致，应采用什么类型液压缸？利用单出杆活塞式液压缸能实现吗？

6．方向控制阀有哪几种控制方式？其符号各是什么？方向阀的“位”表示什么意思？“通”表示什么意思？

7．溢流阀是怎样进行工作的？在系统中起到什么作用？职能符号怎样表示？

8．减压阀是怎样进行工作的？在系统中起到什么作用？职能符号怎样表示？

9．节流口有几种形式？在系统中起到什么作用？职能符号怎样表示？

10．试说明压力控制回路中，减压回路、增压回路的作用？

11．节流调速回路有哪两种类型？其区别是什么？

12．如图6-20，试说明其组成、系统要求及工作原理。

单元 7　机械磨损及润滑

知识点：机械的摩擦，机械的磨损，机械设备的润滑。

教学目标：了解机械摩擦的形式及作用，领会机械磨损的过程和几种典型的磨损类型，了解润滑的作用和润滑的常用方法。

摩擦、磨损与润滑是研究相互接触的摩擦面之间作用状态的边缘科学，它涉及多学科的综合应用。

摩擦、磨损与润滑三者之间的关系是：摩擦是两摩擦表面间存在的阻碍相对运动的一种现象；磨损是摩擦的结果；而润滑是控制摩擦面间摩擦、磨损的重要措施。由此可见，三者是密切相关的，而润滑是搞好设备维护保养的基础。

课题 1　机械的摩擦

摩擦的分类方法有多种，本节将讨论金属表面间的滑动摩擦。

1.1　滑 动 摩 擦

根据摩擦面间存在润滑剂的情况，滑动摩擦又分为干摩擦、边界摩擦、液体摩擦和混合摩擦。如图 7-1 所示。

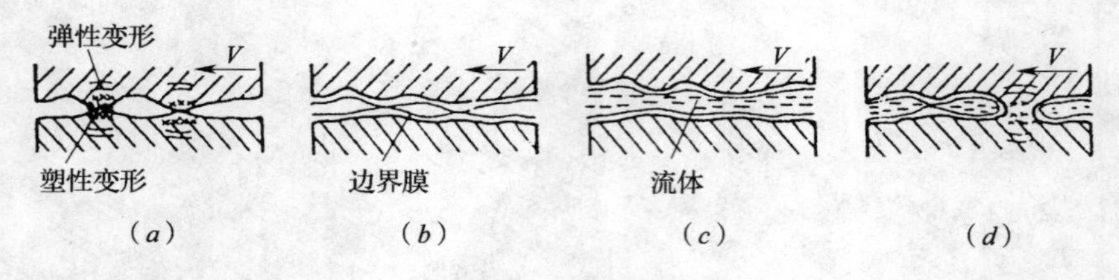

图 7-1　摩擦状态

(a) 干摩擦；(b) 边界摩擦；(c) 液体摩擦；(d) 混合摩擦

1.1.1　干摩擦

两摩擦表面直接接触，不加入任何润滑剂的摩擦称为干摩擦。一般说来，干摩擦的摩擦阻力最大，发热多，磨损最严重，零件使用寿命最短，应力求避免。

1.1.2　边界摩擦

润滑油中的脂肪酸是一种极性化合物，它的极性分子比较牢固地吸附在金属表面上的分子膜称为边界膜。两个表面在边界膜润滑状态下的摩擦称为边界摩擦。因边界膜极薄，强度又较低，仍有可能靠两个表面凸峰的直接接触来传递相互作用力，故不可避免会有磨损。但边界膜的存在，使摩擦系数和磨损情况都比干摩擦时大大改善。摩擦性质与油的黏度无关。

1.1.3　液体摩擦

两个表面被一层具有压力的、连续的厚流体（液体或气体）膜隔开，表面凸峰不直接接触，靠液体的压力传递两个表面间的相互作用力，这种摩擦称为液体摩擦。此时摩擦力的大小与表面的材料无关，而取决于流体的黏度，所以摩擦力小，没有磨损，使用寿命长，是理想的摩擦状态，但必须在一定工况（载荷、速度、流体黏度等）下才能实现。

1.1.4　混合摩擦

混合摩擦介于边界摩擦和液体摩擦之间。两个表面之间既可能有凸峰的直接接触，也存在着具有一定压力的厚流体膜，共同传递两个表面间的相互作用力，所以不可避免地仍有磨损存在。

1.2　摩擦的作用

摩擦在机械设备运行中的作用，有好的一面也有不好的一面。

1.2.1　摩擦的不良作用

摩擦在机械设备运行中的不良作用，总括起来有以下几点：

（1）消耗大量的功

由于克服摩擦力做无用功。这个无用功在总消耗功中估计约占1/3以上。

（2）造成磨损

磨损会改变机械零件的几何尺寸，影响机械的精度，缩短机械设备的使用寿命等。

（3）产生热量

磨损会使机械零部件温度升高。其结果降低了机械的强度，引起机械的热变形，改变了原有精度，影响机械的正常运转。

摩擦的这些不良作用，是机械设备的大敌，但又无法根本消除。唯一的办法是掌握其产生的规律，采取措施，尽量减小摩擦。

1.2.2　摩擦的利用

摩擦在机械运行中的可利用一面，就是有些设备需要利用摩擦力来工作，如各种机械摩擦式无级变速器、摩擦离合器、摩擦压力机等。

课题2　机械的磨损

两相互接触产生相对运动的表面，由于摩擦而发生了变化。如表面凸峰的破坏、金属粉末的脱落，金属摩擦面形状、尺寸的改变、配合间隙的增大等等，这些现象统称为磨损。

2.1　磨损的过程

机械零部件的整个运转过程，也就是它的摩擦、磨损的过程。由于各机械零部件的工作条件、材质等各不相同，所以，其磨损过程也各不一致。正常情况下的磨损过程，一般可分为三个阶段，如图7-2所示。

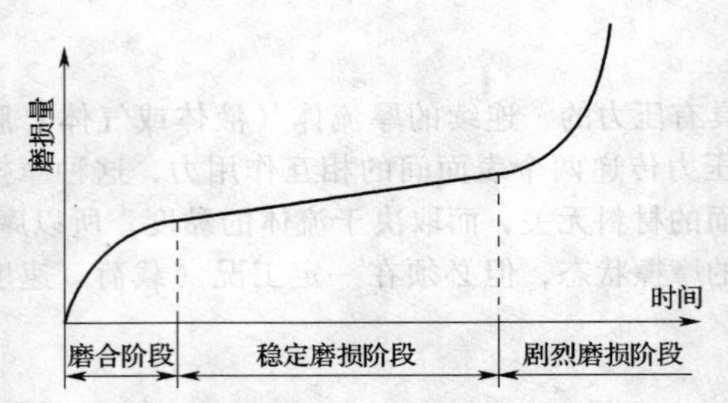

图 7-2 机件的磨损量与工作时间的关系（磨损曲线）

2.1.1 磨合阶段

磨合阶段内，摩擦曲线急剧上升，表示零部件在工作初期具有较大的磨损，零部件在加工时所得到的最初不平度受到破坏、损伤或磨平而形成新的不平度。磨合是磨损的不稳定阶段，在整个工作时间内所占的比率很小。

2.1.2 稳定的磨损阶段

在稳定的磨损阶段内，零件在平稳而缓慢的速度下磨损，耐磨时间很长，它标志着摩擦条件相对恒定。这个阶段的长短就代表零件使用寿命的长短。

2.1.3 剧烈磨损阶段

经过长时间的稳定磨损阶段后，当磨损达到了某一极限时，其磨损速度将迅速加剧，造成严重的磨损，最终导致零件报废。

2.2 几种典型的磨损

2.2.1 粘附磨损

当摩擦表面的轮廓峰在相互作用的各点处发生“冷焊”后，在相对滑动时，材料从一个表面迁移到另一个表面，便形成了粘附磨损。载荷越大，表面温度越高，粘附现象就越严重。

2.2.2 磨料磨损

硬质颗粒或磨损表面上的硬质突出物，在磨损过程中引起材料脱落的现象称为磨料磨损。磨料磨损与摩擦材料的硬度和磨料的硬度有关。合理选择摩擦材料对延长零件寿命有重要意义。

2.2.3 表面疲劳磨损

表面疲劳磨损是指两摩擦接触面，在摩擦的条件下作滚动或滚动带滑动时，由于交变接触压应力的作用，使表面产生裂纹和物质损失，如滚动轴承和齿轮传动的磨损。

2.2.4 腐蚀磨损

在摩擦过程中，金属同时与周围介质发生化学或电化学反应，产生物质损失，称为腐蚀磨损。钢铁材料的氧化锈蚀是最常见的腐蚀磨损。

课题 3 机械设备的润滑

在摩擦面间加入润滑剂不仅可以降低摩擦、减轻磨损、保护零件不遭锈蚀，而且采用循环润滑时还能起到散热降温的作用。由于液体的不可压缩性，润滑的油膜还具有缓冲、吸振的能力。另外，润滑脂具有防止润滑剂的漏出和杂质渗入的密封作用。

3.1 润滑剂的分类及应具备的基本要求

3.1.1 润滑材料的分类

常用的润滑材料有润滑油、润滑脂和固体润滑材料等三大类。润滑油分为矿物润滑油、合成润滑油、动（植）物润滑油等多种。矿物油成本低、产量大、性能较稳定，应用广泛。

3.1.2 对润滑材料的基本要求

（1）有一定的黏度，以便在摩擦件之间结聚成油膜，能抵抗机器本身和运动时形成的压力而不致被挤出。

（2）良好的吸附和楔入能力（俗称油性），即能渗入摩擦件的微小间隙，并牢固粘附在表面上而不致被挤掉。

（3）具有较高的纯度和抗氧化性，不会迅速地和水或空气发生作用，使润滑材料变质，从而影响润滑性能。

3.2 润滑材料的主要性能指标及选用原则

3.2.1 润滑油的主要性能指标和选用

（1）润滑油的主要性能指标

1）黏度。黏度是表征润滑油流动时内部摩擦阻力的大小。黏度可用动力黏度或运动黏度来表示，它是润滑油最重要的性能指标。

2）润滑性（油性）。油性是湿润或吸附于摩擦表面的性能。油性愈好，油膜与金属表面的吸附能力愈强。对于那些低速、重载或润滑不充分的场合，油性具有特别重要的意义。

3）极压性。极压性指润滑油中活性分子与金属表面形成化学反应膜的能力。极压性强，油膜化学稳定性好，低速重载的机械，要采用极压性好的润滑油。

4）闪点。当油在标准仪器中加热所蒸发出的油汽，一遇火焰即能发出闪光时的最低温度称为油的闪点。这是衡量油的易燃性的一种尺度，是一项使用安全指标。通常应使工作温度比油的闪点低30～40℃。

5）凝点。凝点是指润滑油在规定条件下，不能再自由流动时所达到的最高温度。它是润滑油在低温下工作的一个重要指标，直接影响到机器在低温下的起动性能和摩擦情况。

（2）润滑油的选用

1）工作载荷。重载或承受冲击、振动的载荷，应选黏度高的润滑油，便于形成油膜。轻载或平稳载荷应选黏度低的润滑油。

2）工作速度。高速应选黏度低的油，以免油液内部摩擦损失过大和发热严重；低速可选黏度高的润滑油。

3）工作温度。高温应选黏度大而闪点高的油；低温应选黏度小而凝点高的润滑油。

3.2.2 润滑脂的主要性能指标和选用原则

(1) 润滑脂的主要性能指标

1) 针入度(稠度)。指一个重1.5N的标准锥体,于25℃恒温下,由润滑脂表面经5s后刺入的深度(以0.1mm计)。针入度愈小表明润滑脂愈稠。针入度是润滑脂的一项主要指标,润滑脂的牌号就是该润滑脂针入度的等级。

2) 滴点。在规定的加热条件下,润滑脂从标准量杯的孔口滴下第一滴油时的温度,称为滴点,表征润滑脂的耐热能力。

(2) 润滑脂的选用原则

低速、重载时,优先选针入度小的润滑脂,反之选锥入度大的润滑脂;滴点要比工作温度高20~30℃,以免润滑脂流失;在潮湿的环境下,应选用耐水性好的润滑脂。

3.3 润滑方法

在选择了合适的润滑剂后,为了获得良好地润滑效果,还应采用正确的润滑方法。特别是润滑时的供应方法与设备在工作时所处的润滑状态有着密切的关系。常用的润滑方式有手工加油润滑、滴油润滑、油环润滑、飞溅润滑和强制送油润滑等。

3.3.1 手工加油润滑

手工用油壶或油枪向注油杯内注油的润滑方法。它只能做到间歇润滑,这种润滑方法简单,但送油不均匀,油量不易调节,油脂利用率低。

3.3.2 滴油润滑

利用油的自重一滴一滴地落到摩擦面上的方法。它的结构简单,油量可做到一定的调节,如图7-3所示。针阀油杯和油芯油杯都可做到连续滴油润滑。

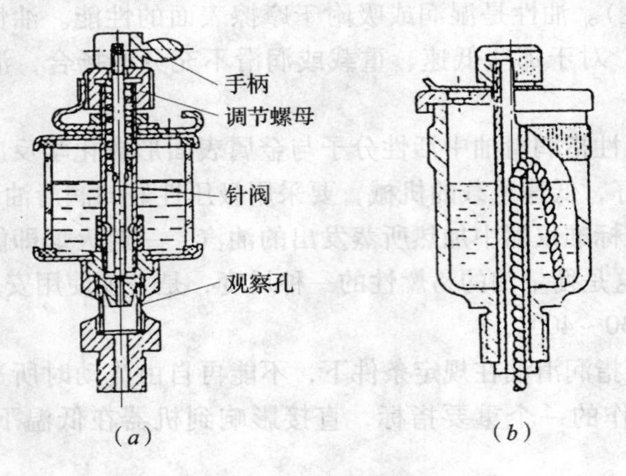

图7-3 滴油润滑

(a) 针阀油杯;(b) 油芯油杯

3.3.3 油环润滑

图7-4所示为油环润滑。油环套在轴颈上,下部浸在油中,当轴颈转动时带动油环转动,将油带到轴颈表面进行润滑。油环润滑结构简单、供油充分,油可循环使用,只需定期调换,但转速不能太高或太低,适用于50~3000r/min范围内的水平轴。

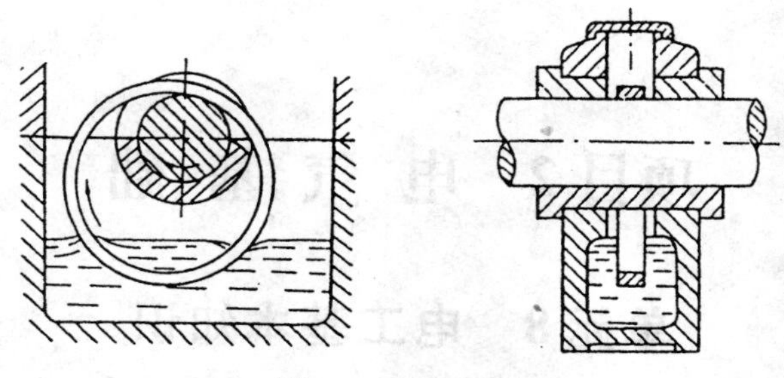

图 7-4　油环润滑

3.3.4　飞溅润滑

利用转动件（例如齿轮、甩油盘等）或曲轴的曲柄等将润滑油溅成油星对摩擦部位进行润滑的方式。此方式简单可靠，连续润滑，但要保持一定油位，定期调换废油。

3.3.5　强制送油润滑，这种方法是由一个或几个油泵，通过润滑系统的管道把油压送到各个润滑点去。强制润滑可保证供油均匀、充分，还能带走摩擦热，起冷却作用，但装置较复杂。

思考题与习题

1. 简述摩擦的分类与作用。
2. 什么是磨损？磨损分哪三个阶段？
3. 润滑的作用是什么？对润滑材料有哪些基本要求？
4. 如何选用润滑油？
5. 常用的润滑方法有哪些？

项目2 电 气 基 础

单元8 电工基本知识

知识点：电路基本知识：电路基本概念、电路基本定律；电磁基本概念：磁路基本概念、电磁感应定律及感应电动势；单相正弦交流电路：基本概念、单参数交流电路、*RL*串联交流电路、功率因数提高的意义与方法；三相正弦交流电路：基本概念、三相负载电路的连接和三相电功率。

教学目标：了解电路与电磁的基本知识，领会单相交流电路的基本性质和功率因数提高的意义及方法，领会三相负载的连接方式、连接方法和功率计算。

要使建筑生产力向高度发展，就要研究先进技术，而先进技术是与电工技术密切相联的，因此，理工科各专业均有必要了解电气的基本知识，为后续课程和应用先进技术奠定必要的基础。本单元主要学习电工基本知识及电路的基本概念、基本定律和基本计算方法。

课题1 电路的基本知识

因电能是现代社会大量应用的一种能量形式，而电能的应用是离不开电路的，电路是实行将电能转换为其他能量的必要条件。

1.1 电路的基本概念

1.1.1 电路的作用和组成

（1）电路的作用

电流通过的闭合路径称为电路，其作用主要是进行电能和信息的传递。

1）电能的传递和变换。即电路将电能传递给负载，通过负载将电能转换为其他能量（如光能、热能、机械能等），以满足人们生产和生活的需要。而进行电能的传递和变换的电路一般称“强电”电路，如发电、变电、输电、配电、动力、照明、整流、逆变等。

2）信息的传递和处理。即将各类信息转换为电信号，通过电路传递和处理后再还原为各类信息，以满足人们的信息交流等需要。而进行信息的传递和处理的电路一般称“弱电”电路，如音频、视频、控制、数字信号等信息。

（2）电路的组成

最简单的电路主要由电源、控制与保护环节、负载（负荷）与连接导线等组成，如图8-1所示。

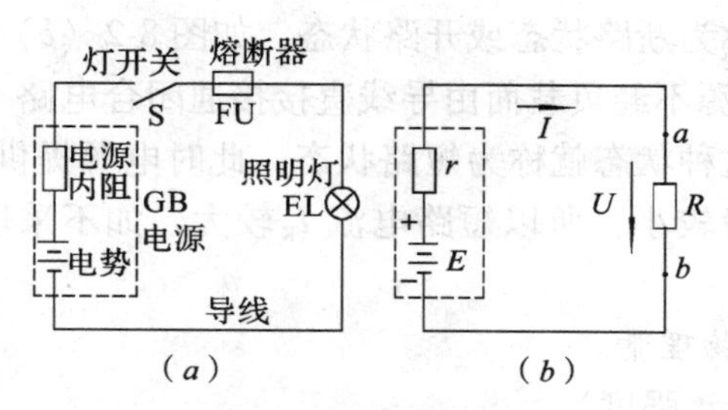

图 8-1 电路的组成

(a) 照明电路；(b) 等效电路

1）电源。电源是将其他形式的能量转换成为电能的装置，是供应电能的源泉，称电源设备。如发电机（机械能转换为电能）、蓄电池（化学能转换为电能）等。

2）负载。负载是将电能转换成为其他形式能量的装置，称负载设备。它是消耗电能的装置，如电动机（电能转换为机械能）、电炉（电能转换为热能）、电光源（电能转换为光能）等。

3）导线。导线是用来传输电能的，给电能（电流）提供通路，称输电线路。导线常用的材料有铜、铝、铁、银等。

4）控制与保护。为便于控制用电和保护用电设备，通常用控制设备（如开关）来操作电路的接通和断开，用断路器或熔断器保护用电设备。

5）其他。为完成更多的电路功能，有时还需测量、计量、信号、控制、保护、自动装置等设备。

此外，为便于电路的分析和实际应用，一般采用国家规定的电工符号（包括文字符号和图形符号）来表示电气设备及电路的连接情况。

(3) 电路的状态

电路在运行过程中，有通路、断路和短路三种状态，有时又称负载状态、空载状态和短路状态，如图 8-2 所示。

1）通路状态。将负载 R 与电源 E 接通（开关 S 闭合），负载和电路中有电流通过，此时电源与负载之间发生能量交换，负载灯泡发光将电能转换为光能，这种状态就称为通路状态或负载状态，这也是电路的正常工作状态，如图 8-2 (a) 所示。

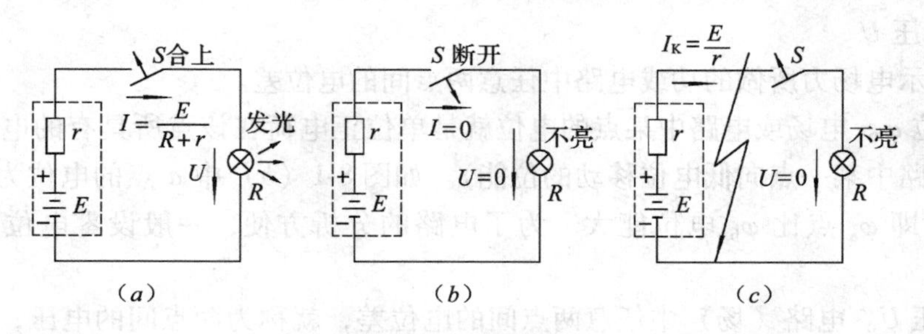

图 8-2 电路的状态

(a) 通路状态；(b) 断路状态；(c) 短路状态

2）断路状态。将负载 R 与电源 E 断开（开关 S 断开或由其他原因造成电路断开），负载和电路中无电流通过，负载灯泡不发光，此时电源不提供电能，且与负载之间不发生能量交换，这种状态就称为断路状态或开路状态，如图 8-2（*b*）所示。

3）短路状态。将电源不经负载而由导线直接接通闭合电路（如负载两端直接断接），负载基本无电流通过，这种状态就称为短路状态，此时电源提供短路电能，如图 8-2（*c*）所示。由于电源内阻一般较小，所以短路电流 I_K 较大，如不采取保护措施就会烧坏电气设备。

1.1.2 电路的基本物理量

（1）电流 I（又称电流强度）

电流有规则的移动，就称为电流。其大小是采用单位时间内通过导体截面的电（荷）量表示，称为电流强度，简称电流，用 I 表示，即：

$$I = \frac{Q}{t} \tag{8-1}$$

式中 I——电流，安培（安，A）；

Q——电（核）量，库仑（C）；

t——时间，秒（s）。

1kA = 1000A；1A = 1000mA；1mA = 1000μA。

当电流通过导体时，就会产生热量，这就是电流的热效应（一般称焦耳定律）。由于电流热效应的作用，为保证电气设备运行时的正常温度，从而规定了电气设备的额定值，如 P_N、I_N、U_N 等，在正常运行时不能超过，否则，会使电气设备过热，严重时会毁坏设备。

（2）电动势 E（又称电势）

电源的电场力称为电动势（即电场力的势能）；电源力将单位正电荷从电源负极移送到正极所作的功，称为电源的电动势。它是衡量电源力所做功的能力，用符号 E 表示。

$$E = \frac{W_E}{Q} \tag{8-2}$$

式中 E——电动势，伏（V）；

W_E——电源力所做的功，焦耳（J）；

Q——在电源内部被移动的电量，库仑（C）。

电动势（在电源内部）的正方向规定为由低电位点（－极）指向高电位点（＋极）。

（3）电压 U

电压表示电场力所做的功或电路中任意两点间的电位差。

1）电位 φ。电场或电路中某点的电位就是单位正电荷在该点所具有的电位能（即表征电荷在电路中某一点向低电位移动的位能）。如图 8-1（*b*）中 *a* 点的电位为 φ_a、*b* 点的电位为 φ_b，即 φ_a 点比 φ_b 电位能大。为了电路的分析方便，一般设零电位点作为参考电位。

2）电压 U。电路（场）中任意两点间的电位差，就称为两点间的电压；以用来衡量电场力将电荷从 *a* 点移动到 *b* 点所做的功（电场力移动电荷的能力），简称电压，用 U 表示。其正方向规定为高电位点指向低电位点，所以 *a*、*b* 两点间的电压可表示为：

$$U_{ab} = \varphi_a - \varphi_b \quad 或 \quad U_{ab} = \frac{W_{ab}}{Q} \tag{8-3}$$

式中　E——电动势，伏（V）；

W_{ab}——电场力把电荷 Q 从 a 点移到 b 点所做的功，焦耳（J）；

Q——在电源内部被移动的电量，库仑（C）。

1kV = 1000V；1V = 1000mV；1mV = 1000μV。

（4）电功率 P

电功率是衡量用电设备或电源做功本领的物理量。

1）电功。将电流（电能）转换成机械能、热能、光能等所做的功，称为电功，单位为焦耳（J）。

2）电功率。电源（电场）力在单位时间内所做的功，就称为电功率。它是衡量用电设备或电源做功本领的物理量，用 P 表示。单位用瓦特表示，简称瓦（W），其表达式为：

$$P = \frac{W}{t} \tag{8-4}$$

则，$W = Pt$（焦耳，千瓦小时，度）

1 度电（kW·h）= 1000 千瓦·小时 = 1000 × 3600s = 3.6×10^6（焦耳）

电功率分为电源的电功率（电源功率）和负载的电功率（负载功率）。电源力将单位正电荷从负极移至正极所做功的本领，称为电源的功率（简称电源功率）；电场力将单位正电荷从一点移至另一点所做功的本领，称为负载的功率（简称负载功率），即：

$$P_E = EI \qquad P = UI \tag{8-5}$$

1.2　电路的基本定律

电路的基本定律主要有欧姆定律和基尔霍夫定律等，它们是分析计算电路的重要工具，所以，我们必须掌握和熟练应用电路的基本定律。

1.2.1　欧姆定律

欧姆定律是德国科学家欧姆（1787～1854 年）用实验方法得出的结论，故称欧姆定律。

（1）部分电路欧姆定律

无电动势、仅含有电阻的电路，称为部分电路。而导体中的电流强度与加在其导体两端的电压成正比、与其导体的电阻（值）成反比，这就是部分电路欧姆定律的定义，即：

$$I = \frac{U}{R} \quad 或 \quad U = IR \tag{8-6}$$

式中　U——导体两端的电压，V；

R——导体的电阻，Ω；

I——导体通过的电流，A。

[例 8-1] 一个电灯泡，在 220V 电压作用下，通过灯丝的电流为 0.5A，求灯泡的电阻。

[解] 根据欧姆定律，$R = U/I = 220/0.5 = 440\Omega$

即灯丝的电阻为 440Ω。

欧姆定律的适用范围：一是电压与电流参考方向相同；二是只适用于线性电阻（电

阻值不随其两端电压及通过的电流的改变而变化）。

（2）全电路欧姆定律

既有电动势又包含电阻的电路称全电路。

1）电源内阻和内电路。电流在电源内部流动时所受到的阻力，叫作电源的内电阻（简称电源内阻）。由内电阻和电源电动势等组成的电路，称为内电路。

2）全电路欧姆定律。导体中的电流强度 I 与电源的电动势 E 成正比、与其负载电阻 R 及电源内阻 r 的和成反比，这就是全电路欧姆定律的定义，见图 8-3（a），即：

$$I = \frac{E}{R + r} \tag{8-7}$$

或
$$E = RI + rI = U + rI \quad U = E - rI$$

式中 E——电源的电动势，V；

U——负载电阻两端的电压，V；

R——负载的电阻，Ω；

r——电源的内阻，Ω；

I——负载电阻通过的电流，A。

[**例 8-2**] 如图 8-3（a）所示的全电路，电动势 $E=24V$、电源内阻 $r=2\Omega$、负载电阻 $R=18\Omega$，求电路电流 I、负载端电压 U_R和电源内阻压降 U_r。

[**解**] 根据全电路欧姆定律

$$I = E/(R + r) = 24/(18 + 2) = 1.2A$$

则
$$U = E - rI = 24 - 1.2 \times 2 = 21.6V$$

$$U_R = IR = 1.2 \times 18 = 21.6V$$

$$U_r = rI = 1.2 \times 2 = 2.4V$$

即灯丝的电流为 1.2A，电源端电压为 21.6V，电阻上电压为 21.6V，电源的内阻压降为 2.4V。

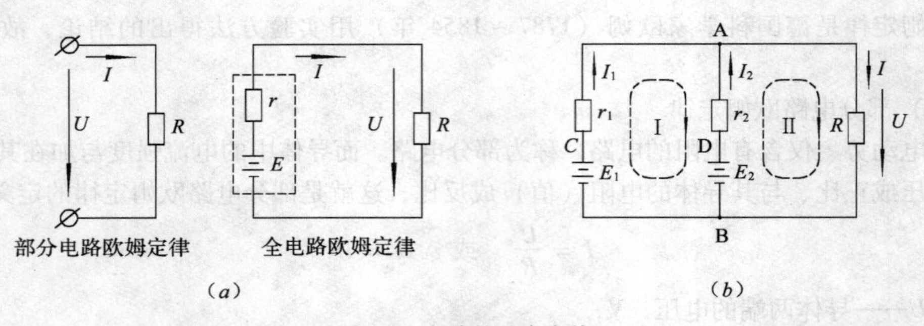

图 8-3　电路的基本定律

（a）欧姆定律；（b）基尔霍夫定律

1.2.2　基尔霍夫定律

能利用欧姆定律与电阻串、并联公式求解的电路称简单电路，否则就是复杂电路，见图 8-3（b）。而复杂电路无法用欧姆定律来求解电路，只有配合基尔霍夫定律方可求解。

（1）电路的名词

电路有回路、支路和节点等名词。

1）回路。在电路中，任一的闭合路径，称为回路。如图 8-3（b）中的回路Ⅰ、回路Ⅱ。

2）支路。在电路中，每个分支（无分岔）电路，称为支路。如图 8-3（b）中的支路 I_1、支路 I_2 和支路 I。

3）节点。在电路中，三条及以上支路的连接点，称为节点。如图 8-3（b）中的节点 A、节点 B。

（2）基尔霍夫定律

基尔霍夫定律分为第一定律（又称节点电流定律、电流定律）和第二定律（回路电压定律、电压定律）。

1）基尔霍夫第一定律（KCL）。在电路中的任一节点上，流入该节点电流的总和等于流出该节点电流的总和（即在该节点上电流的代数和恒等于零），一般可用 KCL 表示，即：

$$\sum I = 0 \quad 或 \quad \sum I_{入} = \sum I_{出} \tag{8-8}$$

根据电流定律列节点电流方程时，其方向确定：流入节点电流时，为正“+”；流出节点电流时，为负“-”。当计算结果电流为负值时，说明电流的实际方向与所标方向（参考方向）相反。

2）基尔霍夫第二定律（KVL）。在电路中的任一闭合回路内，电压（电动势）升的和恒等于电压降（电压）的和（即该回路电压的代数和恒等于零），一般可用 KVL 表示，即：

$$\sum U = 0 \quad 或 \quad \sum E = \sum U = \sum IR \tag{8-9}$$

根据电压定律列回路方程时，其方向确定：电动势、电流或电压与回路绕行方向一致时，其电量取正值“+”；电动势、电流或电压与回路绕行方向相反时，其电量取负值“-”。

（3）基尔霍夫定律的应用

应用基尔霍夫定律可求解复杂电路的电流或电压等电路参数时，求解步骤一般如下：

1）确定参考方向。首先应选择电路参考电位点和标注电流或电压的参考方向（或电压极性）。

2）电路参量未知数。而后列出已知条件（已知参数），确定和分析电路未知量的数量，如电流、电压等。

3）列电流独立方程。根据 KCL（基尔霍夫第一定律），列出相应个电流独立方程。

4）列电压独立方程。再根据 KVL（基尔霍夫第二定律），列出相应个电压独立方程。

5）求解方程。最后联立求解方程组。

［例 8-3］ 见图 8-4（a）的典型复杂电路（即双电源 E_1、E_2 供给一个负载 R_3 的电路）：已知参数 $E_1 = 15\text{V}$、$E_2 = 12\text{V}$、$R_1 = 1\Omega$、$R_2 = 0.5\Omega$、$R_3 = 10\Omega$，试求 a、b、c 点的电位。

［解］ 此电路为复杂电路

（1）根据基尔霍夫电流定律（KCL）列出 1 个独立方程

由节点 B：$I_3 = I_1 + I_2$　　　　（方程Ⅰ）

（2）根据基尔霍夫电流定律（KVL）列出 2 个独立方程

由回路Ⅰ：$I_1R_1 + I_3R_3 = E_1$　　　　（方程Ⅱ）

由回路Ⅱ：$I_2R_2+I_3R_3=E_2$ （方程Ⅲ）

(3) 联立求解以上3个方程即可求出3个未知电流

$$I_1=2.42\text{A} \qquad I_2=-1.16\text{A} \qquad I_3=1.26\text{A}$$

(4) 电位计算（或电压计算）

$\phi_A=E_1=15\text{V}$

$\phi_B=I_3R_3=1.26\times10=12.6\text{V}$（即负载电压）

$\phi_C=E_2=12\text{V}$

以上电路求解规律可推广到任意交流电路中。

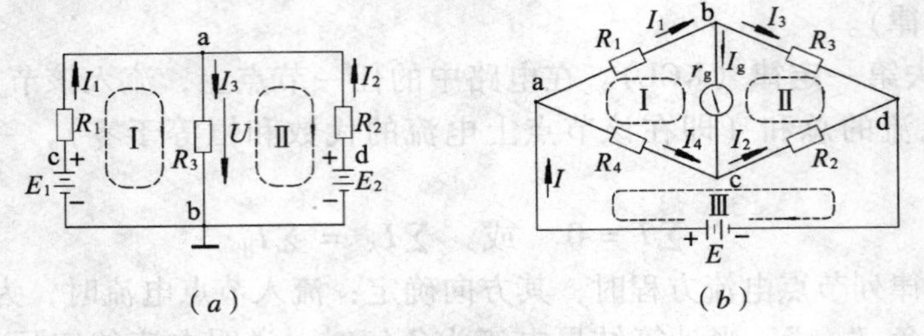

图8-4 复杂电路

(a) 典型电路；(b) 电桥电路

[例8-4] 图8-4 (b) 是一直流电桥电路，利用电桥可较为精确地测量元器件的电阻值和通过电阻变化而反映出来的非电学量（如温度、压力、位移等）。设图中 $E=6\text{V}$、$r_g=1\text{k}\Omega$、$R_1=R_2=R_3=100\Omega$，R_4在测量温度时可采用热敏电阻，现采用可调电阻，如将R_4调到200Ω，求检流计（微安表）中的电流 I_g。

[解] 在已知条件下，电桥为不平衡状态，用欧姆定律无法求解，所以此电路为复杂电路。

(1) 确定电路参数。从图中可以分析确定：有4个节点、6条支路、6个未知电流，因此需用6个独立方程才能求解电路

(2) 先根据基尔霍夫电流定律（KCL）可列出3个独立方程

由节点 a：$I=I_1+I_4$

由节点 b：$I_1=I_1+I_g$

由节点 c：$I_2=I_4+I_g$

(3) 再根据基尔霍夫电压定律（KVL）再列出3个独立方程

由回路Ⅰ：$I_1R_1+I_gr_g-I_4R_4=0$

由回路Ⅱ：$I_3R_3-I_2R_2-I_gr_g=0$

由回路Ⅲ：$I_4R_4+I_2R_2=E$

(4) 联立求解以上6个方程，即可求出6个未知电流（$I_g=0.895\text{mA}$）。

课题2 电磁的基本概念

电与磁有着紧密地联系，如变压器、电动机等电气设备，都是通过电磁感应原理而工作的。

2.1　磁路基本概念

2.1.1　*磁路及磁路欧姆定律*

电流通过的闭合路径称之为电路，而磁路通过的闭合路径就称之为磁路（它主要由铁磁材料等导磁介质构成）。在电路中，电流是由电动势产生的；而在磁路中，磁场可类似是由磁动势（磁势）产生的。根据分析，可得到与电路欧姆定律相类似的磁路欧姆定律，即：

$$\phi = \frac{F}{R_m} \tag{8-10}$$

式中　ϕ——磁通，表明磁场的强弱，对应于电路欧姆定律的电流；

F——磁动势（简称磁势，$F = IW$），是产生磁通的源泉，对应于电路欧姆定律的电动势；

R_m——磁阻（$R_m = l/\mu S$，单位为 A/WB），它反映了磁路对磁通的阻力，对应于电路欧姆定律的电阻。

上式表明，电流 I 在磁路中产生磁通 ϕ 的大小，与电流 I 和线圈匝数 W（磁动势 $F = IW$）成正比、而与磁阻（$R_m = l/Ms$）成反比。当磁路中有其他介质（如空气隙）时，则总磁阻是各介质材料磁阻的串联和。

2.1.2　*磁路的基本物理量*

（1）磁感应强度 B

磁感应强度是描述磁场中某点磁场强弱与方向的物理量，一般用符号 B 表示。由分析可知，一根长度为 l（在磁场中的长度）、通入电流为 I 的直线导体，垂直于磁力线的方向放入磁场中，则载流导体在磁场中所受的作用力 F 为：

$$F = BIl$$

则磁感应强度 B 为：

$$B = \frac{F}{Il} \tag{8-11}$$

式中　B——磁感应强度，单位为特斯拉（简称特，T；高斯，简称高，Gs）

l——直导体在磁场中的长度；

I——通入导体的电流；

F——导体所受的作用力。

上式表明，磁感应强度 B 的大小，等于同磁力线方向垂直、单位长度 l 的直导体、载有单位电流 I，在该点受到的电磁力 F。

（2）磁通 ϕ

在磁场中，通过某一面积 S（与磁场方向垂直的面积）的磁力线根数，称为磁通量，简称磁通。单位为韦伯（Wb，$1\text{Wb} = 10^8$麦克斯韦），用符号 ϕ 表示。其关系式为：

$$\phi = BS \tag{8-12}$$

此时磁感应强度 B 可解释为单位面积的磁通含量，因此又称为磁通密度，简称磁密。磁场中某点磁感应强度的方向，就是该点的磁场方向。其大小是垂直通过单位面积上的磁力线根数，即：

$$B = \frac{\phi}{S}$$

(3) 磁场强度 H

磁场强度 H 是为简化计算而引入的辅助量，它与磁导率 μ 无关（即与铁磁介质的存在与否无关），只与线圈的形状（铁磁物质的几何形状）、匝数 W 及通过的电流 I 的大小有关。其关系式为：

$$H = \frac{B}{\mu} \quad 或 \quad B = \mu H \tag{8-13}$$

磁场强度 H 也是相量，其方向与磁感应强度 B 相同，单位为 A/m、A/cm。$1A/m = 10^{-2}A/cm$。

当有一磁环，并绕有线圈，通电流 I 后，通过实验及理论均可证明，线圈磁环上任一点的磁场强度 H 为与线圈匝数 W、电流 I 成正比，而与磁环中心长度 l 成反比，即：

$$H = \frac{IW}{l} \tag{8-14}$$

式中 IW——磁环线圈的磁势（$F = IW$：I 为电流，W 为匝数）；

l——磁环中心线长度。

(4) 磁导率 μ

在工程上，为了衡量各种物质的导磁性能，引入磁导率这个物理量，其数值越大说明其导磁性能越好，用希腊字母 μ 表示，单位为亨/米（H/m）。磁导率 μ 与磁化及导磁材料等因素有关。

1）磁化及磁化过程。本来没有磁性的铁磁材料放进磁场中后，在磁场的作用下会显示出磁性，即称为铁磁材料的磁化。当随着外磁场的增强，铁磁材料的磁性也会随之增强，这个随磁场变化而磁性改变的过程就称为磁化过程。

2）磁导率 μ。一般有真空磁导率 μ_0（一般为常数）与相对磁导率 μ_r（其他材料的磁导率 μ 与真空磁导率 μ_0 的比值），以反应介质的导磁性能。

3）导磁材料。导磁材料分为弱导磁材料和强导磁材料。弱（非）导磁物质材料相对磁导率 μ 一般都近似等于1，并近于常数，与真空相似，介质对电流激发磁场影响较小，如铜、铝、锡、空气、木材等；强导磁物质材料相对磁导率 μ 一般都 >1，这类物质材料称强导磁材料，如铸铁（$\mu > 200$）、镍（$\mu = 1120$）、硅钢片（$\mu = 7500$）等。

2.2 电磁感应定律与感应电动势

2.2.1 电磁感应及电磁感应定律

(1) 电磁感应现象

当导体对磁场作相对运动而切割磁力线（图8-5）或磁通 ϕ 在导体回路内变化时（图8-6），就会在导体回路中产生感应电流，这就是电磁感应现象，一般统称为电磁感应。

(2) 电磁感应电动势的大小

感应电动势 e 的大小与导体切割磁力线的情况和磁通的变化率等因数有关。

1）切割磁力线。可以证明，导体切割磁力线就会产生感应电动势 e，其大小与磁感应强度 B、直线导体切割磁力线的速度 v 以及导线在磁场中的有效长度 l 成正比，即

$$e = Blv$$

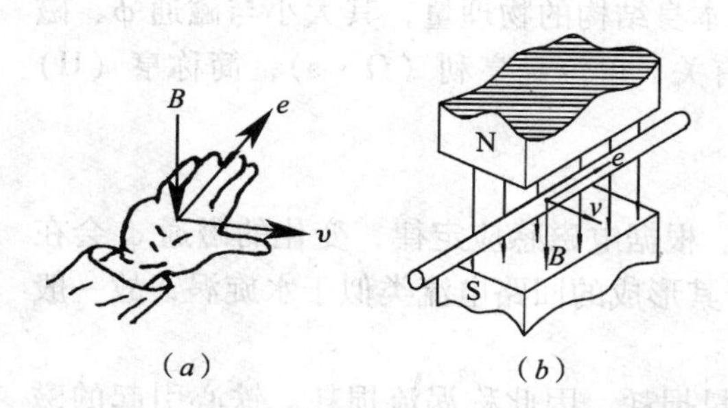

图 8-5　切割磁力线产生感应电动势
(a) 右手定则；(b) 直线导体切割磁力线

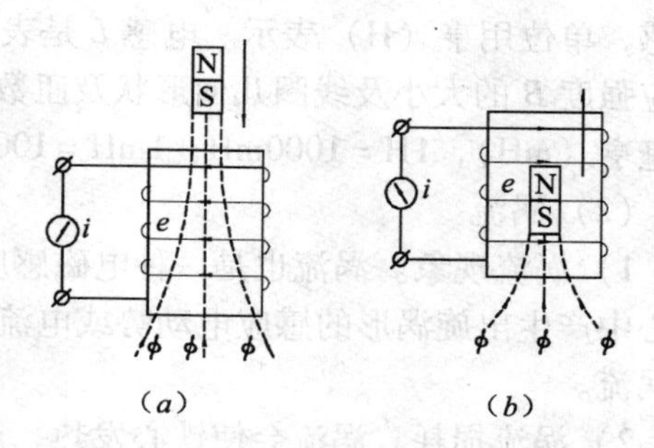

图 8-6　磁场变化产生感应电动势
(a) 磁铁插入（磁场增加）；(b) 磁铁拔出（磁场减少）

当 v 的方向与 B 的方向不垂直时，此时 v 应取垂直于 B 的一个分量 $v' = v\sin\alpha$，即上式可变换为以下形式：

$$e = Blv\sin\alpha$$

2）法拉第定律。螺旋线圈中感应电动势的大小是与线圈匝数 W 及磁通的变化率$\frac{d\phi}{dt}$成正比的，这就是法拉第电磁感应定律，即

$$e = \left| W \cdot \frac{d\phi}{dt} \right|$$

(3) 感应电动势的方向

感应电动势的方向可由右手定则与楞次定律确定。

1）右手定则。直线导线切割磁力线产生感应电动势的方向由右手定则来判定，即手心穿过磁力线，拇指为运动方向，四指则为感应电势的方向。

2）楞次定律。感应电动势的方向是阻碍原磁通变化的（它形成的感应电流产生的新磁通，来反抗原磁通变化），这就是楞次定律，即：

$$e = -W\left|\frac{d\phi}{dt}\right|$$

(4) 电磁感应定律

法拉第定律与楞次定律的结合即为电磁感应定律，即能确定感应电动势的大小、又能确定感应电动势的方向，其表达式为：

$$e = -W\frac{d\phi}{dt} \tag{8-15}$$

2.2.2　自感电动势与涡流

(1) 自感电动势与电感

1）自感电动势。根据电磁感应定律，由于通电线圈中产生了反抗磁通而增加的感应电动势，其方向与通入线圈的电流相反，阻碍电流的增加，这种现象称为自感现象，产生的电动势称自感电动势，用 e_L 表示。由于磁通 ϕ 正比于磁感应强度 B、而 B 又正比于电流 i，所以电磁感应定律可表示为：

$$e_L = -L\frac{di}{dt} \tag{8-16}$$

2）电感（自感）。电磁感应定律表达式中的比例系数 L，称为自感系数，简称自感或

电感，单位用亨（H）表示。电感 L 是表征线圈本身结构的物理量，其大小与磁通 ϕ、磁感应强度 B 的大小及线圈几何形状及匝数 W 等有关，单位是亨利（$\Omega \cdot s$），简称亨（H）或毫亨（mH），$1H = 1000mH$；$1mH = 1000\mu H$。

（2）涡流

1）涡流现象。涡流也是一种电磁感应现象。根据电磁感应定律，变化的磁通 ϕ 会在铁心中产生出旋涡形的感应电动势或电流，由于其形成的回路电流类似于水旋涡，故一般称涡流。

2）涡流损耗。涡流会使铁心发热，产生能量损耗，因此称涡流损耗。铁心引起的磁滞损耗和涡流损耗合称铁损。为减少铁心中的涡流损耗，所以变压器、电动机等电气设备的铁心均采用0.35~1.5mm厚的硅钢片（电阻大、剩磁小）叠成，片间涂绝缘漆，从而加长涡流路径，以减少涡流损耗。

课题3　单相正弦交流电路

目前常用的电压、电流、电动势等电量均为正弦交流电，其特征：一是大小和方向是随时间按正弦规律变化的电量，e、i、u；二是电量的瞬时性（时刻在变）、周期性（隔时重复）、规律性（正弦规律）。

3.1　正弦交流电的基本概念

3.1.1　单相正弦交流电的产生

（1）单相正弦交流发电机

单相正弦交流电是由交流发电机产生的，见图8-7（*a*），而交流发电机是根据电磁感应定律制作而成的，并使磁极与转动线圈间的气隙的磁感应强度是按正弦规律变化的，见图8-7（*b*），因此，电枢表面上任一点的磁感应强度为：

$$B = B_m \sin\varphi$$

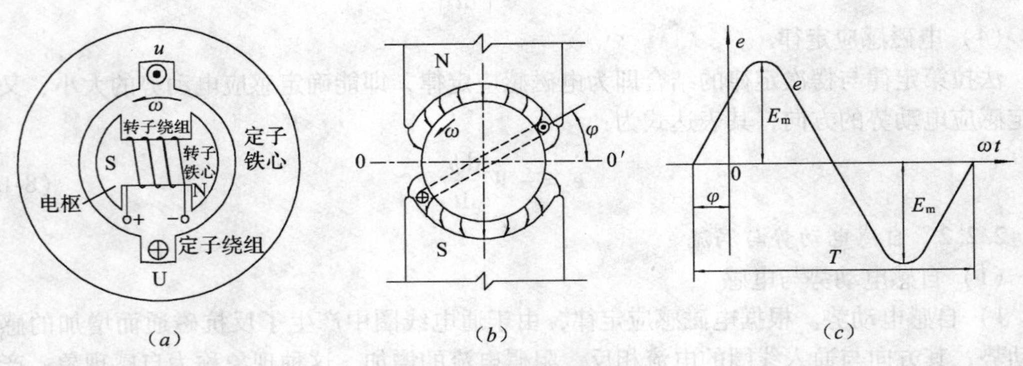

（*a*）（*b*）（*c*）

图8-7　单相交流电的产生

（*a*）单相发电机原理构造；（*b*）电枢表面的磁场分布；（*c*）感应电动势波形图

（2）感应电动势

由原动机带动电枢（转子铁心与转子线圈的合称）旋转，则线圈导体 ab、cd 段导体（$2l$ 长）则切割磁场磁力线，因此在线圈导体中产生感应电动势（当外接负载时，则产生

感应电流），且感应电势也按正弦规律变化（设线圈匝数为 W），即

$$e = 2BlWv = 2WlvB_{m}\sin\psi = E_{m}\sin\psi = E_{m}\sin\omega t$$

当电枢从任意角 φ 开始、以 ω 的电角速度旋转时，则经历 t 时刻后，电动势变化的电角度应为（$\omega t+\varphi$），此时感应电动势应为：

$$e = E_{m}\sin(\omega t + \varphi) \tag{8-17}$$

上式中，E_m是感应电动势的最大值，其大小与磁感应强度 B、线圈匝数 W、导体有效长度 l、导体切割磁场的速度 v 等参数有关。

3.1.2 正弦交流电量的三要素

正弦交流电的电流、电压、电势在任意瞬间的数值称瞬时值：用小写字母符号 e、i、u 等表示。如式 8-16 所示。由此式可以看出，正弦交流电的主要特征表现在变化的快慢（ωt）、变化的大小（E_m）和初始值（φ）三个方面，所以将其特征参数（即有效值、频率、初相）称正弦交流电的特征量（为便于记忆，一般简称三要素）。也就是说：只有具备正弦交流电的三要素，才能完全描述出正弦交流电的特征。其特征表达式一般用瞬时值表示，而正弦交流电的电流、电压、电势在任意瞬间的数值称瞬时值：用小写字母符号 i、v、e 等表示。

（1）频率（周期与角频率）

正弦电量的频率 f、周期 t、角频率 ω 是用来衡量交流电变化快慢的物理量。

1）周期。正弦交流电每变化一周波（一个循环）所需的时间，称为周期，用符号 T 表示，单位为秒（s）。

2）频率。每秒钟交流电变化的周期数，称为频率，用 f 表示，单位为赫兹（Hz），根据定义，频率与周期有以下关系

$$f = 1/T \quad 或 \quad T = 1/f \tag{8-18}$$

工频交流电 $f=50$Hz。

3）角频率。每秒钟交流电变化的电角度，称为电角频率（简称角频率），用 ω 表示，单位为度/秒，弧度/秒；其关系式为

$$\omega = 2\pi f = 2\pi/T \quad 或 \quad \omega = 360°f = 360°/T \tag{8-19}$$

（2）初相位（相位或相位差）

正弦电量的相位 ψ、初相角 φ 是用来衡量交流电初始值的物理量，而相位差 φ 是比较两同频率正弦电量的相位之差。

1）相位。任意时刻正弦交流电所对应的电角度，称为相位，用符号 ψ 表示，即

$$\psi = \omega t + \varphi \tag{8-20}$$

2）初相位。当 $t=0$ 时，正弦交流电所对应的电角度，称为初相位，用 φ 表示，其绝对值一般规定小于 180°。

3）相位差。两个同频率的正弦电量的相位角之差（一般为初相之差）称为相位差，一般也用符号 φ 表示（见图 8-8），即

$$\varphi = \varphi_1 - \varphi_2 \tag{8-21}$$

① 同相。两正弦量的相位差 $\varphi=0$（$\varphi_1-\varphi_2=0$）时，即称为同相，见图 8-8（*a*）。

② 反相。两正弦量的相位差 $\varphi=\pi$（$\varphi_1-\varphi_2=\pi$）时，即称为反相，见图 8-8（*c*）。

③ 超前。两正弦量的相位差 $\varphi>0$（$\varphi_1>\varphi_2$）时，即称为超前，见图 8-8（*b*）。

④ 滞后。两正弦量的相位差 $\varphi<0$（$\varphi_1<\varphi_2$）时，即称为滞后，见图 8-8（*b*）。

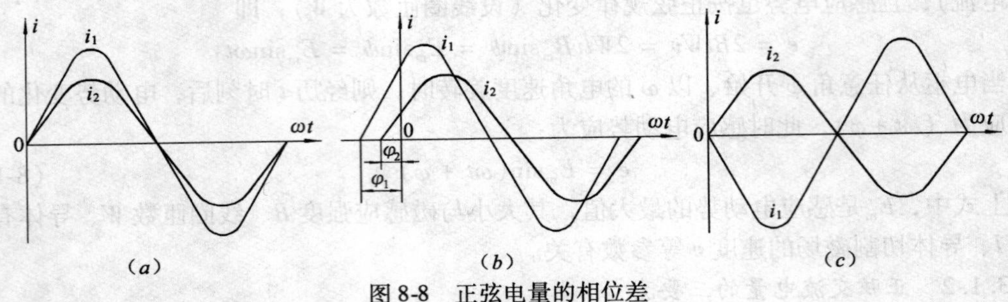

图 8-8　正弦电量的相位差

(a) 同相；(b) 超前与滞后；(c) 反相

(3) 有效值（最大值）

正弦电量的最大值和有效值是用来衡量交流电大小的物理量。

1) 最大值。瞬时值的峰值或幅值称最大值。用大写字母符号和下标符号 E_m、U_m、I_m 等表示。

2) 有效值。在一个周期内，热效应方面和直流电相当的直流值，称有效值。用大写字母符号 E、I、U 等表示，根据分析可知，有效值与最大值有以下关系：

$$I = \frac{I_m}{\sqrt{2}} = 0.707I_m \quad 或 \quad I_m = \sqrt{2}I$$

$$U = \frac{U_m}{\sqrt{2}} = 0.707U_m \quad 或 \quad U_m = \sqrt{2}U \tag{8-22}$$

$$E = \frac{E_m}{\sqrt{2}} = 0.707E_m \quad 或 \quad E_m = \sqrt{2}E$$

[**例 8-5**] 某交流电路，用电流表测得的电流为 100A，此时电流的幅值（振幅、最大值）为多少？如用电压表测得的电压为 220V，此时电压的幅值为多少？

[**解**] 分别求电流最大值和电压最大值：

(1) 因电流表读数为有效值，则由关系式 8-21，得：

$$I_m = \sqrt{2}I = \sqrt{2} \times 100 = 141.4\text{A}$$

(2) 因电流表读数为有效值，则由关系式 8-21，得：

$$U_m = \sqrt{2}U = \sqrt{2} \times 220 = 311.1\text{V}$$

即，此时电流的幅值为 141.4A，电压的幅值为 311.1V。

3.1.3　正弦电量的表示法

(1) 三角函数表示法（解析法）

由三要素将正弦电量的特征用数学表达式（三角函数解析式）描述出来，即称为三角函数表示法（又称解析式表示法）。解析式表示法可用来求解正弦量，当用解析式表示法求解电路时则称解析法。其优点在于定量计算时，数据精确；缺点是三角函数四则运算时，计算烦琐。其表达式为：

$$e = E_m\sin(\omega t + \varphi)$$

$$u = U_m\sin(\omega t + \varphi)$$

$$i = I_m\sin(\omega t + \varphi)$$

（2）波形图表示法（图形法）

由三要素将正弦电量的特征用波形图进行直观地描绘出来，即称波形图表示法，如图8-8（*a*）的正弦波形图，如用图形表示法求解电路，称图解法。优点在于定性分析电路时直观，缺点是计算数据不精确。

（3）旋转矢量表示法（矢量法）

解析法与图解法的表示方法，其分析和计算电路时均比较麻烦，故有时可采用旋转矢量来表示正弦电量，如图8-9所示。即借助旋转矢量来表示正弦电量的某些特征：矢量的模（长度）表示正弦电量的最大值，矢量与横轴（*x*轴）的夹角为正弦电量的初相，矢量在纵轴（*y*轴）上的投影，就是正弦电量的瞬时值。

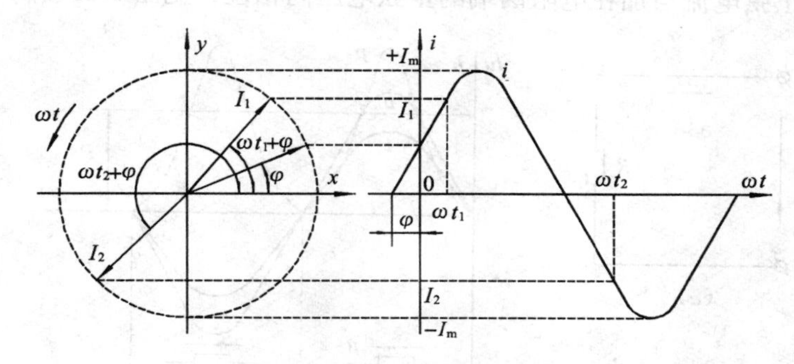

图8-9　旋转矢量表示法

（4）复数表示法（相量法）

在电工技术分析计算中，用解析法虽精确但麻烦；用图形法虽直观，非但麻烦而且精确性低；用矢量法虽在技巧上有一定特点，但计算时只可加减不可乘除，且不表示有效值。因此，工程上常用复数表示正弦电量，既有直观性，又计算精确，且表示正弦电量的有效值。如用复数表示法配以矢量图求解电路，称相量法，优点在于定性分析时直观，定量计算时精确，并且计算结果为有效值。

3.2　单参数交流电路

在交流电路中，只包含电阻*R*或电感*L*、电容*C*的单一参数的交流电路，即称为单参数交流电路；而包含两个*R*、*L*、*C*及两个以上参数的交流电路，即称为多参数交流电路。在实际中，单一参数的交流电路是不多见的，常见的多为多参数电路（如*RL*串联电路：电动机与变压器绕组；*RL*串联与*C*并联电路：荧光灯电路并电容器等）。多数电气设备均具有电阻和电感的串联性质，特别是荧光灯、电动机等负载电路，所以，分析此类电路具有广泛的代表性。

3.2.1　纯电阻电路（*R*电路）

只有电阻而没有电感*L*和电容*C*（或忽略电感和电容的影响）的交流电路称为纯电阻电路（简称*R*电路），如白炽灯、卤钨灯、电阻炉等负载电路。其电路形式及连接如图8-10（*a*）所示。

（1）电压与电流的关系

设电阻*R*两端的电压为参考相量，即：

$$u = U_m \sin\omega t$$

根据欧姆定律，电阻与电流的瞬时值关系为：

$$i = \frac{u}{R} = \frac{U_m}{R}\sin\omega t = I_m \sin\omega t = \sqrt{2}I\sin\omega t$$

由以上关系可得出纯电阻电路的两点结论：

1）欧姆定律。在交流电阻电路中，其电压与电流有效值关系符合欧姆定律，即：

$$I = \frac{U}{R} \tag{8-23}$$

2）相位同相。流经电阻的电流 i 也是正弦量，并且两正弦电量 u、i 的初相均为零，所以通过电阻的正弦电流与加在电阻两端的正弦电压同相位，见图 8-10（*b*）。

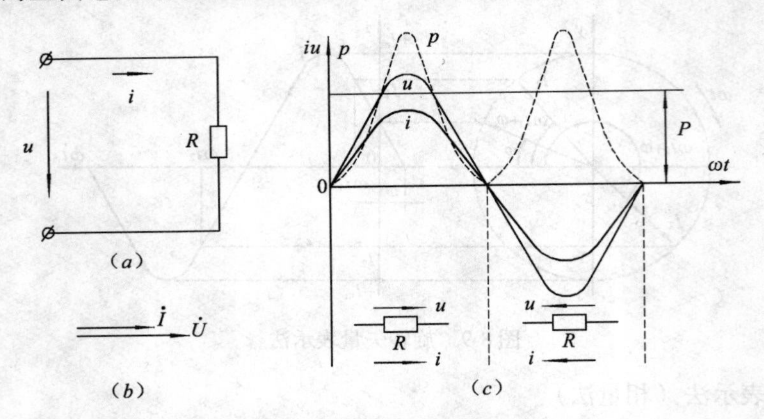

图 8-10 纯电阻电路（*R* 电路）

（*a*）电阻电路；（*b*）相量图；（*c*）电阻电路功率波形图

（2）电阻电路的功率

电阻上的功率分为瞬时功率和有功功率。

1）瞬时功率。任意时刻所消耗的功率称瞬时功率。在电阻电路中，它等于电压瞬时值 u 与电流瞬时值 i 的乘积，即：

$$P_R = ui = U_m\sin\omega t \cdot I_m\sin\omega t = U_m I_m \sin^2\omega t$$

$$= \frac{U_m I_m}{2}(1 - \cos2\omega t) = UI(1 - \cos2\omega t) = UI - UI\cos2\omega t$$

上式表明：电路瞬时功率由恒定部分（UI）和时间 t 的余弦函数（$UI\cos\omega t$）两部分所组成。其变化波形如图 8-10（*c*）所示。

2）有功功率。有功功率表示电阻消耗电能的功率，它是交流电瞬时功率在一个周期内的与直流电相当的等效值。由于瞬时功率实用性不大，所以在工程上一般采用有功功率，用 P_R 表示，其关系式与直流电的功率计算公式相类似，即：

$$P_R = UI = I^2R = U^2/R \tag{8-24}$$

3.2.2 纯电感电路（*L* 电路）

纯电感电路是只有电感而没有电阻和电容（或忽略电阻和电容的影响）的交流电路，如电感线圈等，其电路形式及连接如图 8-11（*a*）所示。

（1）电压与电流的关系

设通过线圈电感 L 的电流为参考相量，即 $i=I_{m}\sin\omega t$，通过分析可得出以下两点结论：

1）欧姆定律。在交流电感电路中，流过电感的电流有效值等于加在电阻两端的电压有效值除以该感抗（X_{L}）值，即交流电感的电压电流有效值关系也相似于欧姆定律，即：

$$I_{L}=\frac{U_{L}}{\omega L}=\frac{U_{L}}{X_{L}} \tag{8-25}$$

2）相位关系。流经电感正弦电流 I 的相位，比加于该电感 L（线圈）两端的正弦电压 u 相位滞后 90°（或电压超前电流 90°），其相量如图 8-11（b）所示。

（2）感抗

由电感电路欧姆定律的形式可知：

$$X_{L}=\frac{U_{L}}{I} \tag{8-26}$$

式中，$X_{L}=\omega L=2\pi fL$。

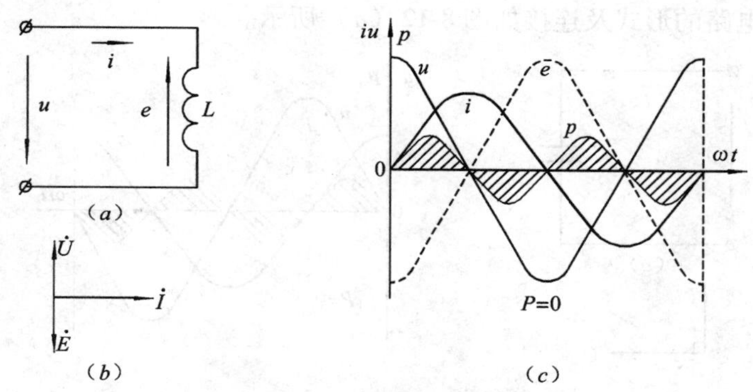

图 8-11　纯电感电路（L 电路）

（a）电阻电路；（b）相量图；（c）电感功率波形图

它也是表征电感对流经的正弦电流 i 所呈现的阻力，其大小与频率成正比：$f=0$ 时、$X=0$，即为短路状态；$f\to\infty$ 时、$X\to\infty$，为开路状态。即类似于“电阻”的性质，因此我们称 X_{L} 为电感的电抗（简称感抗），单位也是欧姆（Ω）。

（3）电感电路的功率。

电感的功率主要包括瞬时功率和无功功率。

1）瞬时功率。根据瞬时功率的定义，电感功率有：

$$p_{L}=ui=U_{m}\sin\omega t\cdot I_{m}\cos\omega t=U_{m}I_{m}\sin2\omega t$$

上式表明：电感电路的瞬时功率 p_{L} 是一个按正弦规律变化的周期函数，其频率是电压和电流频率的两倍，即有功功率为零。

2）功率交换。由电感的瞬时功率波形图，如图 8-11（c）所示，可以分析出功率的变换规律是电感与电源间的能量交换，因此电感为储能元件：

i 由零值→最大值时（第一、第三个 1/4 周期：电压与电流均为正值或负值，为同相），即电源向电感输入功率，它表明电感吸收电源能量（将电能转化为磁场能）；

i 由最大值→零值时（第二、第四个 1/4 周期：电压与电流不同相，为反相），即电感向电源输入功率，它表明电感发出能量（即归还电源能量，将磁场能又转化为电能）。

3）有功功率。由电感能量的交换规律可知，电感是不消耗电能的，只是在电源与电感之间进行能量的相互转换，也说明电感电路功率在一个周期内的有功功率等于零（$P_L=0$）。

4）无功功率。电感量不同的线圈，虽有功功率均为零，但他们与电源之间相互交换能量的数值却不同。为加以区别，我们把维持能量转换所需的功率（即能量交换的规模）称为电感的无功功率，用 Q_L表示，单位是无功伏安，简称乏（Var），即：

$$Q_L = UI = I^2 X_L = \frac{U_L}{X_L} \tag{8-27}$$

$$1\text{kVar} = 1000\text{Var}$$

由上式可以得出结论：纯电感电路消耗的有功功率为零（忽略电阻的影响），其无功功率 Q_L是电感电压有效值 U_L与电流有效值 I_L的乘积。

3.2.3　纯电容电路（C 电路）

纯电容电路是只有电容而没有电阻和电感（或忽略电阻和电感的影响）的交流电路，如电容器等，其电路的形式及连接如图 8-12（*a*）所示。

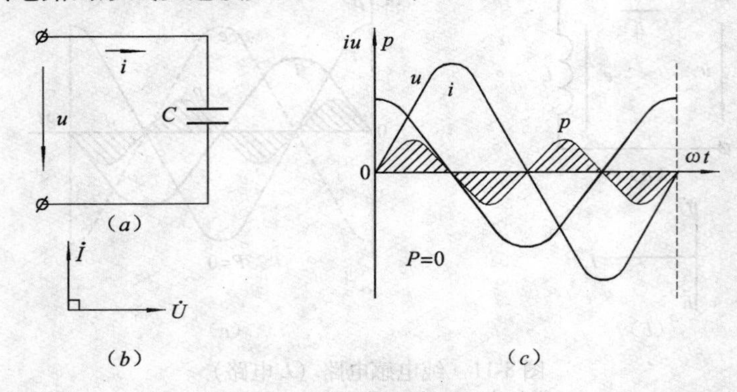

图 8-12　纯电容电路（C 电路）

（*a*）电容电路；（*b*）相量图；（*c*）波形图

（1）电压与电流的关系

设电容 C 两端的电压为参考相量，即 $u=U_m\sin\omega t$。并通过分析可得出以下两点结论：

1）欧姆定律。流过电容的电流有效值等于加在电阻两端的电压有效值除以该容抗 X_c值，即电容的电压电流有效值关系也相似于欧姆定律，其数学表达式为：

$$I_C = \frac{U_L}{1/\omega C} = \frac{U_L}{X_C} \tag{8-28}$$

2）相位关系。流经电容的正弦电流 *i* 比加于该电容（电容器）两端的正弦电压相位超前 90°。（电压滞后电流 90°）。其相量图如图 8-12（*b*）所示。

（2）容抗

由电容电路欧姆定律的形式可知：

$$X_C = \frac{1}{\omega C} = \frac{1}{2\pi fC} \tag{8-29}$$

它也是表征电容对流经的正弦电流 *i* 所呈现的阻力，其大小与频率成反比：$f=0$ 时、$X=\infty$，即为开路状态；$f\to\infty$ 时、$X\to 0$，即为短路状态。也类似于“电阻”的性质，因此我们称 X_C为电容的电抗（简称容抗），单位也是欧姆（Ω）。

(3) 电路功率

电容的功率也分为瞬时功率和无功功率。

1) 瞬时功率。根据瞬时功率的定义，电容功率有：

$$p_C = ui = U_m \sin\omega t \cdot I_m \cos\omega t = U_m I_m \sin 2\omega t$$

上式表明：电容电路的瞬时功率 p_C 也是一个按正弦规律变化的周期函数，其频率是电压和电流频率的两倍。

而电容电路的有功功率等于零（$p=0$，即电容不消耗电能），只是在电源与电容之间进行能量的相互转换，其功率形式与电感相类似。

2) 功率交换。由电容的瞬时功率波形图，见图 10-12（*c*），可以分析出电容电路功率的变换规律是电容与电源间的能量交换，因此电容也是储能元件：

i 由零值→最大值时，此时为电容吸收电源能量（将电能转化为电场能）；

i 由最大值→零值时，此时为电容归还电源能量（将电场能又转化为电能）。

3) 有功功率。由电容能量的交换规律可知，电容是不消耗电能的，只是在电源与电容之间进行能量的相互转换，也说明电容电路功率在一个周期内的有功功率等于零（$p_C=0$）。

4) 无功功率。我们把维持能量转换所需的功率称为电容的无功功率，用 Q_c 表示，单位是无功伏安，简称乏（Var），即：

$$Q_C = U_C I_C = I_C^2 X_C = \frac{U_C^2}{X_C} \tag{8-30}$$

(4) 注意事项

应用电感（感抗）与电容（容抗）时，应注意以下事项：

1) 容抗与感抗一样，只代表电压与电流有效值的比值。

2) 容抗与感抗不能代表电压与电流瞬时值的比值。

3) 容抗与感抗只对正弦电量才有实际意义。

3.3 多参数交流电路（*RL* 串联电路）

在实际工程中，很多电气设备均具有电阻和电感的串联性质，如荧光灯、电动机等电路，因此本节主要简述电阻与电感串联电路（简称 *RL* 串联电路）的有关内容，其电路形式与连接如图 8-13（*a*）所示。

3.3.1 电压与电流关系

RL 串联电路正弦电量的参数有总电压 u、电阻电压 u_R、电感电压 u_L 和电路电流 i 等。由于是串联电路，故电阻和电感通过的是同一电流 i，所以设电流为参考量，即 $i = I_m \sin\omega t$。

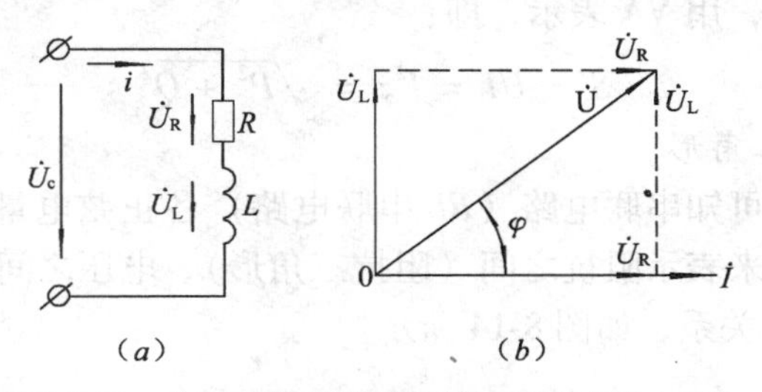

图 8-13 电阻与电感串联电路（*RC* 串联电路）

（*a*）电路图；（*b*）相量图

(1) 电压关系

根据电路参考方向，由 KVL 得

$$u = u_R + u_L$$

根据单参数交流电路的关系，即电阻上的电压为 $u_R = U_{Rm}\sin\omega t$，而电感上电压为 $u_L = U_{Lm}\sin(\omega t + 90°)$，并由此关系可绘出相量图，见图 8-13 ($b$)，且三个电压组成了一个直角三角形，并由此电压三角形得出电压关系式：

$$U = \sqrt{U_R^2 + U_L^2} \tag{8-31}$$

(2) 相位关系

由图 8-13 (b) 可得知总电压 u 与电流 i 的相量关系，即在相位上，电压 u 超前于电流 i 一个 φ 角（电角度）。

3.3.2 阻抗与电路功率

(1) 阻抗

根据交流电路的欧姆定律形式，其阻抗值 z 为：

$$z = \frac{U}{I} \tag{8-32}$$

(2) 电路功率

电阻与电感串联的电路功率有瞬时功率、有功功率、无功功率和视在功率。

1) 瞬时功率。根据瞬时功率的定义和 $i = \sqrt{2}I\sin\omega t$，以及电压与电流的相位关系 $u = \sqrt{2}U\sin(\omega t + \varphi)$，所以其瞬时功率为：

$$P = ui = \sqrt{2}I\sin\omega t \times \sqrt{2}U\sin(\omega t + \varphi) = UI[\cos\varphi - \cos(2\omega t + \varphi)]$$
$$= UI\cos\varphi - UI\cos(2\omega t + \varphi)$$

上式表明：瞬时功率分为两部分：第一部分 $UI\cos\varphi$ 为恒定功率（电阻消耗的功率，即为有功功率）；第二部分 $UI\cos(2\omega t + \varphi)$ 为无功功率，是无功功率的交换规模。

2) 有功功率。根据有功功率 P 的定义，可分析出电路有功功率为：

$$P = UI\cos\varphi = U_R I = I^2 R \tag{8-33}$$

上式表明，有功功率的大小不但与电压电流的有效值有关，还取决于电路负载的性质（即电压与电流夹角的余弦 $\cos\varphi$）。

3) 无功功率。根据电路无功功率 Q 的定义，RL 串联电路的无功功率为：

$$Q = UI\sin\varphi = U_L I = I^2 X_L \tag{8-34}$$

4) 视在功率。我们把多参数电路维持能量转换所需的总功率称为电路的视在功率，用 S 表示，单位是伏安，用 VA 表示，即：

$$S = UI = I^2 z = \sqrt{P^2 + Q^2} \tag{8-35}$$

3.3.3 电量参数三角形

根据电压相量图，可知串联电路（RL 串联电路）各正弦电量之间的关系。为便于记忆，一般用直角三角形来表示阻抗之间（阻抗三角形）、电压之间（电压三角形）和功率之间（功率三角形）的关系，如图 8-14 所示。

(1) 电压三角形

在电压相量图中，U_R、U_L 与 U 正好组成一个直角三角形，称之为电压三角形（为电压相量三角形），其电压相量关系和数值关系可由电压三角形的几何关系直接找出，如图8-14（b）所示。

（2）阻抗三角形

如把电压三角形各边 U_R、U_L、U 同除以 I（串联电路电流有效值，即缩小了I倍），则又组成了一个 R、X、Z 之间关系的直角三角形，称之为阻抗三角形（阻抗标量三角形），其阻抗的角度关系和数值关系可由阻抗三角形的关系找出，如图8-14（a）所示。

$$\left.\begin{aligned} R &= z\cos\varphi \\ X &= z\sin\varphi \\ z &= U/I = \sqrt{R^2 + X^2} = \frac{U}{I} \end{aligned}\right\} \tag{8-36}$$

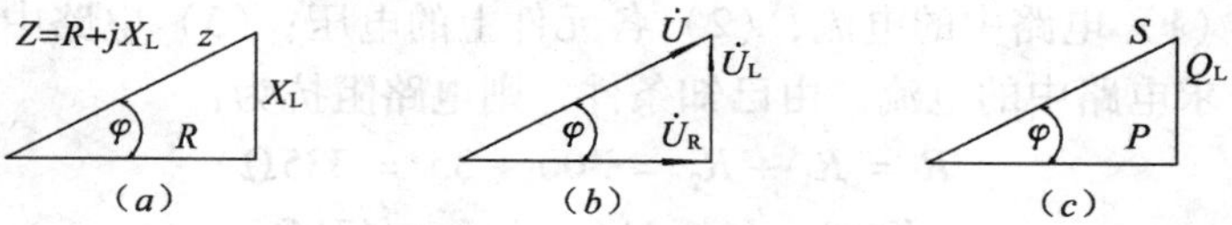

$Z=R+jX_L$　z　X_L　φ　R　$\dot{U}$　$\dot{U}_L$　$\dot{U}_R$　S　Q_L　P

（a）　（b）　（c）

图8-14　正弦电量的关系三角形

（a）阻抗三角形；（b）电压三角形；（c）功率三角形

（3）功率三角形

如把电压三角形各边 U_R、U_L、U 同乘以 I（即扩大了 I 倍），则又组成了一个 P、Q、S 之间关系的直角三角形，称之为功率三角形（功率标量三角形），其功率的关系可由功率三角形的关系找出。

$$\left.\begin{aligned} P &= UI\cos\varphi = UI = I^2 z \\ Q &= UI\sin\varphi = U_L I = I^2 X_L \\ S &= \sqrt{P^2 + Q^2} = UI \end{aligned}\right\} \tag{8-37}$$

（4）电路功率因数

由于阻抗三角形与功率三角形是在电压三角形的基础上得来的，因此三个三角形为相似三角形。阻抗三角形的幅角表示阻抗角 φ；电压三角形的幅角表示串联电路电压与电流的相位差角 φ；功率三角形的幅角表示功率角 φ，而 $\cos\varphi$ 为有功功率 P 与视在功率 S 的比例因子 P/S，所以称 $\cos\varphi$ 为功率因数，则 φ 为功率因数角。其表达式为：

$$\cos\varphi = \frac{R}{z} = \frac{U_R}{U} = \frac{P}{S} \tag{8-38}$$

［例8-6］ 在图8-14（a）中，已知 $u = 220\sqrt{2}\sin 314t$（V），$R = 50\Omega$，$L = 159.24\text{mH}$。试求（1）电路电流 I；（2）各元件上的功率 S、P 和 Q。

［解］ 根据电量三角形求解电路：

（1）求电感 L 的电抗 X_L、电路阻抗 z 和功率因数 $\cos\varphi$，即：

$$X_L = \omega L = 314 \times 159.24 \times 10^{-3} = 50\Omega$$

$$z = \sqrt{R^2 + X_L^2} = \sqrt{50^2 + 50^2} = 70.7\Omega$$

$$\varphi = \text{tg}^{-1}\frac{X_L}{R} = \text{tg}^{-1}\frac{50}{50} = 45°$$

$$\cos\varphi = \cos 45° = 0.707$$

（2）求电路电流 I。根据交流电路欧姆定律，电流有效值 I 为：

$$I = \frac{U}{z} = \frac{220}{70.7} = 3.1A$$

（3）求电路功率 P、P_L 和 Q_C。根据功率计算公式（式 8-38），有

$$P = UI\cos\varphi = 220 \times 3.1 \times 0.707 = 484\text{W}$$

$$Q = UI\sin\varphi = 220 \times 3.1 \times 0.707 = 484\text{Var}$$

$$S = UI = 220 \times 3.1 = 682\text{VA}$$

［**例 8-7**］有一荧光灯电路。当灯管点燃后，其电路由灯管电阻与镇流器线圈串联组成，如图 8-15（*a*）所示，其等效电路如图 8-15（*b*）所示。图中 $R_1 = 300\Omega$（灯管电阻），$R_2 = 35\Omega$（镇流器线圈电阻），$L = 1.5\text{H}$（镇流器电感），如接入 $u = 220\sqrt{2}\sin 314t$（V）电源上，试求：（1）电路中的电流；（2）各元件上的电压；（3）电路中的功率。

［**解**］（1）求电路中的电流。由已知条件，则电路阻抗为：

$$R = R_1 + R_2 = 300 + 35 = 335\Omega$$

$$X_L = \omega L = 314 \times 1.5 = 471\Omega$$

$$z = \sqrt{R^2 + X_L} = \sqrt{335^2 + 471^2} = 578\Omega$$

$$\varphi = \cos^{-1}\frac{R}{z} = \cos^{-1}\frac{335}{578} = 54.6°$$

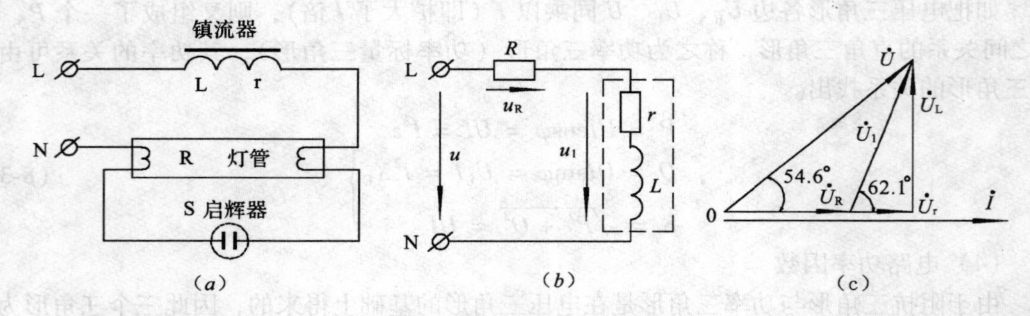

图 8-15 感性负载电路（荧光灯电路）

（*a*）荧光灯电路图；（*b*）等效电路图；（*c*）相量图

则电流有效值为：

$$I = \frac{U}{z} = \frac{220}{578} = 0.38\text{A}$$

（2）求灯管和镇流器上的电压：

$$U_R = RI = 300 \times 0.38 = 114\text{V}$$

$$U_r = rI = 35 \times 0.38 = 13.3\text{V}$$

$$U_L = X_L I = 471 \times 0.38 = 179\text{V}$$

$$U_1 = z_L I = \sqrt{r^2 + X_L^2} \times I = \sqrt{35^2 + 471^2} \times 0.38 = 179.5\text{V}$$

电压与电流相量图可参见图 8-15（*c*）。

（3）计算电路的功率：

功率因数　$\cos\varphi = \cos 54.6° = 0.58$　　$\sin\varphi = \sin 54.6° = 0.82$

有功功率 $P = UI\cos\varphi = 220 \times 0.38 \times 0.58 = 48.4\text{W}$

无功功率 $Q = UI\sin\varphi = 220 \times 0.38 \times 0.82 = 68.6\text{Var}$

视在功率 $S = UI = 220 \times 0.38 = 83.6\text{VA}$

或
$$S = \sqrt{P^2 + Q_L^2} = \sqrt{48.4^2 + 68.6^2} = 84\text{VA}$$

3.4 交流电路功率因数提高的意义及方法

提高供电网络（电路）的功率因数 $\cos\varphi$，可使电源的能量得到充分的利用。其作用主要可提高电源利用率、减少电路电流、减少电路电压损失和功率损耗等。

3.4.1 电路功率因数提高的意义

（1）提高电源容量利用率

电源设备（如变压器）所能输出的最大容量一般是用视在功率表示的，即 $S = UI$。但负载上能否取得这样大的有功功率，还取决于负载的性质，即取决于功率因数的大小，由：

$$\cos\varphi = P/S \quad \text{或} \quad P = S\cos\varphi$$

由上式可知，功率因数 $\cos\varphi$ 的大小决定了电路对电源能量的利用率，及有功功率在总容量中所占的比例。当 S 一定时，$\cos\varphi$ 越高，则有功功率 P 就越大，即说明电源的利用率就越高。由此称 $\cos\varphi$ 为电路的功率因数（简称功率因数）。

（2）减少输电线路电流

此外，由电流计算公式 $I = P/(S\cos\varphi)$ 中可知：当电源电压 U 和负载功率 P 一定时，负载电流 I 是与功率因数 $\cos\varphi$ 成反比的：即 $\cos\varphi$ 越低，负载电流则越大；$\cos\varphi$ 越高，负载电流则越小。

（3）减少线路压降和线路损耗

因提高功率因数 $\cos\varphi$ 可减小输电线路的电流 I 以及线路导线的截面积，同时又可减少线路的电压损失（$U_L = Ir_L$）和线路的电能损失（$P_L = I^2 r_L$）。

3.4.2 电路功率因数提高的方法

提高电路功率因数可采用同步电动机或并联电容器。

（1）同步电动机

在大型供配电系统中，可采用大型同步电动机进行过励磁运行或无功发电机（均为容性负载），来补偿电网或企业供电网的功率因数。

(2) 并联电容器

一般情况下，在用户端变电所集中安装静电电容器以提高电路功率因数。对于荧光灯等感性负载，可在电源两端并联适当容量的电容器来提高功率因数（图 8-16）。通过分析可得出并联电容器的计算公式，即：

$$C = \frac{P}{\omega U^2}(\text{tg}\varphi_1 - \text{tg}\varphi) \tag{8-39}$$

式中 φ_1——并联电容器前的功率因数角；

φ——并联电容器后的功率因数角。

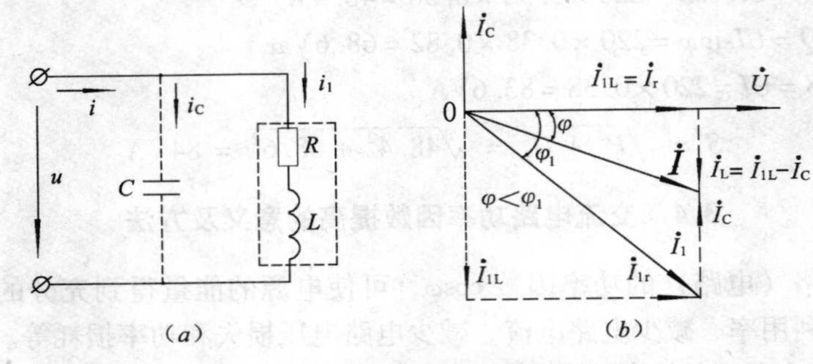

图 8-16 感性负载电路功率因数的提高

(*a*) 电路图；(*b*) 相量图

课题 4 三相正弦交流电路

在工农业生产和建筑工程中，由于三相交流电源在生产、输送和运用等方面的优越性，所以供配电系统多采用三相交流电源，有三相三线制、三相四线制和三相五线制等。

4.1 三相交流电路的基本概念

4.1.1 三相对称电动势的产生

（1）三相发电机的构造模型

三相发电机主要由绕组与铁心组成的电磁铁转子和有三个对称绕组与铁心组成的定子。

1）转子。一般由转子转轴、铁心和绕组等组成，并由铁心和绕组组成磁极，转子绕组起励磁作用、转子铁心起磁铁作用。在转子绕组中通入直流电后，即与铁心组成直流电磁铁，并使转子磁极表面的磁感应强度以正弦规律分布。

2）定子。一般由定子铁心和三相对称绕组等组成。即在定子铁心内表面中嵌有三个各参数完全相同、在空间互差 120°电角度的对称绕组，如图 8-17（*a*）所示。

（2）三相对称绕组与对称电源

1）三相对称绕组。在三相发电机的定子铁心内圈的线槽中，对称嵌有三个各参数（几何形状、匝数、绕线方式等）完全相同、并在空间互差 120°电角度的对称绕组（如定子为一对磁极，则空间位置角度与电角度相同），如图 8-17（*a*）所示。因此，各绕组产生的磁势在空间也是互差 120°电角度。

2）三相对称电源。当原动机带动转子（磁极）按逆（顺）时针方向旋转时，三相绕组则以相同的速度分别依次切割磁力线。根据电磁感应定律，就会使三相绕组分别产生三个正弦交流电动势，又由于三相绕组在空间相差 120°电角度，所以它们产生的交流电动势也互差 120°电角度，即：

$$e_U = e_m \sin\omega t$$
$$e_V = e_m \sin(\omega t - 120°)$$
$$e_W = e_m \sin(\omega t - 240°) = e_m \sin(\omega t + 120°)$$

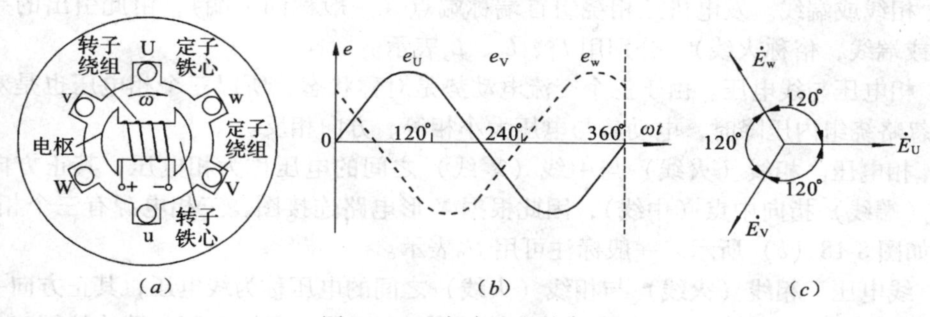

（a）（b）（c）

图 8-17 三相交流电的产生

（a）三相发电机构造原理；（b）三相电动势波形图；（c）三相电动势相量图

这样三个最大值相同 E_m、角速度 ω 相等、相位互差 120°电角度的电动势 e，我们就称之为三相对称电动势或三相对称电源，其波形图如图 8-17（b）所示。其最大值出现的时刻也互差 120°电角度，并把三个最大值出现的次序称为三相电源的相序，其表示方法为：

第一相。用 L_1（电源侧）和 U（负荷侧或设备端）表示，并用黄色作标记；

第二相。用 L_2（电源侧）和 V（负荷侧或设备端）表示，并用绿色作标记；

第三相。用 L_3（电源侧）和 W（负荷侧或设备端）表示，并用红色作标记。

中线。用 N 表示，并用淡蓝色作标记。

4.1.2 三相电源的连接方法

当电源的三个对称绕组分别接入负载，则成为三个互相无关的三个单相供电系统，但需要六根导线。这种供电方式很不经济也不太实用，优越性不高，因此，人们在实际应用中往往利用电源三相绕组不同的连接方法（如星形连接和三角形连接），来实现三相三线制、三相四线制等供电系统。

（1）三相电源绕组的星形连接

星形连接有时用 Y 形连接表示。电源三相绕组的 Y 形连接就是分别将电源三个绕组的末端 u、v、w 连接一起成为公共节点（公共端）以及和三个绕组的首端引出电源（发电机或变压器），以三相四线的方式将电能供给负载，如图 8-18（a）所示。当公共端不引出时，称为三相三线制供电方式。

1）中性点和中性线。Y 形连接的公共节点称中性点（由于是电气系统的电位参考点，所以又称零点或中点），由此引出的导线称中性线（又称中线、俗称零线），一般用 N 表示。

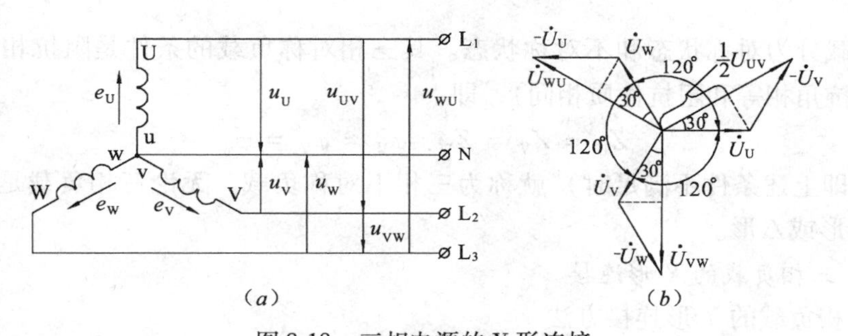

（a）（b）

图 8-18 三相电源的 Y 形连接

（a）三相电源绕组的 Y 形连接；（b）相电压与线电压的关系

2）相线或端线。发电机三相绕组首端称端点（一般称同名端），由此引出的导线称相线（或端线，俗称火线），分别用L_1、L_2、L_3表示。

3）相电压与线电压。由于三个交流电动势是对称状态，所以三个相电压也是对称状态，当忽略绕组内压降时，电动势与电压大小相等、方向相反。

A. 相电压。相线（火线）与中线（零线）之间的电压称为相电压，其正方向规定为端点（端线）指向中点（中线），因此根据Y形电路连接图，三相电源有三个相电压，其相量如图8-18（b）所示。一般标注可用U_P表示。

B. 线电压。相线（火线）与相线（火线）之间的电压称为线电压，其正方向一般规定为先相序端点（端线）指向后相序端点（端线），因此，根据Y形电路连接图三相电源有三个线电压，其相量如上图8-18（b）所示。一般标注可用U_L表示。

C. 线相电压的关系。由相量图可知相电压与线电压之间存在着一定的关系。根据相量图的几何关系分析可知，如图8-18（b）所示：在相位比较上，线电压超前相电压30°；在大小（有效值）比较上，线电压是相电压的$\sqrt{3}$倍。即：

$$U_L = \sqrt{3}U_P \tag{8-40}$$

式中 U_L——线电压，V；

U_P——相电压，V。

（2）三相电源绕组的三角形连接

三角形连接有时用△连接表示。电源三相绕组的△形连接就是将电源三个绕组Uu、Vv、Ww的首末端uV，vW、wU依次连接一起，然后将三个连接端点L_1、L_2、L_3引出电源，即构成△形连接的三相三线制供电方式，如图8-19所示。由图中明显可以看出，三个相电压（绕组电压）就是三个相线之间的电压（端线之间）。即$U_{AB}=U_A$；$U_{BC}=U_B$；$U_{CA}=U_C$。也就是说相电压与线电压是相等的。此种接线由于容易在发电机三个绕组中产生环流（当三个电动势不平衡时），因此发电机绕组较少采用△形连接；但可在变压器绕组中进行△形连接。

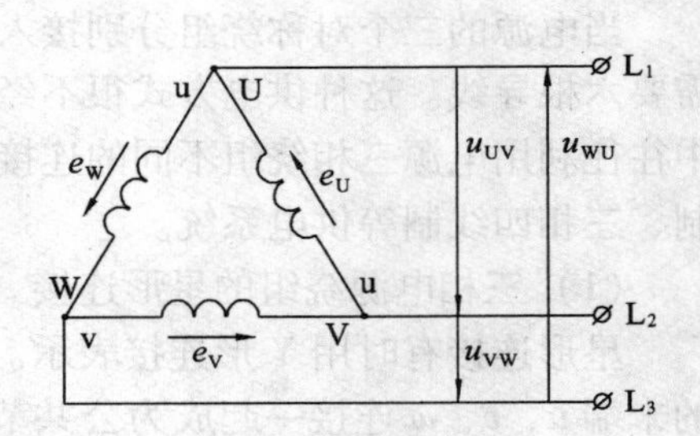

图8-19 三相发电机绕组的△形连接

4.2 三相负载电路的连接和三相电功率

三相负载分为对称状态和不对称状态。其三相对称负载的条件是阻抗相等（即阻抗值相等、阻抗角相等和阻抗性质相同），即

$$Z_U = Z_V = Z_W \quad \varphi_U = \varphi_V = \varphi_W$$

否则（即上述条件不满足时）就称为三相不对称负载。无论三相负载是否对称，均可连接成Y形或△形。

4.2.1 三相负载的Y形连接

（1）三相负载的Y形连接方法

Y形连接方法是将三相负载Z_U、Z_V、Z_W的其中一个端钮u、v、w连接在一起后，再连接到电源的中线上（此点为负载中性点），而将三相负载 Z_U、Z_V、Z_W 的另一个端钮 U、V、W 分别与电源的三根相线连接在一起，如图 8-20 所示。

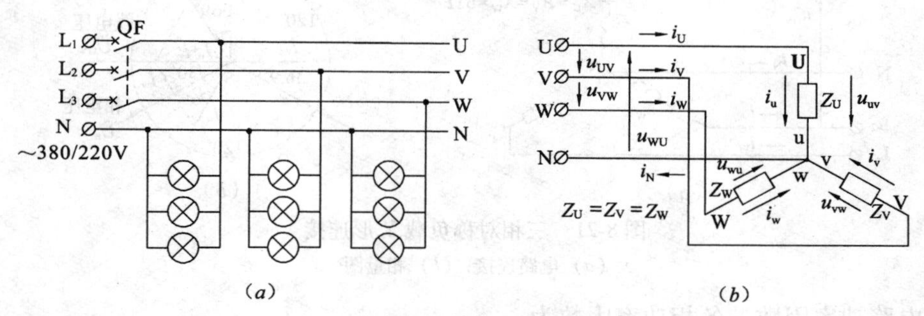

图 8-20　三相对称负载的 Y 形连接

（a）Y 形连接电路；（b）等效电路

（2）三相对称负载的 Y 形连接

在工程上大量使用的动力设备的电动机，几乎均为三相对称负载。由于三相电源与三相负载均对称（$Z_U = Z_V = Z_W$），所以各相电流也为对称状态。

1）相电流与功率因数。通过各相负载的电流称为相电流，如 I_u、I_v、I_w；相电流一般标注可用 I_P 表示。其正方向一般可根据相电压来确定，通常由相线端指向负载中性点 N′。由于三相负载为对称状态，所以其功率因数角 φ 及各相电流 I 均相等，即：

$$I_u = I_v = I_w \quad \varphi = \mathrm{tg}^{-1}\frac{X_U}{R_U} = \mathrm{tg}^{-1}\frac{X_V}{R_V} = \mathrm{tg}^{-1}\frac{X_W}{R_W}$$

2）线电流。通过各相线的电流称为线电流，如 I_U、I_V、I_W，线电流一般标注可用 I_L 表示。在图 8-21*b* 中，明显可见其线电流与相电流相等，即 $I_l = I_p$。

3）线电压与相电压。三相对称负载 Y 形连接时的线电压与相电压的关系分析与电源的 Y 形连接时相同。也是线电压的相位超前于相电压 30°，而在大小上是相电压的 $\sqrt{3}$ 倍，即：

$$U_L = \sqrt{3}U_P$$

4）中线电流。通过中线的电流称为中线电流，用 i_N（I_N）表示。根据 KCL 定律与几何关系可知：

$$i_N = i_U + i_V + i_W = 0$$

即负载在对称条件下，中线不起作用，因此可省略，只需 3 根导线即可运行。

5）电路功率。由于三相负载对称、电流与电压相等，所以每相负载所消耗的功率也相等，因此，其总功率为其一相的 3 倍，即：

$$P = 3P_a = 3U_{ap}I_{ap}\cos\varphi_a$$

其功率关系如下：

$$P = 3U_P I_P\cos\varphi = 3I_L\left(\frac{U_L}{\sqrt{3}}\right)\cos\varphi$$

则

$$\left.\begin{aligned} P &= \sqrt{3}U_L I_L\cos\varphi \\ Q &= \sqrt{3}U_L I_L\sin\varphi \\ S &= \sqrt{3}U_L I_L = \sqrt{P + Q^2} \end{aligned}\right\} \tag{8-41}$$

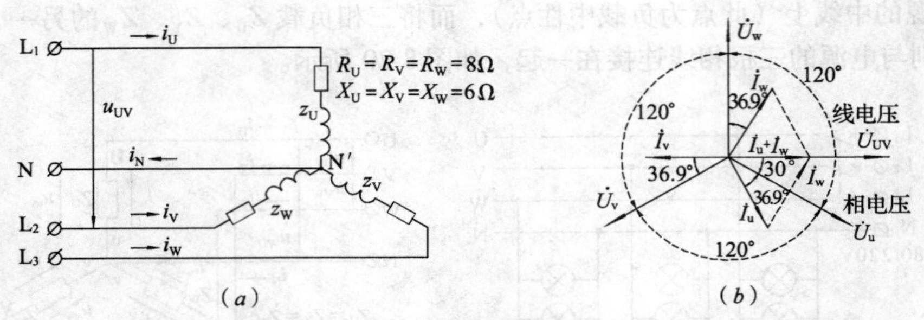

图 8-21　三相对称负载 Y 形连接

(a) 电路连接；(b) 相量图

6）电路功率因数。各相功率因数为：

$$\cos\varphi_U = \cos\varphi_V = \cos\varphi_W = \cos\varphi = R/z$$

［**例 8-8**］有一 Y 形连接的三相对称负载电路，如图 8-21（a）所示，每相的电阻 $R=8\Omega$、感抗 $X=6\Omega$，接于线电压为 380V 的三相交流电源上。设 $u_{UV}=380\sqrt{2}\sin314t$（V），试求各相电流、线电流、中线电流及负载消耗的总功率。

［**解**］按题意要求：

1）求各相电压。由线电压与相电压的关系有：

$$U_{UP} = \frac{U_L}{\sqrt{3}} = \frac{380}{\sqrt{3}} = 220\text{V}$$

2）求各相阻抗。由于三相负载为对称负载，所以根据阻抗三角形可得各相阻抗值为：

$$z_U = z_V = z_W = \sqrt{R^2 + X^2} = \sqrt{8^2 + 6^2} = 10\Omega$$

3）求各线电流与中线电流。由各相阻抗值可求出各线电流（或各相电流）为：

$$I_{uv} = I_U = \frac{U_{uv}}{z_U} = \frac{220}{10} = 22\text{A}$$

$$I_{vw} = I_V = I_{vw} = I_W = 22\text{A}$$

其相量可参见图 8-21（b），并由图中的相量关系及三相电流对称关系可得出中线电流为零，即

$$I_N = 0$$

4）求三相有功功率。根据功率计算公式，三相有功功率为：

$$P = \sqrt{3}U_L I_L \cos\varphi_p = \sqrt{3} \times 380 \times 22 \times (8/10) = 11584 = 11.584\text{kW}$$

（3）三相不对称负载的 Y 形连接

在实际工程中，特别是照明电路，是很难达到三相负载完全对称（如各相照明灯不可能同时点亮或熄灭等）的。由于三相电源对称，而三相负载不对称，所以各相电流也为不对称状态，因此，应根据电路基本定律和正弦电量相量关系进行分相求解。

1）相电流与线电流。在 Y 形连接中，相电流是与线电流相等的，即 $I_L=I_p$，则各相电流或线电流可分别计算，即：

$$I_{uv} = \frac{U_{uv}}{z_U},\quad I_{vw} = \frac{U_{vw}}{z_V},\quad I_{wu} = \frac{U_{wu}}{z_W} \tag{8-42}$$

2）中线电流。根据 KCL 定律，中线电流为：

$$i_N = i_U + i_V + i_W \tag{8-43}$$

一般情况下，中线电流 I_N 总是小于相电流 I_L，而且各相负载越接近于对称状态，则中线电流就越小；当各相负载越接近于对称时，则中线电流就越接近于零。

电源中性点 N 与负载中性点 N′的电压称为中点电压，即：$U_{NN'} = I_N Z_N$。

由于中点电压 U_N 与中线电流 I_N 及中线阻抗 z_N 成正比：因此中线电流越大（即三相负载不平衡度越大），则中点电压也越大；中线电阻越大（即中线导线截面积越小，或中线折断时电阻最大），则中点电压也随之增大，严重时会烧坏用电器具，甚至发生电气火灾。因此，规范规定，在三相四线制交流单相负荷的配电线路，中线上严禁装设任何开关和保护电器，且应符合国标规定的中线截面要求，以免中线因故中断，从而提高电源相电压的稳定性和用电器的安全可靠性。

3）功率及功率因数。显而易见，由于各相电流与功率因数均不对称，所以数值也不相等，即各相电流与功率因数应分别进行计算，由：

$$\left.\begin{aligned} P_U &= U_{UP} I_{UP} \cos\varphi_U \\ P_V &= U_{VP} I_{VP} \cos\varphi_V \\ P_W &= U_{WP} I_{WP} \cos\varphi_W \end{aligned}\right\} \tag{8-44}$$

则功率因数为：

$$\cos\varphi_a = R_a / z_a \quad \cos\varphi_b = R_b / z_b \quad \cos\varphi_c = R_c / z_c \tag{8-45}$$

而总有功功率为：

$$P = P_U + P_V + P_W \tag{8-46}$$

总无功功率为：

$$S = \sqrt{P^2 + Q^2} \tag{8-47}$$

注意，各相无功功率 Q 和视在功率应按单相电路计算方法进行，且 $S \neq S_U + S_V + S_W$。

[例 8-9] 在三相四线制 220/380V 的照明线路中，第一相（U）相接一个 220V、100W 的白炽灯泡；第二相（V）相接一个 220V、40W 的白炽灯泡；第三相（W）相断路，如图 8-22（*a*）所示。试求：（1）有中线时各相电流；（2）如中线因故断开，将会发生什么现象？

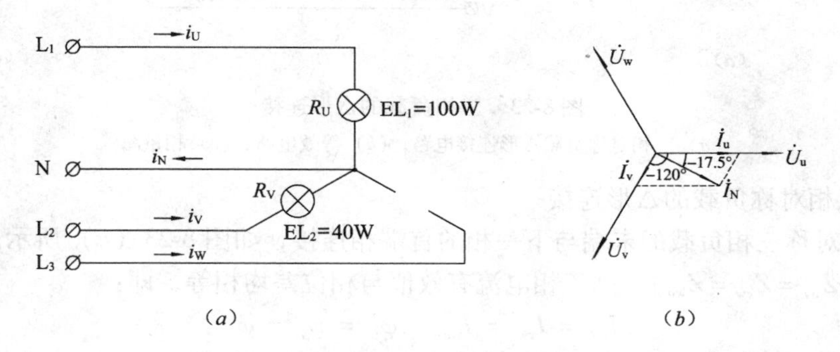

图 8-22　三相不对称负载 Y 形连接的例题

（*a*）电路图；（*b*）相量图

[解] 先求解有中线情况，再求解无中线情况。

(1) 有中线时。先计算灯泡电阻，再计算各相电流。

$$R_U = \frac{U^2}{P} = \frac{220^2}{100} = 484\Omega \qquad R_V = \frac{U^2}{P} = \frac{220^2}{40} = 1210\Omega$$

计算各相电流，设 $u_U = 220\sqrt{2}\sin\omega t$V，则

$$I_U = \frac{U_U}{R_U} = \frac{220}{484} = 0.45\text{A}$$

$$I_V = \frac{U_V}{R_V} = \frac{220}{1210} = 0.182\text{A} \qquad I_W = 0\text{A}$$

计算中线电流：根据相量图可用图解法解得中线电流约为0.4A。

(2) 无中线时。由图中可知两灯泡相当于串连接于线电压 U_{UV} 之间，即：

$$U_{100} = 380 \times \frac{484}{484 + 1210} = 86\text{V} \qquad U_{40} = 380 \times \frac{1210}{484 + 1210} = 271.4\text{V}$$

上例说明，不对称三相负载接成Y形后，如有中线时，无论负载是否变动，各相负载均承受稳定的相电压；如无中线时，负载变动时，就会使相电压有的偏高，使负载设备毁坏（如第二相的271.4V电压）、有的偏低使负载不能达到额定出力（如第一相的86V电压）。

4.2.2 三相负载的△形连接

电动机三相绕组负载常连接为△形连接。

(1) 三相负载△形连接的方式

依次将三相负载的末端与下一相的首端相连接，即为△负载的三角形连接方式，如图8-23所示。

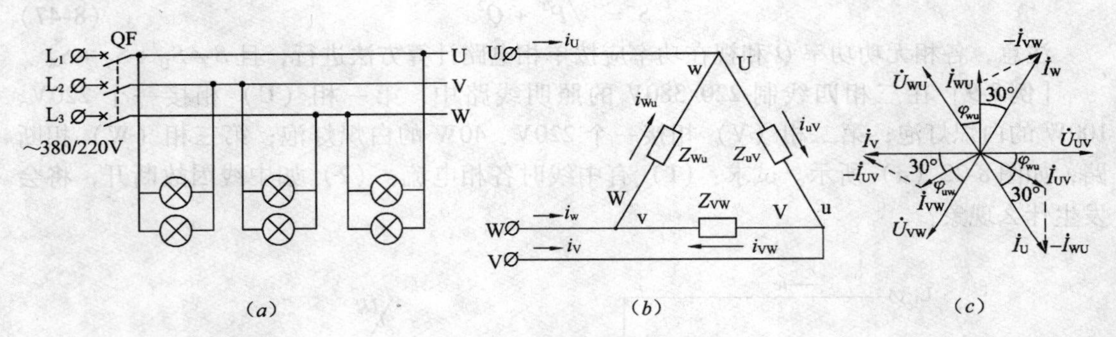

图8-23 三相负载的△形连接

(a) 三相对称负载△形连接电路；(b) 等效电路；(c) 相量图

(2) 三相对称负载的△形连接

依次将对称三相负载的末端与下一相的首端相连接，如图8-23 (a) 所示。当三相负载对称时（$Z_{uv} = Z_{vw} = Z_{wu}$），则三相电流有效值与相位差均相等，即：

$$I_{uv} = I_{vw} = I_{wu}, \quad \varphi_u = \varphi_v = \varphi_w$$

1) 电压与线电压。由图中明显可见，相电压与线电压相等，即：

$$U_L = U_P$$

2) 相电流与线电流。三相对称负载△形连接时的相电流与线电流关系以及相量分析

和几何关系与分析线相电压相同，如图 8-23（c）所示。由图中可知，线电流 I_L的相位是滞后于相电流 30°，而线电流 I_L在大小上是相电流 I_p的$\sqrt{3}$倍，即：

$$I_L = \sqrt{3} I_P \quad \text{或} \quad I_P = \frac{I_L}{\sqrt{3}} \tag{8-48}$$

3）电路功率。功率计算公式为：

$$P = 3U_P I_P \cos\varphi = 3U_L \left(\frac{I_L}{\sqrt{3}}\right) \cos\varphi$$

则
$$P = \sqrt{3} U_L I_L \cos\varphi$$

同理
$$Q = \sqrt{3} U_L I_L \sin\varphi$$

$$S = \sqrt{3} U_L I_L = \sqrt{P^2 + Q^2}$$

由上式可以看出，其功率计算公式与 Y 形连接相同。

4）各相功率因数。功率因数为：

$$\cos\varphi_P = \cos\varphi_U = \cos\varphi_V = \cos\varphi_W = \frac{R}{z}$$

［**例 8-10**］有一台三相异步电动机，三相定子绕组连接成△形，每相电阻 $R = 8\Omega$、感抗 $X = 6\Omega$，接于线电压 $U_L = 380$V 的三相对称交流电源上，试求：（1）各相电流、线电流；（2）负载消耗的总功率；（3）定子绕组采用两种不同连接方式时，其线相电流的比值。

［**解**］1）求每相绕组的阻抗值

$$z = \sqrt{R^2 + X^2} = \sqrt{6^2 + 8^2} = 10\Omega$$

2）求相电流与线电流

$$I_{P\Delta} = \frac{U_{UV}}{z} = \frac{380}{10} = 38\text{A} \quad I_{L\Delta} = \sqrt{3} I_{P\Delta} = \sqrt{3} \times 38 = 66\text{A}$$

3）求负载功率

$$\cos\varphi = \frac{R}{z} = \frac{6}{10} = 0.6 \quad \sin\varphi = \frac{X}{z} = \frac{8}{10} = 0.8$$

$$P = \sqrt{3} UI\cos\varphi = \sqrt{3} \times 380 \times 66 \times 0.6 = 26063 = 2.6\text{kW}$$

$$Q = \sqrt{3} UI\sin\varphi = \sqrt{3} \times 380 \times 66 \times 0.8 = 34751 = 3.475\text{kVar}$$

$$S = \sqrt{P^2 + Q^2} = \sqrt{2.6^2 + 3.475^2} = \sqrt{18.8} = 4.336\text{kVA}$$

4）当为 Y 形连接时，电流与△形连接时的比值

$$I_{PY} = I_{LY} = \frac{U_{UV}/\sqrt{3}}{z} = \frac{380/\sqrt{3}}{10} = 22\text{A}$$

5）Y 形连接时的电流与△形连接时的电流比值

$$\frac{I_{P\Delta}}{I_{PY}} = \frac{38}{22} = \sqrt{3} \quad \frac{I_{L\Delta}}{I_{LY}} = \frac{66}{22} = 3$$

（3）三相对称负载的△形连接

当三相不对称负载作△形连接时，应根据交流电路的基尔霍夫定律和欧姆定律，对各相电路分别进行计算。

思考题与习题

1. 电路主要由几部分组成，各起什么作用？

2. 用基尔霍夫定律列出图 8-24（*a*）、（*b*），求解各支路电流所需的独立方程。

3. 在图 8-3 的电路中，已知，设 *D* 点为参考点，试求 *A* 点、*B* 点和 *C* 点的电位。

4. 正弦电量的相位差是什么意思？请举例说明。

5. 正弦电量的三要素是什么？其有效值与最大值有什么关系？

6. 正弦电路有哪几个功率，其单位用什么表示？

7. 提高功率因数的意义是什么？如何提高功率因数？

8. 三相负载的连接方式有几种？各种接法有什么特点？

9. 三相交流电源的线电压与相电压有什么关系？

10. 三相四线制交流电源的中线起什么作用？

11. 在三相四线制供电系统中，负载越接近于对称，中线电流是否越小，为什么？

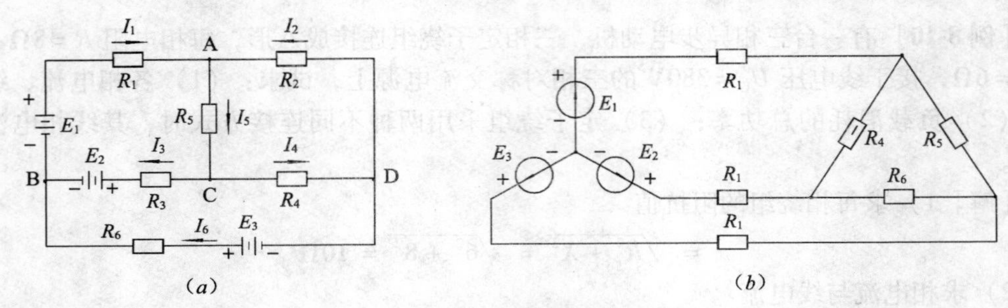

图 8-24 直流电路的习题

（*a*）多电源负载电路；（*b*）三相负载等效电路

12. 已知正弦电量 $i_1 = 1.414\sin(314t + 30°)$ A，$u_2 = 3.11\sin(314t - 45°)$ A。试求：(1) 两正弦电流的和；(2) 两电流的相位差，指出它们超前和滞后的相位关系；(3) 画出相量图。

13. 有一 *RL* 串联电路，已知：$R = 8\Omega$，$X_L = 6\Omega$，$i = \sqrt{2}\sin(314t + 30°)$ A。求其阻抗 *z*、电阻电压 U_R、电感电压 U_L和总电压 *U*。

14. 有一荧光灯电路，已知：荧光灯功率 $P_1 = 40$W、额定电压 $U_N = 3$V、镇流器功率损耗 $P_r = 8$W；接于 220V、50Hz 的单相交流电源上。为提高电路功率因数，并联一只 4.75F 的电容器。试求并联前后电路的总电流 *I* 及功率因数 $\cos\varphi$。

15. 有一 12kW 的感性负载，其 $\cos\varphi = 0.6$。现拟接于 220V、50Hz 的单相交流电源上。今欲使电路的功率因数提高到 0.9，问需并联多大容量的电容器。

16. 有一三相对称交流电源，且 $u_U = 220\sqrt{2}\sin(314t)$ V，与三相对称负载接成 Y 形连接，已知每相的阻抗为：$R = 3\Omega$、$X = 4\Omega$。求：各相电流、中线电流和总有功功率 *P*。

17. 如将图 8-21 的三相对称负载连接成△形，试求其相电流、线电流和负载取用的三相电功率 *P*。如有一相负载因故断开（开路状态），求此时负载取用的总有功功率 *P*。

单元 9　变压器与交流异步电动机

知识点： 变压器：类型和结构、工作原理和铭牌数据、三相变压器与特殊变压器；三相交流异步电动机：基本构造和工作原理、类型和铭牌数据、运行状态。

教学目标： 了解变压器的构造、工作原理和铭牌数据；了解交流异步电动机的构造、工作原理和铭牌数据。

电能是现代大量应用的一种能量形式，而电能的生产、转换、传输、分配、使用和控制等都离不开电机（包括发电机、电动机、变压器等）和进行能量转换的设备（如起重设备、水泵、空调设备等），而能量转换的设备多是采用电动机将电能转换成机械能的，从而使变压器与电动机在电能应用中更显示出其重要性。

课题 1　变　压　器

变压器是供配电系统的重要组成部分，它也是供配电系统和变电所最主要的设备之一，其主要作用是变换电压和变换电流及传递电能。

1.1　变压器的类型和基本结构

1.1.1　变压器的用途

（1）电气设备电压

考虑经济和制造技术，供电系统设备电压一般如下：发电机电压一般为 3.15、6.3、10.5kV；用电设备电压一般为 220V、380V、3kV、6kV、10kV；而输电线路电压一般为 10、35、110、220、330、500、750kV。

（2）电气设备电流

由三相功率公式 $S=\sqrt{3}U_{LN}I_{LN}$ 可知，同容量的电气设备，其电压越高则电流越小、电压越低则电流越大。因此，当 S 一定时，U_{LN} 越高则 I_{LN} 越小，所以，提高电压可减少输电线路的输送电流，从而可减少电压损失和电能损耗。

（3）变压及变流用途

因变压器可变换电压和变换电流，所以当在不同场所和不同设备需要改变电源电压或电流时，需用专用设备（即变压器或变流器）来升高或降低电压，从而满足电力系统、动力系统及电气设备的需要。

1.1.2　变压器的类型

变压器可按用途、绕组数量、相数和冷却方式进行分类。

（1）按用途分类

变压器按用途可分为电力变压器、调压变压器、仪用变压器和特殊变压器等。

1）电力变压器。主要用于电力输配电系统中，如升压、降压、配电等，建筑供配电系统的降压变电所几乎均采用电力变压器，以提供380V三相交流电源。

2）调压变压器。主要用于调节电网电压，小容量调压变压器可用于实验室（简称调压器），以提供调压电源。

3）仪用变压器。俗称仪用互感器或互感器，分为电压互感器和电流互感器，主要用于检测高电压或大电流回路的电压变换和电流变换，为测量、保护、信号、自动装置等二次电路提供电源。

4）特殊变压器。用于特殊用途的变压器，如整流变压器、电炉变压器、电焊变压器（电焊机）、控制变压器等。

（2）按绕组数量分类

变压器按其绕组数量可分为单绕组变压器（自耦变压器）、双绕组变压器、三绕组变压器、多绕组变压器等。

1）单绕组变压器。又称自耦变压器，其主要特点是一二次共用一个绕组，如自耦调压变压器（简称自耦调压器）等。

2）双绕组变压器。每相有高、低压两个绕组，如普通电力变压器等。

3）三绕组变压器。每相有高、中、低压三个绕组，如三绕组电力变压器等。

4）多绕组变压器。每相有多个绕组，如小型电源变压器和控制变压器等。

（3）按相数分类

变压器按其相数可分为单相变压器、三相变压器和多相变压器等。

1）单相变压器。用于单相交流电系统，如小型干式照明变压器等。

2）三相变压器。用于三相交流电系统，如三相电力变压器等。

3）多相变压器。用于多相交流电系统，如整流用六相变压器等。

（4）按冷却方式分类

变压器按其冷却方式可分为油浸式变压器、干式变压器、充气式变压器等。

1）油浸式变压器。变压器铁心和绕组全部浸入变压器油中，按冷却形式分为油浸式自冷变压器、油浸风冷变压器和油浸强迫油循环变压器，是电力系统和动力系统目前应用较多的变压器。

① 油浸自冷变压器。依靠自然风进行循环冷却的油浸变压器。

② 油浸风冷变压器。变压器散热器上装设风扇，以增强空气流通加速冷却。

③ 油浸强迫油循环变压器。依靠风扇增强风的风速，依靠油泵增强油的流速，以强迫变压器油加速循环进行快速冷却。

2）干式变压器。变压器铁心和绕组全部敞露在空气中，用自然流通的空气或风扇对铁心和绕组进行直接冷却。由于其性能优越、占地面积小、火灾隐患远低于油浸变压器，所以，已广泛用于建筑供电系统中。

3）充气式变压器。变压器铁心和绕组全部密封在专用的铁箱内，内充特种气体以替代变压器油作绝缘和冷却介质。

1.1.3 变压器的基本结构

变压器主要由铁心、绕组和其他辅助部件等构成，其外形及基本结构如图9-1所示。

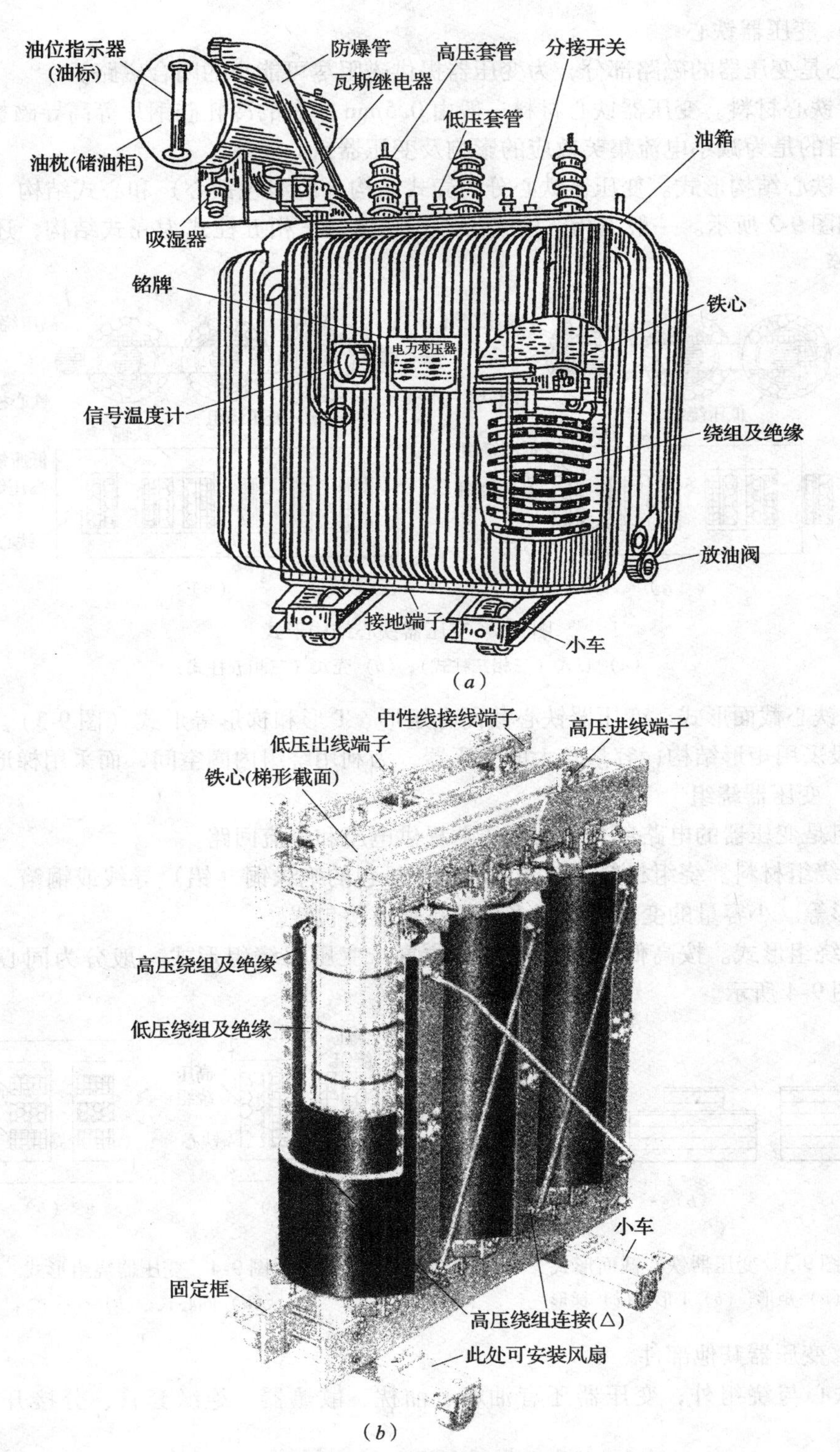

(*a*)

(*b*)

图 9-1　电力变压器外形及基本结构

(*a*) 油浸式变压器；(*b*) 干式变压器

（1）变压器铁心

铁心是变压器的磁路部分，为变压器提供磁阻尽可能小的闭合磁路。

1）铁心材料。变压器铁心材料一般由0.5mm左右的冷轧硅钢片等高导磁材料叠装而成，其目的是为减小电流集芙效应的影响及变压器铁心发热。

2）铁心结构形式。变压器铁心分为壳式结构（绕组包铁心）和心式结构（铁心包绕组），如图9-2所示。一般三相三柱式为心式结构，三相五柱式为壳式结构，还有渐开线式铁心等。

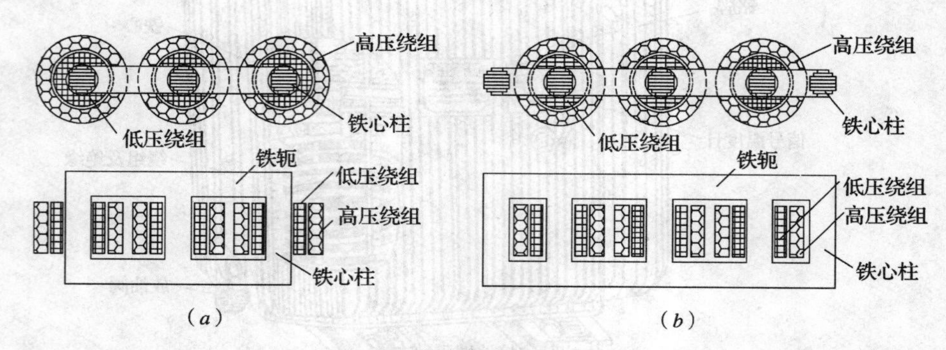

图9-2　变压器铁心结构形式

（a）心式（三相三柱式）；（b）壳式（三相五柱式）

3）铁心截面形式。变压器铁心截面有矩形、T形和梯形等形式（图9-3）。中小型变压器一般采用矩形结构；容量较大的变压器，为利用绕组内圈空间，而采用梯形截面。

（2）变压器绕组

绕组是变压器的电路部分，为变压器提供电压和电流回路。

1）绕组材料。绕组材料一般采用纱包或纸包的绝缘铜（铝）导线或铜箔，截面有圆形和矩形等。小容量的变压器绕组多采用高强度漆包线。

2）绕组形式。按高低压绕组的相对位置，变压器绕组形式一般分为同心式和交叠式，如图9-4所示。

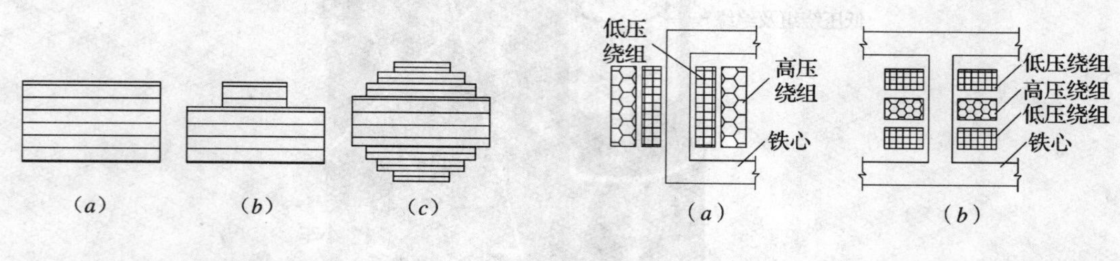

图9-3　变压器铁心截面形式

（a）矩形；（b）T形；（c）梯形

图9-4　变压器绕组形式

（a）同心式；（b）交叠式

（3）变压器其他部件

除铁心与绕组外，变压器还有油箱、油枕、散热器、绝缘套管、分接开关等辅助部件。

1）油箱。又称变压器箱体或器身，一般由钢板制作，箱体上装设散热器（散热管），内置变压器油，在油中浸入铁心和绕组。变压器油即起绕组的绝缘作用，又起循环的散热作用。

2）油枕。与变压器器身相联，起储油作用（所以又称储油箱和储油柜）。变压器在运行时为密封状态，当油温变化使油容积改变时为其提供容器。

3）散热器。一般由圆钢管或扁钢管制作，装设在变压器的箱体上，给变压器提供散热条件，通过变压器油的流动达到散热目的。

4）绝缘套管。当高低压绕组出线端引出、入变压器箱体时，绝缘套管作为绕组和变压器外部进出线的连接部件，使变压器箱体与外部进出线呈绝缘隔离状态。

5）分接开关。在变压器绕组中一般有5% U_N的抽头，并采用分接开关进行小范围的调节。依此改变变压器的变比，就能达到调节电压目的，以满足电网电压变化时的需要。

6）安全保护装置。如瓦斯保护装置，一般在油枕与油箱的连接管中装设瓦斯继电器，由变压器内部故障后产生的瓦斯气体使其动作，通过控制回路报警或切断变压器电源，起到安全保护作用。

1.2 变压器的工作原理与铭牌数据

1.2.1 变压器的工作原理

(1) 变压器的电路连接

变压器工作的原理电路如图9-5所示，原绕组接电源，副绕组接负载。

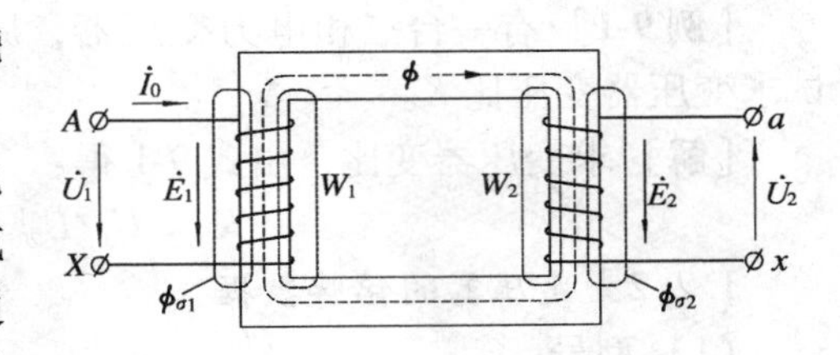

图9-5 变压器工作原理

1）原边绕组。又称一次绕组，连接原边电压 U_1（又称一次电压，降压变压器为高压侧或一次侧）。当副边绕组空载运行时，原边绕组通过空载电流 I_0；副边绕组负载时，原边绕组通过负载电流 I_1。

2）副边绕组。又称二次绕组，连接副边电压 U_2（又称二次电压，降压变压器为低压侧或二次侧）。变压器空载时，副边绕组电流 $I_2=0$；变压器负载时，副边绕组通过负载电流 I_2。

(2) 工作原理

变压器的工作原理是基于电磁感应原理而进行工作的，由此实现原副边绕组之间的电压变换和电能传递。

1）电磁感应。当变压器一次侧绕组加上交流电压后，便会在变压器铁心中产生交变磁势 I_0W_1（称空载磁势），此磁势又与变压器二次侧绕组交链，并且产生的主磁通 ϕ 也是按正弦规律变化的。

2）感应电势。根据电磁感应定律：与变压器一二次侧绕组交链的主磁通 ϕ，在原副绕组中均会感应电势 e_1（原边电势）和 e_2（副边电势），即：

$$e_1=-W_1\frac{\mathrm{d}\phi}{\mathrm{d}t}=E_{m1}\sin(\omega t-\pi/2)\quad e_2=-W_2\frac{\mathrm{d}\phi}{\mathrm{d}t}=E_{m2}\sin(\omega t-\pi/2)$$

(3) 变比

根据原副边感应电动势的关系式，我们可以分析出变压器的变比关系，分为变压比和变流比。

1）变压比。变压比简称变比，一般用 K_u（或 K）表示。它是原边电动势与副边电动势的比值，当忽略原绕组内阻和漏抗压降，且副边开路后，也是原副绕组的电压比和匝数比，即：

$$K = K_u = \frac{E_1}{E_2} \approx \frac{U_1}{U_{20}} = \frac{W_1}{W_2} \tag{9-1}$$

当 $W_1 > W_2$（$K > 1$）时，则 $U_1 > U_{20}$，为降压变压器；

当 $W_1 < W_2$（$K < 1$）时，则 $U_1 < U_{20}$，为升压变压器。

以上表明：变压器原副绕组的电势之比约等于电压之比，也等于原副绕组的匝数之比。当变压器原副边绕组取用不同的匝数时，即可得到不同的原副边电压，从而达到变换电压的目的。

2）变流比。一般用 K_i 表示，它是原边电流 I_1 与副边电流 I_2 的比值。由分析可知，它与变压比为倒数关系，即：

$$K_i = \frac{I_1}{I_2} = \frac{W_1}{W_2} = \frac{1}{K_u} = \frac{1}{K} \tag{9-2}$$

以上表明：当变压器原副边绕组取用不同的匝数时，即可得到不同的原副边电流，从而达到变换电流的目的。

［**例 9-1**］有一台三相电力变压器，原边线电压 $U_1 = 10\text{kV}$、副边线电压 $U_{20} = 400\text{V}$，试求变压器变压比 K。

［**解**］求变压器变比，由式 9-1 得：

$$K = U_1/U_{20} = 10000/400 = 25$$

1.2.2　变压器的铭牌数据

（1）型号

变压器的型号标志示出变压器的主要参数和性能特征，其格式如下：

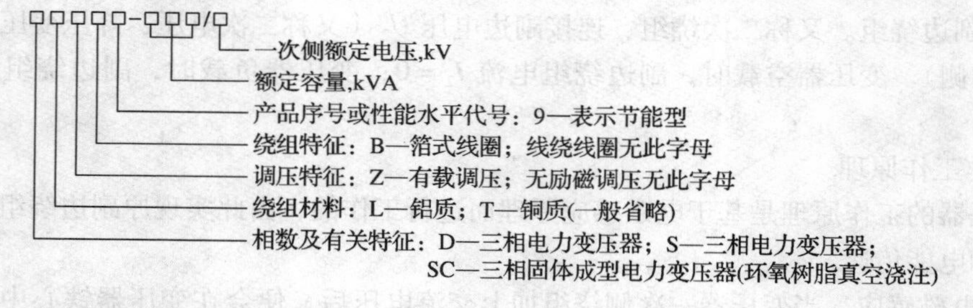

如 SL9-100/10 变压器：为额定容量 100kVA，高压侧额定电压 10kV，绕组导体为铝质的油浸式三相电力变压器；如 SCB9-500/10 变压器：为额定容量为 500kVA，高压侧额定电压为 10kV 的固体铜箔式线圈干式三相电力变压器。

（2）额定参数

为保证变压器的安全运行和经济运行，在变压器器身上均标有变压器铭牌，并在铭牌上标注变压器的主要额定参数，以规定变压器的额定运行状态，在运行中不得超过。

1）额定容量 S_N。在额定条件下，变压器的额定输出能力，一般用视在功率表示，单位为 kVA。

2）额定电压 U_{1N}、U_{2N}。变压器额定电压分为原边电压（变压器在额定条件下，由绝缘强度和温升规定的原绕组电压值，用 U_{1N} 表示）和副边电压 U_{2N}（变压器在空载时，副绕组电压的保证值，用 U_{2N} 表示）。变压器额定电压一般均表示线电压，单位为 kV。

3）额定电流 I_{1N}、I_{2N}。变压器原、副绕组允许长时间持续通过的电流，它主要根据绕组发热程度所决定。一般均表示线电流，单位为 A。额定容量、电压和电流之间的关系如下：

单相变压器 $$I_{1N} = \frac{S_N}{U_{1N}} \text{ 或 } I_{2N} = \frac{S_N}{U_{2N}} \tag{9-3}$$

三相变压器 $$I_{1N} = \frac{S_N}{\sqrt{3}U_{2N}} \text{ 或 } I_{2N} = \frac{S_N}{\sqrt{3}U_{2N}} \tag{9-4}$$

4）额定频率 f_N。我国规定 $f_N = 50\text{Hz}$，一般称"工频"，有些国家 $f_N = 60\text{Hz}$。

5）额定温升。变压器温度—环境温度，有时还标注变压器的最高温度或绝缘水平。

6）结线组别。变压器原副边绕组的不同结线方式，标示出变压器原、副边正弦电量的相位差，一般用时钟表示法表示，如 D，yn11（$\triangle/Y_{N-11}$）表示高压绕组为三角形（△）连接、低压绕组为星形（Y）连接，且有中性点接地和"11 点"结线组别（表示原副边电压的相位差为 30°）的三相变压器。

（3）其他参数

变压器在计算或运行时，有时还使用一些其他参数。

1）额定效率 η_N。即变压器输出容量与输入容量的比值。

$$\eta_N = \frac{S_{2N}}{S_{1N}} = \frac{\sqrt{3}U_{2N}I_{2N}}{\sqrt{3}U_{1N}I_{1N}} = \frac{U_{2N}I_{2N}}{U_{1N}I_{1N}}\% \tag{9-5}$$

2）短路电压百分数 U_K。有时称阻抗电压百分数，它表示副边绕组短路时，原边绕组电压降落的比例。一般可由变压器短路试验测取。

3）空载电流 I_0。变压器在空载运行时，一次绕组的电流，又称为变压器的激磁电流。一般可由变压器空载试验测取。

4）空载功率 P_0。变压器在空载运行时，变压器所消耗的有功功率。

5）短路功率 P_K。变压器在负载运行短路时，变压器所消耗的有功功率。

1.3 三相变压器与特殊变压器

1.3.1 三相变压器

当前，交流电能的生产、输送和分配，几乎均采用三相交流电，因此需要采用三相变压器进行电压变换和电流变换。其分析方法与单相变压器相类似，但三相电压和电流相位互差 120°。

（1）磁路系统

根据三相变压器磁路系统，可采用 3 个相同的单相变压器组成的形式，也可采用三相三柱式变压器等形式。

1）三相变压器组。由 3 个相同的单相变压器组成，如图 9-6（*a*）所示，三相的磁路相互独立（无相互联系）。如果外施三相电压对称，则三相磁路的磁通、磁势以及建立磁势的三相空载电流也是对称的。其特点是运输方便，各相之间相互影响较小，但缺点是使用材料较多，对称度要求较高，一般多应用于特大型（或巨型）变压器。

2）三相心式变压器。三相心式变压器的磁路相互联系，3个铁心柱共用磁轭，如图9-6（*b*）所示。当外加电压对称时，三相磁通也对称，三相合成磁通为零。特点是用材少、效率高、价格适宜、占地面积小、维护方便；但缺点是各相磁路长度不等，两边绕组相磁路长、磁阻大，中间相磁路短，磁阻小。结果使三相绕组的空载电流不对称，计算时可取算术平均值，由于变压器空载电流 I_0很小，不对称的影响一般可以忽略。

（2）连接方式

又称结线组别。变压器三相绕组的连接方式（有时称连接或连接组别）及结构特点将影响三相变压器的谐波分量和运行。变压器原、副边绕组分别可连接成Y形（原边用大写字母符号Y表示，副边用小写字母y表示）和△形（原边用大写字母D表示，副边用小写字母d表示）。如D，yn连接方式：D表示原边绕组为三角形连接；y表示副边绕组为星形连接；n表示副边绕组中性点直接接地，如图9-7（*c*）所示。

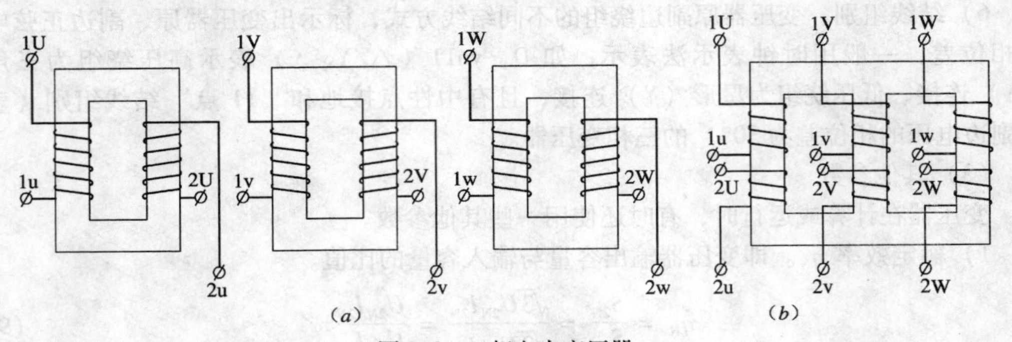

图9-6　三相电力变压器

（*a*）三相变压器组；（*b*）三相心式变压器

1）三相变压器绕组的标记。高压侧首端一般用1U、1V、1W表示，末端用1*u*、1*v*、1*w*表示；低压侧首端用2U、2V、2W表示，末端用2*u*、2*v*、2*w*表示；变压器电源中性点（中点）用N表示。如绕组端均为首端或均为末端时，称同名端，用“*”表示；反之称异名端。

2）三相绕组的连接方法。星形（Y）连接（Y，y）：将三相绕组的末端连接在一起（即中点），首端引出的连接方法就称为星形连接（Y形连接）。三角形（△）连接（D，d）：依次将一相绕组的末端和另一相绕组的首端连接在一起，并顺序连接成闭合回路，然后由首端引出的连接方法就称为三角形连接（△形连接）。

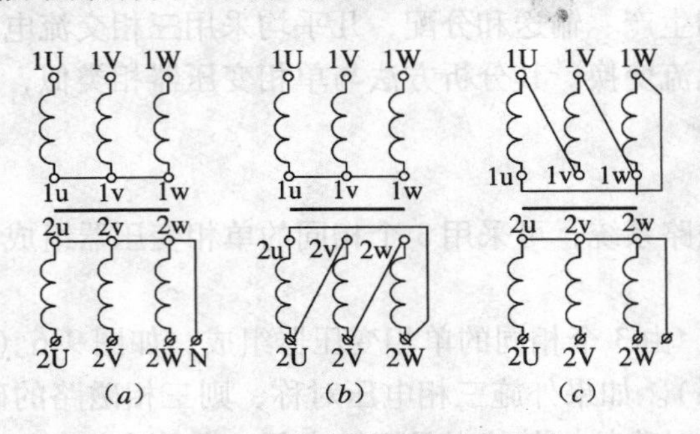

图9-7　三相变压器的连接方式

（*a*）Y，yn连接；（*b*）Y，D连接；（*c*）D，yn连接

1.3.2 特殊变压器

特殊变压器是在特定场合及特殊用途的专用变压器，主要有自耦变压器、仪用互感器、电焊变压器（电焊机）、整流变压器等。

（1）自耦变压器

自耦变压器的主要特点是原副边绕组共用一套绕组，它既是原绕组，又兼作副绕组，而副绕组只是原绕组的一部分。

1）自耦合变压器的绕组。自耦变压器每相只有一个绕组：其中一部分为原、副绕组公用，因此它既有磁的联系也有电的联系，如图9-8所示。

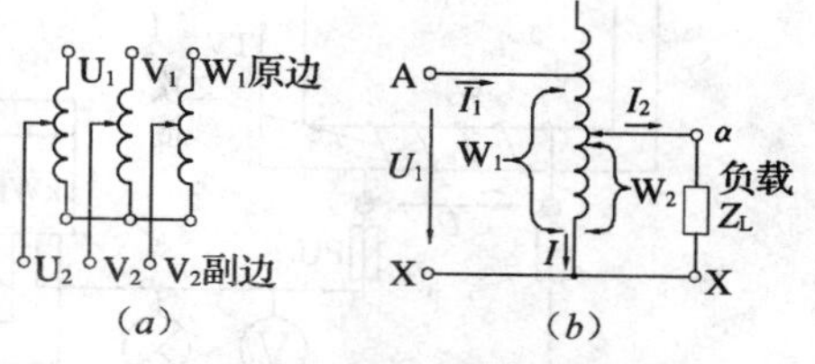

图9-8 自耦变压器（调压器）

（a）三相调压器；（b）单相调压器

2）工作原理与变比。自耦变压器工作原理与双绕组变压器基本相同。其电压与电流关系与双绕组变压器也相类似，即：

$$K=\frac{U_1}{U_2}=\frac{E_1}{E_2}=\frac{W_1}{W_2}\qquad K_i=\frac{I_1}{I_2}=\frac{1}{K}=\frac{W_2}{W_1}$$

3）功率关系。自耦变压器的电磁功率小于输出功率，所以线圈容量较小，过负荷能力较差。

4）特点。自耦变压器具有结构简单、材料节省、体积小、重量轻、占地少、损耗小、效率高（巨型可达99.7%），便于运输和安装等优点。缺点是由于短路阻抗小，所以短路电流较大；由于是直接连接，当高压侧发生故障时，会涉及低压侧；变比一般不大（约1.2~2.0）。

（2）仪用互感器

仪用互感器是给电工测量、计量、自动装置、保护装置提供电源的特殊变压器（简称互感器），利用变压器变压和变流原理将高电压变换为低电压，将大电流变换为小电流。

1）电压互感器。电压互感器是将高电压转换成低电压的电气设备，以保证操作人员的人身安全和电气仪表装置的设备安全。电压互感器的基本原理与变压器相同，如图9-9（a）所示：原边 W_1 匝数较多，对被测电路呈现较大阻抗；副边 W_2 匝数较少（1~几匝），并且连接高阻抗仪表，所以副边电流较小，故原边电流也较小，与空载变压器相似。为统一标准，我国规定副边额定电压均为100V，并且为了减少测量误差（变压比误差、折算误差、相角误差等），互感器铁心多采用高级硅钢片制成，并运行在非饱和状态。在使用时应注意：副绕组不能短路，否则较大的短路电流使绕组烧坏；副绕组连接负载不能太多，否则会超过容量使绕组过热烧坏；副绕组及铁心应可靠接地，以保证人身和仪表装置安全。

2）电流互感器。电流互感器是将大电流转换成小电流的电气设备，以保证操作人员和仪表装置的安全。电流互感器特点是原边匝数 W_1 很少（1~几匝），并与被测电路串联，对被测电路呈现较小阻抗，如图9-9（b）所示；副边匝数 W_2 较多，并且所接低阻抗仪表，其阻抗很小，与短路变压器相似，为同一标准，副边额定电流均为5A，并规定负载阻抗应小于电流互感器的阻抗。按变比误差的相对值，互感器精度分为0.2、0.5、3.0、10.0级等。铁心多采用高级硅钢片制成，并运行在非饱和状态。在使用时应注意：

电流互感器副绕组不允许开路，否则使铁损急增、铁心严重过热而烧坏绝缘。检修时，应将副边短路（如合上开关 S）；副绕组及铁心应可靠接地。

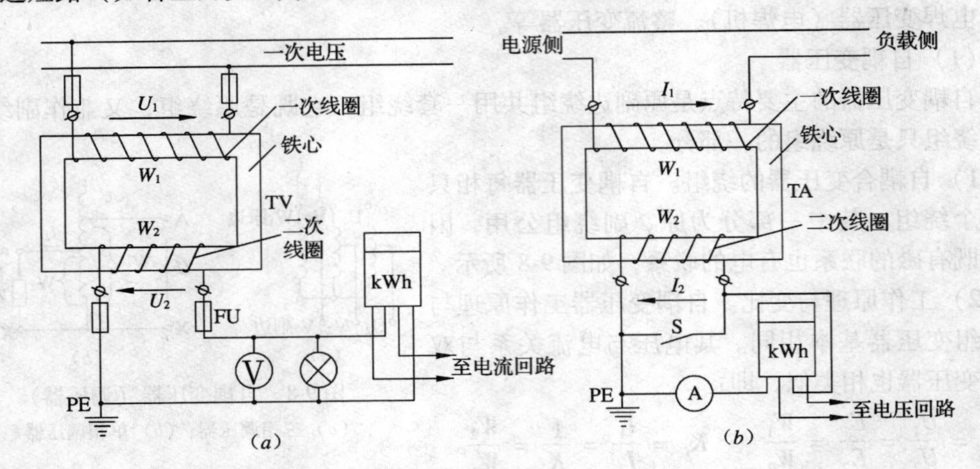

图 9-9　仪用互感器

（a）电压互感器；（b）电流互感器

（3）电焊变压器

电焊变压器简称电焊机。其特点是具有一定的起弧电压（空载电压）（约 60～80V）；接上负载后外特性应迅速下降，短路起弧前短路电流不宜过大，焊接时 30V 电压维持；电流应根据焊件厚度和焊条进行调节；工作电抗以维持电弧的稳定燃烧为准。其主要形式有磁分路电焊机和串联电抗电焊机。

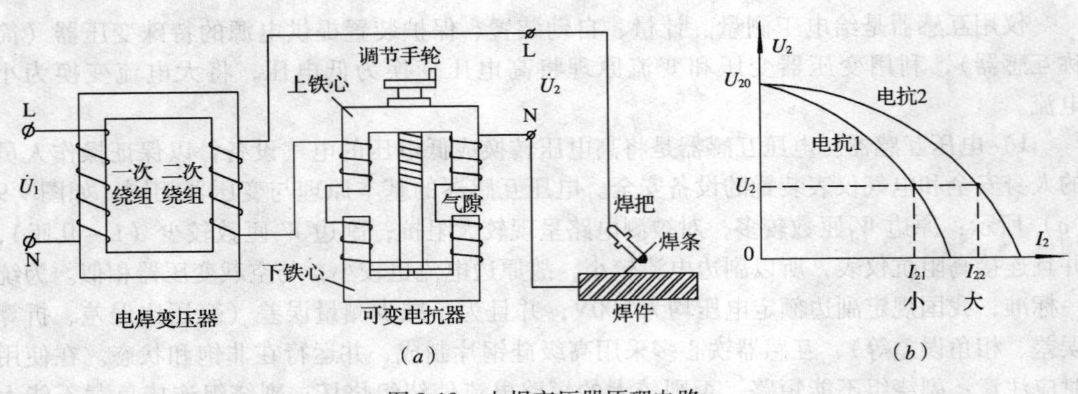

图 9-10　电焊变压器原理电路

（a）原理图；（b）外特性曲线

1）磁分路电焊机。磁分路电焊机在原、副绕组的两铁心柱间有一可移动的铁心，称为磁分路铁心，通过螺杆可以前后调节：移出时，磁阻增大，漏磁通减小、漏抗变小，使电抗器工作电流增大；反之，工作电流减小。

2）串联电抗电焊机。在副绕组电路中串联一可变电抗器，其原理电路如图 9-10 所示。电抗器铁心的气隙可以通过螺杆进行调节：气隙增大时，电抗器的电抗减小，使电抗器工作电流增大；反之，气隙减小时，工作电流减小。

课题2　三相交流电动机

由于三相交流电源在生产、输送和运用等方面的优越性，所以在工农业生产和建筑工程中已得以广泛应用。而三相电动机是将电能转换为机械能的旋转电气设备，根据使用电源的种类分为交流电动机和直流电动机。

2.1　三相异步电动机的基本构造和工作原理

2.1.1　三相异步电动机的基本构造

三相异步电动机主要由定子（固定部分）和转子（转动部分）等组成，定子与转子间有一定的间隙（简称气隙），一般在 0.2 ~ 1mm 左右。气隙会影响电动机的运行性能：当气隙小时，$\cos\varphi$ 高；为减少附加损耗及高次谐波，可使气隙稍大些。其结构示意如图 9-11 所示。

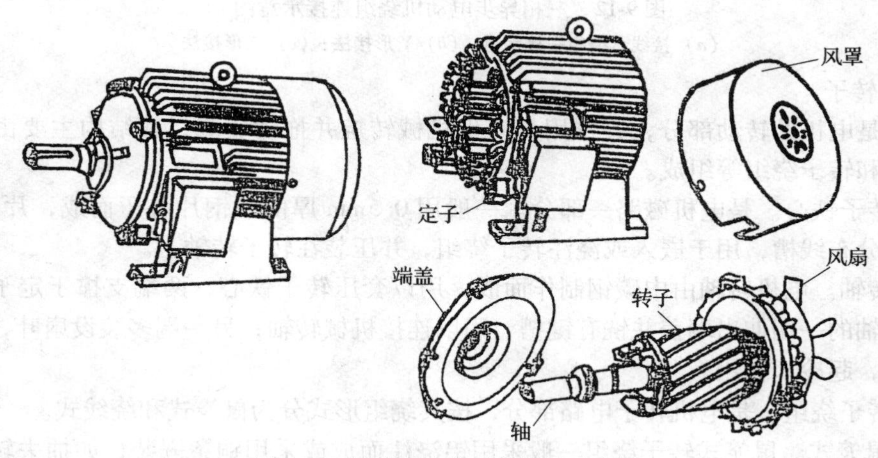

图 9-11　笼型异步电动机结构示意图

（1）定子

定子（有时称静子）是电机的固定部分，其主要作用是通过铁心和三相对称绕组产生旋转磁场，并通过电磁感应原理向转子传递电磁转矩，其结构主要由机座、定子铁心和定子绕组等组成。

1）机座。机座用来固定和支撑电动机定子铁心，两端有端盖并装有轴承（用来支撑转子），中部有接线盒（用来引接电源），一般由铸铁或铸钢铸造而成。

2）定子铁心。是电机磁路一部分。一般用 0.5mm 厚的硅钢片叠装而成，压装在机座内腔，铁心内圆开有线槽，用于嵌放定子绕组。

3）定子绕组。是电机定子电路一部分。一般采用铜芯漆包线或扁铜线制作的成型绕组，按一定规律嵌入定子内圆线槽中，绕组端头引入接线盒，如图 9-12（*a*）所示；可按一定方式（Y 形连接、△形连接）将三相绕组连接起来，如图 9-12（*b*）、（*c*）所示。

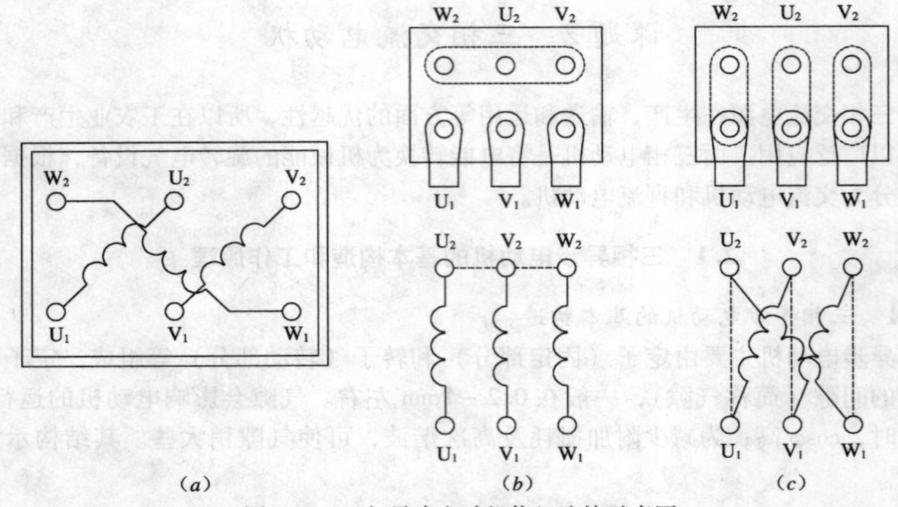

图 9-12　三相异步电动机绕组连接示意图

(a) 接线盒绕组引接示意；(b) Y 形接法；(c) △形接法

(2) 转子

转子是电机的转动部分，其作用是产生机械转矩并拖动负载，其结构主要由转子铁心、转轴和转子绕组等组成。

1) 转子铁心。是电机磁路一部分。一般用 0.5mm 厚的硅钢片叠压而成，片间绝缘，外圆开有分布线槽，用于嵌入或浇注转子绕组，并压装在转子转轴上。

2) 转轴。电机转轴由中碳钢制作而成，用以套压转子铁心，两端支撑于定子端盖的轴承上。轴的一端伸出端盖并铣有键槽，用以连接机械转轴；另一端多装设扇叶，随转子一起旋转，起冷却作用。

3) 转子绕组。是电机转子电路部分，按其绕组形式分为鼠笼式和绕线式。

A. 鼠笼式。鼠笼式转子绕组一般采用铝浇注而成或采用铜条嵌装，如抽去转子铁心后，导体绕组类似老鼠笼，所以称鼠笼式，如图 9-13 (a)、(b) 所示。

B. 绕线式。与定子绕组的形式相类似，但一般均连接成 Y 形，三个出线端连接到转子滑环上，通过电刷（碳刷）引出与外电路的启动电阻或调速电阻相连接，如图 9-13 (c) 所示。

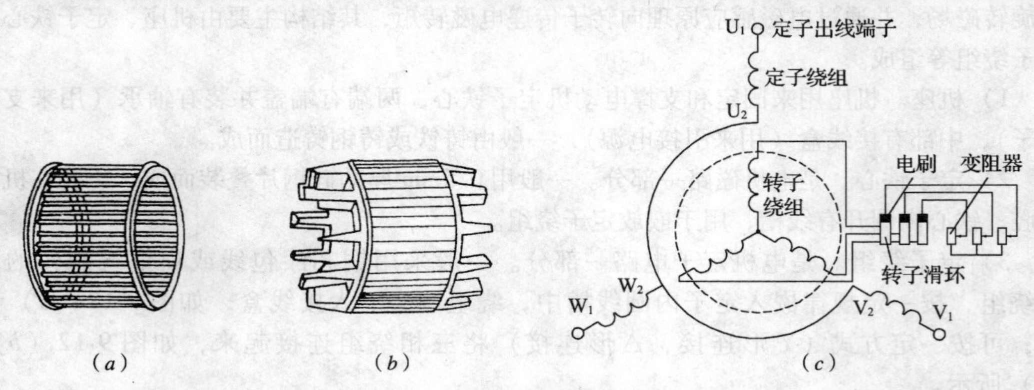

图 9-13　三相异步电动机转子绕组

(a) 铜条鼠笼式转子；(b) 铸铝鼠笼式转子；(c) 绕线式异步电动机

2.1.2 三相异步电动机旋转磁场的产生

三相异步电动机是基于电磁感应原理而进行工作的，并由此产生旋转磁场并使转子旋转，从而实现定子绕组与转子绕组之间的电能传递和能量变换。

（1）旋转磁场的产生条件

旋转磁场产生的条件是在电动机定子中设置对称的三相绕组和通以三相对称交流电。

1）三相绕组。由三个单相绕组组成，可分别在电机中产生磁势。它们对称嵌入放置在电动机定子的线槽内（见图9-14），在空间位置互差120°电角度（如为一对磁极，则空间角度就等于电角度），因此产生的磁势在空间也是互差120°电角度。末端 u、v、w 连接在一起，首端U、V、W接三相交流电源，即Y形连接，如图9-14（c）所示。

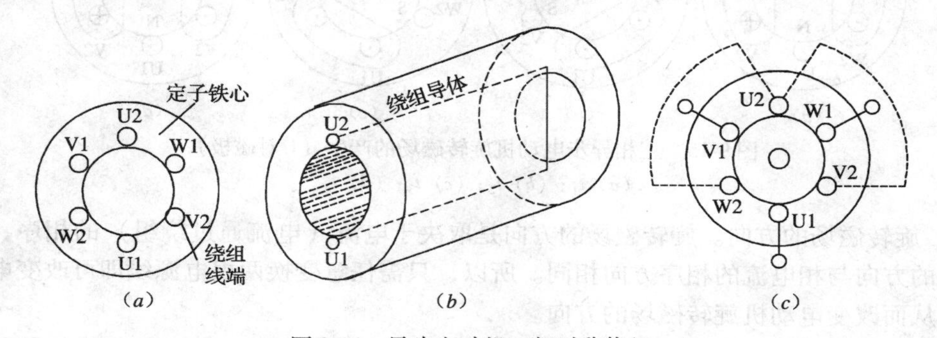

图9-14 异步电动机三相对称绕组

（a）铁心与绕组剖面；（b）绕组示意；（c）定子绕组Y形接线示意

2）三相对称交流电。当三相交流电源对称和电动机三相绕组参数相同时，通入对称绕组后会产生三相对称的交流电流，如图9-15的电流波形图。其数学表达式为：

$$i_U = I_m \sin\omega t$$

$$i_V = I_m \sin(\omega t - 120°)$$

$$i_W = I_m \sin(\omega t - 240°) = I_m \sin(\omega t + 120°)$$

3）绕组磁势。当交流电流经过电动机绕组后，根据电磁感应定律，在各绕组中会产生磁场，而磁场强弱与绕组匝数 W 及绕组电流 I 成正比（即磁势 $\psi = IW$）。这种在空间位置固定，而大小随时间变化（因是交流电流）的磁势称脉动磁势，我们可用富里叶级数分解为基波和高次谐波。

4）合成磁势。为便于分析与叙述，一般习惯规定：电流的正方向是从绕组的首端流向绕组的末端。即从绕组首端流入为“+”，流入纸面用⊕表示；从绕组末端流出为“-”，流出纸面用⊙表示。图9-15是以电流的四个特殊瞬间（$\omega t = 0$、$\omega t = 120°$、$\omega t = 240°$、$\omega t = 360°$）为例的，通过合成磁势的分析可以得知，电动机三相绕组在通入三相对称电流后所产生的合成磁场为旋转磁场，并且其轴线与最大相电流的绕组轴线相重合，即磁场旋转方向与各绕组相电流的相序相同。

（2）旋转磁场的性质

电动机旋转磁场的性质主要表现为旋转磁场大小、旋转方向和旋转速度等。

1）旋转磁场的大小。根据分析可知，旋转磁场的幅值是恒定不变的。

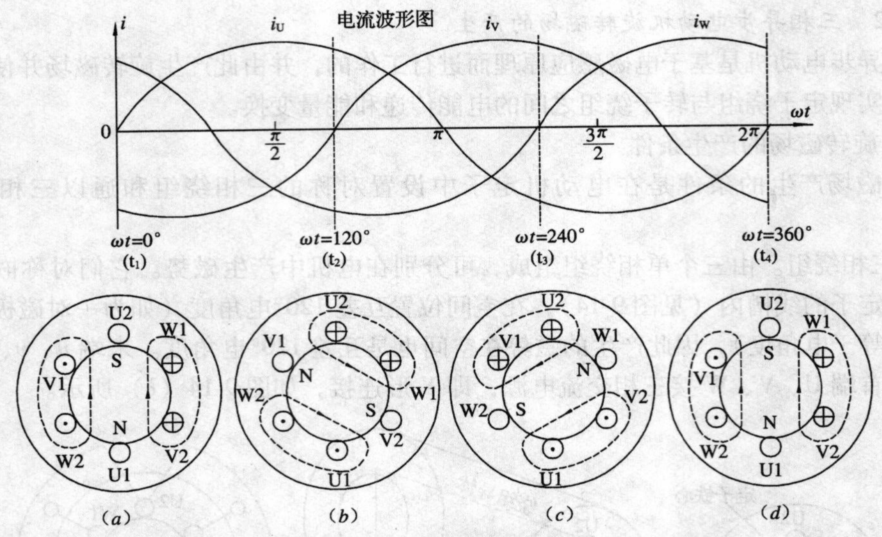

图 9-15　三相异步电动机旋转磁场的产生（1 对磁极）

(a) t_1；(b) t_2；(c) t_3；(d) t_4

2）旋转磁场的方向。旋转磁场的方向是取决于电流（电流通过绕组）的相序，即旋转磁场的方向与相电流的相序方向相同。所以，只需任意变换两根电源线即可改变电源的相序，从而改变电动机旋转磁场的方向。

3）旋转磁场的速度。旋转磁场的角速度（或速度 n_1）是与电流角速度相等的，因此，我们把旋转磁场的速度 n_1 称为同步转速；而把电动机转速 n 称为异步转速，它总是小于同步转速。而同步转速 n_1（旋转磁场转速）与电源频率 f_1 及磁极对数 P 的关系为：

$$n_1 = \frac{60f_1}{P} \quad (\text{转 / 秒}, \text{r/s}) \tag{9-6}$$

2.1.3　异步电动机的转动原理

异步电动机的转动原理是通过转子导体切割旋转磁场的磁力线，在转子绕组中感应出电势和电流，从而使载流导体在磁场中受电磁力的作用，以使电动机转子带动机械转动。

（1）转子电动势的产生

磁场旋转后（通入三相交流电产生旋转磁场），当磁场与导体（转子绕组）有相对运动时，导体则切割磁力线而产生感应电动势（图 9-16），当转子绕组形成回路时，则在转子绕组中感应（产生）电流。其感应电势和电流的方向根据右手定则来确定：下部电流垂直进入纸面“⊕”，而上部电流流出纸面“⊙”。

（2）电磁转矩和转子旋转方向

转子绕组载流导体在磁场中就会受电磁力 F 的作用，其受力的方向可根据左手定则来确定：上部电磁力 F 向右，下部电磁力 F 向左。从而形成电磁转矩，使转子随旋转磁场转动起来。当旋转磁场反方向时，转子亦反方向转动。

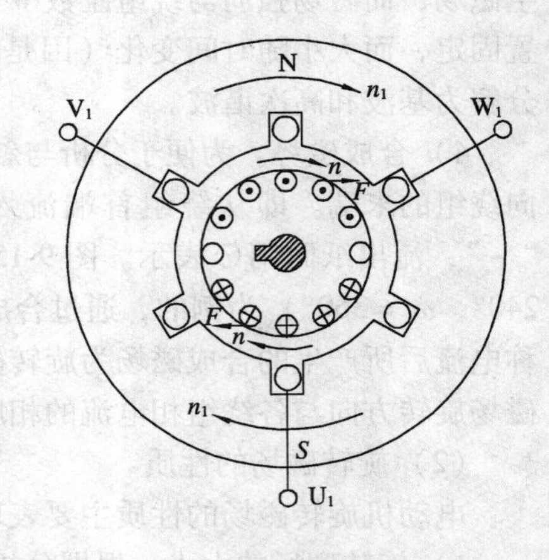

图 9-16　三相异步电动机转动原理

(3) 转速差和转差率

由于电动机的转速差 Δn(即同步转速 n_1与异步转速 n 的转速差,$\Delta n = n_1 - n$),从而才能实现转子导体切割磁力线而产生感应电流,并使转子载流导体在磁场中受电磁力作用而产生电磁转矩,使电动机转子旋转而带动机械设备运转。因此,转速差 Δn 的大小直接影响着电动机的运行性能(尤其影响转子导体切割磁力线的速度)。为便于分析计算,工程上一般用转差率 s 来表示其性能,它是异步电动机的一个重要参数,即:

$$s = \frac{\Delta n}{n} = \frac{n_1 - n}{n_1} \times 100\% \tag{9-7}$$

式中 s——转差率。转速差 Δn 与同步转速 n_1之比称转差率,一般约为 0.01 ~0.06;

Δn——转速差。旋转磁场 n_1转速与电动机转子转速 n 的转速差;

n——异步转速。电动机转子的旋转速度;

n_1——同步转速。电动机旋转磁场的转速。

(4) 电动机的负载运行

电动机空载时,转子基本无电流(或电流很小),因此转子基本无磁势,而只有定子磁势;电动机负载时,转子绕组有电流,因此转子也有磁势产生。它对应的电流有两个分量:当空载时,定子绕组电流为激磁电流,维持空载磁通,为固定部分;有载时,转子电流增大,为保持磁势不变,则定子电流也相应增加,以符合能量守恒定理,从而实现能量传递和转换。

2.1.4 异步电动机的机械特性

当电源电压 U_1和转子电阻 R_2一定时,电磁转矩 T 是转差率 s 的函数,并称此函数关系为电动机的转矩特性;其关系曲线 $T=f(s)$ 称异步电动机的转矩特性曲线。但在实际应用中,更需要直接了解的是电源电压 U_1一定时,电动机转速 n 与电磁转矩 T 的关系,即 $n=f(T)$ 关系特性,我们把此关系称为机械特性,把此关系曲线称为机械特性曲线。

(1) 机械特性曲线

电动机的机械特性分为固有机械特性和人为机械特性。

1) 固有机械特性。如不改变电动机外部电路参数(U_1、R_2和 s),电动机本身的机械特性称为固有机械特性,其机械特性曲线称为固有机械特性曲线。

2) 人为机械特性。在电动机转速表达式(式 9-6)中,可以人为改变的参数是 U_1、R_2和 s,它们是影响电动机机械特性的三个重要因素,因此,把人为改变 U_1、R_2和 s 而得到的机械特性曲线,称为人为机械特性曲线,它们是影响电动机机械特性的重要因素。

(2) 电动机转矩

额定转矩 T_N、启动转矩 T_{st}、最大转矩 T_m是异步电动机的三个重要转矩,它直接影响到电动机及机械设备的运行性能。

1) 额定转矩 T_N。额定转矩是电动机在额定电压 U_N下,以额定转速 n_N运行,输出额定功率 P_N时,其转轴上输出的转矩,即:

$$T_N = \frac{P_N}{\omega_N} = \frac{P_N \times 10^3}{\frac{2\pi n_N}{60}} = 9550\frac{P_N}{n_N} \tag{9-8}$$

式中 ω——电动机转速角速度,rad/s;

P_N——电动机额定功率，kW；

n_N——电动机额定转速，r/min；

T_N——电动机电磁转矩，N·m。

2）最大转矩 T_m。最大转矩 T_m 是电动机能够提供的极限转矩，当机械负载转矩大于电动机最大转矩时，电动机则不能运转。为了描述电动机允许的瞬间过载性能，通常用最大转矩与额定转矩的比值 T_m/T_N 来表示其过载性能，称为过载系数或过载能力，用 λ 表示（过载系数一般为1.8～2.2），即：

$$\lambda = T_M/T_N \tag{9-9}$$

3）启动转矩 T_{st}。电动机在接通电源被启动的最初瞬间（$n=0$，$s=1$）时的转矩称为启动转矩 T_{st}。如果启动转矩小于负载转矩，即 $T_{st}<T_L$，则电动机不能启动。异步电动机的启动性能通常用启动转矩与额定转矩的比值 T_{st}/T_N 来表示，称为启动系数或启动能力，用符号 λ_{st} 表示（启动转矩一般为0.8～2.2），即：

$$\lambda_{st} = T_{st}/T_N \tag{9-10}$$

2.2 三相异步电动机的类型和铭牌数据

2.2.1 电动机的类型

异步电动机可按不同的形式进行分类。

1）按防护型式分类。按防护型式，可分为开启式、防护式、封闭式、防爆式电动机。

2）按转子结构分类。按转子结构，可分为绕线式异步电动机和鼠笼式异步电动机。

3）按定子相数分类。按定子相数，可分为单相、两相和三相电动机。

4）按电压分类。按电压，可分为高压电机（>1kV）和低压电机（≤1kV）。

5）按安装方式分类。按安装方式，可分为立式电机和卧式电机。

6）按旋转磁场分类。按旋转磁场的性质，可分为同步电机（旋转磁场的转速 n_1 与转子转速 n 相同）和异步电机（旋转磁场的转速 n_1 与转子转速 n 不同）。

2.2.2 异步电动机的铭牌数据和技术数据

（1）型号

型号表示电机系列品种、性能、防护结构、转子类型等特征。

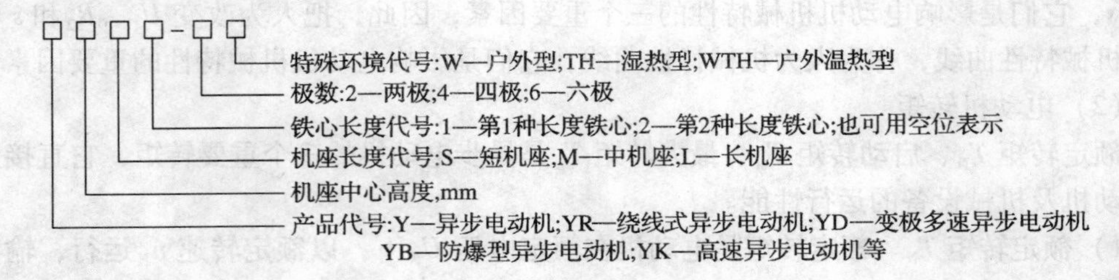

注：电机型号中字母后的IP及附加在后面的两个表征数字，表示电动机防护等级代号。

如Y-160M2-4异步电机：160-机座中心高度（mm）；M-中型机座；2-铁心长度代号；4-极数。

（2）额定数据

额定数据有功率、电压、电流、转速、效率和功率因数等，在运行时不得超过。

1）额定功率 P_N（kW）。额定工作时，电动机的轴输出功率。

2）额定频率 f_N（Hz）。指电机所接交流电源的频率，我国规定为50Hz（简称工频）。

3）功率因数 $\cos\varphi$。指电机每相绕组的功率因数。

4）额定电压 U_N 与接法。正常工作下的定子绕组工作的线电压 U_N（V）；其绕组的连接方法，一般有星形连接“Y”和三角形连接“△”。

5）额定电流 I_N。电动机额定输出时，定子电路的线电流 I_N（A）

6）额定转速 n_N。额定电压、额定电流、额定功率时，转子的额定旋转速度 n_N（转/分钟，r/min）。

7）额定效率 η_N。额定运行时，电动机轴输出功率 P_N 与输入功率 P_1 的比值，即：

$$\eta_N = \frac{P_2}{P_1} = \frac{P_N}{\sqrt{3}U_N I_N \cos\varphi} \tag{9-11}$$

8）转差率 s 或额定转差率 s_N。电动机转速差 Δn 与同步转速 n_1 的比值，即：

$$s = \frac{n_1 - n}{n_1} \quad 或 \quad s_N = \frac{n_1 - n_N}{n_1} \tag{9-12}$$

（3）定额与绝缘等级

除型号与额定参数外，电动机还有接法、工作方式（定额）、绝缘等级和防护等级等技术参数。

1）定额。又称工作方式，有连续运行、短时运行和断续运行三种定额（工作方式）。

A. 连续运行：按额定值连续运行，一般超过30min即为连续运行（如通风机、水泵等机械）。

B. 短时运行：按额定值短时运行（如闸门等机械）。

C. 断续运行：按额定值可作重复周期性断续运行（如起重机、电梯等机械）。

2）绝缘等级。绝缘等级标明电动机绝缘材料的耐热性能：Y-90℃、A-105℃、E-120℃、B-130℃、F-155℃、H-180℃、C-180℃以上。电动机一般为A级绝缘。

3）防护等级。电动机外壳防护型式的分级，如IP44等。

4）启动电流 I_{st}。表示指电动机在额定频率与额定电压下启动瞬间（$n=0$、$s=1$）的电流值，称启动电流，用 I_{st} 表示。因与转子卡住相似，所以又称堵转电流。

5）启动电流倍数。启动电流 I_{st} 与额定电流 I_N 的比值，称启动电流倍数，一般为4～7。

[例9-2] 已知两台异步电动机的额定功率都是5.5kW，其中一台电动机额定转速为2900r/min，过载系数为2.2；另一台的额定转速为960r/min，过载系数为2.0，试求它们的额定转矩和最大转矩各为多少？

[解] 第一台电动机的额定转矩：

$$T_{N1} = 9550\frac{P_{N1}}{n_{N1}} = 9550 \times \frac{5.5}{2900} = 18.1\text{N}\cdot\text{m}$$

最大转矩 $$T_{m1} = \lambda_1 T_{N1} = 2.2 \times 18.1 = 39.8\text{N}\cdot\text{m}$$

第二台电动机的额定转矩：

$$T_{N2} = 9550 \frac{P_{N2}}{n_{N2}} = 9550 \times \frac{5.5}{960} = 54.7\text{N} \cdot \text{m}$$

最大转矩 $$T_{m2} = \lambda_2 T_{N2} = 2.0 \times 54.7 = 109\text{N} \cdot \text{m}$$

[**例 9-3**] 有一台 Y180L－4 型三相电动机，其额定数据为：$P_N = 22\text{kW}$、$n_N = 1470/\text{min}$、$U_N = 380\text{V}$、$\eta_N = 91.5\%$、$\cos\varphi = 0.86$、$K_{st} = 2$、$\lambda = 2.2$、启动电流倍数为 7.0。试求：(1) 额定电流 I_N；(2) 额定转矩 T_N；(3) 启动电流 I_s；(4) 启动转矩 T_s和最大转矩 T_m。

[**解**] 根据题意要求求解：

(1) 根据式 9-11，额定电流 I_N为：

$$I_N = \frac{P_N}{\sqrt{3} U_N \eta_N \cos\varphi \eta_N} = \frac{22 \times 10^3}{\sqrt{3}\ 380 \times 0.915 \times 0.86} = 42.5\text{A}$$

(2) 启动电流 I_{st}为：

$$I_{st} = 7.0 \times I_N = 7.0 \times 42.5 = 297.5\text{A}$$

(3) 根据式 9-11，额定转矩 T_N为：

$$T_N = 9550 \frac{P_N}{n_N} = 9550 \frac{22}{1470} = 142.93\text{N} \cdot \text{m}$$

(4) 根据式 9-9 和式 9-10，启动转矩 T_{st}与最大转矩 T_m分别为：

$$T_{st} = 2.0 \times T_N = 2.0 \times 142.93 = 285.86\text{N} \cdot \text{m}$$

$$T_m = 2.2 \times T_N = 2.2 \times 142.93 = 314.45\text{N} \cdot \text{m}$$

2.3 三相异步电动机的启动、调速及制动

异步电动机有启动、调速、反转和制动等运行状态。

2.3.1 三相异步电动机的启动

电动机从静止状态开始转动并升至稳定转速的过程，称启动过程，有时简称启动。此时转差率（$n = 0$，$s = 1$）最大，从而使启动电流较大，约为额定电流的 4～7 倍。为避免影响电网电压降低（电压波动）并使电动机顺利启动，因此要求电动机启动应具有以下启动特征：一是电动机要有足够大的启动转矩，以加快启动过程；二是电动机启动电流应尽可能小，以减少对电网电压的影响。

(1) 鼠笼式异步电动机的启动

鼠笼式异步电动机的启动方式有全压启动（直接启动）和降压启动（间接启动）。

1) 全压启动。直接给电动机加上额定电压启动的方法，称为全压启动（或直接启动)。电动机能否全压启动，可参考下列经验公式进行判断（一般情况下电动机功率小于 7.5kW)：

$$\frac{I_{st}}{I_N} \leqslant \frac{3}{4} + \frac{S_N}{4 \times P_N} \tag{9-13}$$

式中 I_{st}——电动机启动电流，A；

I_N——电动机额定电流，A；

P_N——电动机额定功率，kW；

S_N——电源总容量，如变压器额定容量，kVA。

如满足上式条件可采用直接启动，不满足上式条件可采用降压启动。

2）降压启动。异步电动机降压启动的主要方法有 Y-△转换降压启动、自偶变压器降压启动、定子串阻抗降压启动等。

A. Y-△转换降压启动。此法只适用于三角形连接的电动机，如图 9-17（*a*）所示。将电动机定子三相绕组先进行 Y 形连接，则绕组的相电压就降低为额定电压的 $1/\sqrt{3}$，当电机接近额定转速 n_N 后，再将三相绕组转换成△连接，即恢复绕组额定电压，结束启动过程，使电动机正常运行。在电动机 Y-△转换降压启动时，启动电流下降至 1/3，而启动转矩也降低至 1/3。此法线路简单、经济可靠，适用于轻载启动及三角形连接的电动机。

B. 自偶变压器降压启动。启动时，经过电动机定子串接自偶变压器的降压作用后，再启动电动机运行，启动结束后再将自偶变压器切除，恢复正常电压运行，如图 9-17（*b*）所示。可以证明，启动电流比直接启动时减少到 $1/K_A^2$；则启动转矩也减少到 $1/K_A^2$（K_A 为调压器变比）。这说明，转矩减少的比例与电网电流减少的比例相同，即可获得较大的启动转矩。但此法缺点是线路复杂、设备投资大、体积大。

（2）绕线式电动机的启动。

绕线式电动机一般采用在转子电路中串接电阻后再进行电动机启动，待启动结束后再将串接电阻全部切除，恢复正常运行。

1）在转子电路中串接电阻启动。其电路如图 9-17（*c*）所示，一般采用三级启动电阻，串入不同的启动电阻就具有不同机械特性曲线以及不同的电机转速 n 和转矩 T，以满足电动机稳定升速。此种启动方法不但可减少启动电流，同时可提高启动转矩，现广泛用于建筑工程的起重机械设备中。

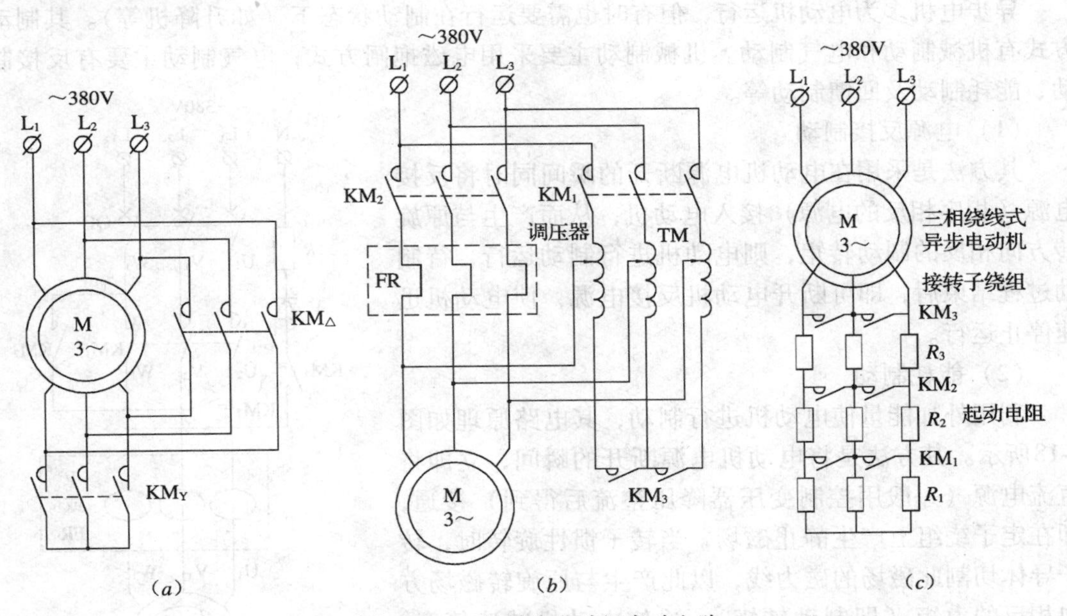

图 9-17 三相异步电动机启动电路

（*a*）Y-△转换降压启动；（*b*）定子串调压器启动；（*c*）绕线电机串电阻启动

2）在转子电路中串接频敏变阻器启动。频敏变阻器是一个铁心损耗很大的三相电抗器，由于它是串在转子回路中的，随着启动过程的进行，转差率 s 逐渐减小，则转子感应电势频率 f_2 逐渐降低，所以电抗器铁损（以交流阻抗的形式呈现的转子电阻）也随 f_2 逐渐降低（由此称频敏变阻器），以达到变换转子电路电阻的目的。

2.3.2 三相异步电动机的调速

人为改变电动机的转速，以满足生产过程的需要，电动机这一过程称调速。根据关系式 $n_1=60f_1/P$，电动机主要调速方法有变极调速（如改变电动机磁极对数 P）、变频调速（如改变电源频率 f_1）和变差调速 s（如转子串电阻调速）等。

（1）变极调速（改变磁极对数调速）

即采用改变电动机定子磁极的对数来进行调速（简称变极调速），主要是使用具有两套或多套独立绕组的电动机，用改变绕组连接来改变磁极对数，以达到调速的目的。电动机至少有两套绕组才能实现变极调速：当绕组串联连接时，可改变为四极；并联连接时，可改变为二极。但同时应改变电源的相序，否则会反向运转。

（2）变频调速（改变电源频率调速）

即采用改变电动机电源的频率进行调速，其调速范围大、调速过程平滑（无级调速），但缺点是机械特性较软。一般由专门装置进行变频调速，现电力电子技术（如晶闸管等）的发展，给变频调速提供了广阔的前景。

（3）变差调速（转子电路中串电阻调速）

其形式与在转子电路中串电阻启动相同，如图 9-17（c）所示。串接不同的电阻，电动机就具有不同的转速，串接电阻越大，则转速越低。

另外，还有变压调速（改变电源电压调速）等。

2.3.3 三相异步电动机的制动

异步电机多为电动机运行，但有时也需要运行在制动状态下（如升降机等）。其制动方式有机械制动和电气制动。机械制动主要采用电磁抱闸方式；电气制动主要有反接制动、能耗制动及回馈制动等。

（1）电源反接制动

其方法是采用在电动机电源断开的瞬间同时将反接电源（相序相反的电源）接入电动机，从而产生与原旋转方向相反的制动转矩，则电动机进行制动运行，待制动过程结束后，即可断开电动机反接电源，使电动机迅速停止运行。

（2）能耗制动

利用外加能量使电动机进行制动，其电路原理如图 9-18所示。其方法是将电动机电源断开的瞬间，立即将直流电源（一般用控制变压器降压整流后得到）接通，即在定子绕组上产生静止磁场，当转子惯性旋转时，转子导体切割此磁场的磁力线，以此产生与原旋转磁场方向相反的力矩（即制动转矩），迫使电动机减速停车。制动运行时，应保证通入直流电源产生的磁场与原磁场方向相反。

另外，电动机还有回馈制动（再生制动）、倒拉反接制动等。

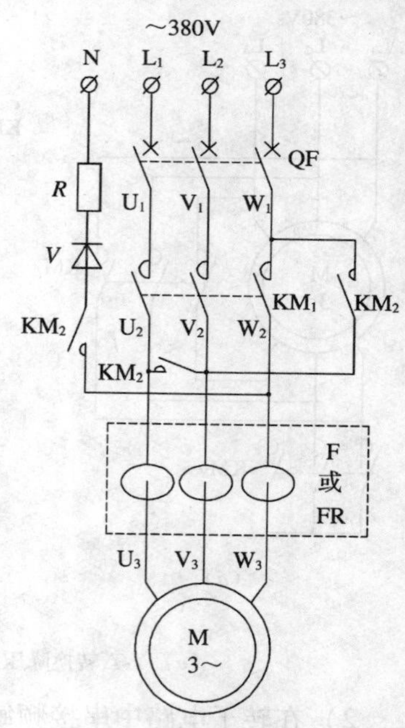

图 9-18 三相异步电动机制动原理电路

思考题与习题

1. 变压器能否用来变换直流电压？为什么？

2. 如将一台220/36V的照明电源变压器接至220V的直流电源上，会产生什么后果？

3. 变压器的技术数据主要有哪些？

4. 变压器原副边绕组有哪些连接方式？

5. 三相异步电动机旋转磁场是如何产生的？

6. 三相异步电动机的技术数据主要有哪些？

7. 三相异步电动机有哪些启动方法？

8. 三相异步电动机有哪些调速方法？

9. 三相异步电动机有哪些制动方法？

10. 有一台单相照明变压器，变压比为220/36V，额定容量是1500VA。试求：(1) 在额定状态下运行时，原、副边绕组通过的电流；(2) 如果在副边并接四个60W、36V的白炽灯泡，此时原边的电流是多少？

11. 一台额定容量 $S=20kVA$ 的单相变压器，电压比为10000/220V。试求 (1) 变压器在额定运行时，能接多少盏220V、40W的白炽灯泡？(2) 能接多少盏220V、40W、$\cos\varphi=0.53$ 的荧光灯？(3) 如将此荧光灯的功率因数提高到 $\cos\varphi=0.85$ 时，又可多接几盏同规格的荧光灯？

12. 一台三相变压器，其连接组别为Y、d，各相电压的变比 $k=25$，变压器原边施加电压为10kV，则副边的线电压是多少？如果副边电流为173A，则原边电流是多少？

13. 两台三相异步电动机的电源频率为50Hz，额定转速分别为1430r/min和2900r/min时，试问它们各是几极电动机？额定转差率分别是多少？

14. Y180L-6型异步电动机的额定功率为15kW，额定转速为970r/min，额定频率为50Hz，最大转矩为295N·m，试求电动机的过载系数 λ。

15. 有一台三相异步电动机，铭牌数据为：$P_N=55kW$，$U_N=380V$、$I_N=31.4A$、$n_N=97r/min$、$f_N=50Hz$、$\cos\varphi_N=0.88$。试问：

(1) 当电源线电压为380V时，电动机应采用何种接法？

(2) 电动机额定运行时，其输入功率、效率、转差率、额定转矩各等于多少？

(3) 当电源线电压为220V时，电动机能否接入电源工作？为什么？

单元10　供配电系统

知识点： 供配电系统概述：供配电系统及组成、配线工程、接地的基本概念、接地装置与接地形式；电气照明：基本概念、照明布置与照明供电、导线的选择原则与方法、电气照明施工图；建筑防雷：基本概念、防雷装置及组成。

教学目标： 领会供配电系统的基本概念及配线工程；了解电气照明的基本知识，了解常用的电光源、灯具及布置，领会电气照明施工图的识读方法；了解建筑防雷的危害和防范措施。

电力在工农业生产、城市建设和人们的日常生活中已占有极为重要的地位，特别是对于现代建筑，更是离不开电能的应用，而电能的应用特点是发电、输电、配电和用电是在同一瞬间完成的。建筑供配电系统是为建筑提供电能分配和控制的电力供应系统。

课题1　供配电系统概述

1.1　供配电系统的基本概念

在现代建筑中，供配电系统已是不可缺少的组成部分。供配电系统可将电能按需要分配给不同的场合及设备，由用电设备将电能转换为机械能、光能、热能、化学能的能量交换任务，以完成生产和生活的需要。

1.1.1　供配电系统的组成

由发电、变电、输电、配电和用电组成的整体，称为电力系统，有时又称电网。如图10-1所示。电力系统具有很大的优越性：如供电可靠、负荷分配合理、设备利用率高等。它主要由发电厂、输电线路、变电所、供配电系统等组成，而建筑供配电系统只是电力系统其中之一部分。

（1）发电厂

发电厂就是把其他形式的能量（如热能、水位能、风能、原子能等）转换成电能的生产基地，通常建设在蕴藏能量比较丰富的地区。而大、中城市及工矿企业等用电户，一般都远离发电厂几十千米至几百千米。

（2）输电线路

输电线路就是把发电厂发出的电能输送到需要用电的地区和工矿企业。发电厂输送三相总功率为：

$$S = \sqrt{3}U_L I_L$$

由此式可知，如果输送的总功率不变，则输电线路的电压 U_L 越高，线路的电流 I_L 就越小。这样就可减小输电导线的截面，以减少线路电压降和电能的损耗，从而提高输送电能的经济性。为此，就需要将发电厂生产的电能，经变压器升高电压后，再由高压输电线路输送到用电地区。

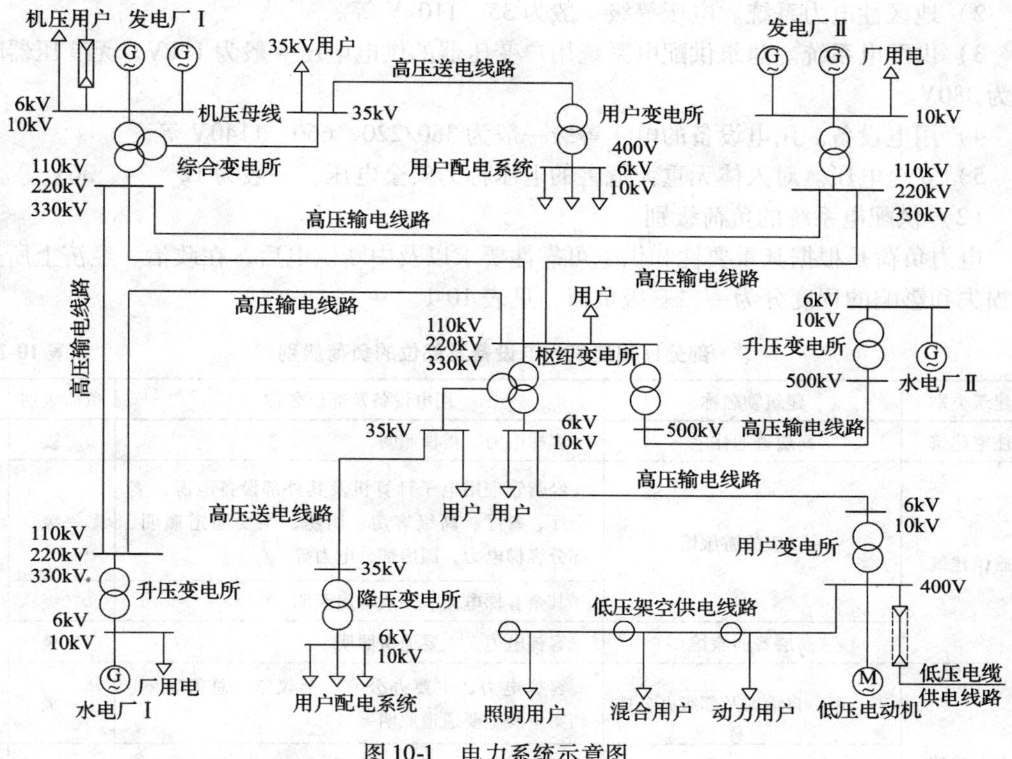

图 10-1　电力系统示意图

(3) 变电所

为考虑经济性，发电机的出口电压一般为 6. 3kV 或 10. 5kV，而用电设备的电压一般为 380/220V。所以发电厂出来的电压要经过变压器（升压变电所）升高电压后，再远距离输送到用电地区，再经用电地区的变压器（降压变电所）降低电压后，分配到各用电户。由变压器或其他电能转换机、配电设备、操作设备及附件设备等组成的变配电装置的场所称为变电所，以用于升降电压和重新分配电能。

(4) 供配电系统

供配电系统有时也称供电系统或配电系统。它是将高电压变成低电压再经重新分配后直接供给用电设备的系统，主要由用户降压变压器和一系列配电装置等组成的；而用于受电和配电（包括开关设备、保护装置、电工量计、母线和其他附属设备等）的电气装置称为配电装置，由其组成的系统就称供配电系统。低压电路一般多采用 380/220V 三相四线制低压供电系统，既可供三相负荷（如电动机等），也可供单相负荷（如照明、家用电器等），如是高压电动机则由高压母线直接供电。

1. 1. 2　供配电系统的电压与负荷级别

(1) 供配电系统的电压级别

电力系统的各类电气设备，都是在一定电压和频率下工作的，它们是衡量电能质量的两个基本参数。我国交流电力设备的额定频率规定为 50Hz（简称工频交流电），而电压级别一般设置如下。

1）区域性电力系统。电压等级一般为 110、220、330、500kV 等。

2）地区性电力系统。电压等级一般为 35、110kV 等。

3）供配电系统。建筑供配电系统用户变压器的供电电压一般为 10kV，无变压器时一般为 380V。

4）用电设备。用电设备的电压等级一般为 380/220、660、1140V 等。

5）安全电压。对人体无重大危害的电压称为安全电压，一般为 12、24、36V 等。

（2）供配电系统的负荷级别

电力负荷是根据其重要性和供电可靠性要求以及中断供电后，在政治、经济上所造成的损失和影响的程度分为一二三级负荷，见表 10-1。

部分民用建筑用电设备及部位的负荷级别 **表 10-1**

建筑类别	建筑物名称	用电设备及部位名称	负荷级别	备注
住宅建筑	高层普通住宅	客梯电力、楼梯照明	二级	
旅馆建筑	一二级旅游旅馆	经营管理用电子计算机及其外部设备电源，宴会厅、餐厅、高级客房、厨房、主要通道照明、部分客梯电力、厨房部分电力等	一级	
		其余客梯电力、一般客房照明	二级	
	高层普通旅馆	客梯电力、主要通道照明	二级	
办公建筑	省、市、自治区及部级办公楼	客梯电力、主要办公室、会议室、总值班室、档案室及主要通道照明	一级	
	银行	主要业务用电子计算机及其外部设备电源，防盗信号电源	一级	
		客梯电力	二级	
教学建筑	高等学校教学楼	客梯电力、主要通道照明	二级	
	高等学校重要实验室		一级	
科研建筑	科研院所重要实验室		一级	
	市级（地区）及以上气象台	主要业务用电子计算机及其外部设备电源，气象雷达、电报及传真收发设备、卫星云图接受机、语言广播电源、天气绘图及预报说明	一级	
		客梯电力	二级	
	计算中心	主要业务用电子计算机及其外部设备电源	一级	
		客梯电力	二级	
一类高层建筑	高层建筑的消防设施	消防控制室、消防水泵、消防电梯、防烟排烟设施、火灾自动报警、自动灭火装置、火灾事故照明、疏散指示标志和电动防火门窗、卷帘、阀门等消防用电	一级	
二类高层建筑			二级	

注：还有文娱建筑、博览建筑、体育建筑、医疗建筑、仓库建筑、商业建筑、司法建筑、公用附属建筑和工业建筑等，这里不在一一列举。

1）一级负荷。符合下列之一者，即为一级负荷。

A. 中断供电将造成人身伤亡时。

B. 中断供电将在政治、经济上造成重大损失时。如重大设备损坏和重大产品损坏等。

C. 中断供电将影响有重大政治、经济意义的用电单位的正常工作。如重要交通枢纽和通信枢纽等。

2）二级负荷。符合下列之一者，即为二级负荷。

A. 供电将在政治、经济上造成较大损失时。如主要设备损坏、大量产品报废等。

B. 中断供电将影响重要用电单位的正常工作。如交通枢纽和通信枢纽等。

3）三级负荷。不属于一级和二级负荷者均为三级负荷。

（3）负荷供电

1）一级负荷供电要求。一级负荷有以下供电要求：

A. 一级负荷应由两个电源供电，当一个电源发生故障时，另一个电源不应同时受到损坏，以满足其中一个电源能继续工作的要求。

B. 一级负荷中特别重要的负荷，除由两个电源供电外，为防止上一级电力网故障、负荷配电系统内部故障和继电保护的误动作等因素，而使特别重要的一级负荷中断电源，因此，应增设不与工作电源并列运行的应急电源。

C. 应急电源可采用蓄电池组、自备柴油发电机组等，有时根据现场情况也可同时使用几种应急电源。

2）二级负荷供电要求。二级负荷有以下供电要求：

A. 二级负荷的供电系统，宜由两回路供电，供电变压器亦应有两台（两台变压器不一定在同一变电所）。其中每回路应能承受100%的二级负荷。

B. 当负荷较小或地区供电条件困难时，才允许由一回6kV及以上的专用架空线路或两根电缆组成的线路供电（因电缆故障查找和修复时间较长）。

1.2 供配电系统的配线工程

1.2.1 架空线路

架空配电线路是采用电杆将导线悬空架设，直接向用户传送电能的配电线路，它造价低廉、架设简便、取材方便、便于检修，所以应用广泛。但与电缆线路相比，其缺点是受外界因素（风、雷、雨、雪等）影响较大，故安全性、可靠性、美观性差。

（1）架空线路的结构

架空配电线路的结构主要由电杆基础、电杆、横担、导线、拉线、绝缘子及金具等组成，如图10-2所示。

1）电杆基础。电杆基础是架空电力线路电杆的地下设备总称：主要由底盘、卡盘和拉线盘等组成。其作用是防止电杆因垂直负荷、水平负荷及事故负荷所产生的上拔、下压，甚至倾倒等。电杆基础一般均为钢筋混凝土预制件。

2）电杆。电杆的作用是支撑导线，主要用来安装横担、绝缘子及架设导线，其截面有圆形和方形。电杆按材质分为木杆、金属杆、钢筋混凝土杆；按受力分为普通型电杆、预应力电杆；按作用可分为直线杆（中间杆）、耐张杆（承力杆）、转角杆、终端杆、跨越杆和分支杆等。

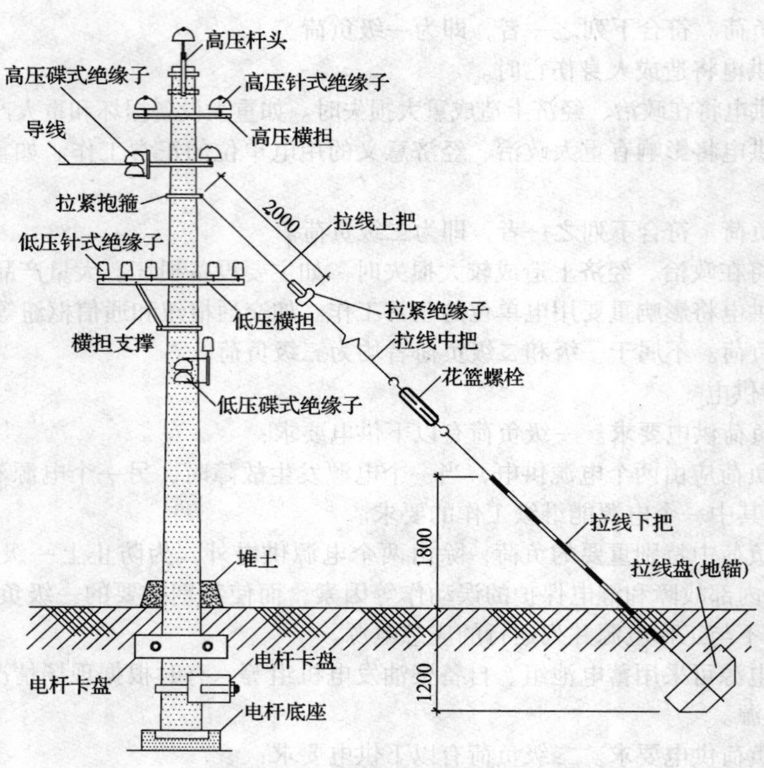

图 10-2　架空线路及电力电杆结构图

3）导线。导线是用来传输电能（电流）的。由于架空线路经常受风、雨、雪、冰等各种荷载及气候的影响，以及空气中的化学杂质的侵蚀，因此要求架空导线应具有一定的机械强度和耐腐蚀性能。架空线路常用的导线型号有：LGJ（钢芯铝绞线）、LJ（铝绞线）、TJ（铜绞线）、HLJ（铝合金绞合线）等。

4）横担。架空线路横担用来安装绝缘子、固定开关设备、电抗器、避雷器等，因此要求有足够的机械强度和长度，横担一般由角钢制作，有时可采用陶瓷横担替代铁横担。其安装形式可分为正横担、侧横担、和合横担、交叉横担等类型。

5）绝缘子。绝缘子是用来固定导线，并使导线对地绝缘。此外，绝缘子还承受导线的垂直荷重和水平拉力，所以，选用时应考虑其绝缘强度和机械强度。常用的绝缘子有针式绝缘子、蝶式绝缘子、悬式绝缘子、拉紧绝缘子等。

6）拉线。拉线是平衡架空线路电杆各方向的拉力，防止电杆弯曲或倾倒，因此在承力杆（终端杆和转角杆）上应装设拉线。其结构主要由拉线抱箍、楔形线夹、钢绞线、UT 型线夹、拉线棒和拉线盘等组成；其种类主要有普通拉线、两侧拉线、四方拉线、水平拉线、共同拉线、V 形拉线、弓形拉线等。

7）金具。金具是用来固定横担、绝缘子、拉线、导线等的各种金属连接件，一般统称线路金具，按其作用可分为连接金具、横担固定金具和拉线金具等。

（2）接户线及进户线

接户线与进户线是用户引接架空线路电源的装置，其低压架空线路引接示意如图 10-3 所示。当接户距离超过 25m 时，应加装接户杆。

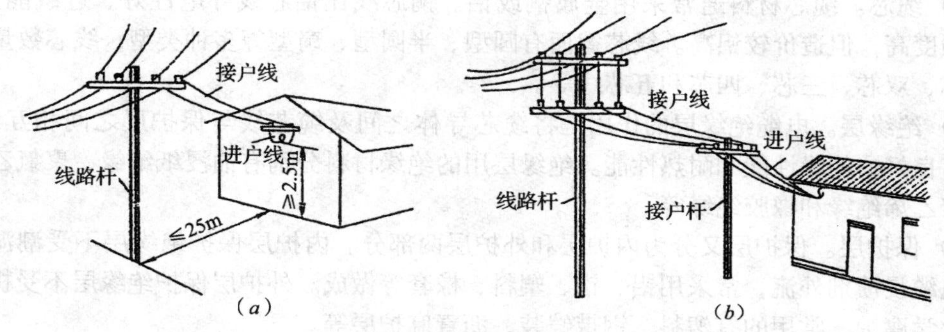

图 10-3　低压架空线路电源引入线
(a) 直接接户型；(b) 加杆接户型

1）接户线。接户线及装置是指从架空线路电杆上引到建筑物电源进户点前第一支持点的引接装置，它主要由接户电杆（或接户电杆横担上的绝缘子）、架空接户线（又称引下线）、进户线等组成。接户线设置应满足线间距离、导线最小截面、与建筑物构筑物的距离和线路跨越等技术要求。

2）进户线。进户线装置是户外架空电力线路与户内线路的衔接装置，即用户建筑物内部电力线路的电源引入点。它主要由进户电杆（或进户角钢支架上的绝缘子）、进户线（从用户户外第一支持点至用户户内第一支持点之间的连接导线）、以及进户保护管（或高压穿墙套管）等组成。进户线设置应满足采用保护套管、导线应采用绝缘导线、进户线中间不允许有接头、进户端支撑物应牢固可靠等技术要求。

1.2.2　电缆线路

将电缆按照一定的方式在室内外敷设，称为电缆敷设（又称电缆配线）。电缆线路虽然具有成本高、投资大、维修不便等缺点，但它有运行可靠、不受外界影响、不占土地、不影响美观等优点，因此目前在配线工程中还是得到广泛采用。电缆线路的敷设方式较多，一般常用的有直埋地敷设、电缆沟敷设、排管敷设和室内外明敷设等。

(1) 电缆的结构

电力电缆主要由缆芯、绝缘层和保护层三个主要部分构成，其结构示意如图 10-4 所示。

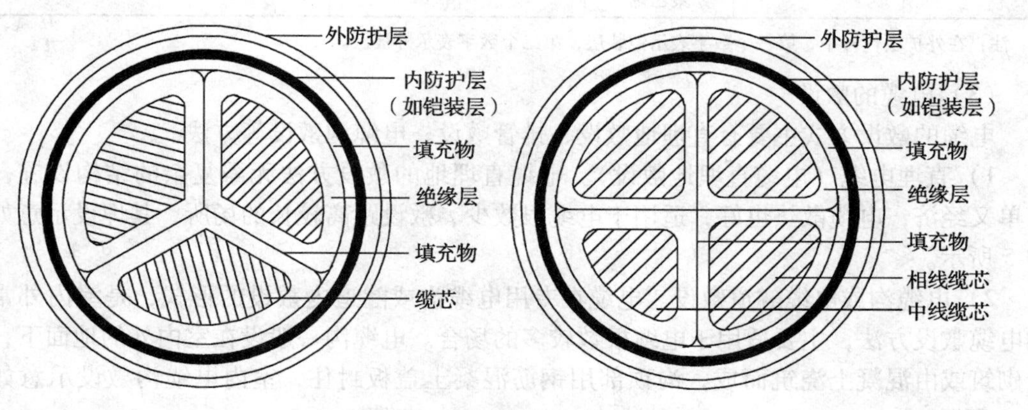

图 10-4　电力电缆结构示意图

1）缆芯。缆芯材料通常采用金属铜或铝。铜芯线比铝芯线导电性好、过载能力强、机械强度高，但造价较铝高。线芯截面有圆型、半圆型、扇型等多种类型；线芯数量可分为单芯、双芯、三芯、四芯和五芯线等。

2）绝缘层。电缆绝缘层的作用是将缆芯导体之间及缆芯线与保护层之间相互绝缘，要求有良好的绝缘性能和耐热性能。绝缘层用的绝缘材料分别有油浸纸绝缘、聚氯乙烯绝缘、聚乙烯绝缘和橡胶绝缘等。

3）保护层。保护层又分为内护层和外护层两部分。内护层保护绝缘层不受潮湿，并防止电缆浸渍剂外流，常采用铝、铅、塑料、橡套等做成。外护层保护绝缘层不受机械损伤和化学腐蚀，常用的有塑料、钢带铠装、沥青麻护层等。

（2）电缆的类型

电缆可按不同的形式进行分类，见表10-2。其型号由字母和数字组成：字母表示电缆的用途、绝缘、缆芯材料及内护套、特征等；数字表示外护套和铠装的类型。电力电缆的型号由五个部分组成，各部分字母和数字的含义见表10-3。

电缆的类型 **表10-2**

按电缆用途分类	按电缆绝缘材料分类	按电缆冷却介质分类	按电缆芯数分类
电力电缆 控制电缆 通信电缆	纸绝缘电力（控制）电缆 橡皮绝缘电力（控制）电缆 塑料绝缘电力（控制）电缆（多为聚氯乙烯、聚乙烯等） 交联聚乙烯电力（控制）电缆	油浸式电缆 不滴流浸泽电缆 充气电缆	单芯电缆 双芯电缆 三芯电缆 四芯电缆 五芯电缆 多芯电缆

电力电缆型号组成及含义 **表10-3**

绝缘代号	导体代号	内护层代号	特征代号	外护层代号	
				第1数字	第2数字
纸绝缘 橡皮绝缘 聚氯乙烯 交联聚乙烯	铜（可省略） 铝	铅包 铝包 橡套 聚氯乙烯 聚乙烯	不滴流 贫油式（即干绝缘） 分相铅包	2-双钢带 3-细圆钢丝 4-粗圆钢丝	1-纤维绕包 2-聚氯乙烯 3-聚乙烯

注：在外护层代号中，第一个数字表示铠装层，第二个数字表示外被层。

（3）电缆的敷设

电缆的敷设方式主要有直埋地敷设、排管敷设、电缆沟敷设等方法。

1）直埋电缆（电缆直埋地敷设）。电缆直埋地的敷设方法无需复杂的结构设施，即简单又经济，电缆散热也好，适用于电缆根数少、敷设距离较长的场所，其埋设示意如图10-5所示。

2）电缆沟或电缆隧道敷设。电缆在专用电缆沟或隧道内敷设的形式，是室内外常见的电缆敷设方法，主要适用于电缆根数较多的场合。电缆沟一般设在室内外的地面下，由砖砌筑或由混凝土浇筑而成，沟顶部用钢筋混凝土盖板封住，室内电缆沟敷设示意如图10-6所示。

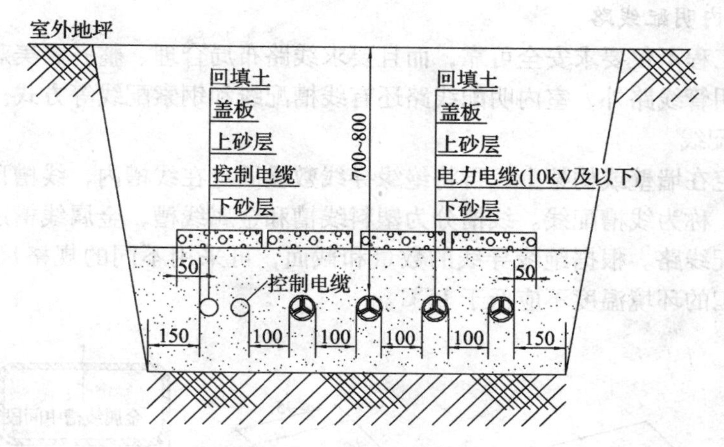

图 10-5　直埋电缆敷设

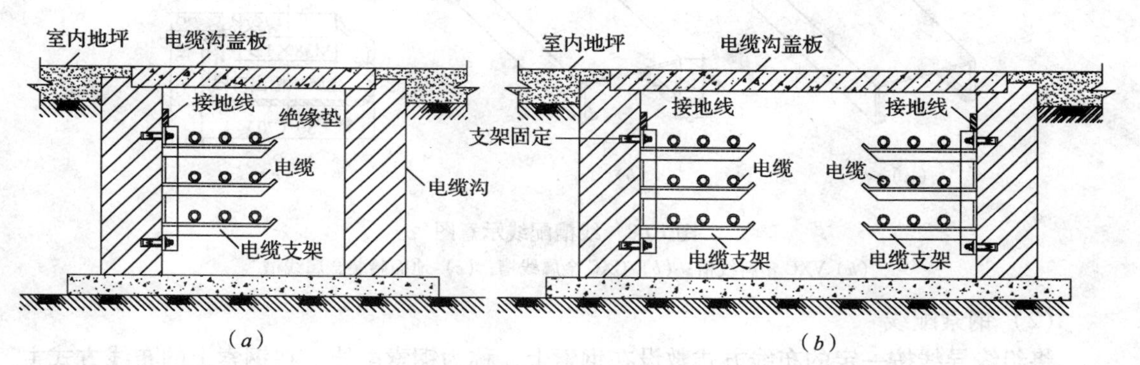

图 10-6　电缆沟电缆敷设

(a) 单侧支架；(b) 双侧支架

3）电缆排管敷设。按照一定的孔数，排列预制好的水泥管块（或采用工程塑料管替代），再用水泥砂浆将其浇筑成一个整体，然后将电缆穿入管中敷设，并可在排管的分支、转弯等处设置便于人工操作和维护的电缆人孔井，这种敷设方法称为电缆排管敷设。

4）电缆沿墙敷设。按照一定的方式，将电缆沿墙壁明配敷设，即称为沿墙敷设。其敷设方法可参见图 10-7。电缆沿墙敷设的方法也可应用于专用电缆沟或隧道内。

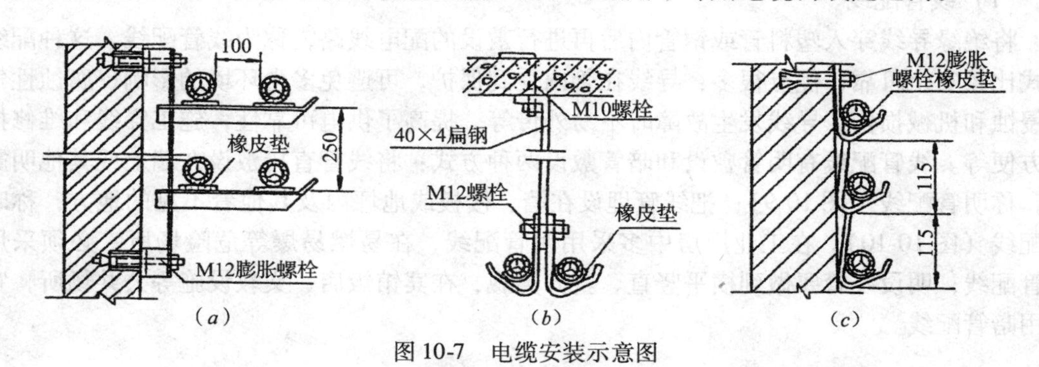

图 10-7　电缆安装示意图

(a) 角钢挑架安装示意；(b) 扁钢挂架吊装示意；(c) 扁(圆)钢挂架沿墙安装示意

1.2.3　室内明配线路

室内配线工程不仅要求安全可靠，而且要求线路布局合理、整齐、美观、牢固。除电缆明配线路和明管线路外，室内明配线路还有线槽配线和钢索配线等方式。

（1）线槽配线

将线槽固定在墙壁或构架上，再将绝缘导线敷设固定在线槽内，线槽顶部用盖板将导线盖住的配线，称为线槽配线。线槽分为塑料线槽和金属线槽，金属线槽还可用于室内架空地板内的暗配线路。根据绝缘导线的数量和截面，可采用不同的规格尺寸（图10-8），但塑料线槽施工的环境温度不应低于15℃。

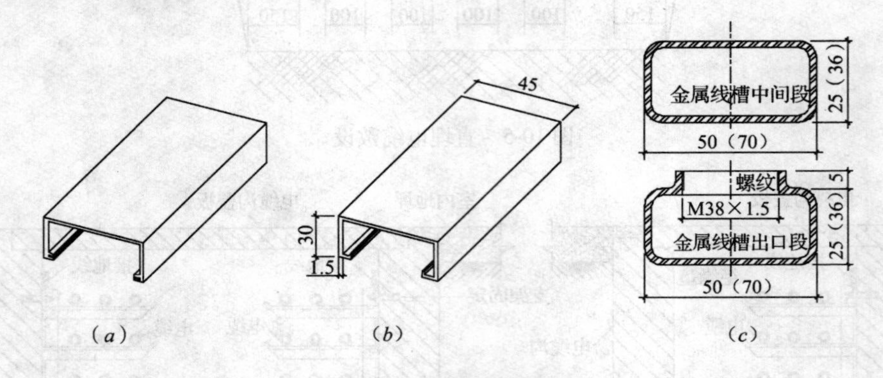

图10-8　线槽配线示意图

（*a*）VXC塑料线槽；（*b*）GXC金属线槽；（*c*）地面暗装金属线槽

（2）钢索配线

将绝缘导线按一定的布线方式敷设在钢索上，称为钢索配线。在钢索上的布线方式主要有钢索吊管配线、钢索吊装绝缘子配线和钢索吊装护套线配线等。其安装方法是先在建筑物两边安装钢索，然后再在钢索上进行布线和安装灯具。钢索配线多用于大型厂房内或建筑物屋架较高、跨度较大时的电气照明，这样即能降低灯具的安装高度，又可提高被照面的照度，并且布灯方便。

1.2.4　室内暗配线路

室内暗配线路主要包括线管配线和母线槽配线（也可用于室内明配线路）。此外，电缆配线、金属线槽配线等方式，也可用于室内暗配线路。

（1）线管配线

将绝缘导线穿入塑料管或钢管内后再进行敷设的配电线路，称为线管配线。这种配线方式比较安全可靠，优点很多：导线在管内受到保护，可避免多尘环境的影响、腐蚀性气体侵蚀和机械损伤；导线发生故障时不易外传等，提高了供电可靠性，施工穿线和维修换线方便等。线管配线有明管敷设和暗管敷设两种方式：将线管直接敷设在墙上或其他明露处，称明管配线（图10-9）；把线管埋设在墙、楼板或地坪内及其他看不见的地方，称暗管配线（图10-10）。在工业厂房中多采用明管配线，在易燃易爆等危险场所，必须采用明管配线；明设线管要做到横平竖直、整齐美观，在宾馆饭店、文教设施等公共场所，宜采用暗管配线。

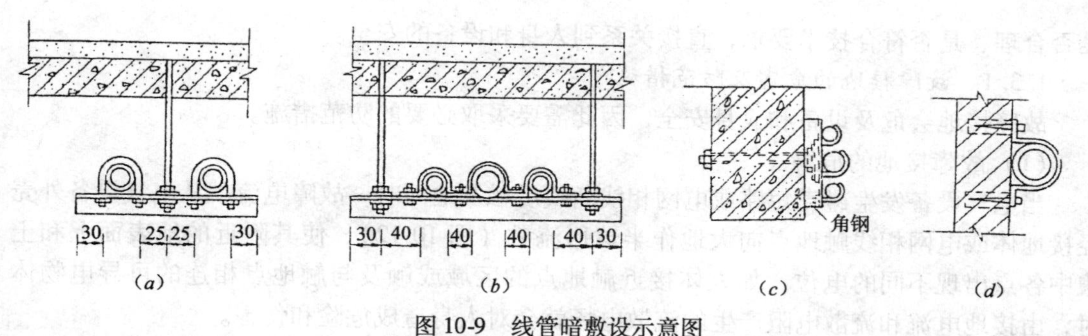

图 10-9　线管暗敷设示意图

（*a*）双管吊装；（*b*）三管吊装；（*c*）沿梁底侧面敷设；（*d*）沿墙管卡敷设

（2）母线槽配线

母线槽配线是将电源母线（又称汇流排）安装固定在特制的金属槽内后，再进行安装敷设的配电线路，其安装敷设方式主要有母线槽沿墙支架敷设和吊装敷设等。由于它具有体积小、绝缘强度高、传输电流大、性能稳定、供电可靠、规格齐全、施工方便等特点，现已广泛用于高层建筑和多层厂房等建筑供电。常用的母线有 TMY 型（硬铜母线）和 TMR 型（软铜母线）等。母线槽由不同功能需要的系统部件、配以插接式配电箱和安装配件等部件，可组成形式多样和灵活多变的供配电网络，其结构和安装示意如图 10-11 所示。

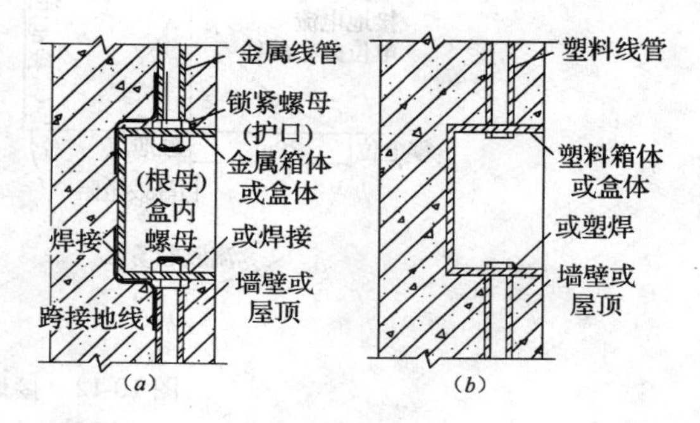

图 10-10　线管暗敷设示意图

（*a*）金属线管；（*b*）塑料线管

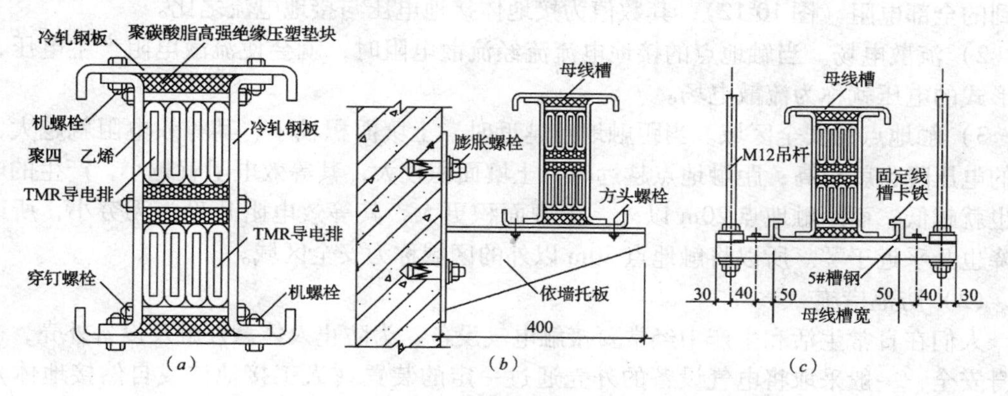

图 10-11　母线槽示意图

（*a*）母线槽结构；（*b*）母线槽沿墙敷设；（*c*）母线槽吊装敷设

1.3　接地的基本概念

为了满足电气装置和系统的工作特性和安全防护的需要，将电气装置（如设备外壳）和电力系统（如变压器中性点）的某一部位通过接地装置与大地土壤作良好的连接即称为接地。它是安全用电和防范电气设备遭受破坏及人身伤亡的重要保护措施之一，其连接是否合理、是否符合技术要求，直接关系到人身和设备的安全。

1.3.1　故障接地的危害及防范措施

故障接地会危及设备和人身安全，因此需要采取必要的防范措施。

（1）故障接地的危害

当电气设备发生碰壳短路或电网相线断线后触及地面时，故障电流就从电气设备外壳经接地体或电网相线触地点向大地作半球形流散（图 10-12），使其附近的地表面上和土壤中各点出现不同的电位。如人体接近触地点的区域或触及与触地点相连的可导电物体时，由接地电流和流散电阻产生的流散电场就会对人身造成危险和伤害。

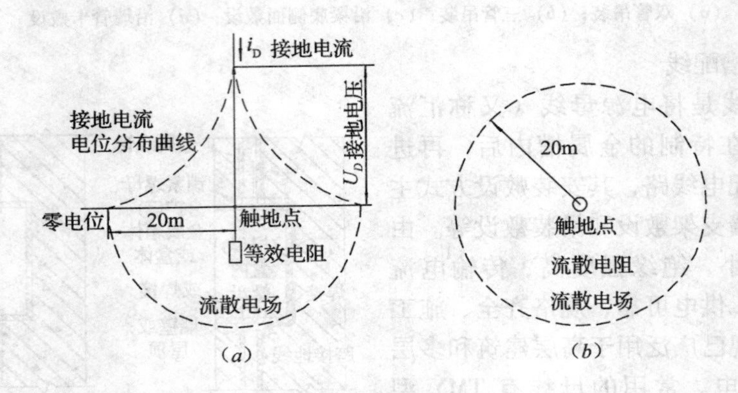

图 10-12　接地的基本概念

（a）剖面及接地电位曲线；（b）平面

1）流散电阻。由于土壤中的等效电阻不是以集中的形式存在，而是以流散的形式分布的，并且区域面积较大，所以称为流散电阻。它是接地电流从接地体向大地周围流散所遇到的全部电阻（图 10-12），其数值为接地体接地电压与接地电流之比。

2）流散电场。当触地点的接地电流流经流散电阻时，就会使流散电阻产生电压，这种形式的电压就称为流散电场。

3）触地点的安全区域。当距触地点越近时，土壤面积较小，其等效电阻就越大，产生的电压降也就越高；距触地点越远时，土壤面积较大，其等效电阻就越小，产生的电压降也就越低；而距触地点 20m 以外，土壤面积更大，其等效电阻几乎为无穷小，所以电压降也几乎近于零。所以将触地点 20m 以外的区域称为安全区域。

（2）防范措施

人们在日常生活和生产中经常要接触电气设备，为防止人体意外触及设备外壳，确保人身安全，一般采取将电气设备的外壳通过一定的装置（人工接地体或自然接地体）与大地直接连接起来的保护措施。当采取保护接地或保护接零措施后，相线再发生碰壳故障时，其线路的过流保护装置就视为单相短路故障，并及时将线路切断，使短路点接地电压消失，以保障人身安全。同时，当发现电气系统有接地点时，人们应尽可能远离（>20m）接地点或接地区域。

1.3.2　接地参数与接地方式

（1）接地参数

1）接地电流。从带电设备通过接地点或触地点流入大地中的电流，称为接地电流。

2）短路接地电流。电气设备因绝缘损坏而导致一相接地，这时的接地电流称作短路接地电流。

3）接地电阻。接地电阻是接地体的流散电阻与接地引线的电阻之和。由于接地线和接地体本身的电阻很小，可忽略不计，因此，可以认为接地电阻近似等于散流电阻。一般在接地装置施工完毕后测量：工作接地与重复接地的接地电阻 $R\leqslant4\Omega$；一二级防雷建筑物的接地电阻 $R\leqslant10\Omega$；三级防雷建筑物的接地电阻 $R\leqslant30\Omega$；与弱电系统共用的接地电阻 $R\leqslant1\Omega$。

4）接地电压。带电设备的接地部分（接地点或触地点）与接地体大地零电位之间的电位差，称为接地部分的对地电压，即接地电压，如图 10-13 中的 U_D。

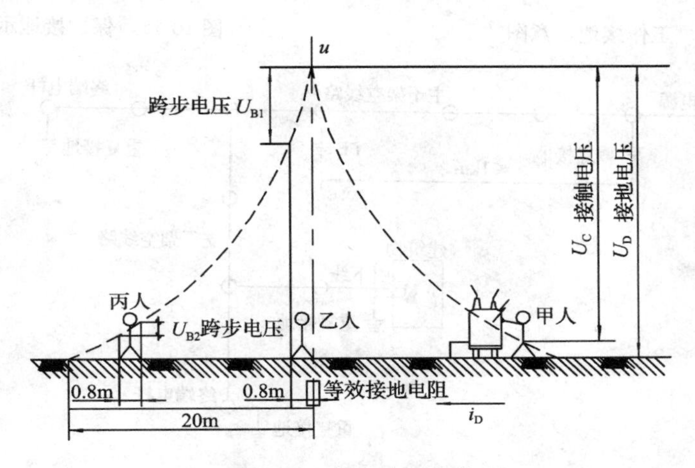

图 10-13　接地电压曲线

5）接触电压。在接地短路电流回路上，一个人同时触及有不同电位的两点所承受的电位差，称为接触电压。在图 10-13 中，甲人站在地上触及漏电设备的外壳，手足之间的电压 U_C（即接触电压）等于漏电设备的电位 U_D与他所站地点的电位之差。

6）跨步电压。在距触地点或接地体的 20m 范围内，如人站在这区域内，人的两只脚之间（一般按 0.8m 考虑）的电位差就称为跨步电压，见图 10-13 的 U_{B2}。如乙、丙两人，乙人离接地点很近，其承受的跨步电压 U_{B1} 比丙人承受的跨步电压 U_{B2} 要高得多。所以，当发现电网有接地现象时，要尽可能远离触地点。

（2）接地方式

1）工作接地。在正常情况下，为保证电气设备的可靠运行并提供部分电气设备和装置所需要的相电压，将电力系统中的变压器低压侧中性点通过接地装置与大地直接相连（图 10-14），称为工作接地。其连接线称接地母线或零母线。

2）保护接地。为了防止电气设备由于绝缘损坏而造成的触电事故，将电气设备的金属外壳通过接地线与接地装置连接起来（图 10-15），这种为保护人身安全的接地方式称为保护接地。其连接线称保护线（PE）或保护地线、接地线。

3）重复接地。当线路较长、电源进建筑物或接地电阻要求较高时，为尽可能降低零线的接地电阻，除变压器低压侧中性点直接接地外，将零线上一处或多处再进行接地（图 10-16），这种接地方式称为重复接地。

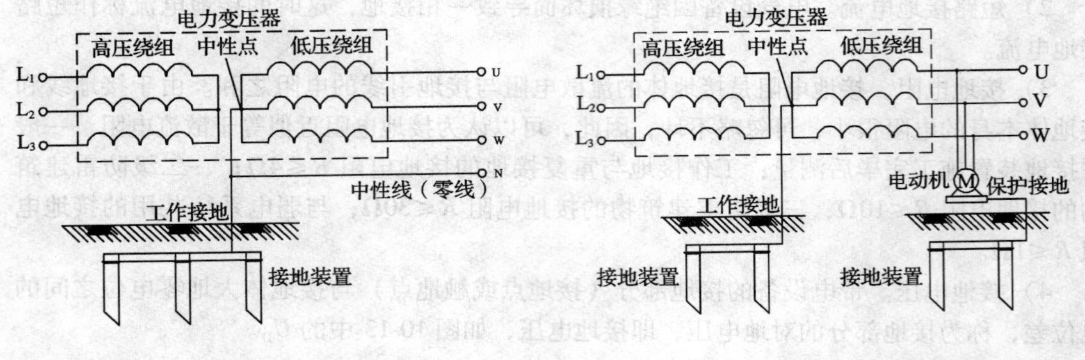

图 10-14　工作接地示意图

图 10-15　保护接地示意图

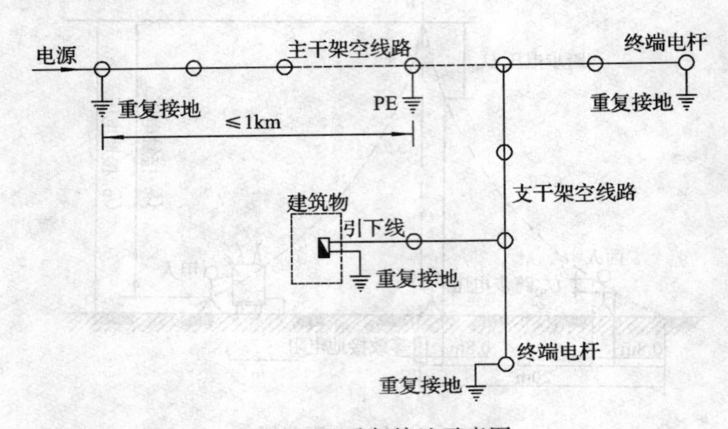

图 10-16　重复接地示意图

4）防雷接地。为泄掉雷电流而设置的防雷接地装置，称为防雷接地。

5）工作接零。当单相用电设备为取得单相电压而接的零线，如图 10-17 的工作接零，称为工作接零。其连接线称中性线（N，俗称零线），与保护线共用的称 PEN 线。

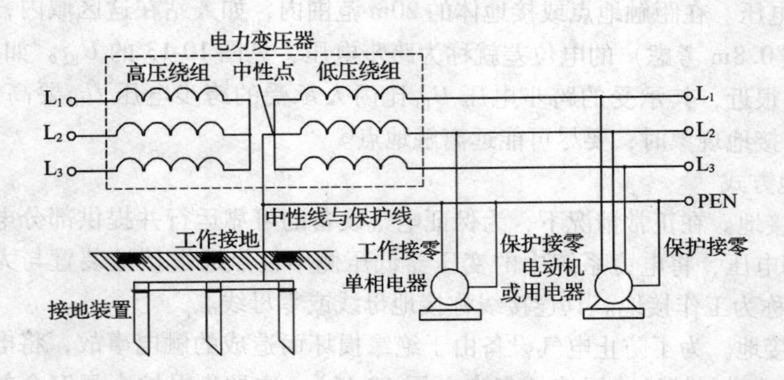

图 10-17　工作接零与保护接零示意图

6）保护接零。为了防止电气设备因绝缘损坏而使人身遭受触电危险（当人体触及绝缘损坏的设备外壳时），而将电气设备的金属外壳与电源的 PEN 线用导线连接起来的保护措施，称为保护接零（见图 10-17），其连接线称保护线（PE）或保护零线。

1.4 接地装置与接地型式

1.4.1 接地装置的结构型式和特点

接地装置一般由接地体和接地引线等组成（图 10-18），其所用材料必须采用镀锌材料。

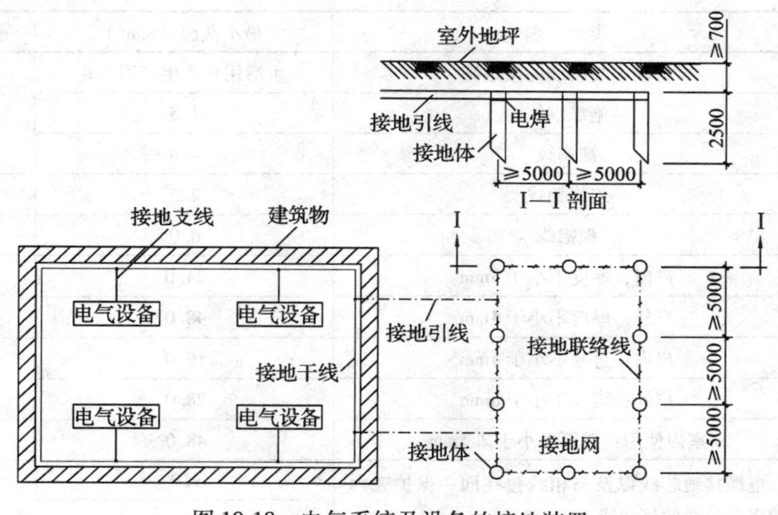

图 10-18 电气系统及设备的接地装置

（1）接地体

埋入地下与大地土壤直接接触的金属导体或金属导体组称为接地体。接地体分自然接地体和人工接地体。

1）自然接地体。利用埋入地下的为了其他用途而装设的并与大地可靠接触的金属桩、金属管道、建筑物钢筋混凝土基础钢筋等自然金属体，用来兼作接地体的装置称为自然接地体。引用连接时，一般可采用与自然接地体进行焊接连接，引出线可采用圆钢（焊缝长度是圆钢直径的 2 倍）或扁钢（焊缝长度是扁钢宽度的 2 倍）。

2）人工接地体。因接地需要而特意在地下装设的金属体，称为人工接地体。常用的接地体材料有角钢、钢管、扁钢、圆钢等。按形状可分为带型（几根垂直或水平布置的圆钢或扁钢并联而成）、环型（一般采用圆钢或扁钢焊接而成）和放射型（放射根数多为 3 根或 4 根）；按形式可分为垂直接地体和水平接地体。接地体所用的材料不应有严重锈蚀或弯曲不平等缺陷，否则，应更换或矫直。

A. 垂直接地体。如采用角钢，其边厚不应小于 4mm；如采用钢管，其管壁厚度不应小于 3.5mm；角钢或钢管的有效截面积不应小于 $48mm^2$；如采用圆钢，其直径不应小于 10mm。角钢边宽和钢管管径均应≥50mm，长度一般在 2.50～3m 之间，不允许短于 2m。

B. 水平接地体。如采用圆钢，其直径应大于 10mm；如采用扁钢，其截面尺寸应大于 $100mm^2$，厚度不应小于 4mm。水平接地体的埋设深度一般应在 0.7～1m 之间。

（2）接地引线

电气设备与接地体之间或接地体与接地体之间的连接线称为接地引线，有时称接地线或接地母线。它包括接地干线和接地支线等，也可分为自然接地线和人工接地线。

1）接地干线。接地干线是与接地体直接相连的连接导线（一般为母线型）。通常选用截面不小于12mm×4mm的镀锌扁钢或直径不小于6mm的镀锌圆钢。

2）接地支线。接地支线是连接电气设备与接地干线的连接引线，其截面应符合表10-4的规定。

设备或装置接地线的选用 **表10-4**

材料	类别	最小截面（mm^2）	最大截面（mm^2）
铜	移动电器引线的接地线	生活用0.2 生产用1.0	25
	绝缘铜线	1.5	
	裸铜线	4.0	
铝	绝缘铝线	2.5	35
	裸铝线	6.0	
扁钢	户内：厚度不小于3mm	24.0	100
	户外：厚度不小于4mm	48.0	
圆钢	户内：直径不小于5mm	19.0	100
	户外：直径不小于6mm	28.0	
钢管	室内使用：壁厚不小于2.5mm	48.0	
铜	电缆接地芯线以及与相线包在同一保护壳内的多芯导线的接地线	1.0	25
铝		1.5	

1.4.2 低压配电系统的接地型式

低压配电系统按接地连线的型式分TN系统、TT系统及IT系统三种。

(1) TN系统

电力系统有一点（如电源中性点）直接接地，电气装置的外露可导电部分通过保护线（PE或PEN）与接地点相连接，此种接地型式称为TN系统。TN系统依据PE线（接地线）的连接形式可分为TN-S系统、TN-C系统和TN-C-S系统。

1）TN-S系统。整个系统的中性线与保护线是分开的供电系统，即通常称之为三相五线制的供电系统，如图10-19（*a*）所示。

2）TN-C系统。整个系统的中性线与保护线是合一的供电系统（即通常称之为三相四线制的供电系统），如图10-19（*b*）所示。

3）TN-C-S系统。系统中有一部分线路的中性线与保护线是合一的、另一部分中性线与保护线是分开的供电系统，如图10-19（*c*）所示。建筑物的供电多采用此种系统，即由三相四线制交流电源（三相线和中线与保护合用的PEN线）引入建筑物后（并在进线处做重复接地），而后再由三相五线交流电源向（三相线和中线N及保护线PE）建筑物电力负荷供电。

(2) TT系统

电力系统（电源中性点）有一点直接接地，而电气设备的外露可导电部分，通过保护接地线（PE），接至与电力系统接地点无关的接地极（即分别直接接地），如图10-20所示。TT系统适用于系统中有较大的单相用电设备，而线路环境易造成一相接地或零线断裂，也适用于电力负荷比较分散的场所或电气设备外壳不宜接零的情况。

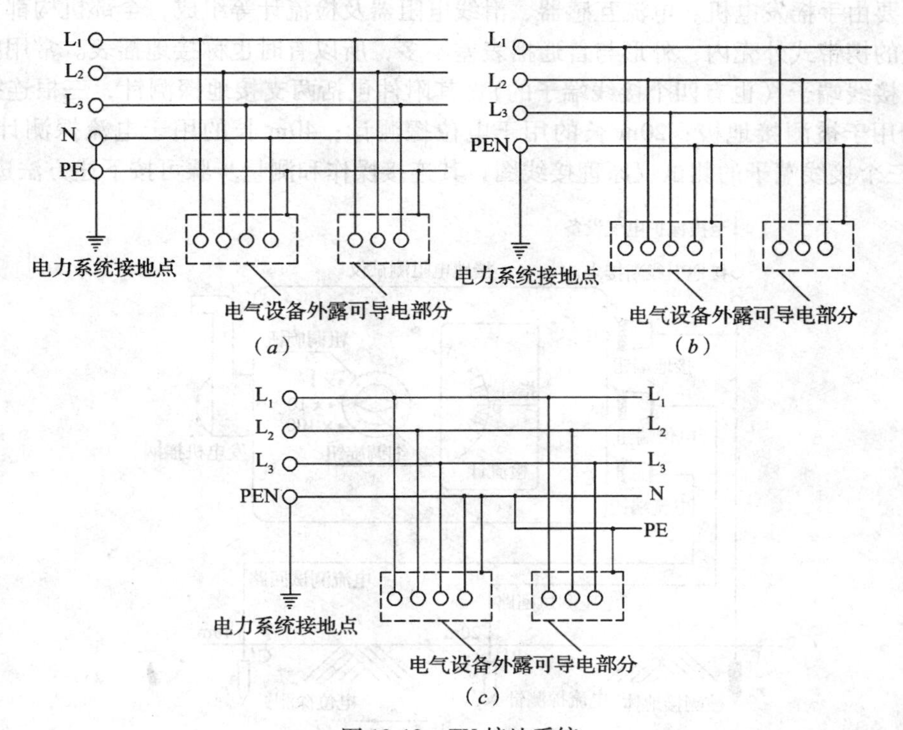

图 10-19 TN 接地系统

（*a*）TN-S 系统；（*b*）TN-C 系统；（*c*）TN-C-S 系统

（3）IT 系统

电力系统与大地间不直接连接（经过高阻抗间接连接），而电气装置的外露可导电部分，通过保护接地线与接地体连接，如图 10-21 所示。IT 系统适用于环境条件不良、易发生一相接地或火灾爆炸的场所，如煤矿、化工厂、纺织厂等。

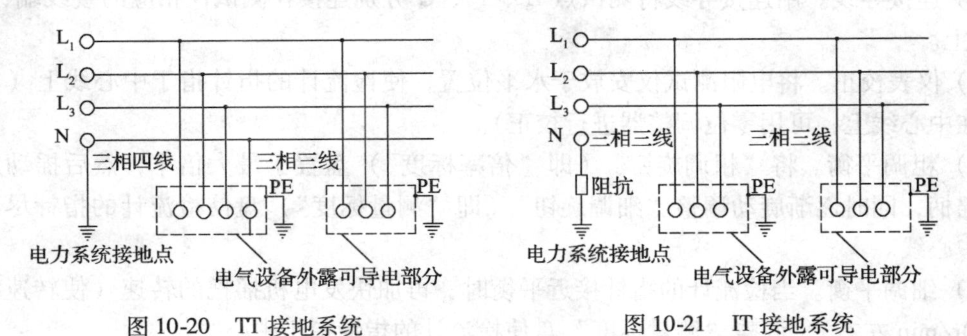

图 10-20 TT 接地系统　　　　图 10-21 IT 接地系统

1.4.3 接地电阻的测试方法

接地电阻的测量工作主要用于在接地装置安装完毕后和定期检查，以检验接地电阻是否符合规定，如不符合规定则应采取措施直至测量合格。测量接地电阻的方法通常采用专用的接地电阻测试仪测量法，有时也可采用电流表-电压表测量法。

（1）接地电阻测试仪测量法

常用的接地电阻测试仪主要有 ZC-8 型和 ZC-29 型及数字接地电阻测试仪等。ZC-8 型测试仪主要由手摇发电机、电流互感器、滑线电阻器及检流计等组成，全部机构都装在铝合金铸造的携带式外壳内，外形与普通摇表差不多，所以有时也称接地摇表。常用的测试仪有三个接线端子（也有四个接线端子的），其附件包括两支接地探测针，三根连接导线（5m 长的用于被测接地极；20m 长的用于电位探测计；40m 长的用于电流探测计）。图 10-22 为三个接线端子的测试仪原理接线图，其连接操作和测量步骤可按下述方法进行：

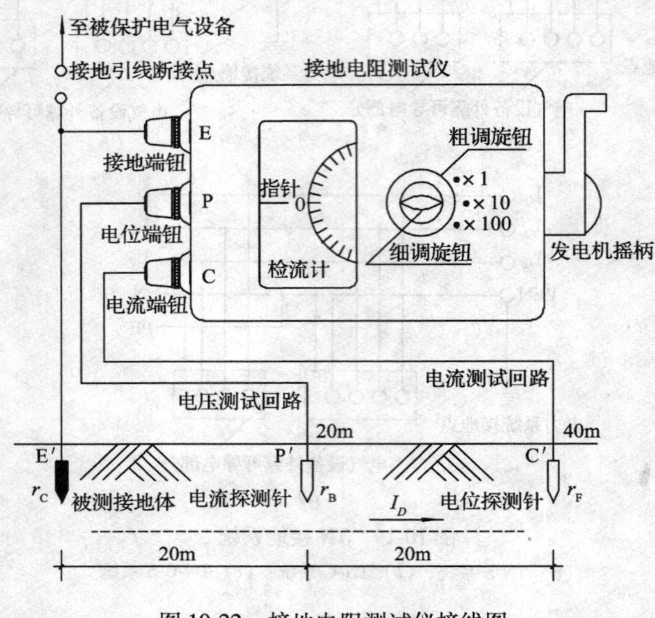

图 10-22　接地电阻测试仪接线图

1）探测针埋设。把电位探测针 P′插在被测接地体 E′和电流探测针 C′之间，依直线布置并彼此相距 20m，5m 导线连接至被测接地极的断开点上。

2）连接导线。用连接导线将测试点 E′、P′、C′分别连接在测试仪相应的接线端钮 E、P、C 上。

3）仪表校正。将电阻测试仪安放于水平位置，使检流计的指针指于中心线上（如指针不在中心线上，可用零位调整器进行校正）。

4）粗调平衡。将“粗调旋钮”（即“倍率标度”）盘置于最大倍率，然后摇动发电机的摇柄，同时逐渐旋动调整“细调旋钮”（即“测量标度”）盘使检流计的指针尽可能指于中心线。

5）细调平衡。当检流计的指针接近平衡时，再加快发电机摇把的转速（使转速稳定在 120r/min 左右），调整“测量标度”盘使检流计的指针指于中心线。

6）选择小倍率。如“细调旋钮”盘的指示值小于 1 时，应将“粗调旋钮”盘置于较小倍率，再重新调整以得到正确的读数。

7）读取数据。用“细调旋钮”（“测量标度”）盘的读数乘以“粗调旋钮”（“倍率标度”）盘的倍率，即为所测接地电阻值。

在测试过程中，如检流计的灵敏度过高，可把电位探测针插浅一些；如检流计的灵敏度不够，可往电位探测针和电流探测针插入部位注水，使土壤湿润。

有四个接线端子的小量程接地电阻测试仪，还可以测量土壤电阻率。

(2) 电流表-电压表测量法

电流表-电压表测量法是由测量变压器提供测量电源，利用接地区域的接地电压 U_V 和接地电流 I_D 之间的比例关系，间接地测出接地电阻值 r_C，其测试距离与测试仪要求相同。

(3) 测量注意事项

为保证测量精度和人身安全，测量接地电阻时，应注意以下几方面：

1）设备断开。测量前，应将被测接地装置与电气设备断开。

2）探针方向。电流探测针和电位探测针应布置在与线路或地下金属管道垂直的方向。

3）测量天气。不要在雨中或雨后立即测量接地电阻。

4）测量电源。如采用电流表-电压表测量法测量接地电阻，测量用的电源应为工频交流电源。

5）测量安全。测量时，因接地体和辅助接地体（探测针）周围都有较大的跨步电压，所以在 30 ~ 50m 范围内严禁人、畜进入。

课题 2　电 气 照 明

建筑物和构筑物的采光一般分为自然采光和人工采光，其中人工的电照采光是通过一定的电气设备和照明装置将电能转换成光能的，称为电气照明。它是现代建筑不可缺少的人工采光方式。根据社会与经济的发展，建筑的照度标准、艺术造型、照明质量、装饰美化等要求都在不断提高，其作用也在日益增强。

2.1　电气照明的基本概念

2.1.1　电气照明的组成与照度

(1) 电气照明的组成

电气照明主要由电源及配电装置、照明装置、控制装置、照明线路和测量保护装置等组成。

1）电源及配电装置。电源的作用是供给电能，配电装置是分配电能。

2）照明装置。照明装置（包括电光源、灯具等器具）的作用是将电能转换成光能。

3）控制装置。控制装置的作用是通断电源，根据照明场所的需要，点亮照明或熄灭照明。

4）照明线路。照明线路的作用是给照明装置输送电能。

5）测量保护装置。测量保护装置的作用是测量电能和保护电气设备。

(2) 光的基本概念与照度

光是一种电磁辐射能，它以电磁波的形式在空间传播。能引起视觉光感的电磁辐射能称为可见光，其波长范围为 380 ~ 780nm（$1nm = 10^{-8}m$）。其余均为不可见光，当波长大于 780nm 为红外线、无线电波等；波长小于 380nm 为紫外线、X 射线等。而不同波长的可见光，会在人眼中视觉出不同的颜色。常用的基本光度单位有光通量、发光强度、照度、亮度等。

1）光通量。光源在单位时间内向空间辐射能量的大小，称辐射能通量；能引起视觉光感的能量，称为光通量。用符号 ϕ 表示，单位为流明（用符号 lm 表示）。

2）发光强度（光强）。光源在空间某一方向上的光通量的空间密度，称为光源在这一方向上的发光强度（简称光强）。用符号 i_θ 表示，单位为坎得拉（cd）。如灯泡加灯罩，光通量不变而桌面表现亮度增加，即某方向光线密度增大。

3）照度。单位面积 S 上所接收的光通量 ϕ，称为该被照面的照度，用符号 E 表示，单位为勒克斯（用符号 lx 表示）。即

$$E = \frac{\phi}{S} \tag{10-1}$$

式中 ϕ—— 光源的光通量，lm；

S——被照面积，m^2。

4）亮度。发光体在视线单位投影面积上的发光强度，称为该发光体的表面亮度（简称亮度）。用符号 L_θ 表示，单位为坎得拉/每平方米（cd/m^2）。如黑白物体其照度一样时，但人眼感觉白色物体亮，因白色物体反光强。

5）照度标准。照度标准应符合国家标准的规定，设计选用时应遵照执行。

A. 照度标准值。国家规定的照度标准值分为 0.5、1、2、3、5、10、15、20、30、50、75、100、150、200、300、500、750、1000、1500、2000、3000、5000lx 照度级。我国现行的照明国家标准有《建筑照明设计标准》（GB 50034—2004）和各类建筑设计标准的电气部分等。

B. 标准值选取。根据作业类别或不同活动情况及经济发展水平，国家标准规定了各类工业企业和民用建筑的照度标准值，以供在设计应用时选取。

2.1.2 电气照明的种类与方式

(1) 电气照明的种类

电气照明的种类（以下简称照明种类）就是照明设备按其工作状况而构成的基本类型。照明种类可分为正常照明、应急照明、值班照明和障碍照明等。

1）正常照明。永久安装的人工照明，保证工作人员在正常情况下的视觉照明。如教室、办公室、车间等场所的照明。

2）应急照明。因正常照明的电源发生故障而启用的照明，有时称事故照明。如交通枢纽、通信中心、重要工厂控制室、大型商场及公共建筑等场所安装的应用照明。应急照明一般包括疏散照明、安全照明和备用照明等。

3）值班照明。用以工作值班的照明。

4）障碍照明。用以装设航空等障碍标志（信号）的照明。

(2) 电气照明的方式

电气照明的方式（以下简称照明方式）就是照明设备按其安装部位和使用功能而构成的基本制式。照明方式一般分为一般照明、分区一般照明、局部照明和混合照明等。

1）一般照明。一般照明是不考虑特殊部位的需要，为照亮整个场所而设置的均匀照明，称一般照明，如办公室、一般商场、宴会厅、教室等场所的照明。

2）分区一般照明。分区一般照明是根据需要，对某一特定区域，如进行工作的地

点，设计成不同的照度来照亮该区域的一般照明，称分区一般照明，如商品陈列处、专用柜台等场所的照明。

3）局部照明。为满足某些特定工作用的、为照亮某个局部（通常限定在较小的范围之内）的需要而设置的照明，称局部照明，如工作台照明、黑板照明等。

4）混合照明。由一般照明与局部照明的组成的照明，称混合照明，如商场照明等。

2.1.3 常用电光源及照明器

（1）常用电光源

电光源分为热辐射电光源和弧光放电光源两大类。热辐射电光源主要是利用电流的热效应，将具有耐高温、低挥发性的灯丝（多采用钨丝）加热到白炽程度，从而发出可见光；弧光放电光源主要是利用电流通过导电气体（蒸气）时，激发气体电离和放电而发出可见光。电光源的主要类型如下所示。

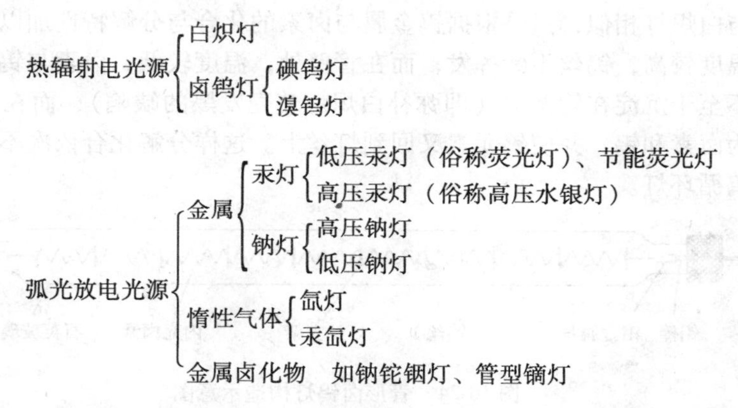

目前常采用的照明电光源有白炽灯、卤钨灯、荧光灯、高压汞灯、高压钠灯、金属卤化物灯（镝灯、钠铊铟灯）、氙灯等。

1）白炽灯（IN）。白炽灯（国标符号为IN）具有价格便宜、启动迅速、便于调光、显色性好、适用范围广、安装简便等优点，是应用最广泛的一种电光源。

A. 白炽灯的构造原理。白炽灯由灯头、灯丝（钨丝）、真空玻璃泡（透明玻璃、磨砂玻璃、乳白玻璃）等组成，如图10-23所示。大功率玻璃泡内充有氩、氮气等用以保护灯丝，灯头有罗口（*E*）和卡口（*C*）之分。白炽灯的工作原理是利用电流的热效应而工作的，即灯丝通过电流被加热至白炽程度而发光的。由于白炽灯热能损失较大，因此其发光效率较低，一般为20%左右，平均寿命约1000h。

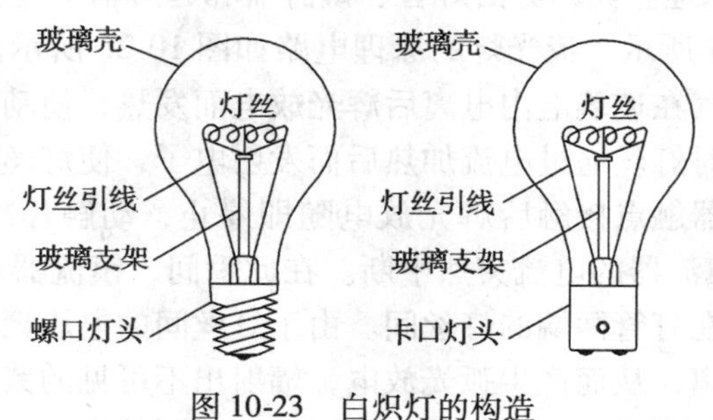

图10-23　白炽灯的构造

B. 白炽灯的特点。电压变化对白炽灯寿命和光通量影响较大，所以在应用中尽可能减少电压偏移；属纯电阻性负载，且灯丝在使用中不断挥发，易使玻壳发黑，使光通量降低；启动迅速、频闪效应不显著，适用于重要照明场所；光谱能量会造成色觉偏差，其光色红光成分较多；冷热态电阻差别较大，故启动电流较大，不宜控制较多；玻璃泡温度较高，应防止水溅和碰触。

2）卤钨灯（碘钨灯 I）。卤钨灯是在白炽灯的基础上改进而得的热辐射电光源。卤钨灯是在灯内充入微量的卤素元素（充碘时为碘钨灯 I，充溴时为溴钨灯），使蒸发的钨与卤素不断循环而起化学反应，从而弥补普通白炽灯玻壳发黑的缺陷，其技术性能较白炽灯优越。

A. 卤钨灯的构造原理。卤钨灯由电极（相金属）、灯丝（钨金属）、石英灯管等组成，内充微量的卤素元素（碘或溴等），管形卤钨灯的结构示意如图 10-24 所示。卤钨灯的工作原理与白炽灯相似，只是根据钨金属与卤素的化合与分解特性加以改进而来的。即在灯丝处，温度较高，钨丝不断挥发；而在管壁处，温度较低，卤素与钨蒸气化合成卤化钨，使钨丝不至于沉淀在管壁上（即弥补白炽灯玻壳发黑的缺陷）；而在灯丝高温处，卤化钨又分解为卤素和钨，并使钨元素又回到灯丝上。这样分解化合依次不断循环，所以卤钨灯又称卤钨循环灯。

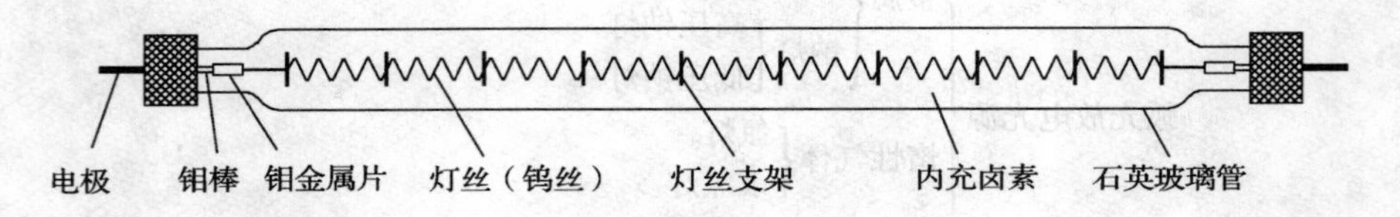

图 10-24　管形卤钨灯构造示意图

B. 卤钨灯的特点与使用注意事项。卤钨灯光通量稳定、外形尺寸小、光色好、光效高及寿命长；但管型卤钨灯必须保持水平安装，以利卤钨循环；灯丝温度较高，紫外线辐射较多，应防止伤及皮肤；灯管管壁温度较高（约 600℃），因此不能与易燃物接近并保持灯具安装高度；卤钨灯耐震性差，不宜作移动照明使用；卤钨灯应适配专用的照明灯具。

3）荧光灯（FL）。荧光灯，俗称日光灯。具有结构简单、适于大量生产、价格适宜、发光效率高、光通量分布均匀、表面亮度低等优点，是目前使用最广泛的弧光放电光源。

A. 荧光灯的构造原理。荧光灯由灯管、镇流器和起辉器等主要部件组合而成，其结构和组合示意如图 10-25 所示。荧光灯的原理电路如图 10-26 所示。当电源接通时，电压全部加在启辉器上，氖气在玻璃泡内电离后辉光放电而发热，使动触片受热膨胀而与静触头接触将电路接通。此时灯丝通过电流加热后而发射电子，使灯丝附近的水银开始游离并逐渐气化。同时，启辉器触点接触后辉光放电随即停止，动触片冷却而缩回（即触点断开），致使流经灯丝和镇流器的电流突然中断。在此瞬间，镇流器产生的自感电动势与电源电压串联后，全部加在灯管两端的灯丝间。由于灯丝间的电压聚增，整个灯管内的汞气在高电压作用下全部游离，从而产生弧光放电，辐射出不可见的紫外光，并激发管壁的荧光粉，发出近似日光的可见光，不同的荧光粉可发出不同的光色。

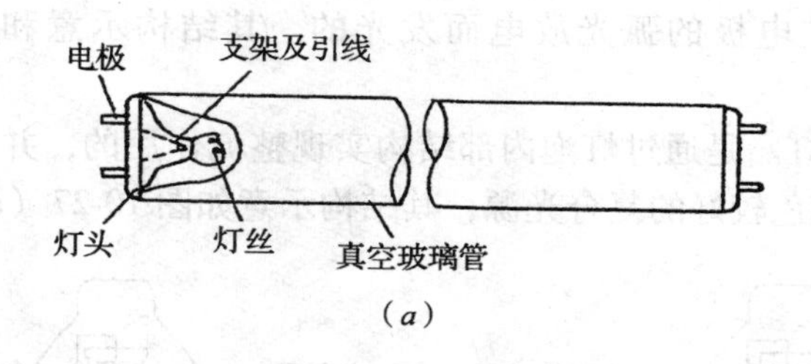

（a）

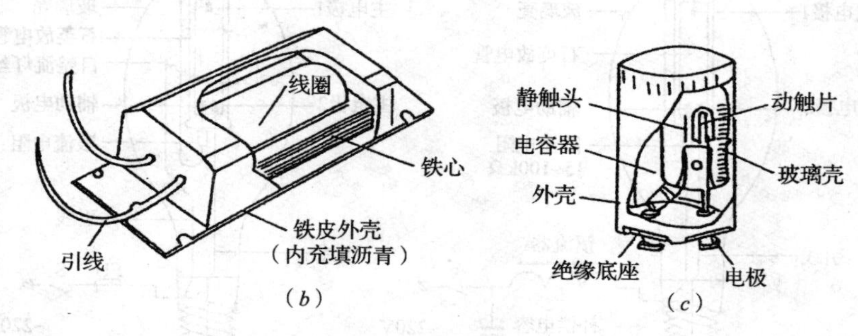

（b）　（c）

图 10-25　荧光灯结构组成

（a）真空灯管；（b）镇流器；（c）启辉器

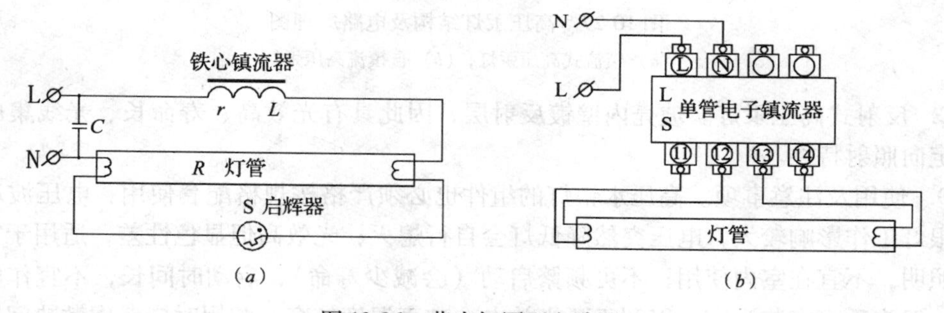

（a）　（b）

图 10-26　荧光灯原理电路图

（a）普通荧光灯；（b）电子荧光灯

近年来，节能型荧光灯（内壁涂烯土元素）较普通型荧光灯发光效率更高，因此，目前已被广泛用于日常照明，如住宅照明、商业照明、公共照明等。

B. 使用及注意事项。荧光灯的组件必须严格按规格配套使用；荧光灯不宜频繁启动；荧光灯红光少、黄绿光多，故显色性差，不宜用于需要仔细分辨颜色的照明场所；启动前需预热，所以不宜做应急照明；因使用镇流器，所以功率因数较低，大量使用时，应加装电容器补偿；频闪效应显著，大面积使用时应采取消除措施；环境温度不宜过低（低于 15℃时启动困难）和过高（高于 35℃时光效下降）。

4）高压汞灯（Hg）。高压汞灯，又称高压水银灯。是在荧光灯（又称低压汞灯）的基础上改进而来的，是普通荧光灯的改进型，也是气体放电光源，有镇流式和自镇流式两种类型。高压汞灯具有光效高、寿命长、耐震、省电等优点，广泛用于大面积的照明场所。其构造主要由灯头、石英放电管、玻璃外壳、镇流器等组成，玻璃外壳内壁涂荧光粉，内部抽真空并充适量氩气，其结构示意及原理电路如图 10-27 所示。

A. 镇流式高压汞灯。其工作原理与荧光灯相似，它是先经过主辅极电极间的辉光放电，再逐步过渡到主电极的弧光放电而发光的。其结构示意和原理接线如图 10-27（*a*）所示。

B. 自镇流高压汞灯。是通过灯泡内部结构实现整流作用的，并由水银放电管、自整流灯丝和荧光粉组成光色较好的复合光源，其结构示意如图 10-27（*b*）所示。

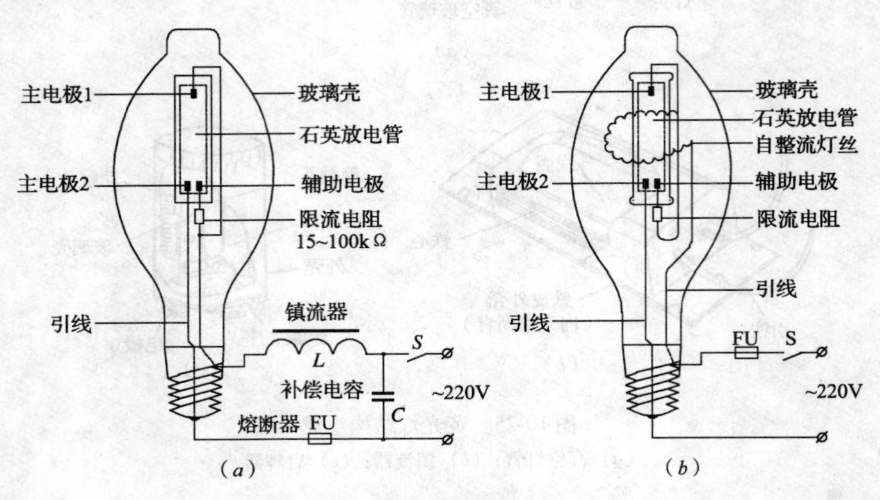

图 10-27　高压汞灯结构及电路原理图

（*a*）镇流式高压汞灯；（*b*）自镇流高压汞灯

C. 反射式高压汞灯。玻壳内壁镀反射层，因此具有光效高、寿命长、光线集中和良好的定向照射特性。

D. 使用及注意事项。高压水银灯的组件也必须严格按规格配套使用；电压波动对高压水银灯工作影响较大，电压突然降低灯会自行熄灭；光效高但显色性差，适用于室外大面积照明，不宜在室内使用；不可频繁启动（会减少寿命），启动时间长，不宜作应急照明；一般为垂直安装为宜，以利于弧光放电；玻壳温度较高，配用时应考虑散热问题；玻壳破碎时，仍能使用，但紫外线会灼伤人眼和皮肤。

5）其他电光源。电光源还有高压钠灯、金属卤化物灯、混光灯等。

A. 高压钠灯（Na）。高压钠灯是利用高压钠蒸气放电的弧光放电灯，它具有光效高、紫外线辐射小、透雾能力强、寿命长、耐震、亮度高等优点，适合于需要高亮度和高光效的照明场所使用。其结构主要由灯头、玻璃壳、陶瓷放电管、双金属接点（热控开关）和加热线圈等组成（图 10-28）。当通过钠灯加热线圈预加热后，使双金属接点的高温变形而断开，使镇流器产生高压自感电势使陶瓷放电管击穿放电。由于在点燃后双金属接点靠放电管热量保持分断状态，所以灯泡熄灭后不能立刻再行启动。

B. 金属卤化物灯。金属卤化物灯的主要优点是光效高和光色好（接近天然光），适用于要求高照度、高显色性的场所。由弧光放电介质（金属卤化物：碘化镝、碘化钠、碘化铊、碘化铟等）的不同分为镝灯、钠铊铟灯等（见图 10-29）。

C. 混光灯。混光灯是将两种或两种以上不同的光源装设在同一灯具中进行混合应用，充分吸取各类光源的优点，避免其缺点，以达到高效节能、改善光色和扩大适应场所。

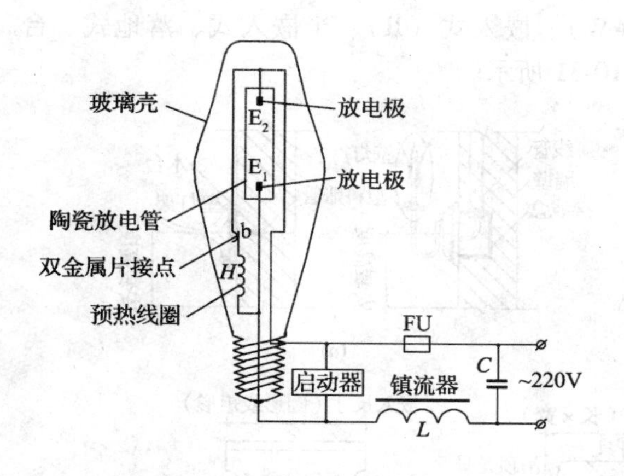

图 10-28　高压钠灯构造及电路接线

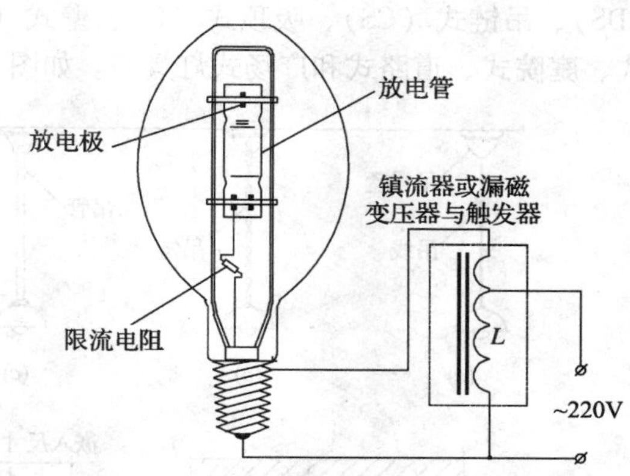

图 10-29　镝灯构造及电路接线

（2）常用照明器

照明器又称照明灯具或灯具，可按不同的方式分为多种类型，其形式多种多样，主要有工厂灯（包含各类电光源）、荧光灯和建筑灯等类型。

1）照明器的分类。照明器一般可按配光曲线、结构特点、安装方式进行分类。

A. 按配光曲线进行分类。照明器可按配光曲线（以照明器中心为坐标原点，将各个方向上的配光描绘成曲线，即表示照明器在空间各个方向上发光强度的特性曲线或配光曲线）的形状进行分类，也可按光通量照射在空间上、下两半球的分配比例分类。按配光曲线的形状可分为正弦分布型、广照型、均匀配照型、深照型和特深照型灯具等，如图 10-30 所示。

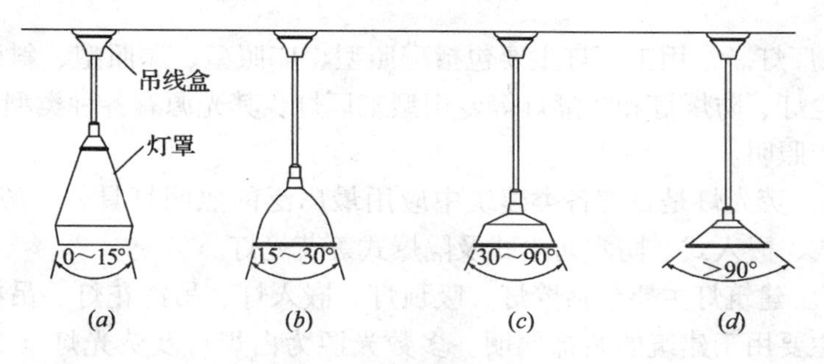

图 10-30　按配光曲线的形状进行分类的灯具

（a）特深照型；（b）深照型；（c）配照型；（d）广照型

B. 按光通量照射在空间的分配比例分类。照明器按光通量照射在空间的分配比例可分为直射型（全部光线由下半球直接射出）、半直射型（上半部光通量增加）、漫射型（封闭式灯罩用漫射材料制作而成）、半反射型（灯罩上半部用透明材料，下半部用漫射透光材料）和反射型（全部光线由上半球反光射出）等灯具。

C. 按灯具的结构特点分类。按灯具的结构特点可分为开启式（光源与外界环境直接相通）、保护式（采用闭合透光灯罩）、密闭式（灯具内外环境加以隔绝和封闭）和防爆式灯具（灯具内外均能承受一定的压力）。

D. 按灯具的安装方式分类。按灯具的安装方式可分为吊线式（SW）、吊管式

(DS)、吊链式（CS)、吸顶式（C)、壁式（W)、嵌入式（R)、半嵌入式、落地式、台式、庭院式、道路式和广场式灯具等。如图 10-31 所示。

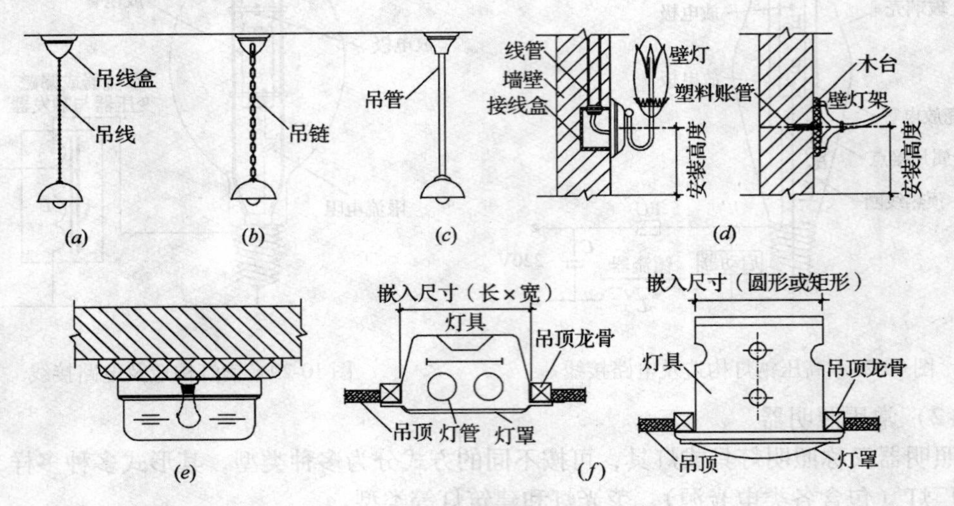

图 10-31 按安装方式进行分类的灯具

(*a*) 吊线灯（SW）；(*b*) 吊链灯（CS）；(*c*) 吊管灯（DS）；(*d*) 壁灯（W）；
(*e*) 吸顶灯（C）；(*f*) 嵌入灯（R）

2）常用灯具。常用的照明灯具主要有工厂灯、荧光灯和建筑灯等类型，其技术数据主要包括产品名称、型号、规格等。目前，我国生产的灯具尚无统一的技术标准和规格，全国各生产厂家的产品型号（包括规格和名称）也很不一致，现多采用上海和北京的产品型号。

A. 常用工厂灯。常用工厂灯主要包括配照型、广照型、深照型、斜照型等一般型工厂灯和防水防尘灯、防爆灯和防潮灯等专用型工厂灯，其光源有各种类型。工厂灯多用于工业企业的生产照明。

B. 荧光灯。荧光灯是目前各类建筑中应用最广泛的照明灯具，一般可分为吊链式、吊管式、吸顶式、嵌入式、防水防尘式及隔爆式等荧光灯。

C. 建筑灯。建筑灯主要包括壁灯、吸顶灯、嵌入灯、吊链花灯、吊杆花灯、组合灯等多种类型，主要用于建筑的装饰照明。多数光源为白炽灯及荧光灯（或节能荧光灯），也有其他类型的光源。建筑灯的型号、类型、规格、样式较多，在实际应用中可查阅有关电工手册和灯具产品样本。

2.2 照明布置与照明供电

2.2.1 灯具的选择与布置

一般情况下，可根据使用场所的环境条件和光源的特征进行综合选用和布置灯具。民用建筑照明中无特殊要求的场所，宜采用光效高的光源和效率高的灯具；开关频繁、要求瞬时启动和连续调光等场所，宜采用白炽灯和卤钨灯光源。

(1) 灯具选择

灯具可根据配光特性选择（如在一般民用建筑和公共建筑内，多采用半直射型、漫射型和荧光灯具；室外照明多采用广照型灯具）、根据环境条件选择（如在一般干燥房间以及和正常环境中，宜选用开启式灯具；在潮湿场所，应采用防潮防水的密闭式灯具；在可能受水滴浸蚀的场所，宜选用带防水瓷质灯头的开启式灯具）和经济条件选择等。

（2）灯具布置

室内灯具的布置，就是确定灯具在屋内的空间位置。它对光的投射方向、工作面的照度、照度的均匀性、眩光阴影限制及美观大方的效果等，均有直接的影响，也是照度计算的基础。

1）灯具悬挂。灯具的悬挂示意如图 10-32 所示。其中，灯具垂度 h_c一般为 0.3 ~ 1.5m（多取用 0.7m）。照明灯具的悬挂高度主要是考虑眩光和防止触电。室内一般灯具的最低悬挂高度 h_B应根据表 10-5 进行选择。

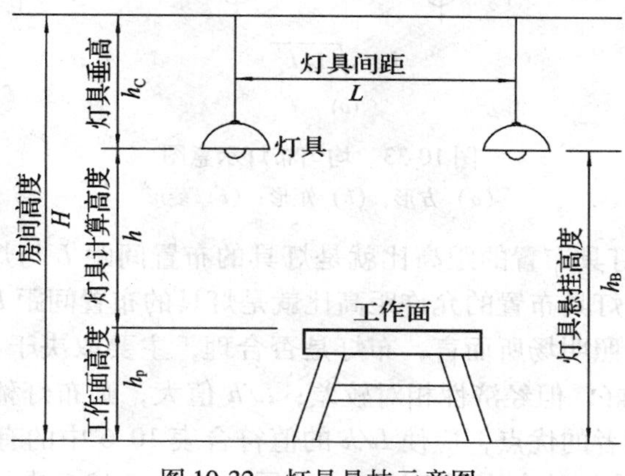

图 10-32　灯具悬挂示意图

室内照明灯具的最低悬挂高度（m）　　　　**表 10-5**

光源种类	灯具型式	灯具保护角	灯泡功率（W）	最低悬挂高度（m）
白炽灯	带反射罩	10° ~30°	≤100	2.5
			150 ~200	3.0
			300 ~500	3.5
			>500	4.0
	乳白玻璃漫射罩	—	≤100	2.0
			150 ~200	2.5
			300 ~500	3.0
荧光高压水银灯	带反射罩	10° ~30°	≤250	5.0
			≥400	6.0
卤钨灯	带反射罩	≥30°	1000 ~2000	6.0 7.0
荧光灯	无罩	—	≤40	2.0

2）灯具布置间距。灯具的布置间矩（L）就是灯具布灯的平面距离（有纵向距离和横向距离）一般用 L 表示，几种常用布灯形式的 L 值如图 10-33 所示。其光源形式分为点光源和线光源。当光源至工作面的距离大于光源直径的 10 倍时，即视为点光源，

其布灯间的纵横间距是相同的，因此灯具间距及允许距高比为一个值；一般灯具多为点光源，荧光灯为线光源，有横向（$B—B$）间距和纵向（$A—A$）间距要求，因此灯具间距允许距高比有两个数值，在校验灯具允许距高比时应同时满足两个参数要求。在布灯时：距墙壁的距离有工作面时一般为（0.25～0.3）L；无工作面时一般为（0.4～0.5）L。

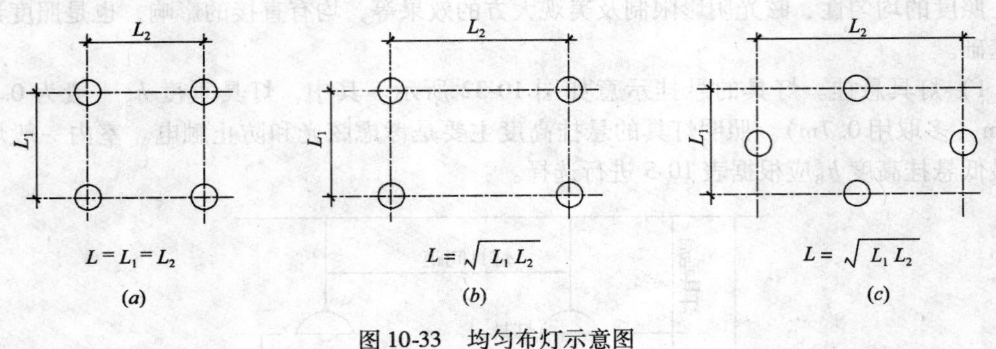

图 10-33　均匀布灯示意图

（a）方形；（b）矩形；（c）菱形

3）允许距高比。灯具布置的距高比就是灯具的布置间距 L 与灯具的悬挂计算高度 h 的比值，用 L/h 表示。灯具布置的允许距高比就是灯具的布置间距 L 与灯具的悬挂计算高度 h 的允许比值。对于照明场所而言，布灯是否合理，主要取决于 L/h 的比值是否适宜：L/h 值小，照度均匀性好，但经济性相对较差；L/h 值大，则布灯稀，满足不了一定的照度均匀性。为了兼顾两者的优点，应使 L/h 的值符合表 10-6 中的有关数值（部分灯具的推荐数值）。如校验荧光灯的允许距高比时，应同时满足表 10-7 中的横向和纵向的两个数值要求。

部分灯具的最大允许距高比（L/h）　　**表 10-6**

灯具名称	灯具型号	光源种类及容量（W）		允许距高比 L/h	最小照度系数 Z
		白炽灯 IN	水银灯 Hg、FL		
配照型灯具	GC1-A. B-1 GC1-A. B-2 GC19-A. B-1	IN150	Hg125		1.33 1.29
广照型灯具	GC3-A-2 GC3-B-2	IN150、200	Hg125	0.98 1.02	1.32 1.33
深照型灯具	GC5-A-3 GC5-B-3 GC5-A-4 GC5-B-4	IN300 IN500	Hg125 Hg125		
房间较矮 反射条件较好		灯排数≤3 灯排数＞3		1.15～1.2 1.10～1.2	
其他白炽灯具 布置合理时				1.10～1.2	

荧光灯具的最大允许距高比（L/h）　　表 10-7

灯具名称	灯具型号	功率（W）	灯具效率（%）	距高比 L/h		光通量（1m）	间距示意
				A—A	B—B		
普通荧光灯	YG1-1	1×40	81	1.62	1.22	1×2200	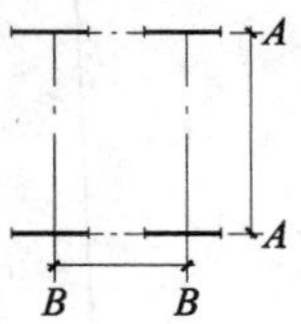
	YG2-2	1×40	88	1.46	1.28	1×2200	
	YG2-2	2×40	97	1.33	1.28	2×2200	
密闭型荧光灯	YG4-1	1×40	84	1.52	1.27	1×2200	
	YG4-2	2×40	80	1.41	1.26	2×2200	
吸顶式荧光灯	YG6-2	2×40	86	1.48	1.22	2×2200	
	YG6-3	3×40	86	1.50	1.26	3×2200	
嵌入式荧光灯							
（塑料格栅）	YG15-3	3×40	45	1.07	1.07	3×2200	
（铝格栅）	YG15-2	2×40	88	1.20	1.20	2×2200	

各类灯具的允许距高比值一般由灯具的配光曲线所决定，在应用时可查阅有关电工手册或灯具产品手册。

2.2.2　照明供电系统及设置

（1）照明供电的基本形式及要求

1）照明供电基本形式。照明供电的基本形式分为架空进线和电缆进线，如图 10-33 所示。架空线路进线主要包括引下线、进户线、总配电箱、重复接地、分配电箱、干线和支线等；当采用电缆进线时无引下线。

2）照明供电电源。照明供电线路一般采用交流电源供电，应急照明和重要场所的照明有时可采用直流电源供电。

3）电压要求。照明光源的电源电压一般应采用 220V、1500W 及以上的高强度气体放电灯的电源电压宜采用 380V。照明灯具的端电压不宜大于其额定电压的 105%，亦不宜低于其额定电压的下列数字：

A. 一般工作场所为 95%；

B. 远离变电所的小面积一般工作场所，难以满足 95% 的要求时，可为 90%；

C. 应急照明和用安全特低电压供电的照明为 90%。

（2）配电方式

配电方式主要是指干线的供电方式。从总配电箱到分配电箱的干线主要有放射式、树干式、混合式以及链接式四种供电方式，如图 10-34 所示。

1）放射式。各分配电箱分别由各条干线供电，如图 10-35（*a*）所示。当某分配电箱发生故障时，保护开关将其电源切断，不影响其他分配电箱的正常工作。所以，放射式供电方式的电源较为可靠，但材料消耗较大。

2）树干式。各分配电箱的电源由一条公用干线供电，如图 10-35（*b*）所示。当某分配电箱发生故障时，影响到其他分配电箱的正常工作。所以，电源的可靠性差，但节省材料，经济性较好。

3）混合式。放射式和树干式的供电方式混合使用，如图 10-35（*c*）所示，由此可吸取两式的优点，即兼顾材料消耗的经济性又保证电源具有一定的可靠性，这是目前采用较多的供电方式。

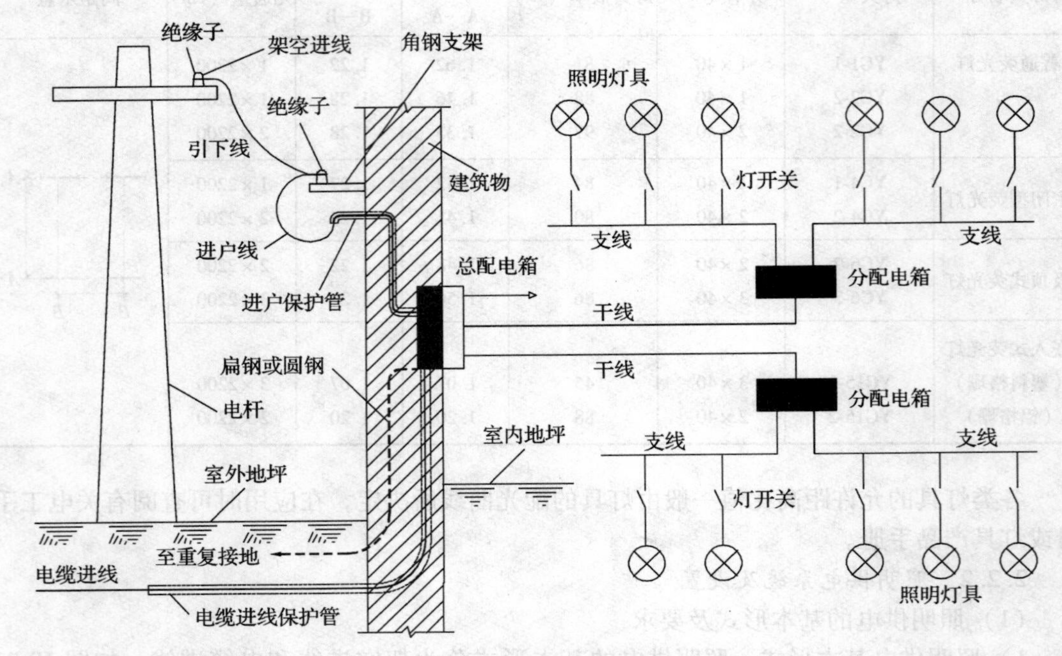

图 10-34　照明供电示意图

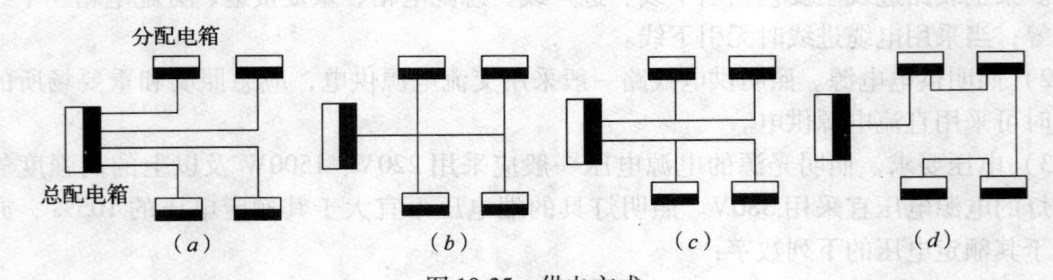

图 10-35　供电方式

(a) 放射式；(b) 树干式；(c) 混合式；(d) 链接式

4）链接式。以链式连接［图 10-35（d）］的方式供电，建筑面积较大或较长的建筑物可采用此类供电方式。

（3）照明支线

1）支线供电范围。照明支线的供电范围应符合以下要求。

A. 长度要求。单相支线长度一般为 20～30m，三相支线长度一般为 60～80m。

B. 电流要求。每相的电流以不超过 15A 为宜。如电流大于 15A 时，可采用三相或两条支线供电。

C. 电器数量。每一单相支线所装设的灯具和插座数量不宜超过 20 个。

D. 插座电源。在照明线路中插座是故障率最高的场所，如安装数量较多时，应专设支线供电，以提高照明线路供电的可靠性。

2）支线导线截面。室内照明支线的线路较长，转弯和分支很多。因此，从敷设施工考虑，支线截面不宜过大，通常在1.0～4.0mm^2范围内，最大不超过6mm^2。如截面大于6mm^2时，可采用两条单相支线或三相支线供电。

3）频闪效应的限制措施。在气体放电灯的频闪效应对视觉作业有影响的场所，应采用高频电子镇流器和相邻灯具分接在不同相序的措施来进行弥补。

（4）照明供电的设置

照明供电主要由供配电设备、照明线路、控制电器和保护电器、接地等构成。照明供电设备的配电箱主要用于电能集中、重新分配和设置保护装置，应设置在负荷较为集中的场所，并且在箱内设置线路保护和操作开关等装置。此外，在照明线路和工程中还大量使用插座、灯座、灯开关和电风扇等电气装置件。

1）低压配电箱。低压配电箱是以低压电器为主（如刀开关、负荷开关、断路器、熔断器、电流互感器、交流接触器等一次设备），配合有关测量仪表、控制电器等，在电气设备生产工厂以一定方式组合成一个箱体的定型成品配电箱，一般称成套配电箱、标准配电箱、或简称配电箱；而根据需要在现场制作的配电箱，称为现制配电箱或非标配电箱；有时为节省材料，不要箱体只要盘面板（背面应留一定安装空间）的配电装置称配电板（盘）。按功能或产品使用的用途可分为电力配电箱、动力配电箱、照明配电箱、插座配电箱、计测配电箱、通用控制箱和电源箱等；按安装方式又可分为明装配电箱、暗装配电箱和落地式配电箱等。

目前配电箱的型号表示方法较多，下面是较为常用的表示方法。

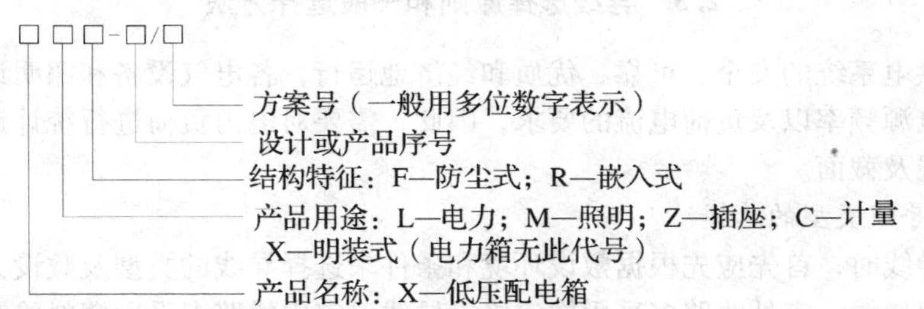

2）电气装置件。电气装置件的种类较多，常用的有灯具、灯座、开关、插座、挂线盒（吊线盒）等。灯开关根据安装形式分为明装式和暗装式，在安装接线时必须连接或控制照明器的相线（火线）；插座是为移动式照明电器、家用电器或其他用电设备提供电源的器件，其安装接线相序必须符合规定，如图10-36所示。

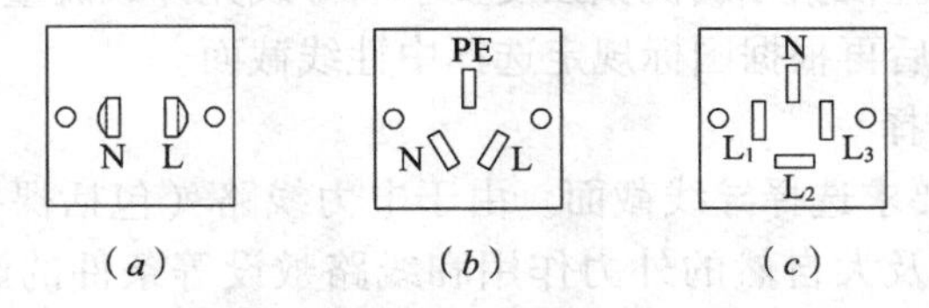

图10-36　插座极性连接示意图

（a）单相两极；（b）单相三极；（c）三相四级

3）线路敷设。照明线路一般应根据敷设场所和条件，选择相应的导线和敷设方式。各类导线敷设方式的特征及应用范围，可参见本章配线部分。

4）线路保护。在照明线路的干线和支线上均可采用断路器或熔断器作为线路或用电设备的保护装置。保护装置额定电流的选择应满足短路故障时的分断能力，保护装置整定电流应满足线路计算电流的要求。

A. 熔断器的选择。当熔断器主要用于照明支线的保护时，可按下式选择熔断器熔体额定电流。

$$I_{NR} \geqslant K_m I_{jS} \tag{10-2}$$

式中 I_{NR}—— 熔断器熔体的电流，A；

I_{jS}—— 线路计算电流，A；

K_m——熔体计算系数。白炽灯、荧光灯、卤钨灯、卤化物灯为 1，高压水银灯为 1 ~ 1.7，高压钠灯为 1.1 ~ 1.5。

B. 断路器的选择。断路器（塑壳断路器）可用于照明干线和支线的保护装置，其额定电流与整定值可按下式选择。

$$I_{OP1} \geqslant K_{K1} I_{jS} \tag{10-3}$$

$$I_{OP3} \geqslant K_{K3} I_{jS} \tag{10-4}$$

式中 I_{OP1}——断路器热脱扣器整定电流，A；

I_{OP3}——断路器瞬时脱扣器整定电流，A；

I_{jS}——线路计算电流，A；

K_{K1}——断路器热脱扣计算系数，高压汞灯为 1.1，其余为 1；

K_{K3}——断路器瞬时脱扣计算系数，一般可选取 6，照明用断路器多为 5 ~ 10。

2.3 导线选择原则和一般选择方法

为保证供电系统的安全、可靠、优质和经济地运行，各电气设备和照明设备必须满足工作电压和电源频率以及负荷电流的要求，因此，需要对电力负荷进行统计计算和选择经济合理的导线及截面。

2.3.1 导线类型的选择

在选择导线时，首先应先根据敷设环境和条件来选择导线的类型及敷设方式。如架空线路多采用裸导线，室外线路多采用橡皮绝缘导线，室内线路多采用塑料绝缘导线和电缆线路；房屋线路改造多采用塑料线槽线路；建筑物电源进线多采用穿管线路或电缆进线等。

2.3.2 导线截面的选择

选择导线截面一般应根据导线机械强度要求、导线允许载流量和线路电压损失要求三个基本原则来选择，然后再根据国标规定选择中性线截面。

（1）相线截面的选择

1）根据机械强度要求选择导线截面。由于电力线路（包括裸导线、绝缘导线和电力电缆等）受到自身条件及大自然的外力作用和线路敷设等条件的影响，要求电力线路应具有一定的机械强度。为此，我国规定了各类配线方式和配线方法的导线线芯的最小允许截面（即机械强度要求，参见表 10-8），在选用导线截面时，应遵照执行。

2）根据允许载流量要求选择导线截面。当负荷电流通过导线时，由于导线电阻的作用，因此会产生电能损耗，使导线发热、温度上升，从而会使绝缘导线绝缘老化、甚至烧坏引起火灾，并能使导线接头处加剧氧化、增加接触电阻、严重时会发生断线事故等。所谓的导线允许载流量（又称导线持续电流、导线额定电流），就是在规定的环境条件下，如用途、材料类别、绝缘性能、敷设条件、环境温度、允许温度和表面散热条件等，导线能够连续承受不致使其稳定温度超过允许值的最大电流。一般根据上述环境条件将导线载流量列表备查，见表10-9。

导线线芯的最小允许截面（mm^2）　　表10-8

配线方式	配线方法	线芯最小截面		
		铜芯	铝芯	
绝缘子配线	裸导线敷设在绝缘子上	10.0	10.0	
	裸导线敷设在室内绝缘子上	2.5	4.0	
	绝缘导线敷设于绝缘子上：			
	室内　$L≤2m$	1.0	2.5	
	室外　$L≤2m$	1.5	2.5	
	室内外　$2<L≤6m$	2.5	4.0	
	$6<L≤12m$	2.5	6.0	
	$12<L≤16m$	4.0	6.0	
	$16<L≤25m$	6.0	10.0	
线管配线	绝缘硬导线穿管敷设	1.0	2.5	
	绝缘软导线穿管敷设	1.0	—	
槽板、线槽与护套线配线	绝缘导线槽板敷设	1.0	2.5	
	绝缘导线线槽敷设	0.75	2.5	
	绝缘护套线直敷（明敷）	1.0	2.5	
电缆配线	电缆敷设	2.5	4.0	
接户线	绝缘导线自电杆引下：档距为10m以下 10～25m	2.5 4	4 6	
	绝缘导线沿墙敷设：档距为6m以下	2.5	4	
架空配线	裸导线种类	低压	高压（6kV以上）	
			居民区	非居民区
	架空铝绞线及铝合金绞线	16	35	25
	架空钢芯铝绞线	16	26	16
	架空铜绞线	φ3.2mm	16	16
灯具引线	安装场所及用途	铜芯软线	铜芯	铝芯
	灯头线：民用建筑室内	0.4	0.5	2.5
	工业建筑室内	0.5	0.8	2.5
	室外	1.0	1.0	2.5
移动电气设备引线	生活用	0.2	—	—
	生产用	1.0		

注：L为绝缘子支撑点间距。

绝缘导线穿管敷设时的参考持续载流量 **表 10-9**

导线截面（mm^2）	长期连续负荷允许电流											
	铜芯（BX、BXF 型）						铝芯（BLX、BLXF 型）					
	穿金属管			穿塑料管			穿金属管			穿塑料管		
	二根	三根	四根	二根	三根	四根	二根	三根	四根	二根	三根	四根
1.0	15	14	12	13	12	11	—	—	—	—	—	—
1.5	20	18	17	17	16	14	15	14	11	14	12	11
2.5	28	25	23	25	22	20	21	19	16	19	17	15
4	37	33	30	33	30	26	28	25	23	25	23	20
6	49	43	39	43	38	34	37	34	30	33	29	26
10	68	60	53	599	52	46	52	46	40	44	40	35
16	86	77	69	76	68	60	66	59	52	58	52	46
25	113	100	90	100	90	80	86	76	68	77	68	60
35	140	122	110	125	110	98	106	94	83	95	84	74
50	175	154	137	160	140	123	133	118	105	120	108	95
70	215	193	173	195	175	155	165	150	133	153	135	120
95	260	235	210	240	215	195	200	180	160	184	165	150
120	300	270	245	278	250	227	230	210	190	210	190	170
150	340	310	280	320	290	265	260	240	220	250	227	205
185	385	355	320	360	330	300	295	270	250	282	255	232
	铜芯（BV 型）						铝芯（BLV 型）					
1.0	14	13	11	12	11	10	—	—	—	—	—	—
1.5	19	17	16	16	15	13	15	13	12	13	11.5	10
2.5	26	24	22	24	21	19	20	18	15	18	16	14
4	35	31	28	31	28	25	27	24	22	24	22	19
6	47	41	37	41	36	32	35	32	28	31	27	25
10	65	57	50	56	49	44	49	44	38	42	38	33
16	82	73	65	72	65	57	63	56	50	55	49	44
25	107	95	85	95	85	75	80	70	65	73	65	57
35	133	115	105	120	105	93	100	90	80	90	80	70
50	165	146	130	150	132	117	125	110	100	114	102	90
70	205	183	165	185	167	148	155	143	127	145	130	115
95	250	225	200	230	205	185	190	170	152	175	158	140
120	290	260	230	270	240	215	220	195	172	200	180	160
150	330	300	265	305	275	250	250	225	200	230	207	185
185	380	340	300	355	310	280	285	255	230	265	235	212

注：导线最高允许工作温度65℃，周围环境温度25℃。

按导线允许的持续电流要求选择导线截面时，应使导线的允许载流量 I_{n1}（表 10-8）不小于相线的计算电流 I_j，即：

$$I_{js} \leqslant KI_{n1} \tag{10-5}$$

上式中 K 是当导线敷设场所环境温度与导线载流量所用环境温度不同时，则导线的允许载流量应乘以温度校正系数 K，即：

$$K = \sqrt{\frac{t_1 - t_0}{t_1 + t_2}} \tag{10-6}$$

式中 K—— 温度校正系数；

t_1——导体最高允许工作温度，℃；

t_0——导线敷设处的环境温度，℃；

t_2——导体载流量标准中所采用的环境温度，℃。

3）根据线路电压损失要求，选择导线截面。负载端电压是保证负载运行的一个重要因素。由于线路阻抗存在，电流通过时就会有电压降，在负载端就会产生一定的电压损失，当超过一定数值就会影响负载的正常工作。因此，在选择导线截面时，应保证负载端电压的损失值不超过规定值。

按电压损失要求选择导线截面，一般可采用经验公式进行，即：

$$s = \frac{\sum(P_{js}L)}{C\varepsilon} \text{ 或 } s = \frac{P_{js}L_1 + P_{js2}L_2 + \cdots\cdots}{C\varepsilon} \tag{10-7}$$

式中 s—— 导线截面，mm^2；

P_{js}——线路或负载的计算功率，kW；

L—— 线路长度，m；

ε——允许的电压损失率（一般 2.5% ~5%）；

C——配电系数，由导线材料、线路电压和配电方式而定（表 10-10）。

如电力负荷为感性负载（如电动机负载、弧光放电光源等），则选择导线截面计算公式的结果应再乘以校正系数 B，见表 10-11 所示。

电压损失计算的 C 值（$\cos\varphi = 1$） **表 10-10**

线路电压	线路系统类别	计算公式	导线材料与 C 值	
			铜	铝
380/220	三相四线	$10\lambda U_L^2$	72.0	44.5
380/220	两相三线	$\frac{10\lambda U_L^2}{2.25}$	32.0	19.8
220	单相、直流	$5\lambda U_P^2$	12.1	7.45
110			3.02	1.86
36			0.323	0.200
24			0.144	0.0887
12			0.036	0.0220
6			0.009	0.0055

注：1. 环境温度取 +35℃，线芯工作温度为 50℃；

2. λ 为导线电导率（s/m），$\lambda_{铜} = 9.88$、$\lambda_{铝} = 30.79$；

3. U_L、U_P 分别为线电压、相电压（kV）。

从机械强度要求、允许载流量和允许电压损失三个方面选择导线截面后，应取其中最大的截面作为依据，来选取导线的标称截面（相线）。

感性负载线路电压损失计算的校正系数 *B* 值 **表 10-11**

导线截面	铜或铝导线明敷					电缆明敷或埋地导线穿管					裸铜线架设			裸铝线架设		
	功率因数					功率因数					功率因数			功率因数		
	0.9	0.85	0.8	0.75	0.7	0.9	0.85	0.8	0.75	0.7	0.9	0.8	0.7	0.9	0.8	0.7
6												1.10	1.12			
10											1.10	1.14	1.20			
16	1.10	1.12	1.14	1.16	1.19						1.13	1.21	1.28	1.10	1.14	1.19
25	1.31	1.17	1.20	1.25	1.28						1.21	1.32	1.44	1.13	1.20	1.28
35	1.19	1.25	1.31	1.35	1.40						1.27	1.43	1.58	1.18	1.28	1.38
50	1.27	1.35	1.42	1.50	1.58	1.10	1.11	1.13	1.15	1.17	1.37	1.57	1.78	1.25	1.31	1.53
70	1.35	1.45	1.54	1.64	1.74	1.11	1.15	1.17	1.20	1.24	1.48	1.76	2.10	1.34	1.52	1.70
95	1.50	1.65	1.80	1.95	2.00	1.15	1.20	1.24	1.28	1.32				1.44	1.70	1.90
120	1.60	1.80	2.00	2.10	2.30	1.19	1.25	1.30	1.35	1.40				1.73	1.82	2.10
150	1.75	2.00	2.20	2.40	2.60	1.24	1.30	1.37	1.44	1.50						

[**例 10-1**] 某暖通设备采用三相三线制的低压穿钢管敷设供电线路，输送的电功率为25kW，距离为120m，允许的电压损失为5%，如采用铜芯绝缘导线供电，问应选用多大的导线截面?

[**解**] 应从三个方面选择导线截面。

1）根据机械强度要求选择导线截面。从表 10-8 中查出，应采用截面积为 1.0mm² 的铜芯绝缘导线。

2）根据导线载流量要求选择导线截面。先计算出线路额定电流，即：

$$I_{\mathrm{L}}=\frac{P}{\sqrt{3}U_{\mathrm{L}}\cos\varphi}=\frac{25\times1000}{1.732\times380\times1}=37.98\mathrm{A}$$

查表 10-9 得出，应采用 6mm² 的铜芯绝缘导线。

3）根据电压损失要求选择导线截面。先从表 10-10 中查得 380V 三相三（四）线制的配电系数 C 值为 72.0，再将允许电压损失率 ε = 5% 一并代入式 10-8，即：

$$s=\frac{\sum\ (P_{j}l)}{C\varepsilon}=\frac{25\times120}{72\times0.05}=8.33\mathrm{mm}^{2}$$

根据以上计算，为同时满足机械强度、允许载流量和允许电压损失三个方面要求，应依据最大导线截面 s = 8.33mm²，查得标称截面应选取 s = 10mm² 的导线截面。

(2) 中性线截面的选择

中性线与接地线截面的选择应符合国家标准规范要求，其最小允许截面见表 10-12。

零线与保护线的最小截面（mm²） **表 10-12**

导线名称或作用		PE 和 PEN 线的最小截面
单芯导线作 PEN 干线	铜质	10
	铝质	16
多芯电缆的芯线作 PEN 干线		4

续表

导线名称或作用		PE和PEN线的最小截面
单芯绝缘导线作PEN线	有机械保护时 无机械保护时	2.5 4
保护线（PE） 其材质与相线相同	$s≤16$ $s≤25$ $25<s≤35$	s 16 $s/2$

注：s 为相线线芯的截面（mm^2）。

2.4 电气照明施工图

电气照明施工图是电气设计人员根据建筑工程设计提供的空间尺寸和照明场所的环境状况，结合照明场所的使用要求；遵照照明设计的有关标准和规定，确定合理的照明种类和照明方式；选择适宜的照明光源及照明灯具，以及负荷和供配电及导线敷设情况而绘制出来的。施工图是采用工程语言表达了设计人员的设计思想和设计意图。

2.4.1 施工图的主要内容

（1）施工说明与有关表格

1）施工说明。施工说明也称设计说明，它是设计人员用文字或符号对以下主要内容进行综合说明：

A. 电源进线的型号和规格、进线的方式、方位和安装工艺要求等；

B. 设计的总安装容量、计算容量和计算电流等电气安装工程的主要参数；

C. 电气安装工程所采用的一些施工安装的常规要求和特殊做法；

D. 在平面图和系统图上标注不便、无法表示或不宜表达清楚之处等的说明。

2）图例符号与主材表。施工图标有电气图例的摘录说明（如图例的图形、名称、规格、型号、安装做法等）以及设备主材表等，有时将图例符号与主材表合二为一。施工图有时也提供导线穿管的管径表和项目做法表等。

另外，施工图一般还标注全套施工图纸的目录编号，以便于施工人员对有关内容的寻找和查询。

（2）电气照明平面布置图

电气照明平面布置图也称电气平面图或照明平面图（图10-37），其主要内容有以下几方面：

1）建筑条件。施工图有建筑和工艺设备及室内平面的布置轮廓、各场所的名称、平面或空间尺寸、照度标准等。

2）电器位置。施工图按电气国标图例的图形符号标出全部灯具、配电箱、插座、开关等电器安装的空间位置。见表10-13。

3）线路参数。根据线路标注格式，标出导线型号、根数、截面、线路走向和敷设方式（穿管敷设时还标出穿管管经）等。见表10-14。

4）灯具参数。根据灯具标注格式，标出灯具数量、型号、每盏灯具光源的数量和容量、安装高度和安装方式等（同一房间内相同的灯具，一般只标注一处）。见表10-14。

5）标注的配电箱型号、规格和编号等。

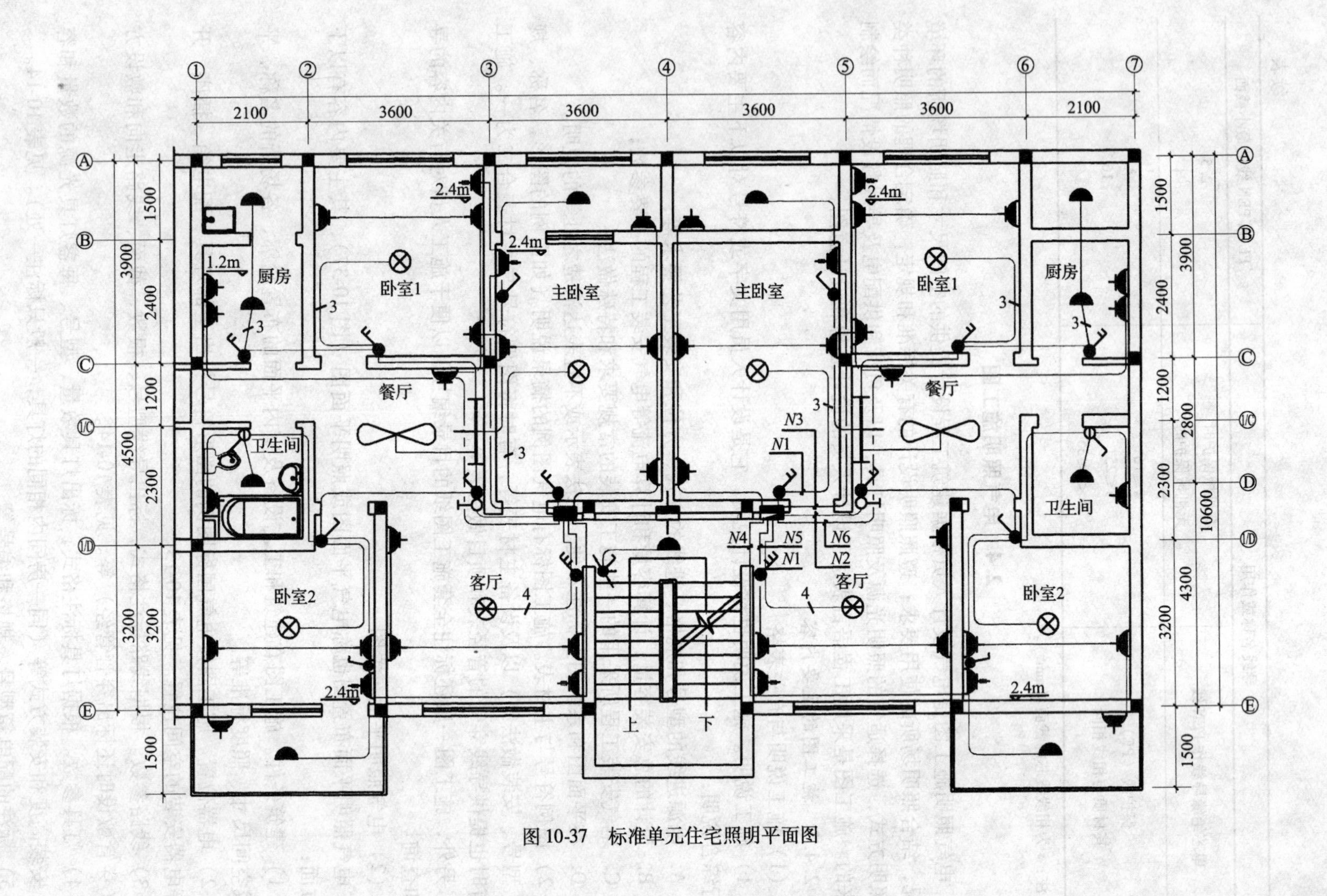

图10-37 标准单元住宅照明平面图

常用电气图形符号（GB/T 4728—2000） 表 10-13

国标编号	图例	名称	说明
11-B15-01 11-B15-03 11-B15-04 11-B15-05 11-B15-06		屏、台、箱、柜一般符号 电力或电力—照明配电箱 照明配电箱（屏） 事故照明配电箱（屏） 多种电源配电箱（屏） 电源自动切换箱（屏）	画于墙外为明装，距地一般 1.8m 画于墙内为暗装，距地一般 1.4m
08-10-01 08-10-12	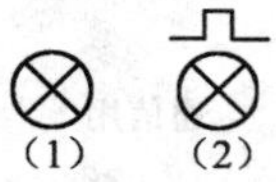 (1) (2)	（1）灯一般符号 信号灯一般符号 （2）闪光型信号灯	（1）颜色标注（在符号旁） RD 红 BU 蓝 YE 黄 GN 绿 WH 白 （2）灯的类型标注(在符号旁) Xe 疝 Ne 钠 IN 白炽 I 碘 Hg 汞 FL 荧光 EL 电发光 ARC 弧光
11-15-04 11-15-05	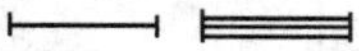	荧光灯一般符号 三管荧光灯	
11-13-09		电信插座一般符号	可用文字或符号加以区别 TP 电话 TV 电视 TX 电传 M 扬声器 FM 调频
11-B18-01 11-B18-02 11-B18-03 11-B18-04	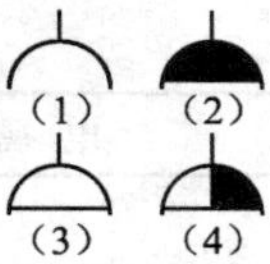 (1) (2) (3) (4)	（1）单相插座 （2）暗装 （3）密闭（防水） （4）防爆	明装距地一般为 1.8m 暗装距地一般为 0.3m
11-B18-06 11-B18-08	 (1) (2)	（1）带保护接点插座（单相三极） （2）带接地插孔的三相插座（三相四极）	暗装、密闭、防爆型，半圈内表示方法同上
11-B18-13	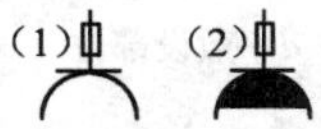 (1) (2)	（1）带熔断器的插座 （2）暗装	可用于空调插座
	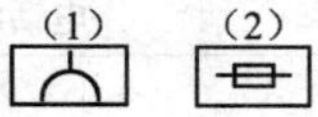 (1) (2)	（1）插座箱（板） （2）熔断器箱（盒）	画于墙内为暗装
11-14-01 11-14-09 11-B18-25	 (1) (2) (3)	（1）灯开关一般符号 （2）单极拉线开关 （3）单极双控拉线开关	明装距地一般为 2 ~ 3m
11-B18-14 11-B18-15 11-B18-16 11-B18-17	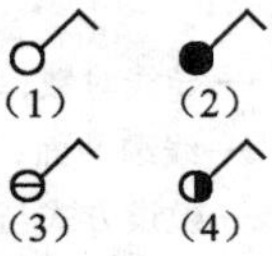 (1) (2) (3) (4)	（1）单极开关 （2）暗装 （3）密闭（防水） （4）防爆	暗装一般距地 1.3m
11-14-04 11-B18-21	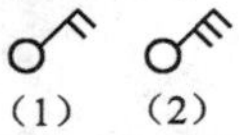 (1) (2)	（1）双极开关（单极双位开关） （2）三极开关（单极三位开关）	暗装、密闭、防爆的 圆圈内表示方法同上

续表

国标编号	图例	名称	说明
11-14-06	(1) (2)	(1) 双控开关（单极三线） (2) 暗装	
		架空电话交接箱 落地电话交接箱 壁龛电话交接箱（嵌墙式）	通信用
	(1) (2) (3)	(1) 分线盒一般符号 (2) 室内分线盒 (3) 室外分线盒	通信用
	(1) (2) (3)	(1) 深照型灯 (2) 广照型灯（配照型灯） (3) 防水防尘灯	
	(1) (2) (3)	(1) 顶棚灯 (2) 花灯 (3) 壁灯	

电气施工图常用标注格式 表 10-14

电话分线盒、交接箱	电缆桥架	电视线路
$\frac{a\times b}{c}d$ a—编号 b—型号（不需要标注可省略） c—线序 d—用户数	$\frac{a\times b}{c}$ a—电缆桥架宽度（mm） b—电缆桥架高度（mm） c—电缆桥架安装高度（mm）	$a-(b)c-d$ a—线路编号 b—线路型号 c—敷设方式与穿管管径 d—敷设部位
照明灯具	**电气线路**	**电话线路**
$a-b\frac{c\times d\times L}{e}l$ a—灯数； b—型号或编号（无则省略）； c—每盏灯的灯泡数； d—灯泡安装容量； e—灯泡安装高度（m）； f—安装方式； L—光源种类 安装高度“-”表示吸顶安装	$ab-c(d\times e+f\times g)i-jh$ a—线缆编号； b—线缆型号（不需要时可省略）； c—线缆根数； d—线缆芯数； e—线芯截面（mm^2）； f—PE、N 线芯数； i—线缆敷设方式； j—线缆敷设部位； h—线缆敷设安装高度（m）	$a-b(c\times 2\times d)e-f$ a—电话线缆编号； b—电话线缆型号（不需要时可省略）； c—导线对数； d—线缆截面； e—敷设方式与穿管管径（mm）； f—敷设部位

续表

表达照明灯具安装方式的代号	表达线路敷设部位的代号	表达线路敷设方式的代号
SW—线吊式自在器线吊式 CS—吊链式 DS—吊管式 W—壁装式 C—吸顶式 WR—墙壁内安装 HM—座装 S—支架上安装 T—台上安装 CL—柱上安装 R—嵌入式 CR—顶棚内安装	AB—沿或跨梁（屋架）敷设； BC—暗敷在梁内； CLC—暗设在柱内； WS—沿暗面敷设； WC—暗敷在墙内； CE—沿天棚或顶板面敷设； SCE—吊顶内敷设； F—地板或地面下敷设	PR—塑料线槽敷设 MR—金属线槽敷设 PC—穿硬塑料管敷设 FPC—穿阻燃半硬聚氯乙烯管敷设 KPC—穿聚氯乙烯塑料波纹管敷设 CP—穿金属软管敷设 MC—穿电线管敷设 SC—穿焊接钢管敷设 CT—电缆桥架敷设 C—直接埋设 M—用钢索敷设 TC—电缆沟敷设 CE—混凝土排管敷设
用电设备	断路器整定值	电气设备与装置常用符号
$\frac{a}{b}$ a—设备编号或设备位号； b—额定功率（kW 或 KVA）	$\frac{a}{b}c$ a—脱扣器额定电流； b—脱扣整定电流值； c—短延时整定时间（瞬间不标注）	交流配电屏 AA　电力线路 WP 电力配电箱 AP　照明线路 WL 照明配电箱 AL　应急电力线路 WPE 控制箱 AC　应急电力线路 WPE 电度表箱 AW　控制线路 WC 插座箱 AX　母线 WB

注：灯具安装高度：壁灯为灯具中心与地面距离；吊灯为灯具底部与地面距离

(3) 照明供电系统图

供电系统图也称电气系统图或照明系统图（图 10-38），供电系统图主要包括以下内容：

1）电气系统连接。系统图标明各级配电箱和照明线路的系统连接情况。

2）配电箱参数。系统图标明各配电箱的型号、编号、外形尺寸以及箱内电器配置和连接情况等。

3）电器参数。系统配置的断路器、熔断器等电器的型号和规格，以及熔断器和断路器等的保护整定值等。

4）其他标注。除按线路标注外，干线有时还标明有额定电流（或计算电流）、长度、电压损失值，支线有时还标注其额定电流、线路计算长度、安装容量和所接相序等。

(4) 安装图

常规的安装图多采用标准图集（有国家标准、地区标准、也有设计院标准），施工单位一般备有标准图集；当电气装置有特殊安装要求时，一般配置专门的安装详图，以供安装施工人员安装使用。

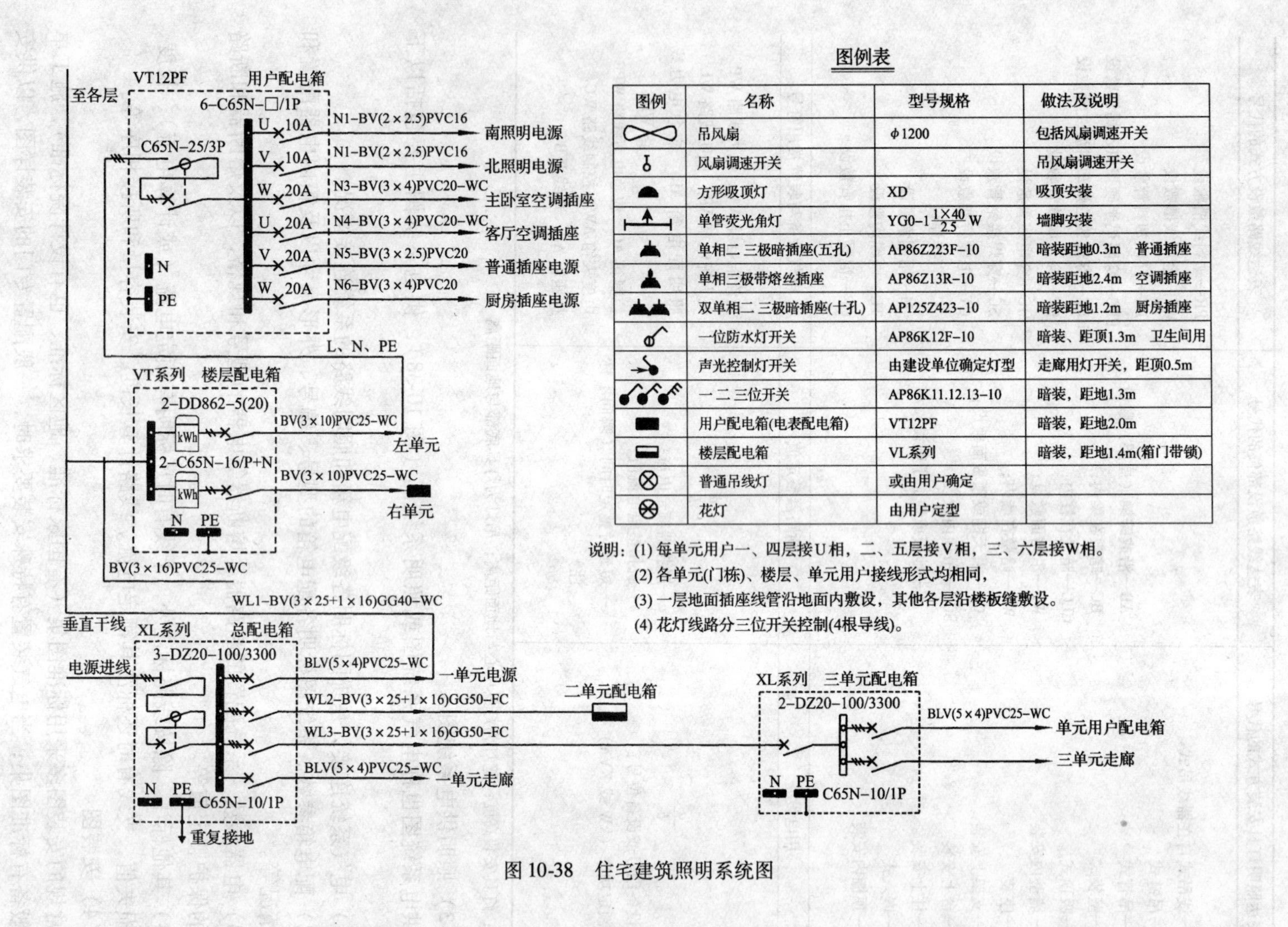

图例表

图例	名称	型号规格	做法及说明
	吊风扇	φ1200	包括风扇调速开关
	风扇调速开关		吊风扇调速开关
	方形吸顶灯	XD	吸顶安装
	单管荧光角灯	YG0-1 $\frac{1\times40}{2.5}$ W	墙脚安装
	单相二 三极暗插座(五孔)	AP86Z223F-10	暗装距地0.3m 普通插座
	单相三极带熔丝插座	AP86Z13R-10	暗装距地2.4m 空调插座
	双单相二 三极暗插座(十孔)	AP125Z423-10	暗装距地1.2m 厨房插座
	一位防水灯开关	AP86K12F-10	暗装、距顶1.3m 卫生间用
	声光控制灯开关	由建设单位确定灯型	走廊用灯开关，距顶0.5m
	一二 三位开关	AP86K11.12.13-10	暗装，距地1.3m
	用户配电箱(电表配电箱)	VT12PF	暗装，距地2.0m
	楼层配电箱	VL系列	暗装，距地1.4m(箱门带锁)
	普通吊线灯	或由用户确定	
	花灯	由用户定型	

说明：(1) 每单元用户一、四层接U相，二、五层接V相，三、六层接W相。
(2) 各单元(门栋)、楼层、单元用户接线形式均相同，
(3) 一层地面插座线管沿地面内敷设，其他各层沿楼板缝敷设。
(4) 花灯线路分三位开关控制(4根导线)。

图 10-38 住宅建筑照明系统图

2.4.2 施工图的阅读

（1）准备工作

施工前，应仔细阅读设计施工图，应根据电气符号与标注格式，搞清楚总电源的进线方位和方式，各电气设备的空间安装位置和安装方式，各线路的走线路径（包括水平部分及垂直部分）、敷设方式和敷设部位，以便在施工图中对线管、箱体、预埋件及紧固件等设施的预埋安装工作，做到心中有数。

（2）施工安装

阅读施工图时，应根据电气系统图并配合电气平面图，理解各线路导线所采用的型号、规格以及导线根数的作用和功能连接原理，搞清楚供电方式和各配电箱的型号规格和箱内电器配备情况，各电气设备与线路的安装方式及终端连接情况等，配合用电现场施工过程进行安装施工。

课题3 建筑防雷

雷电现象是自然界大气层中在特定条件下形成的，雷云对地面泄放电荷的现象，称为雷击。它是电力系统和建筑物的主要自然灾害之一，它可能造成电气设备损坏、电力系统停电、建筑物发生着火或爆炸事故等，也可能造成严重的生产设备事故和人身安全事故，可能造成直接或间接的危害。因此，必须采取适当的防范措施，以减少雷害事故。目前防雷的基本措施是：安装避雷针、避雷线、避雷网、避雷器等避雷装置，把雷电经避雷装置引导而流入大地，以削弱其危害；提高电气设备和其他设备的绝缘能力，确保电力系统和其他设备的安全运行。

3.1 建筑防雷的基本概念

3.1.1 雷电的危害和防雷等级

（1）雷电的形成与危害

雷电是自然界大气层中在特定条件下形成的放电现象，而雷云对地面泄放电荷的现象，称为雷击。雷击产生的破坏力极大，它对地面上的建筑物、电气线路、电气设备和人身安全都可能造成直接或间接的危害。因此，必须采取适当的防范保护措施。

1）雷击的形式。雷击的形式有直击雷、感应雷和雷电波侵入。

① 直击雷。直击雷就是雷云直接通过建筑物或地面设备对地放电的过程。强大的雷电流通过建筑物时会产生大量的热，使其遭受破坏；还能产生过电压破坏绝缘，产生火花，引起燃烧和爆炸等。其危害程度在三种方式中最大。

② 感应雷。雷电感应是附近有雷云或落雷所引起的电磁作用的结果，分为静电感应和电磁感应两种。静电感应是由于雷云靠近建筑物，使建筑物顶部由于静电感应积聚起极性相反的电荷，这些电荷来不及流散入地，因而形成很高的对地电位，能在建筑物内部引起火花；电磁感应是当雷电流通过金属导体入地时，形成迅速变化的强大磁场，能在附近的金属导体内感应出电势，而在导体回路的缺口处或设备间隙处引起火花，发生火灾，并危及人生安全。

③ 雷电波侵入。电力架空线路在直接受到雷击或因附近落雷而感应出过电压时，如果

在中途不能使大量电荷入地，就会侵入建筑物内或电气设备，造成建筑物和电气设备损坏。

2）易受雷击的部位。易受雷击的部位及雷电活动的一般规律主要有以下几点。

① 建筑物高耸及突出部位。如水塔、烟囱，以及建筑的屋脊、山墙、女儿墙等。

② 排放导电尘埃的烟囱、厂房、废气管道和金属屋顶结构等。

③ 地下埋有金属管道、地下有金属矿物的地带等。

④ 有高大树木和山区的输电线路等。

（2）防雷等级

按遭受雷击所产生的破坏程度，国家防雷规范规定了建筑物的防雷等级，并可按不同的防雷等级设置相应的防雷措施。

1）工业建筑的防雷等级。工业建筑的防雷等级分为三级。

第一级：制造、使用或储存大量爆炸性物质，容易因火花引起爆炸，并会造成巨大破坏和人身伤亡者。

第二级：制造、使用或储存大量爆炸性物质，但是出现火花不宜引起爆炸或不致造成巨大破坏和人身伤亡者。

第三级：未列入第一二类的爆炸、火花危险场所，根据雷击的可能性及对工业生产的影响，确定需要防雷者；高度在15m以上的高耸建筑物；雷电活动较少地区，但高度可为20m以上者。

2）民用建筑的防雷等级。民用建筑的防雷等级分为三级。

第一级：具有重大政治意义的建筑。如国家机关、宾馆、大会堂场、通讯枢纽、大型火车站、国际机场等；主要建筑物、超高层建筑物、国家重点文物保护的建筑物等。

第二级：重要的或人员密集的大型建筑物。如部、省级办公楼，省级大型的集会、展览、体育、交通、通讯、广播、商业建筑物和影剧院等。省级重点文物保护的建筑物，19层及以上的住宅建筑和高度超过50m的其他民用建筑物。

第三级：高度在20m以上的建筑物，高度超过15m的烟囱、水塔及孤立建筑物和历史上雷害事故较多的建筑物。

3.1.2 防雷措施

防雷的基本措施主要是利用避雷装置（防雷装置），把雷云电荷引导流入大地，以削弱其危害，确保电力系统和电气设备的安全运行，使建筑物免受雷电袭击。

（1）雷击类型的防雷措施

1）防直击雷的措施。变配电所一般多采用单支或多支避雷针做直击雷保护，以使整个变电所区域的所有设备及建筑物处于避雷针保护范围之内，使得变压器、母线、开关设备和建筑物等设施均能免受雷电的直接雷击。避雷针可单独立杆，也可利用户外配电装置（变压器除外）的构架或投光灯的塔架。

2）防雷电波浸入的措施。由于输电线路落雷频繁，所以沿电力线路入侵的雷电波是变配电所遭受雷害的主要原因。防范雷电波的主要措施是在变配电所内装设阀型避雷器或在变配电所的进线上设置进线保护段等。

3）防雷电感应的措施。其防范措施一般可在建筑物顶部等突出部位上装设避雷针和避雷带，引导带电雷云感应的电荷迅速泄入大地。

（2）建筑物与构筑物的防雷措施

建筑物主要有平屋顶、坡屋顶和高层建筑等类型，一般应根据其特点来设置建筑物的防雷保护措施，如避雷针、避雷带、避雷网等。

1）平屋顶建筑物的防雷保护。平屋顶建筑物的防雷保护措施一般多采用屋顶避雷带（又称防雷带），有时也采用避雷针。在装设避雷带时，屋顶上所有凸出的构筑物、管道、灯柱、旗杆等金属物体，均应与避雷带进行可靠连接。接地引下线不得少于两根，各引下线之间的距离不得大于 18 ~ 25m（根据防雷等级确定）。其屋顶类型分为有女儿墙和无女儿墙两种形式。

A. 有女儿墙避雷带。当建筑物有女儿墙时，避雷带一般装设在女儿墙上，如图 10-39（*a*）所示。

B. 无女儿墙避雷带。当建筑物无女儿墙时，避雷带一般装设在屋顶的挑檐、屋面、屋脊等凸出部位上，并用屋顶支座支撑避雷带，如图 10-39（*b*）所示。

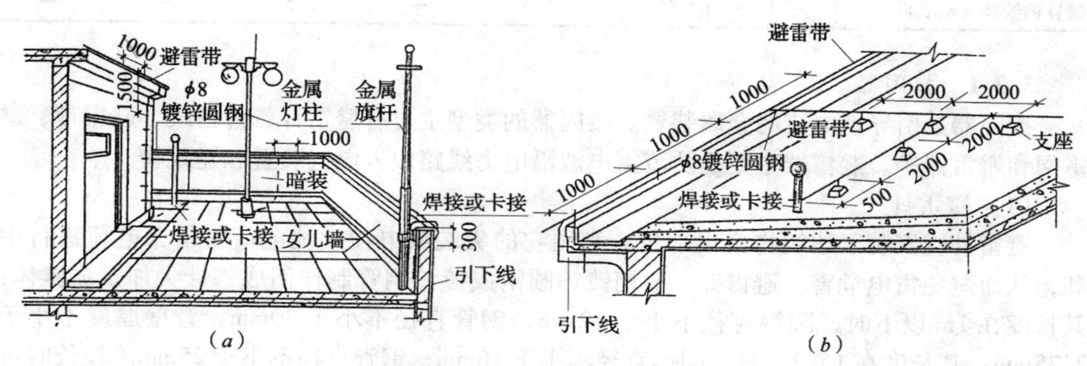

图 10-39　建筑物的屋顶避雷带

（*a*）有女儿墙平屋顶的避雷带；（*b*）无女儿墙平屋顶的避雷带

2）坡屋顶建筑物的防雷保护。坡屋顶建筑物的防雷保护措施一般可在坡屋顶建筑物的顶部墙壁上装设避雷针或屋顶避雷带。一般多采用镀锌圆钢沿最容易遭受雷击的屋角、屋脊、屋檐以及沿屋顶所有凸出的金属构筑物（如烟囱、通气管等）敷设。

3）高层建筑物的防雷保护。高层建筑物的防雷保护措施多采用避雷网。现代的高层建筑物，一般都是用钢筋混凝土浇筑、或用预制装配式壁板装配而成的，结构的梁、柱、墙及地下基础均有相当数量的钢筋。可把这些钢筋从上到下全部连接成电气通路，并把室内的上下水管道、热力管道、钢筋网等全部金属物体连接成一个整体，构成笼式暗装式避雷网。这样，使整个建筑物成为一个与大地可靠连接的等电位整体，能有效地防止雷电击（直击和侧击）。

3.2　防雷装置及组成

防雷（避雷）装置的作用是将雷云电荷或建筑物感应电荷迅速引导入地，以保护建筑物、电气设备及人身不受损害。其主要由接闪器、引下线和接地装置三部分组成。防雷装置所用的材料，考虑到机械强度、耐腐蚀性等要求，国标规定均应采用镀锌材料，其最小尺寸应满足表 10-15 的要求。

避雷装置材料的最小尺寸 表 10-15

名称		接闪器						引下线		接地体	
		避雷针			避雷线	避雷网带	烟囱顶上避雷环	一般处所	装在烟囱上	水平埋地	垂直埋地
		针长（m）		烟囱上							
		1 以下	1 ~ 2								
圆钢直径（mm）		12	16	20	—	8	12	8	12	10	10
钢管直径（mm）		20	25	—	—	—	—	—	—	—	—
扁钢	截面（mm^2）	—	—	—	—	48	100	48	100	100	—
	厚度（mm）	—	—	—	—	4	4	4	4	4	—
角钢厚度（mm）		—	—	—	—	—	—	—	—	—	4
钢管壁厚（mm）		—	—	—	—	—	—	—	—	—	3.5
镀锌钢绞线（mm^2）		—	—	—	35	—	—	—	25	—	—

3.2.1 接闪器

接闪器是引导雷电流的金属装置。接闪器的类型主要有避雷针、避雷线、避雷带、避雷网和避雷器等。避雷器主要是防范雷电波沿电力线路侵入电气装置和建筑物。

（1）避雷针

避雷针应安装于建筑物突出部位，利用它的尖端放电使大地电荷与雷云电荷进行中和，从而避免雷电危害。避雷针一般用镀锌圆钢或镀锌钢管制作而成，针尖加工成锥体：其长度在 1m 以下时，圆钢直径不小于 12mm，钢管直径不小于 20mm，管壁厚度不小于 2.75mm；其长度在 1 ~ 2m 时，圆钢直径不小于 16mm，钢管直径不小于 25mm。较长时可分段连接。

（2）避雷带

避雷带是沿建筑物易受雷击的部位（如屋脊、屋角等）装设的带形导体：一般采用大于 $\phi8$ 以上的圆钢或截面不小于 $48mm^2$、厚度不小于 4mm 的扁钢；支点间距约 1 ~ 1.5m，距屋面高度约 100 ~ 150mm。

（3）避雷网

避雷网是在屋面上纵横敷设的避雷带组成网格形状的导体。高层建筑常把建筑物内的结构钢筋连接成笼式避雷网。

（4）避雷线

避雷线一般采用截面不小于 $35mm^2$ 的镀锌钢绞线，主要架设在电力架空线路之上，以保护架空线路免受雷击。

（5）避雷器

避雷器是用来防护雷电沿输电线路侵入建筑物内，以免电气设备损坏和危及建筑物安全。常用避雷器的型式有阀式避雷器、管式避雷器、保护间隙和击穿保险器等。

3.2.2 引下线

引下线是将接闪器接引的雷电流引入大地的通道，其作用是将雷电流引入接地装置。其材料多采用镀锌扁钢或圆钢；其规格：圆钢直径不小于 $\phi8mm$，扁钢截面积不小于 $48mm^2$、厚度不小于 4mm。两引下线的间距不应大于 25m；其安装方式可以明装（明装引下线应穿管保护和装设断接卡子），也可以暗装（敷设于墙内）。如采用钢筋混凝土柱内结构钢筋作为引下线时，其焊接连接应牢固可靠，保证电气通路良好，并装设连接板以便测量接地电阻。

3.2.3 接地装置

防雷接地装置可使接闪器和引下线引入的雷电流在大地中迅速流散。接地装置由接地体和接地线组成，其形式与电气系统接地装置相同，但其接地电阻一般不应大于10Ω。

思考题与习题

1. 建筑供配电系统主要使用哪些电压级别？主要由哪些设备组成？

2. 架空线路主要由什么组成？电缆线路有哪些敷设方式？

3. 室内明配线路主要有哪些敷设方式？暗配线路主要有哪些敷设方式？

4. 什么叫线管配线方式？有什么特点？

5. 建筑电气照明分为哪些类型？一般照明表示什么意义？

6. 什么叫照度？其单位与符号用什么表示？

7. 照明干线主要有哪些供电方式？常用的线路敷设方式有哪些？

8. 电光源主要有哪些类型？照明器（灯具）主要有哪些类型？

9. 电气照明施工图主要由哪些组成？其主要内容有哪些？

10. 某建筑物的照明负荷（设置为白炽灯）为25kW，采用380/220V三相四线制供电系统，距变电所的距离为300m，试采用BV绝缘导线穿管线路供电，要求电压损失不超过5%，试选择导线截面（环境温度30℃，暗敷）。

11. 观察周围的建筑物采用了哪些防雷措施，各具有什么特点？

12. 你所见到的电气设备都采用了哪些保护措施？

13. 接地的方式主要有哪些？重复接地是什么意思？

14. 接地的形式主要有哪些？

15. 接地装置主要由什么构成？

16. 建筑物的防雷措施主要有哪些？

17. 防雷装置主要由什么构成？

单元11　低压电器与控制电路

知识点：常用低压电器：开关类低压电器、保护类低压电器、控制类低压电器；电动机常用控制电路：单向运转控制电路、双向运转控制电路；暖通设备常用控制电路：水泵控制电路、空调控制电路、锅炉控制电路。

教学目标：了解常用低压电器的作用、基本性能和表示符号；了解电动机常用控制电路的组成和工作原理；了解暖通设备常用控制电路的组成、工作原理；领会电气原理电路图的识读方法。

电气控制技术发展迅速，目前也是现代建筑及建筑设备的重要组成部分。电气控制系统是由电气设备及电气元件按一定的要求及控制功能连接而成的，为了充分表达电气控制系统的组成结构及工作原理，同时也为了电气控制系统的安装、调试和检修，必须用统一的工程语言，即工程图的形式来表达，这种工程图称为电气控制电路图。

课题1　常用低压电器

低压电器是指额定电压在1kV以下的低压电气设备，主要用作低压供配电系统中的配电设备、开关设备和控制设备，起控制、保护和隔离等作用。常用低压电器包括：刀开关、负荷开关、断路器、交流接触器、组合开关、主令电器、信号电器、熔断器、电压互感器、电流互感器、移相电容器等。

1.1　开关类低压电器

开关类低压电器是通断电力线路的电气设备，包括刀开关、负荷开关、断路器、组合开关等。

1.1.1　*刀开关*

刀开关又称闸刀开关。它只能用于无负荷时通断电路和电流（或只能通断空载电流），在低压供配电系统起隔离作用（有时称隔离开关）。也可用于小容量电动机作不频繁地直接启动电源控制开关。

（1）刀开关的构造

刀开关结构简单、应用广泛，其构造主要由手柄、动触头（刀）、静触头、绝缘板（底座）等组成，如图11-1所示。

（2）刀开关的使用及型号

刀开关应垂直安装在固定板上（上接电源、下接负载），不准水平安装和倒装，其静触头应在动触头上方。刀开关接线时，电源进线应接在静触头上（上方），负荷出线应接在动触头上（下方）。刀开关使用时，应按分合闸顺序进行操作，即：合闸送电时应先合刀开关，再合其他控制负载的开关；分闸断电时，先断其他控制负载的开关，再断刀开关。操作动作应迅速，以减小电弧影响。低压刀开关的型号表示如下：

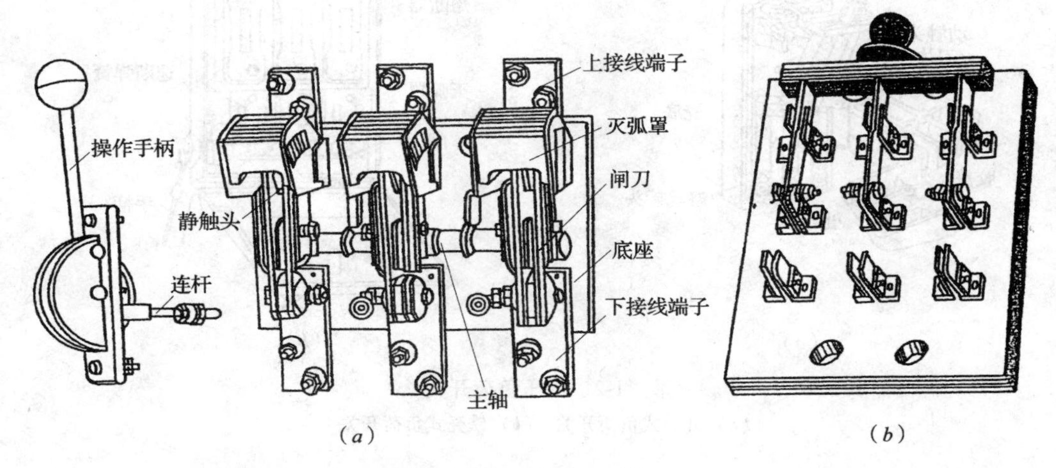

图 11-1　低压刀开关

（a）单掷刀开关；（b）双掷刀开关

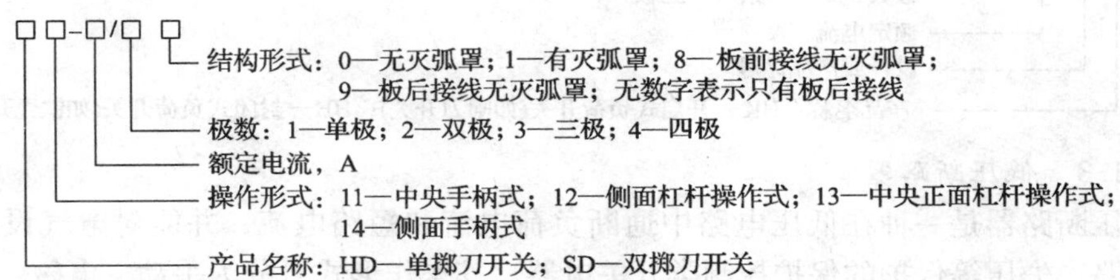

1.1.2　负荷开关

负荷开关是通断电路负荷电流的电气设备，但不能分合短路电流，一般不宜频繁操作。负荷开关多由刀开关和熔断器组合而成。

（1）负荷开关的构造

负荷开关分为开启式负荷开关和封闭式负荷开关。

1）开启式负荷开关。又称胶盖瓷座闸刀开关（内装熔丝），它是利用胶木盖来隔离分断电弧，以减少相间的电弧影响，操作时安全可靠性差，但安装和更换方便。其结构示意如图 11-2（*a*）所示。

2）封闭式负荷开关。最常用的是铁壳式负荷开关，如图 11-2（*b*）所示。由于其外壳是由铸铁或钢板制作，所以简称铁壳开关。其特点是将刀开关和熔断器装于全封闭的铁壳内，因此可隔离开关内外环境的影响，同时，在铁壳内装置了速断机构（增加刀开关的断开速度）和机械连锁装置（合闸位置时，铁壳盖不能打开；而盖子打开时，不能操作合闸），从而增强操作人员的安全性。

（2）负荷开关的使用及型号

负荷开关安装接线的要求与刀开关相同；而铁壳开关在使用时，其外壳应有良好的接地，接线方式与刀开关相类似，低压负荷开关的型号表示如下：

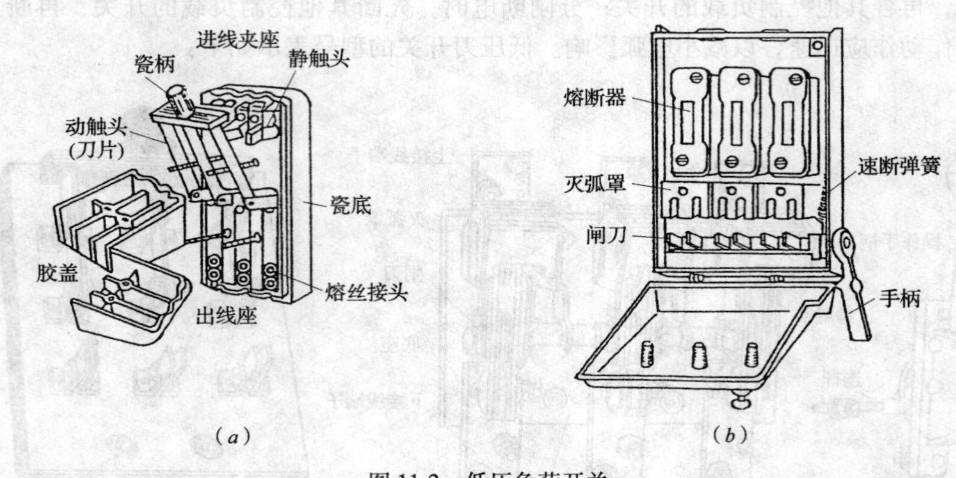

图 11-2　低压负荷开关

(*a*) 开启式负荷开关；(*b*) 铁壳式负荷开关

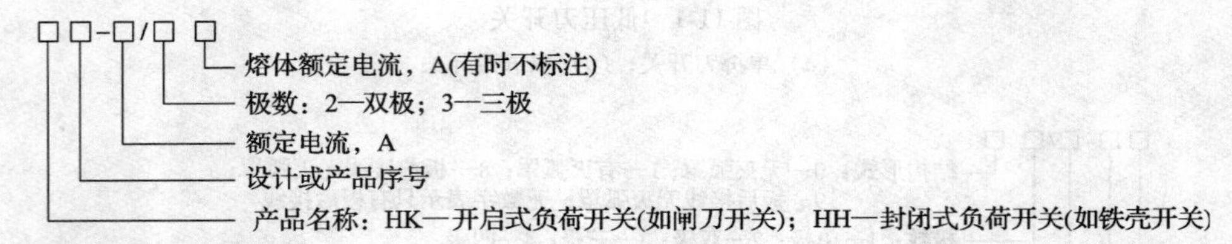

1.1.3　低压断路器

低压断路器是一种在低压电路中通断负荷电流和短路电流，并能对电气设备进行过载、短路、失压等保护的保护控制类开关电器，其操作形式可分为手动、电磁、电动等方式。其型式主要分为塑壳式断路器和框架式（万能式）断路器。

（1）断路器的构造原理

断路器主要由主接点（动静触头）系统、灭弧系统、储能弹簧、自由脱扣系统、保护系统（热脱扣器、过电流脱扣器、失压脱扣器）及辅助接点（动合接点和动断接点）等组成，其工作原理示意如图 11-3 所示。外形构造如图 11-4 所示。

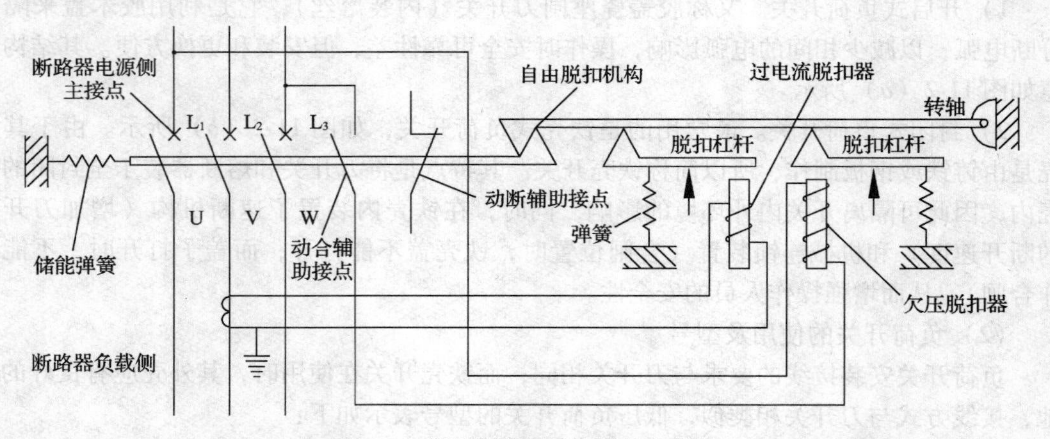

图 11-3　低压断路器工作原理示意图

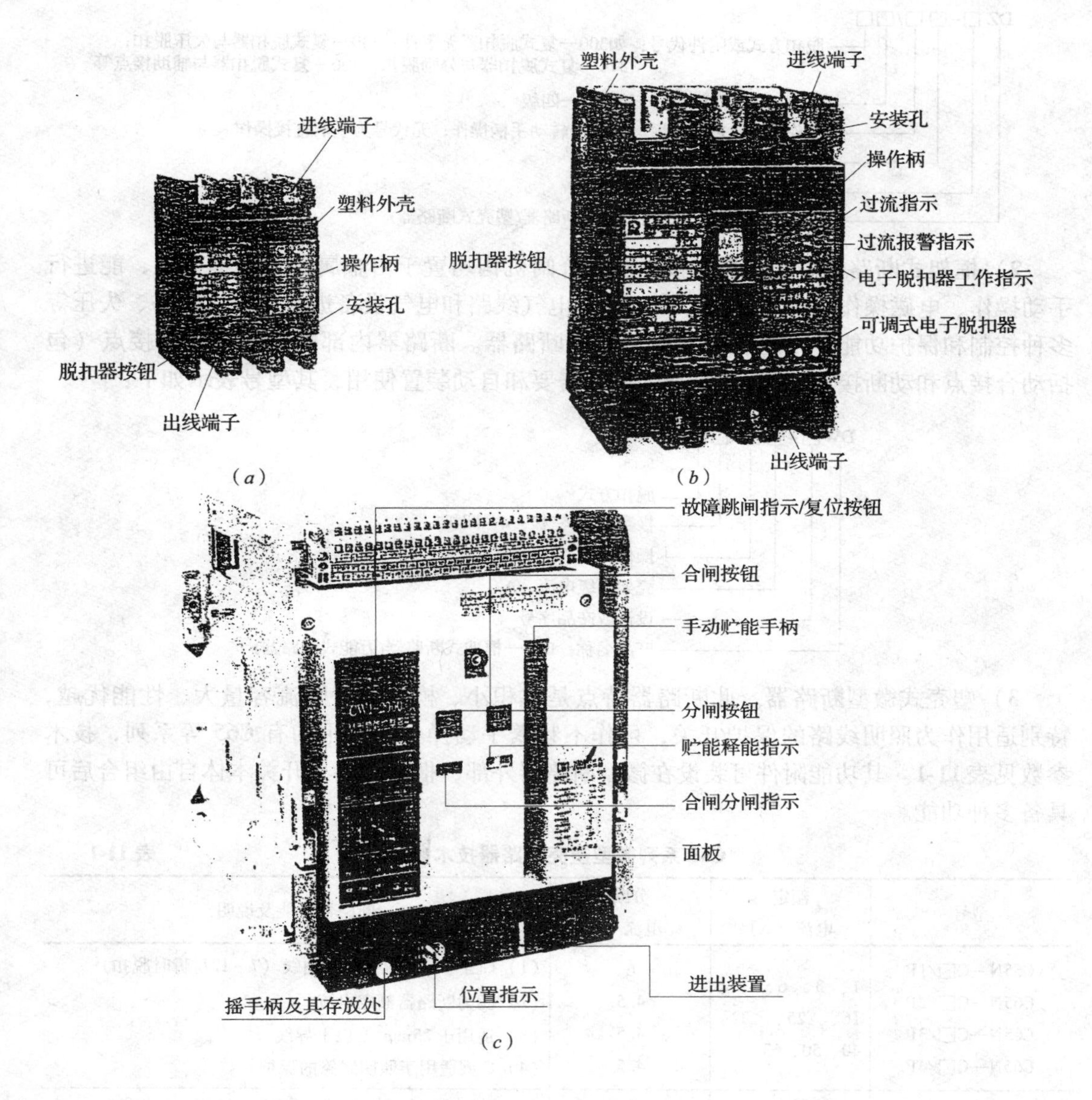

(a)　(b)　(c)

图 11-4　低压断路器

(a) 普通塑壳式；(b) 电子塑壳式；(c) 框架式（万能式）

(2) 断路器的应用与型号

低压断路器多采用空气作为灭弧介质，所以也可称空气断路器，按结构外形分为塑壳式断路器、框架式断路器和微型塑壳断路器等。

1) 塑壳式断路器。断路器主接点及分合闸机构均置于塑料制作的外壳内，因此称塑壳式断路器。主要对电路或电气设备进行过负载保护和短路保护，多数产品为手动操作（不宜频繁操作）。其附件一般装设在开关内部，其型号表示如下：

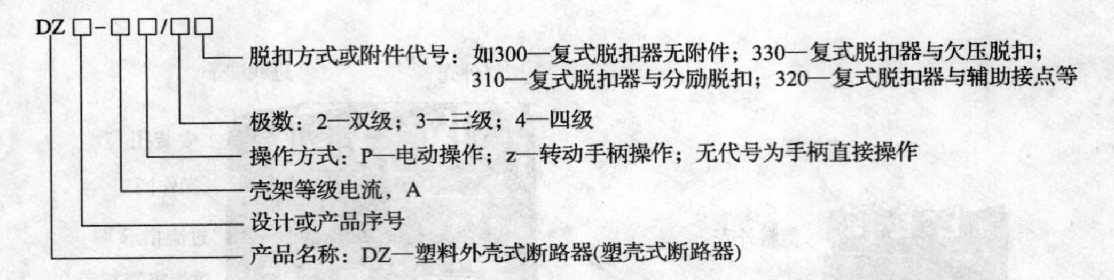

2）框架式断路器。断路器主接点及分合闸机构均置于由金属制作的框架上，能进行手动操作、电磁操作和电动操作。由于能对电气线路和电气设备进行过载、短路、失压等多种控制和保护功能，因此有时又称万能式断路器。断路器内部配置多对辅助接点（包括动合接点和动断接点），以备复杂的控制需要和自动装置使用，其型号表示如下：

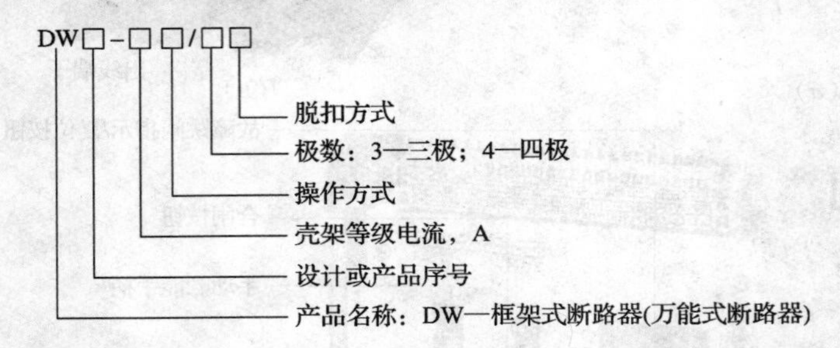

3）塑壳式微型断路器。此断路器特点是体积小、模块化、断流容量大、性能优越，特别适用作为照明线路的保护开关，可作不频繁手动操作，常用的有 C65 等系列，技术参数见表 11-1。其功能附件可装设在微型断路器外部，根据需要与开关本体自由组合后可具备多种功能。

C65 系列微型塑壳断路器技术参数 **表 11-1**

型号	额定电流（A）	分断电流（kA）	断路器性能及说明
C65N—C□/1P C65N—C□/2P C65N—C□/3P C65N—C□/4P	1、3、6、10、16、25、32、40、50、63	6 4.5 4.5 4.5	（1）C□为 C 型脱扣特性曲线（7～12I_N瞬时脱扣） （2）□为断路器额定电流 （3）适用于 25mm^2 及以下导线 （4）C 型适用于照明线路的保护
C65AD—D□/1P C65AD—D□/2P C65AD—D□/3P C65AD—D□/4P	1、3、6、10、16、25、32、40	4.5	（1）D□为 C 型脱扣特性曲线（5～10I_N瞬时脱扣） （2）□为断路器额定电流 （3）适用于 25mm^2 及以下导线 （4）D 型适用于电动机线路的保护
NC100H—C、D□/1P NC100H—C、D□/2P NC100H—C、D□/3P NC100H—C、D□/4P	50、63、80、100	1P: 4 2～4P: 10	（1）也有 C 型和 D 型断路器 （2）□为断路器额定电流 （3）50～63A 适用于 35mm^2 及以下导线 （4）80～100A 适用于 50mm^2 及以下导线

注：1. 额定电压为 AC240/415V；
2. 1P、2P、3P、4P 分别表示单极、双极、三极、四极；
3. 本系列断路器由天津梅兰日兰有限公司生产。

1.1.4 组合开关

组合开关是一种可频繁手动控制转换电路状态的开关设备，又称转换开关。可通断电路、连接电源、切断负载以及控制小容量三相电动机的正反转运转等。由于其通断能力较低，因此，不能通断电路的故障电流。

(1) 组合开关的构造原理

组合开关主要由若干组动静触头（开关接点）分层组装而成（图 11-5），各层触头随操作方轴旋转而改变角度，从而使触头有的闭合、有的断开，以达到控制电路的目的。其主要特点是接点数量多，能完成三相电路的控制功能，但触点容量有限。

C65 系列微型塑壳断路器脱扣方式及附件代号 **表 11-2**

附件型号或代号	附件名称	附件技术参数或控制功能	与断路器组合安装位置	备注
MX	分励脱扣附件	远方控制断路器分闸	右侧	通过触点可指示分合状态
MN	欠压脱扣附件	欠压脱扣电压（35～37）	右侧	
MN	欠压延时脱扣附件	欠压脱扣：200ms 延时动作	右侧	
OF	辅助接点附件	可指示断路器分合闸状态	左侧	通过触点输出
SD	辅助报警附件	指示断路器故障自动脱扣	左侧	并通过触点输出指示警告信号
C45—ELM	电磁式漏电保护器	I_N = 40A，动作电流 30mA	右侧	适用 $10mm^2$ 及以下导线
C63—ELM	电磁式漏电保护器	I_N = 40A，动作电流 30mA	右侧	适用 $25mm^2$ 及以下导线
C45—ELE	电子式漏电保护器	I_N = 40A，动作电流 30mA	右侧	适用 $10mm^2$ 及以下导线

注：1. MX 的线圈工作电压有 AC240V、DC110V、DC240V 等；
2. 电子式漏电保护器需要附加电源。

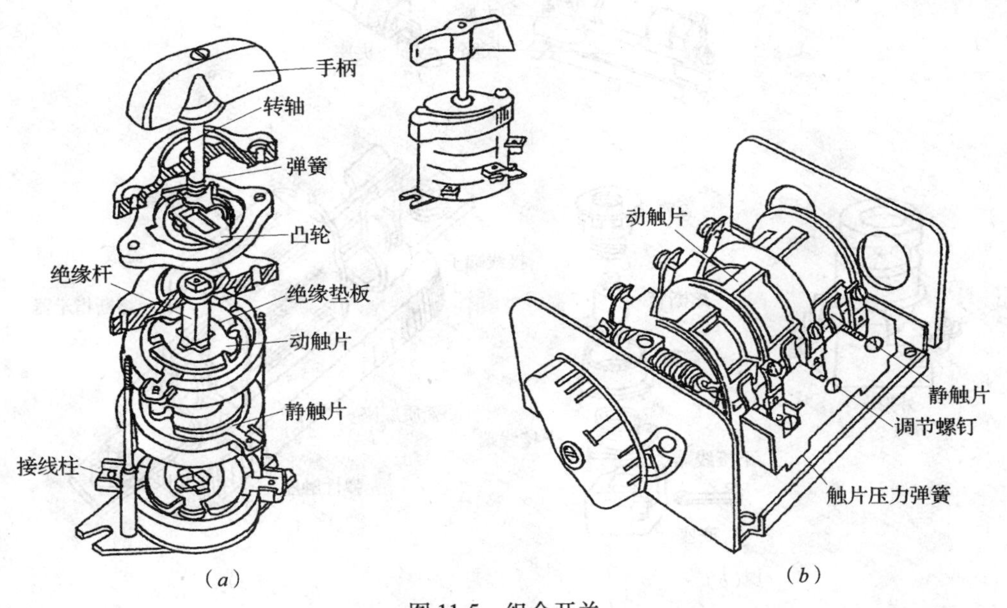

图 11-5 组合开关
(a) 外形；(b) 结构示意

（2）组合开关的型号。组合开关的型号表示如下。

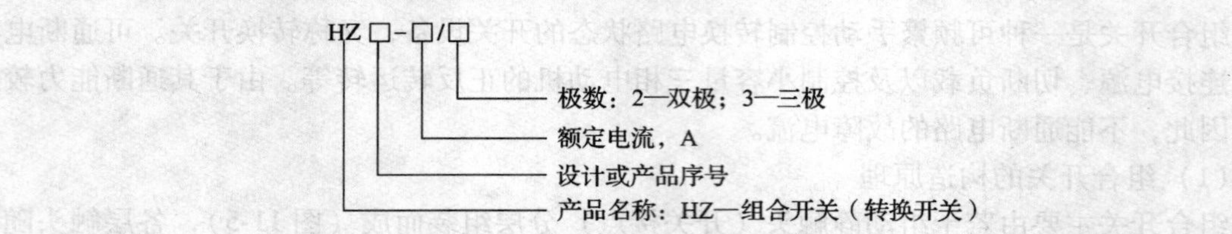

1.2 保护类低压电器

除断路器可作为保护电器外，还有低压熔断器、热继电器和电机保护器等保护类低压电器。

1.2.1 低压熔断器

低压熔断器（简称熔断器）结构简单、安装方便、价格便宜，可在低压电路中作过载和短路保护。熔断器主要由熔体和安装熔体的熔器等组成，可根据需要安装于不同的场合，其外形示意如图 11-6 所示。其型号表示如下：

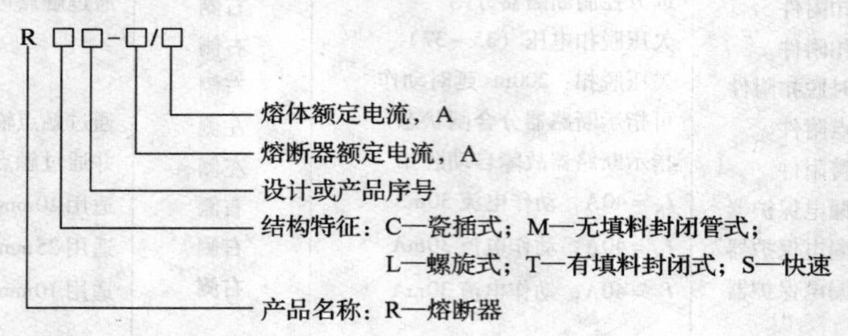

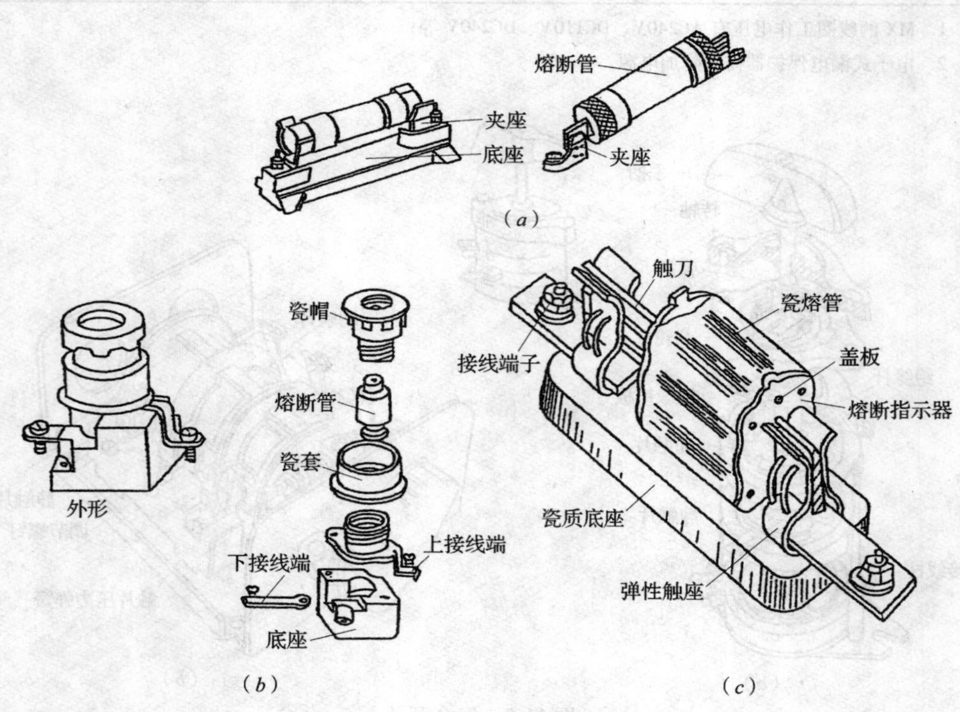

图 11-6 熔断器

(a) 无填料封闭管式熔断器；(b) 螺旋式熔断器；(c) 有填料封闭管式熔断器

1.2.2 热继电器

热继电器主要是用于电动机及电气设备的过载保护，与交流接触器、熔断器配合可组成磁力启动器。但由于热继电器的工作原理是依靠电流的热效应，使热继电器的双金属片受热膨胀变形而使接点动作的，因此在运行中电能消耗较大。所以，目前国家已明令逐渐淘汰，并由电机保护器替代。

1.2.3 电机保护器

电机保护器具有运行能耗小、保护功能多、接线简单等优点，是替代热继电器的电动机保护电器，它具有过载、短路、失压、缺相等多种电动机保护功能，目前已在电动机保护中广泛应用。

1.3 控制类低压电器

控制电器是对电能进行分配、控制和调节的控制器具，由其组成的自动控制系统，称为继电器—接触器控制系统，简称继电接触控制系统。控制电器种类繁多、结构各异，其主要特征是对电能或电信号进行通断的控制，可采用转换开关、按钮开关、行程开关等主令电器进行手动控制；也可采用交流接触器、继电器等自动切换电器进行自动控制；也可采用数字继电器进行程序控制。

1.3.1 交流接触器

交流接触器（用交流电操作）可以用来接通和分断电动机或其他负载的主电路的控制开关电器，它是利用电磁吸力与弹簧反作用力的配合使触头自动切换的开关电器，并具有失（欠）压保护功能。它具有控制容量大、适于频繁操作和远距离控制，工作可靠，寿命长等特点。因此，在电力拖动与自动控制系统中得到了极其广泛的应用。

（1）交流接触器的构造

交流接触器主要由电磁机构、触头系统和灭弧装置三部分组成。

1）电磁机构。电磁机构是感应机构。它由激励线圈、铁芯和衔铁等构成（图 11-7）。线圈一般采用电压线圈（电压由几十伏到几百伏），可通以单相交流电或直流电。交流接触器的电磁机构一般用交流电激励，因此铁芯中的磁通也要随着激磁电流而变化，所以，其稳定性要差于直流接触器。

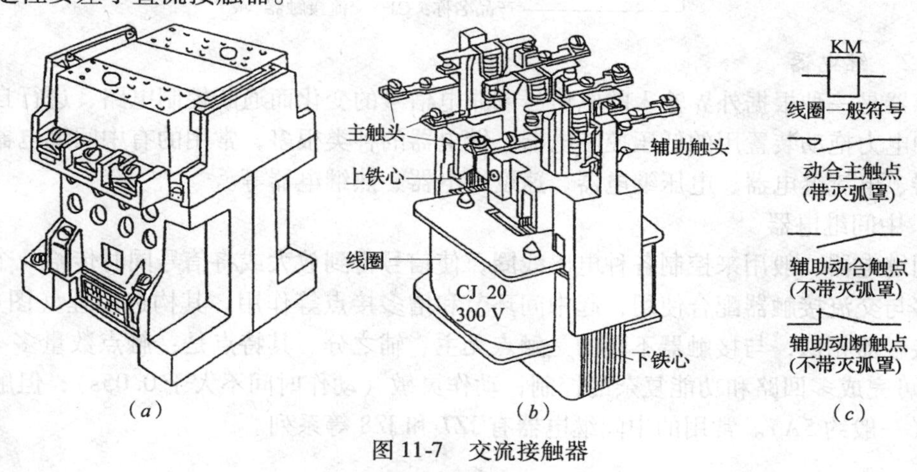

图 11-7 交流接触器

（a）外形；（b）结构；（c）符号

2）触头系统。触头系统是接触器的执行元件，起分断和闭合电路的作用，要求导电性能良好。触点系统包括主触头、辅助触头（又称触点或接点）及使触点复位用的弹簧。主触点用以通断主回路（大电流电路），常为三对动合触点（用于三相交流电源）。而辅助触点则用以通断控制回路（小电流回路），完成电气连锁、信号、自动控制等作用。

触点按结构型式分为桥式触点和线接触指形触点；按通断形式分为动合触点（动作位置时为闭合状态，非动作位置时为断开状态）和动断触点（动作位置时为断开状态，非动作位置时为闭合状态），参见图 11-7（*c*）。

3）灭弧装置。当分断带有电流负荷的电路时，在动、静两触头间会形成电弧，而交流接触器要经常接通和分断带有电流负荷的电路。所以，交流接触器设置有触点灭弧装置（一般为灭弧罩），其目的是加强去游离作用，促使电弧尽快熄灭，以防造成相间短路，同时也可延长触点寿命。

（2）交流接触器工作原理

当线圈通以单相交流电时，铁芯被磁化为电磁铁，即由激磁电流 I_1 产生磁通 ϕ_1，而在短路环中产生感应电流 I_2，I_1 和 I_2 共同产生 ϕ_2，由 ϕ_1 和 ϕ_2 产生电磁力 F_1 和 F_2，使合成吸力 F 无过零点，当克服弹簧的反弹力时将衔铁吸合，带动触点动作（即动合触点闭合、动断触点打开）。当线圈失电后，电磁铁失磁，电磁吸力随之消失，在弹簧作用下触点复位。

（3）交流接触器的使用与型号

选择使用交流接触器时，应考虑主接点额定电流应大于负载电流，线圈操作电压应与所接电源电压相符合，触点数量、类型、电流应满足控制电路的要求。交流接触器的型号有 CJ 系列、B 系列等，一般标注格式如下：

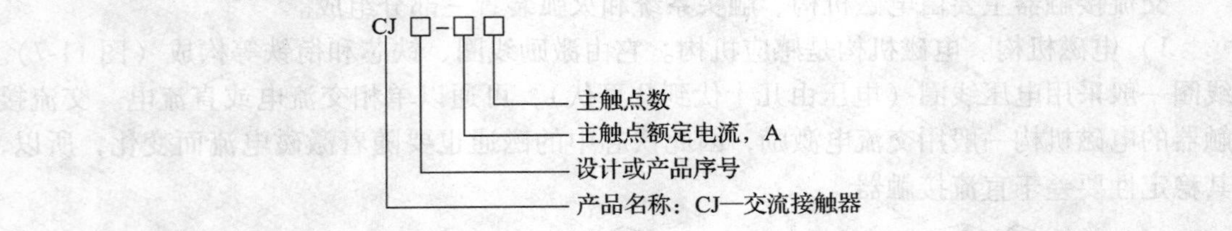

1.3.2　继电器

继电器是一种根据外界输入的电信号或非电信号的变化而通断控制电路、进行自动控制和保护电力拖动装置用的低压控制电器。继电器的种类很多，常用的有中间继电器、时间继电器、电流继电器、电压继电器、速度继电器、热继电器等。

（1）中间继电器

中间继电器一般用来控制各种电磁线圈，使信号得到放大或将信号同时传给几个控制元件，多与交流接触器配合使用，起中间环节和增多接点等作用。其构造原理（图 11-8）与交流接触器相似，与接触器不同的是触点无主、辅之分。其特点是：触点数量多（6 对以上），可完成多回路和功能复杂的控制；动作灵敏（动作时间不大于 0.05s）；但触点电流不大（一般约 5A）。常用的中间继电器有 JZ7 和 JZ8 等系列。

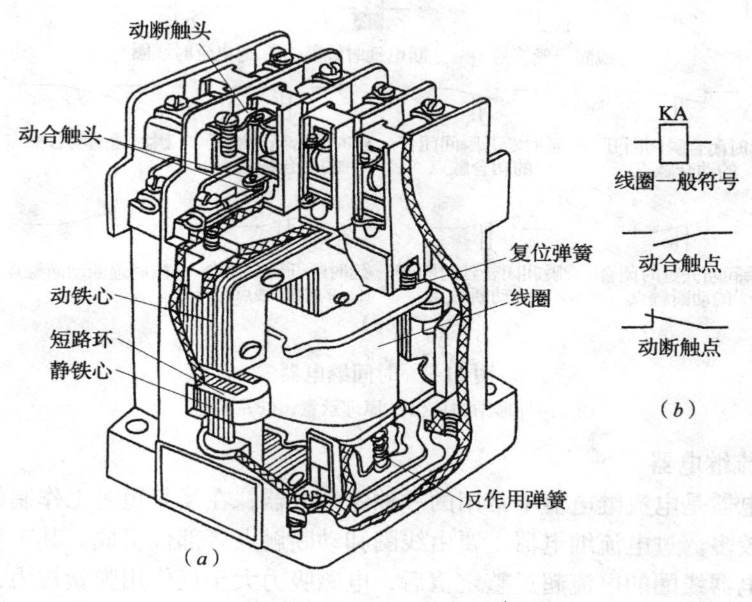

图 11-8　中间继电器
(a) 结构；(b) 符号示意

(2) 时间继电器

时间继电器在电路中起着控制动作时间的作用，它是利用电磁原理或机械动作原理来延缓触点闭合或打开的。当它的感测系统接受输入信号以后，需经过一定的时间，它的执行系统才会动作并输出信号，进而操纵和控制电路，所以说时间继电器具有延时功能。它被广泛用来控制生产过程中按时间原则制定的工艺程序，如鼠笼式异步电动机的几种降压启动控制电路均由时间继电器发出自动转换信号，完成时间控制，其应用场合很多。时间继电器的外形及构造原理和触点表示符号，如图 11-9 所示。常用的型号有 JS7 和 JS11 等系列。

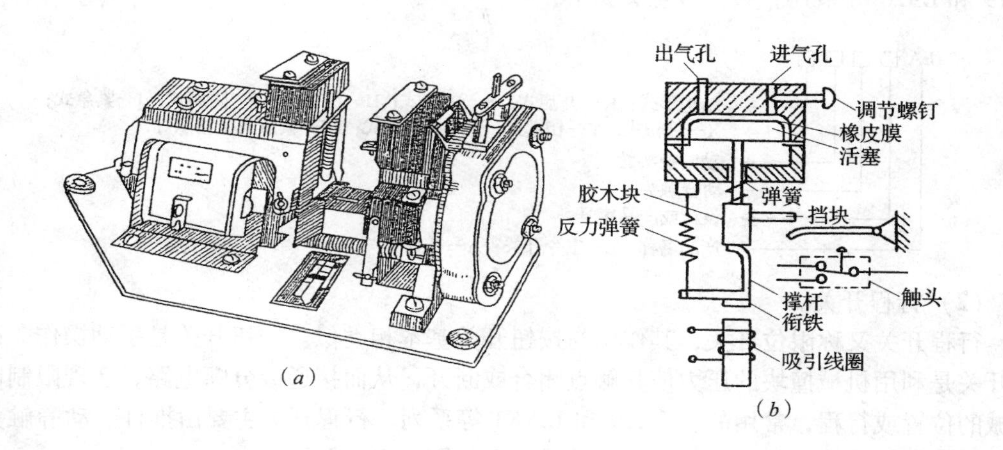

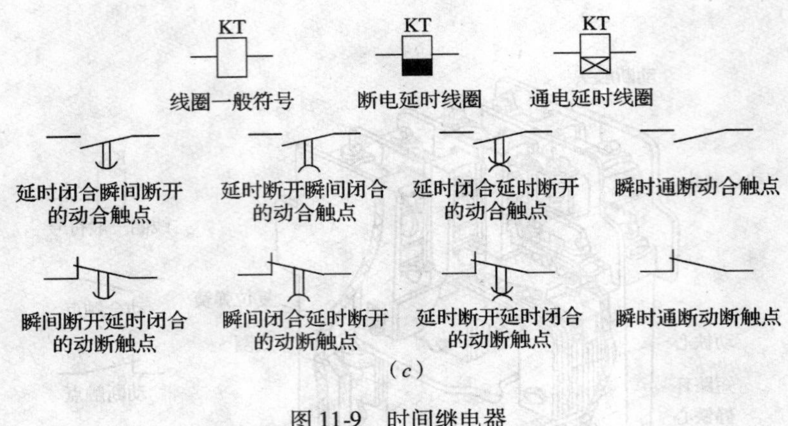

图 11-9　时间继电器
(a) 外形结构；(b) 原理示意；(c) 符号

(3) 过电流继电器

过电流继电器是电流继电器中常用的一种保护电器，在反复短时工作制的电动机或启动机械中应用较多。过电流继电器主要由线圈和动断触点等部件组成。其工作原理是：当通过过电流继电器线圈的电流超过整定值后，电磁吸力大于反作用弹簧拉力，铁芯吸引衡铁使触头动作后，再控制主电路交流接触器或断路器，适用于作过电流保护。常用的有 JT4 和 JL12 等系列。

1.3.3　主令电器

主令电器就是在控制电路中发布命令的电器，主要类型有按钮开关、行程开关和万能转换开关等。

(1) 按钮开关

按钮开关是一种结构简单，应用广泛，短时接通或断开小电流电路的最常用的低压主令电器，其结构主要由按钮帽、恢复弹簧、桥式动触头、静触头和外壳等组成（图11-10）。当按下按钮开关按钮帽时，先断开动断触点，然后接通动合触点；当手松开后，在恢复弹簧的作用下使按钮帽恢复原位。按钮开关的种类较多，常用的有 LA2、LA18、LA19 和 LA20 等系列。其型号意义如下：

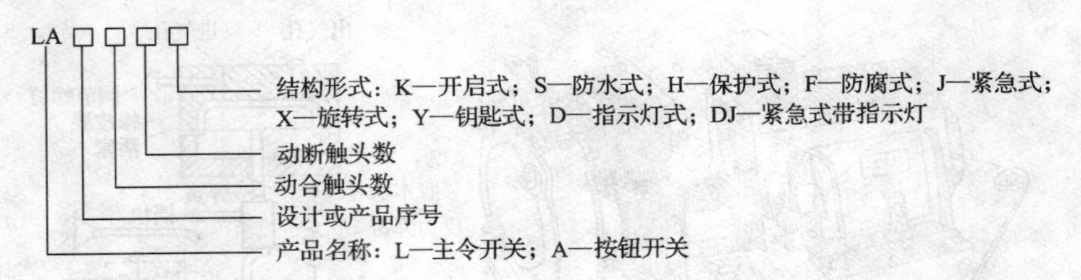

(2) 行程开关

行程开关又称限位开关，其作用与按钮开关基本相类似。按钮开关是手动操作，而行程开关是利用机械撞块的压力使其触点闭合或断开，从而接通或分断电路，实现限制电动机械的位置或行程，常用的有 LX19 和 JLXK1 等系列。行程开关主要由推杆、动静触头和复位弹簧等组成。其外形结构示意和符号表示如图 11-11 所示。

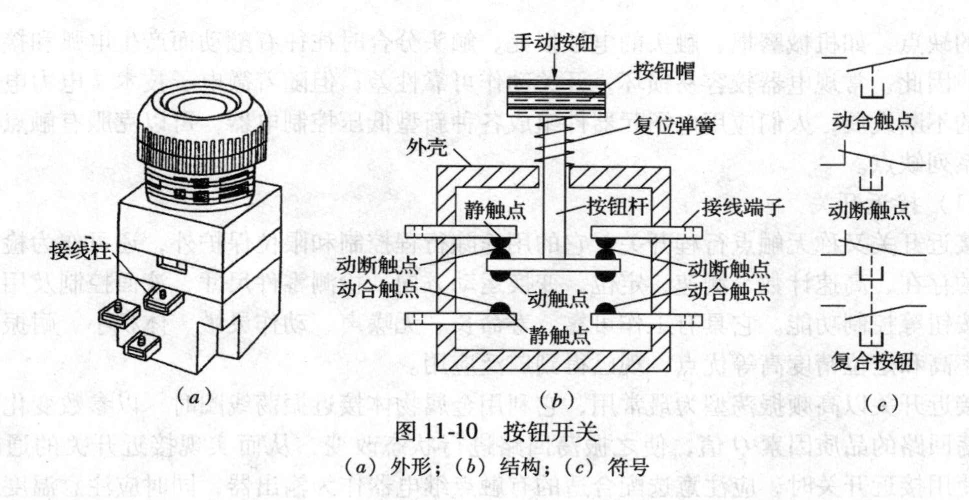

（a）（b）（c）

图 11-10 按钮开关

（a）外形；（b）结构；（c）符号

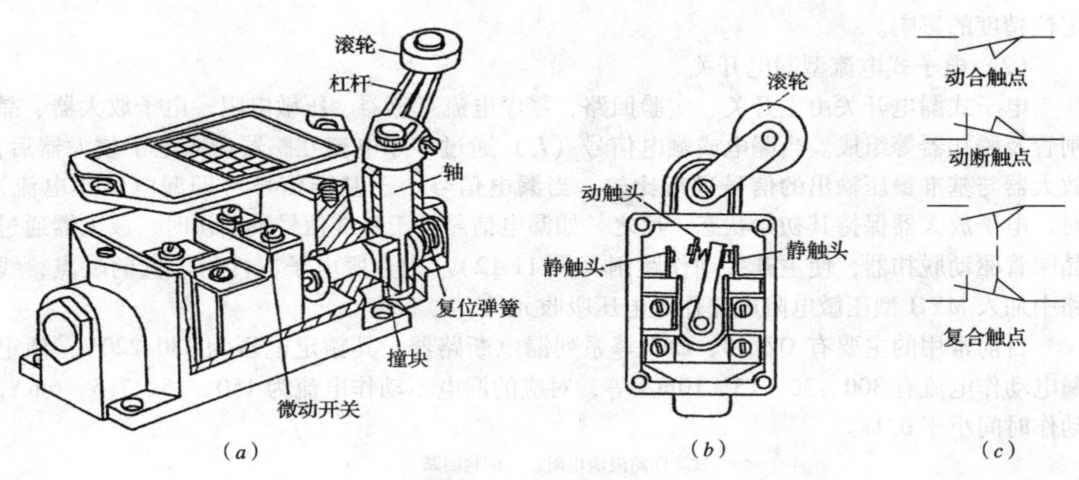

（a）（b）（c）

图 11-11 行程开关

（a）外形；（b）结构；（c）表示符号

（3）万能转换开关

万能转换开关（简称万能开关）是一个多档式，能控制多回路和复杂控制电路的主令电器。一般可作为各类配电设备的远距离功能切换开关、电压表的换相切换开关，也可作为自动装置的切换开关等，还可以作为小容量电动机（2.2kW 以下）的起停、调速、正反转、制动的功能控制开关。因此种开关触点多、挡位多、控制回路多，能适应控制复杂的需要，故有“万能”之称。常用的有 LW5 和 LW15 等系列。

万能转换开关的构造主要由多层触点底座（每层触点底座内装有 1～3 对触点）叠装而成，其构造和动作原理与组合开关相类似，只是触点容量较组合开关小。组合开关主要用于电气系统的一次回路，而万能转换开关主要用于电气系统的二次回路。

1.3.4 新型低压电器

目前采用的按钮、接触器、继电器等有触点的电器，均是通过外界对这些电器的控制，利用其触点闭合与断开来接通或切断电路，以达到控制目的。随着开关速度的加快，依靠机械动作的电器触点难以满足复杂快速的控制要求；同时，有触点电器还存在着一些固有的缺点，如机械磨损、触头的电蚀损耗、触头分合时往往有颤动而产生电弧和接触不良等。因此，常规电器较容易损坏，开关动作可靠性差；但随着微电子技术、电力电子技术等的不断发展，人们应用电子元器件组成各种新型低压控制电器，可以克服有触点电器的一系列缺点。

（1）接近开关

接近开关又称无触点行程开关。它的用途除行程控制和限位保护外，还可作为检测金属体的存在、高速计数、测速、定位、变换运动方向、检测零件尺寸、液面控制及用作无触点按钮等控制功能。它具有工作可靠、寿命长、无噪声、动作灵敏、体积小、耐振、操作频率高和定位精度高等优点，现已得到广泛应用。

接近开关以高频振荡型为最常用，它利用金属物体接近振荡线圈时，以参数变化改变原振荡回路的品质因素 Q 值，使之振荡回路进行状态改变，从而实现接近开关的通断状态。使用接近开关时，应注意选配合适的有触点继电器作为输出器，同时应注意温度对其定位精度的影响。

（2）电子式电流型漏电开关

电子式漏电开关由主开关、实验回路、零序电流互感器、压敏电阻、电子放大器、晶闸管及脱扣器等组成。当漏电或触电信号（I_e）通过零序电流互感器送入电子放大器后，放大器与基准稳压输出的信号进行比较，当漏电信号小于基准信号（即漏电动作电流）时，电子放大器保持其初始状态；反之，如漏电信号大于基准信号及确认时，放大器通过晶闸管驱动脱扣器，使主开关动作跳闸（图 11-12）。为克服电子器件耐压低的缺点，线路中加入 MYH 型压敏电阻电路作过电压吸收元件。

目前常用的主要有 DZL18、C65 等系列漏电断路器。其额定电压为 380/220V，额定漏电动作电流有 300、30、15、10mA 等，对应的漏电不动作电流为 150、15、7. 5、6mA，动作时间小于 0. 1s。

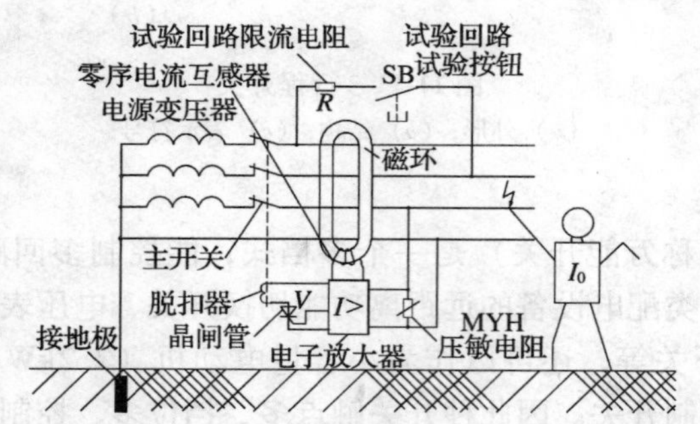

图 11-12　电子式电流型漏电开关工作原理示意图

（3）光电继电器

光电继电器是利用光电元件把光信号转换成电信号的光电器件，广泛用于计数、测量和控制等方面，如建筑公共场所楼梯或走廊使用的声光控制灯开关等。光电继电器分亮通和暗通两种电路：亮通是指光电元件受到光照射时，继电器吸合动作；暗通是指光电元件无光照射时，继电器吸合动作。但需注意，光电继电器在安装和使用时，应避免振动及阳光、灯光等其他光线的干扰。

（4）固态继电器

固态继电器（一般用SSR表示）是近年发展起来的一种新型电子继电器，具有开关速度快、工作频率高、重量轻、使用寿命长、噪声低和动作可靠等一系列优点，不仅在许多自动化装置中代替了常规电磁式继电器，而且广泛应用于数字程控装置、调温装置、数据处理系统及计算机输入输出接口等电路。固态继电器按其负载类型可分为直流型（DC—SSR）和交流型（AC—SSR）。

（5）程控继电器

程控继电器（Programmable Logic Controller，简称PLC）是将计算机技术、自动控制技术和通信技术融为一体的新型控制装置，可替代较为复杂的继电—接触型控制电路，即可完成逻辑控制，又可实现模拟控制。通过编程操作，能满足逻辑控制、定时控制、计数控制、步进控制、数据处理、回路控制、通信联网、监控、停电记忆等功能，具有灵活通用、安全可靠、环境适应性强、使用方便和维护简单等优点，是实现自动化控制的核心部件。

课题2　电动机常用控制电路

常用的控制电路主要有电动机正反转控制电路，电动机启动、调速、制动等。电路图一般分主电路（或称一次接线）和辅助电路（或称二次接线）两部分。主电路是电气控制线路中从电源到电动机等负载强电流通过的路径；辅助电路是电气控制线路中控制弱电流通过的部分，它包括控制电路、信号电路、保护电路、计测电路和自动装置等。

2.1　电动机单向运转常用控制电路

电动机单向运转常用的控制电路主要有全压启动控制电路（在电源额定电压下直接启动电动机运行）和功能控制电路（多处控制、顺序控制和时间控制）等。

2.1.1　电动机全压启动控制电路

三相笼型异步电动机单方向运转全压启动可用开关或接触器控制。对于容量较小，并且工作要求简单的电动机，如小型台钻、砂轮机、冷却泵的电动机，可用手动组合开关在动力电路中接通电源直接启动。

将电源电压直接加于电动机上的启动，称直接启动，而一经启动即可长期保持电动机的运行状态，故有时称长动控制，这是电动机最基本的控制电路。

（1）电路组成及连接

直接启动控制电路主要由断路器（或刀闸开关）、交流接触器、按钮开关、电机保护装置等组成，原理电路可如图11-13所示。电路分为两部分：主电路由断路器、交流接触器主触点（有灭弧装置的触点）、热继电器（或电机保护器）、电动机等组成；辅助电路（控制电路）由按钮开关、交流接触器辅助触点（无灭弧装置的触点）、保护电器动断触点等组成。控制接触器线圈的通电或断电，即可实现对主电路及电动机远方或就地的通断控制。

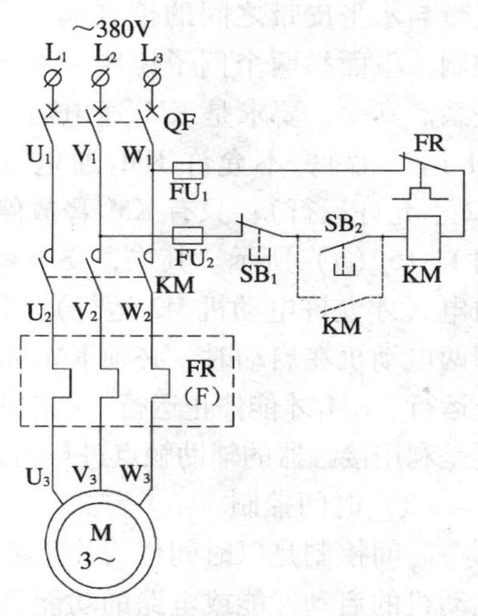

图11-13　电动机单向运转控制电路

（2）工作原理

电路工作原理简述如下：合上电源开关 QF，按下启动按钮 SB_{21}，接触器 KM 线圈通电（以下简称为 KM 得电或 KM 通电，其他器件相同），其所有触点均动作；主触点闭合后，电动机则启动运转；同时其辅助动合触点闭合，形成自锁。当松开 SB_2 时，KM 线圈通过其自身自锁触点继续保持通电，从而保证电动机连续运转，起自锁作用的动合触点常被称为自锁接点或自保接点。停止时，按下停止按钮 SB_1，KM 线圈失电（以下简称为 KM 断电或 KM 失电），KM 动合触点均断开，切断主电路和辅助电路，电动机则停转。

（3）点动控制

电动机单向运转的点动控制电路往往用于类似于电动葫芦等场合，在图 11-13 中，如将接触器 KM 自锁触点（虚线接点）去除，即成为电动机点动控制电路。按启动按钮 SB 电动机启动运行，当手松开按钮 SB 时，按钮开关 SB 动合触点随即断开，接触器失电返回、主触点断开，电动机则停止运行。

2.1.2　电动机功能控制电路

电动机功能控制电路主要有多处（远方）控制、顺序控制、时间控制和限位控制等。

（1）多处控制

多地点控制是实现电动机远方控制的常用手段，一般是采用将各控制地点按钮开关的动合触点并联、而将按钮开关的动断触点串联来实现的，如图 11-14 所示。如建筑设备中的加压水泵，可同时在控制室和设备现场同时控制水泵电动机的启停运行。

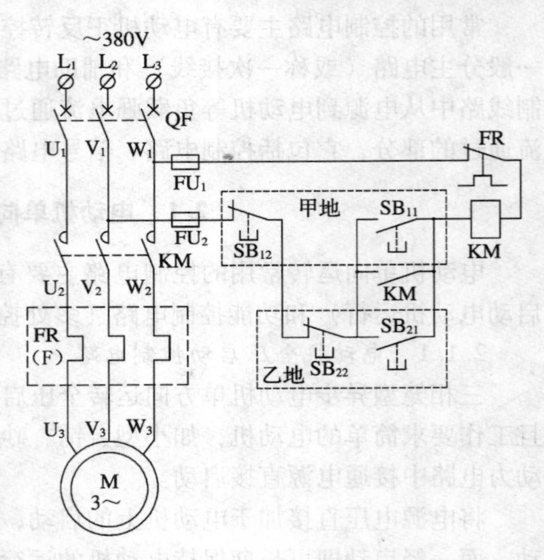

图 11-14　电动机两地启停控制电路

（2）顺序控制

为了实现多台电动机的相互联系又相互制约的关系，引出这种顺序连锁的控制线路。如锅炉房的引风机与鼓风机之间、斜面输料皮带与水平皮带之间的控制就需要进行顺序控制。下面举两个例子说明顺序控制的连锁关系。其一，要求是 KM_1 通电后（即电动机 M1 运行后），不允许 KM_2 通电（即电动机 M2 不允许运行）；只有 KM_1 释放停止运行后，KM_2 才能启动运行，一般可称闭锁控制，如图 11-15（*a*）所示。其二，要求是 KM_1 通电运行后（即电动机 M1 运行后）、才允许 KM_2 通电（才允许电动机 M2 运行），且启动后只有 KM_2 释放断电、才允许 KM_1 释放停止运行。即两电动机在启动时，必须 KM_1 先运行、KM_2 才能运行；而电动机停止时，必须 KM_2 先停止运行、KM_1 才能停止运行，如图 11-15（*b*）所示。由此可见，这种顺序控制的连锁关系主要是利用接触器的辅助触点进行的，如控制要求复杂时也可用继电器的辅助触点来实现。

（3）时间控制

时间控制是以时间作为物理参量来实现电动机的自动控制。时间控制环节一般是根据电动机的启动性能或电路的功能要求，利用时间参量来控制电动机的启停过程和电路的动作过程，以满足电动机的启停要求和电路的动作时间要求。如定子串自耦变压器降压启动电路和 Y-Δ 转换降压启动电路等，采用时间继电器来控制电动机的启动过程；而能耗制动控制电路，采用时间继电器来控制电动机的制动过程。

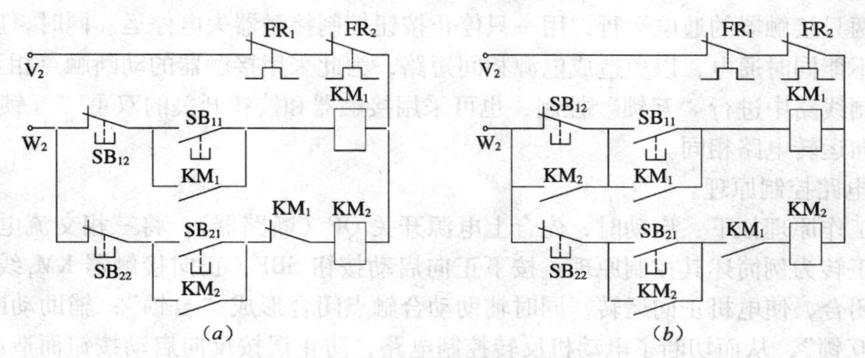

图 11-15　连锁与顺序控制

（a）闭锁控制；（b）顺序控制

2.2　电动机双向（正反转）运转控制电路

在生产实践中，很多生产设备需要两个相反的运行方向，例如机床工作台的前进和后退、起重机吊钩的上升和下降、电动阀门的打开和关闭等，这些两个相反方向的运动均可通过电动机的正反转运行来实现。从电机知识可知，只要任意改变电动机定子绕组的三相电源相序，即可改变电动机转子的旋转方向。

2.2.1　电路的组成及连接

（1）电路的组成

双向运转控制原理电路如图 11-16 所示。主电路由断路器（保护开关）、两只交流接触器、电机保护器、电动机等组成；控制电路主要由两只交流接触器 KM_1、KM_2（控制电动机的正反转）和三只按钮开关（正转按钮 SBF、反转按钮 SBR、停止按钮 SBS）等组成。

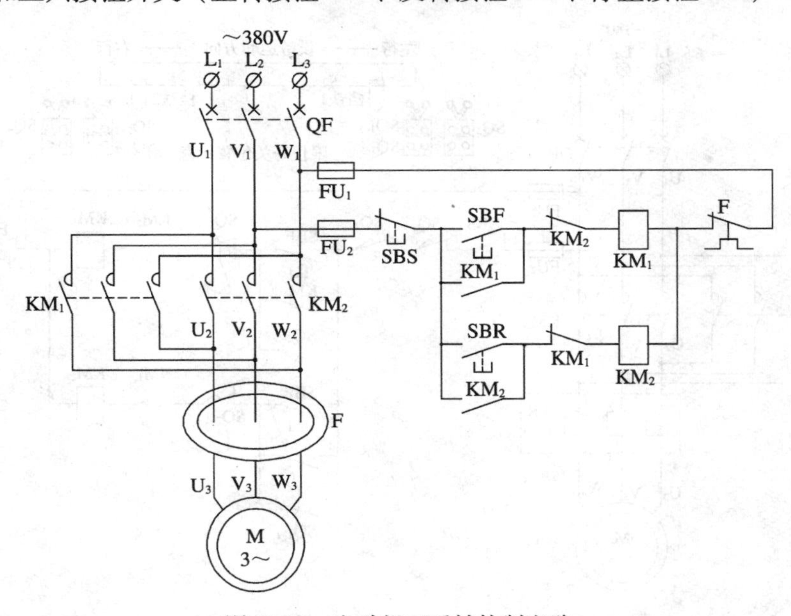

图 11-16　电动机正反转控制电路

(2) 电路的连接

要使电机可逆运转，需用两只接触器的主触头把主电路任意两相对调，再用两只启动按钮控制两只接触器的通电运行；用一只停止按钮控制接触器失电停运。同时，应考虑两只接触器不能同时通电，以免造成电源相间短路，为此采用接触器的动断触点相互串接在对方的控制线路中进行“互锁”控制，也可采用接触器和按钮开关的双重“互锁”，其他构思与单向运转电路相同。

(3) 电路控制原理

电路工作原理如下：启动时，先合上电源开关 QF（断路器），将三相交流电源接通。现以电机正转为例简述其控制原理：按下正向启动按钮 SBF，正向接触器 KM_1 线圈通电，其主触头闭合，使电机正向运转，同时辅助动合触点闭合形成“自锁”；辅助动断触点断开形成“互锁”，从而切断了电动机反转控制电路，防止误按反向启动按钮而造成的电源短路故障。如拟反转时，必须先按下停止按钮 SBS，使 KM_1 线圈失电释放，电机停止，然后再按下反向启动按钮 SBR，电机才可反转运行。

某些建筑设备中电动机的正反转控制也可采用磁力启动器直接实现。磁力启动器一般由两只接触器、一只热继电器及按钮开关等组成。磁力启动器内部设置有机械连锁装置，保证在同一时刻只有一只接触器处于吸合状态。

2.2.2 行程或限位控制

行程控制是以行程或位置作为物理参量来自动控制电动机进行正反向运行的。在生产实际中常有需要按行程进行控制的要求，如桥式起重机的两端限位、混凝土搅拌机出料升降限位、万能铣床升降台的限位、龙门刨床工作台的自动往返等场合，均需进行行程或自动循环控制。其电路如图 11-17 所示。行程开关 SQ_1 的动断触点串接在正转控制电路中，把另一个行程开关 SQ_2 的常闭触点串接在反转控制电路中，以代替手动按钮触点，而 SQ_3、SQ_4 用于两个方向的终点限位保护。

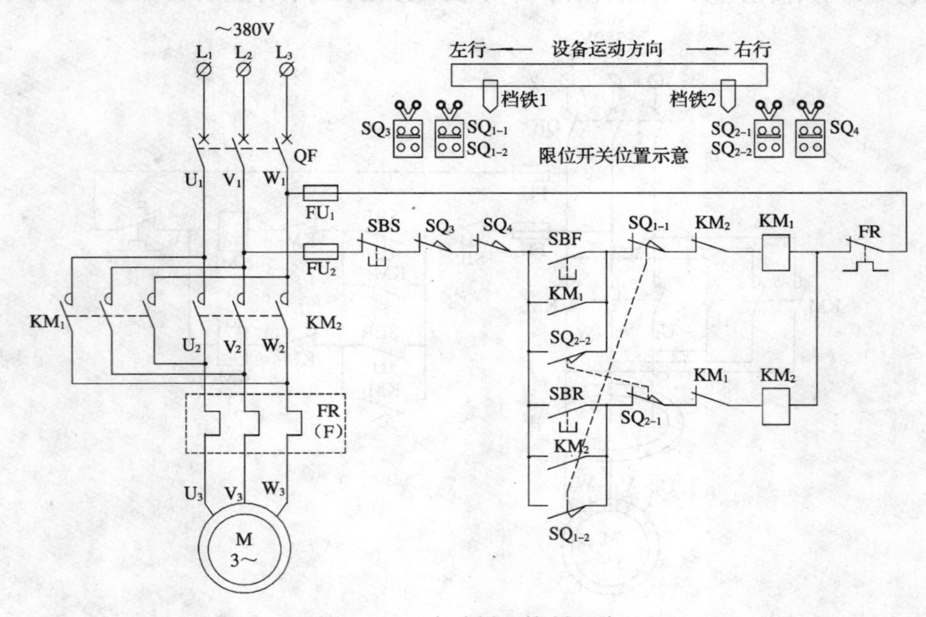

图 11-17 自动循环控制电路

2.3　鼠笼式三相异步电动机 Y-Δ 转换降压启动控制电路

当电动机容量较大或电源容量较小时，为减少启动电流，电动机可采用降压启动。鼠笼式异步电动机一般可采用星形—三角形转换降压启动（简称星三角启动，用 Y-Δ 表示)、定子串调压器降压启动等方法；而绕线式异步电动机可采用在转子回路中串电阻、频敏变阻器启动等方法。本节简要介绍鼠笼式异步电动机 Y-Δ 转换降压启动控制电路。

2.3.1　电动机 Y-Δ 转换降压启动原理

电动机定子绕组接成 Δ 形时，每相绕组所承受的电压为电源的线电压（380V）；而作 Y 形接线时，每相绕组所承受的电压为电源的相电压（220V）。如果在电动机启动时，定子绕组先 Y 接，待启动结束后再自动改接成 Δ 形连接，这样就实现了启动时的降压和减少启动电流的目的。

2.3.2　电路组成及连接

电动机 Y-Δ 转换降压启动控制电路主要由三只交流接触器（主接触器 KM、Y 连接接触器 KM_Y、Δ 连接接触器 KM_Δ）、一只时间继电器 KT（启动过程的时间控制）和两只按钮开关 SB_1、SB_2（手动控制启停）等组成，如图 11-18 所示。

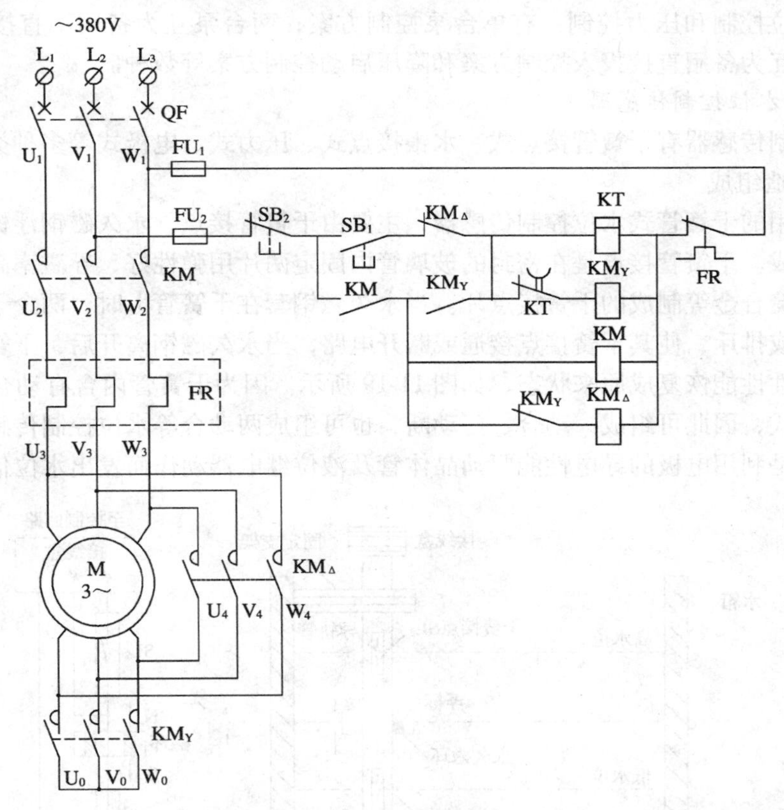

图 11-18　三相异步电动机 Y-Δ 转换降压自动启动控制电路

2.3.3　控制原理

在启动时，先合上断路器 QF 接通电源，再按下启动按钮 SB_1，Y 形连接接触器 KM_Y 和时间继电器 KT 的线圈同时通电，KM_Y的主触头闭合，使电机是 Y 接状态。同时 KM_Y的辅助动合触点闭合，使主接触器 KM 线圈通电，于是电动机在 Y 接下进行降压启动。待启动结束后，时间继电器 KT 的触点则延时打开，使 KM_Y 失电释放，Δ 连接接触器 KM_Δ 线圈通电，其主触点闭合，将电机连接成 Δ 形状态，这时电机在 Δ 形接法下全电压稳定运行。同时 KM_Δ 的动断触点使 KT 和 KM_Y 的线圈均失电，停机时按下停止按钮 SB_2 即可。与 SB_1 串联的 KM_Δ 的辅助触点为“连锁”功能，即交流接触器 KM_Δ 必须在断开状态下才允许电动机启动。

课题 3　暖通与空调设备常用控制电路

常用的暖通空调设备控制电路有水泵控制电路（如加压泵、给水泵、排水泵、消防水泵等）、锅炉控制电路和空调控制电路等。本节简要介绍排水泵控制电路和锅炉控制电路。

3.1　水泵控制电路

水泵常用于建筑的高位水箱给水（或低位水池排水）和供水管网加压等。水泵的运行常采用水位控制和压力控制：有单台泵控制方案；两台泵互为备用不直接投入控制方案；两台泵互为备用直接投入控制方案和降压启动控制方案等数种。

3.1.1　水位控制传感器

水位控制传感器有干簧管接点式、水银接点式、压力式、电极式等多种类型。

（1）构造组成

目前常用的干簧管式水位控制传感器，主要由干簧管接点、永久磁钢浮标、导轨管和接线盒等组成。干簧管接点是在密封的玻璃管内固定两片用弹性好、导磁率高、有良好导电性能的玻莫合金等制成的干簧接点片。当永久磁钢套在干簧管上时，两个干簧片被磁化后相互吸引或排斥，使其干簧接点接通或断开电路，当永久磁钢离开后，干簧管中的两个簧片利用弹性性能恢复成原来状态，如图 11-19 所示。因为干簧管内含有动合接点与动断接点两种形式，因此可组成一动合、一动断，也可组成两动合等水位控制传感器，而电极式水位接点是利用电极的导电性能驱动晶体管及液位继电器动作而发出水位信号。

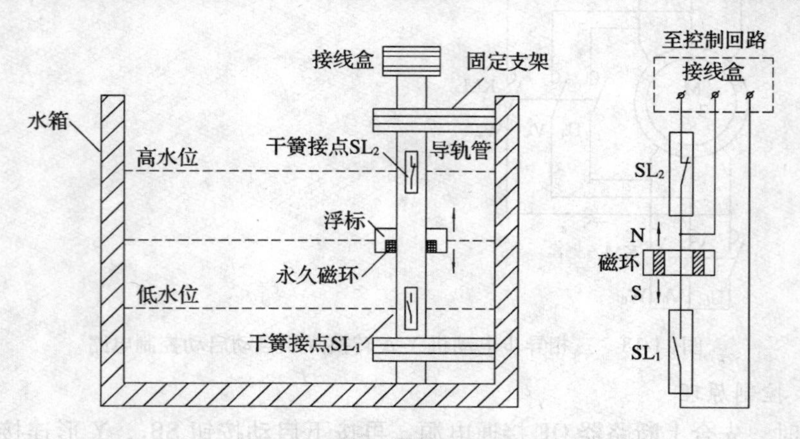

图 11-19　干簧管水位控制器及安装接线图

（2）工作原理

图 11-19 为干簧管水位控制器安装和接线示意图。其工作原理是：在轨道管（塑料管或不锈钢管）内固定有上、下水位的干簧管接点 SL_1 和 SL_2，轨道管下端密封防水进入，其信号连线在上端接线盒处引出至液位控制器或控制电路；轨道管外壁套一个能随水位变化而移动的浮标（或浮球），浮标内固定一个永久磁环，当浮标移到上水位或下水位时，对应的干簧管接点接受到磁信号后随即动作，即可发出水位电接点开关信号。

3.1.2 水泵控制电路

高层工业与民用建筑以及水箱不能满足消火栓水压要求的其他低层建筑，一般设置消防加压水泵，每个消火栓处应设置直接启动消防水泵的按钮，以便及时启动消防水泵，保证供应火灾现场灭火用水。按钮开关应设有保护设施，一般放置在消防水带箱内，或放在有玻璃保护的小壁龛内以防止误操作。加压水泵有单台设置或两台泵互为备用等形式。

图 11-20 为高位水箱水泵自动控制电路的一种方案，根据水箱水位高低可自动进行启停运行，也可由水压进行自动控制，现简要说明其控制原理。

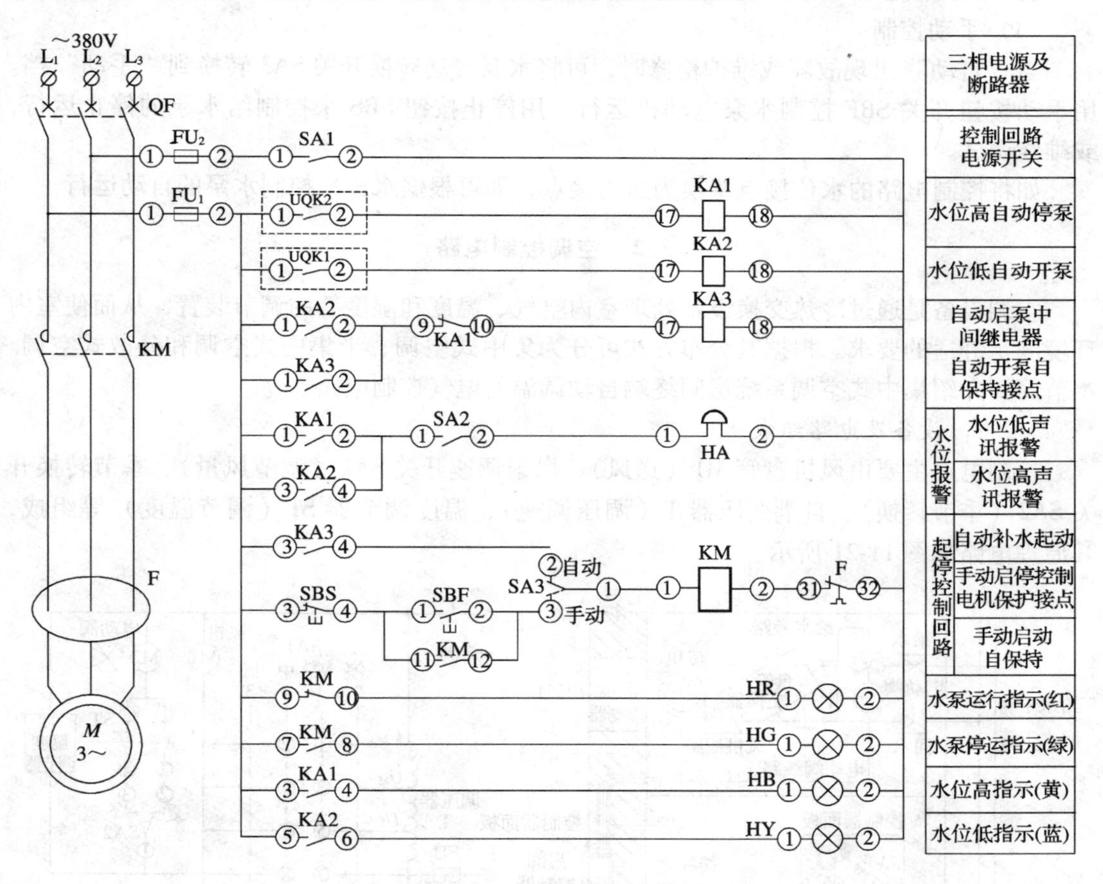

图 11-20　水箱水泵自动启停控制电路

（1）切换开关

SA1 为控制电路电源控制开关，SA2 为声讯消除开关、SA3 为水泵自动转换开关，SA3 可在“手动控制”和“自动控制”间进行相互切换。先将手动和自动转换开关 SA3

置于“自动”位置，即转换开关SA3：①—②接点接通。

（2）水泵自动控制原理

1）水位低自动启动。当水箱水位低时，水位传感器SL（或通过液位控制器）给出水位低信号，水位低接点UQK1接通。中间继电器KA2线圈电源接通带电：其接点（①—②）动作闭合，电源经过KA2：①—②动合接点、KA1⑨—⑩动断接点（此时KA1没动作）接通中间继电器KA3的线圈电源使其动作，并由KA3：①—②动合接点自锁“自保持”运行；KA3动作后，其③—④动合接点闭合，通过转换开关SA3，①—③接点接通交流接触器KM的线圈电源使其动作，交流接触器主接点接通水泵电动机三相交流电源，水泵启动开始排水，并由KM⑤—⑥动合接点自保持（自锁）运行。

2）水位高自动停止。当水箱水位高时，水位传感器SL给出水位高信号，水位高接点UQK2接通。中间继电器KA1线圈电源接通带电：其动断接点⑨—⑩动作断开，切断了自动开泵运行中间继电器KA3的电源，使KA3断电返回，其动合接点③—④动作而断开，切断交流接触器KM的线圈电源使主接点断开，电动机则自动停止运行。

（3）手动控制

当“自动”出现故障或维护检修时，可将水泵自动转换开关SA3转换到“手动”挡。用手动按钮开关SBF控制水泵电动机运行、用停止按钮SBS来控制给水泵的停止运行，或维修调试。

如将控制电路的水位接点置换为压力接点，即可根据水压来控制水泵的自动运行。

3.2 空调控制电路

空调设备是通过冷热交换设备处理室内空气、温度和湿度等的调节装置，从而使室内环境满足舒适的要求。根据其分布方式可分为集中式空调、半集中式空调和分散式空调。本节简要介绍集中式空调系统房间终端自动调温的电气控制电路。

3.2.1 设备及电路组成

控制电路主要由风机盘管M1（送风）、风扇调速开关SA1（调节风量）、季节转换开关SA2（季节转换）、自耦变压器T（调压调速）、温度调节器ST（调节温度）等组成，其原理电路如图11-21所示。

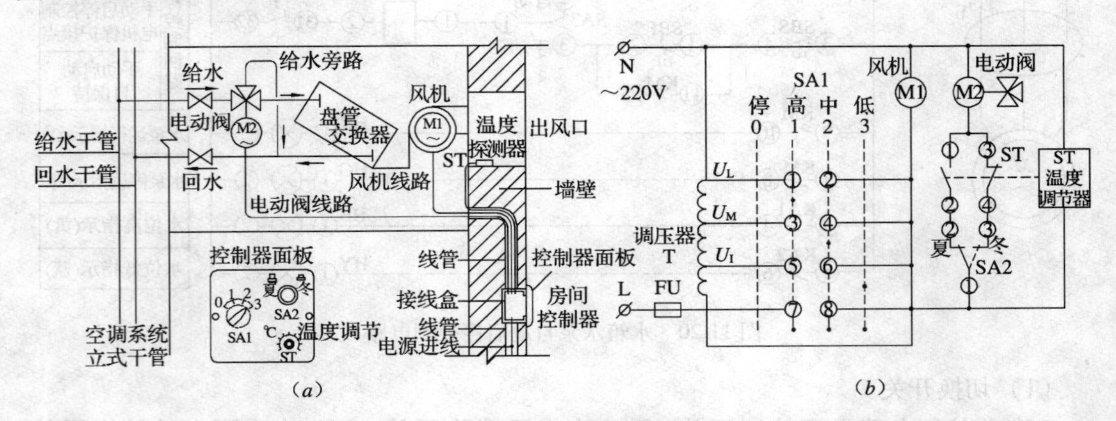

图11-21 集中空调房间终端控制电路图

（a）空调终端机组示意图；（b）空调终端控制电路图

（1）调速开关（SA1）

调速开关SA1可采用万能（转换）开关，也可采用按键式机械连锁开关或轻触式按键开关等，通过连接调压器副绕组的不同匝数（如L、M、I），以得到不同的副边电压，从而达到调速的目的。其操作位置有四档：0挡为停止运行、1挡为高速、2挡为中速、3挡为低速。控制电路SA1开关的短画线（虚线）表示手柄操作触点开闭的位置线，有黑点“·”表示手柄（或手轮）转向此位置时触点接通，无黑点者表示此触点不接通。如SA1开关在2挡位置（“中”位置）时，表示此位置③—④、⑦—⑧两对触点为接通状态，其他触点为断开状态。

（2）电动三通阀

电动三通阀是温度调节器的执行机构，可自动控制空调系统盘管交换器给水（冬天热水、夏天冷水）的开闭：通过温控器给出的温控信号接点来启停电动三通阀的运行，以此达到空调给水系统的接通和关闭。三通阀多采用磁滞电动机进行控制。

（3）温度调节器（ST）

温度调节器是室温的调节装置。根据设定的温度：当室温低于设定值时，温控器不动作，则信号接点仍为原始状态（失电状态）；当室温高于设定值时，温控器动作，则信号接点为动作状态。以此达到控制电动三通阀的启停运行和调温目的。

（4）季节转换开关（SA2）

季节转换开关SA2是根据季节特点而设置的。SA2开关转换到“冬天”位置，开关接点①—③接通、①—②断开，电动三通阀由温控器ST的动断接点（③—④）控制；SA2开关转换到“夏天”位置，开关接点①—②接通、①—③断开，电动三通阀由温控器ST的动合接点（①—②）控制。

3.2.2 控制原理

（1）风量调节

风量调节使用风扇调速开关SA1实现，根据现场需要可选择开关挡位（0挡、1挡、2挡、3挡）。

1）风量大。SA1开关调节至“1”挡（高速），此时调压器T副绕组的输出电压为电源电压（U_L），则风扇为高速运行，因此风量较大。

2）风量中。SA1开关调节至“2”挡（中速），此时调压器T副绕组的输出电压为中压（U_M），则风扇为中速运行，因此风量适中。

3）风量小。SA1开关调节至“3”挡（低速），此时调压器T副绕组的输出电压为低压（U_I），则风扇为低速运行，因此风量较小。

（2）水量调节

水量调节是通过电动三通阀控制盘管交换器水源的开闭来实现的。三通阀在通路状态时，主给水为接通状态、给水旁路为关闭状态；三通阀在关闭状态时，主给水为关闭状态、给水旁路接通状态。而电动三通阀一般采用磁滞电动机。

1）电动三通阀电源接通。当电动机接通电源后，立即按规定方向转动，经内部减速齿轮和传动轴将阀芯提起，使阀门打开，空调给水系统给盘管交换器提供水源并进入回水管，盘管交换器投入运行，而后，三通阀的磁滞电动机处于带电停转状态。

2）电动三通阀电源断开。当电动机断开电源后，阀芯及电动机通过复位弹簧的作用反向运转而关闭，使供水经由给水旁路管而流入回水，盘管交换器退出运行。

(3) 季节转换

1) 冬天。盘管交换器供应热水，当达到室温设定时（如24℃），温控器动作，动断接点动作而断开，以切断电动三通阀电源，从而控制盘管交换器热水源关闭，室温保持在24℃；如室温低于24℃时，温控器返回，动断接点返回而接通，以接通电动三通阀电源，从而控制盘管交换器热水源接通并制热运行，室内温度就开始上升。

2) 夏天。盘管交换器供应冷水，当达到室温设定时（如26℃），温控器动作，动合接点动作而闭合，接通电动三通阀电源，从而控制盘管交换器冷水源接通并制冷运行，室温开始下降；如室温低于26℃时，温控器返回，动合接点返回而断开，以切断电动三通阀电源，从而控制盘管交换器冷水源关闭并停止制冷，室内温度就开始上升。

3.3 锅炉控制电路

锅炉设备是通过燃烧，将燃料的化学能转换成热能，并将热能传送给锅炉内的水，从而产生一定温度和压力的蒸汽或热水的装置。目前，已被广泛应用于工业与民用建筑的采暖及热水供应系统中。而现代锅炉设备一般是通过一定的控制，特别是电气控制而完成生产过程的。由于锅炉的类型和控制流程形式较多，线路复杂，现仅以图11-22的燃气锅炉的部分控制电路为例，简要介绍锅炉设备的控制电路组成及控制原理。

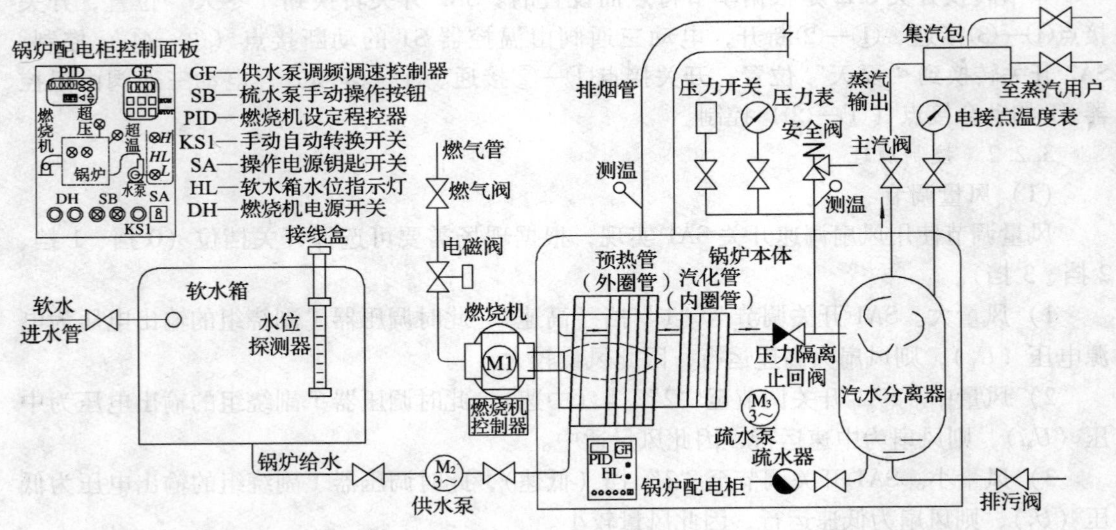

图11-22 QWNS 1.0/0.7-YC（QT）型燃气（油）蒸汽锅炉控制流程示意图

3.3.1 锅炉的控制流程

(1) 锅炉机组的组成及原理

某锅炉（有时称蒸汽发生器）的工作流程示意如图11-22所示。本锅炉机组的电气设备主要由供水泵、燃烧机、水位控制器及燃烧进气电磁阀等组成。锅炉工作原理是软化水由往复式给水泵给水在锅炉的外圈螺旋管（预热管）中预热后，再流经内圈螺旋管（汽化管），当达到一定压力值时，经隔离单向阀喷入发生器，再经汽水分离器分离，即产生干蒸汽。其工作过程，是由微机PID按设定温度控制燃烧的火力大小，同时通过变频器控制供水泵的流量，从而控制蒸汽量的大小，以满足用户蒸汽的需要。此锅炉可采用不同的燃料（如天然气、轻油等），根据燃料配置相应的燃烧机。

（2）锅炉机组的调试运行

锅炉机组的调试运行可按以下程序进行。

1）整体检查。锅炉运行启动前，应整体检查锅炉机组的内外管道、机组盘管、各种阀门、软水箱、电气连接等应正确无误。

2）温度设定及水泵运行。设定燃烧机 PID 温控器的温度上限值、下限值，启动水泵运行（检查旋转方向正确），给锅炉本体注水，至汽水分离器排污口有水流出为止。

3）一段火调试（调试燃烧机和供水泵一段）。将燃烧机一段风门调至中间位置，拆去二段火连线，合上燃烧机电源开关，燃烧机运行；至烟囱无可见黑烟或白烟排出为止；设定变频器第一频率调节水泵流量，至疏水器有少量水滴出止为。（可采用锅炉汽水分离器主输出汽阀控制排汽量，使之达到额定温度和压力值）

4）二段火调试（调试燃烧机和供水泵二段）。接上二段火连线，二段点火，调整二段风门至烟囱无黑烟或白烟排出止；设定变频器第二频率，调节水泵流量，直至疏水器有少量水滴出为止。

5）调校给定值。按要求调校压力控制器、温度控制器、水位控制器至给定值。

3.3.2 控制原理

此锅炉的运行采用全自动控制，提高了运行的可靠性和经济性。全自动控制系统主要由程序控制启停、水泵变频自动调节、燃烧自动调节三部分组成，并具有危险低水量、蒸汽压力高、燃烧突然熄火、排烟湿度超限、传热工况恶化等自动停炉保护系统，以及低水量声光自动报警装置等。为保证锅炉的安全经济运行，锅炉的参数设定、调试、起停和运行等，应按锅炉操作规程和设备产品说明进行。

（1）配电柜控制箱

配电柜控制箱主要是进行锅炉机组全自动运行的参数设定和有关参数监控，如温度设定（燃烧调节）、水量设定（变频调速），以及锅炉运行的工况监测（水位监测、设定值超限等）等，其面板控制示意见图 11-22 中的锅炉配电柜控制面板，锅炉线路原理如图 11-23 所示。

（2）燃烧机

本锅炉配置的燃烧机（百得 100P 型）主要由程控器（安装在锅炉配电柜内）、控制装置（安装在燃烧机本体上）、风机、燃气电磁阀、火焰探测器等组成。程控器可进行燃烧机的蒸汽温度设定值：当运行温度低于下限值时，燃气电磁阀打开，燃烧机启动；当运行温度高于上限值时，燃气电磁阀关闭，燃烧机停止，风机延时吹扫炉膛。火焰探测器可将火焰信号传给程控器，如燃烧机不能着火或意外熄火时，程控器将会启动停炉保护系统。具体操作应参照燃烧机和程控器使用说明。

（3）供水泵

本锅炉所配置的供水泵为往复式电动水泵，其作用是提供定量的锅炉给水，并可根据燃烧机燃烧工况、温度、压力等参数，由变频器提供相应的电源频率，使供水泵随频率（分为一二段的频率范围进行无级调频）而改变转速，从而达到定量给水的目的。水泵电动机有欠压、过流、缺相及缺燃料等电气保护措施（由水泵变频器实现），以及有超温、

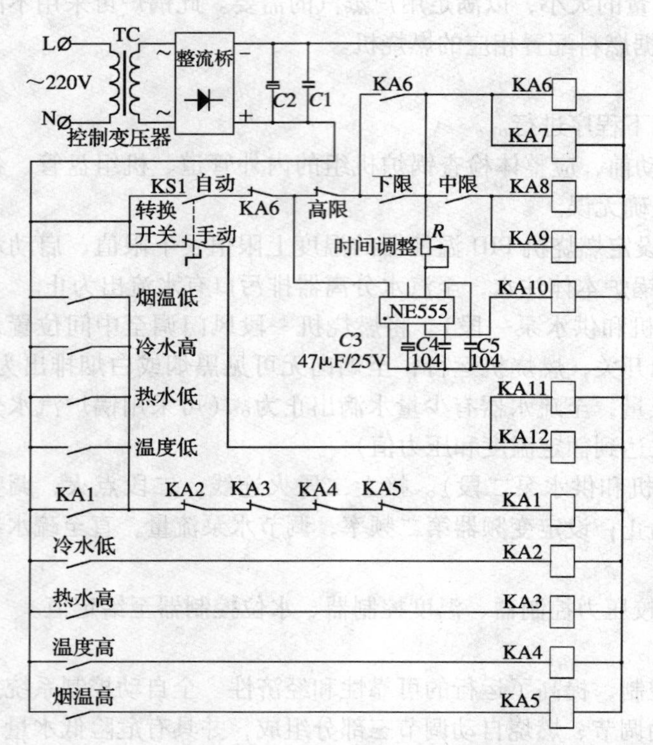

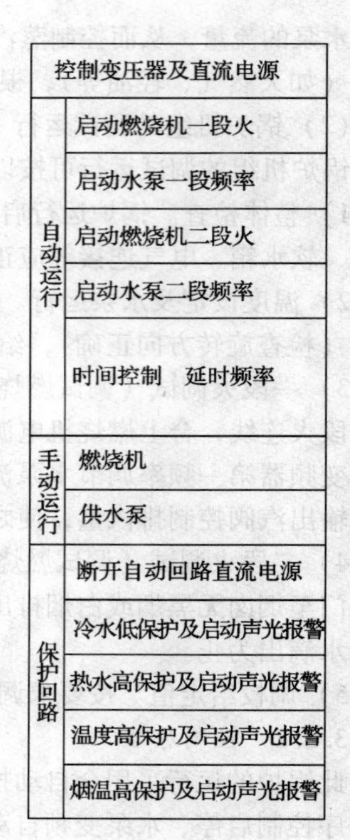

图 11-23　锅炉燃烧器控制电路原理图

超压、缺水等燃烧工况保护措施，如图中继电器 KA1。延时频率的作用是在保护动作后，即继电器 KA1 动作后，其接点切断操作回路的直流电源，而 KA10 的接点由于其延时作用，使水泵电动机还延时保持一定的给水量，以保护锅炉不致缺水。

(4) 保护系统

本锅炉采用机械、电气双重安全保护系统。蒸汽超压保护可使弹簧安全阀泄压。电气控制保护主要有欠压、过流、缺相及缺燃料等电气保护措施，以及炉体超温、炉体超压、排烟超温和缺水超温保护等；燃烧机、燃气进气阀、水泵电动机主要有熄火、超温、超压、缺水等燃烧和运行工况保护措施。当保护动作后：急速递减燃烧机火力，无效时，切断燃烧机，同时声光报警；而水泵减小转速，无效时，关闭水泵，同时声光报警。

思考题与习题

1. 断路器的主要作用有哪些？
2. 在什么情况下，可采用闸刀开关控制电动机或电力线路？
3. 常用的低压控制电器有哪些？
4. 常用的低压开关电器有哪些？
5. 电动机控制为什么要采用交流接触器？
6. 交流接触器是否具有失压保护功能？
7. 过流保护和过载保护的主要区别是什么？

8. 电动机控制电路中，自锁接点主要起什么作用？

9. 试分析图 11-24 电动机的控制电路，具有哪些控制功能？

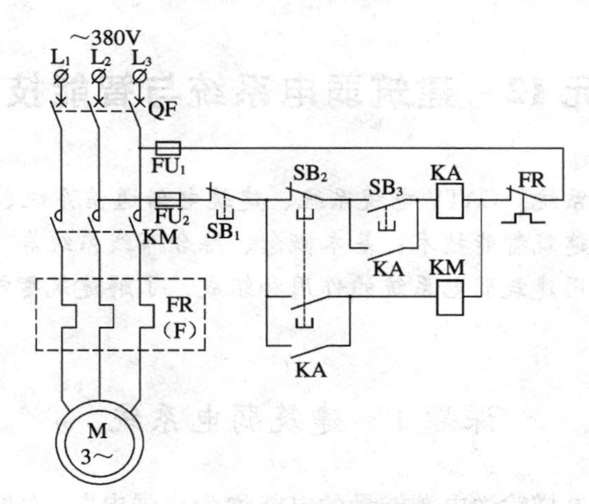

图 11-24 电动机控制电路

10. 交流接触器频繁启动后，有时线圈为什么会出现过热现象？

11. 一个励磁电压为 380V 的交流接触器，误接到交流 220V 的控制电路中会发生什么问题？

12. 在图 11-25 的电动机双向控制主电路中，试指出各图的接线有无错误，如有错误会造成什么现象？

13. 在图 11-26 的电动机控制电路中，试指出各图的接线有无错误，如有错误会造成什么现象？

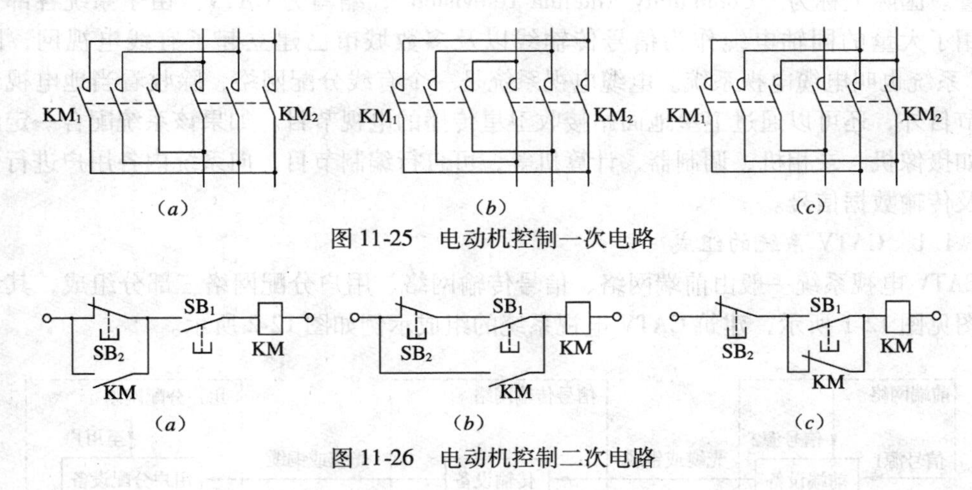

图 11-25 电动机控制一次电路

图 11-26 电动机控制二次电路

单元12　建筑弱电系统与智能技术

知识点： 建筑弱电系统：CATV电视系统、建筑电话通信系统、火灾自动报警与联动系统、其他弱电系统；建筑智能技术：基本概念、综合布线系统。

教学目标： 了解常用建筑弱电系统的作用和组成，了解建筑智能技术的基本概念。

课题1　建筑弱电系统

一般把动力、照明这样输送电源能量的电能称为“强电”；而把以传播信号、进行信息交换的电能称为“弱电”。由于弱电系统的引入，使建筑物的服务功能大大扩展，增加了建筑物内部以及内部与外界间的信息传递和交换能力，所以，建筑弱电系统是建筑电气工程的重要组成部分。目前建筑弱电系统主要包括：CATV电视系统、电话通信系统、广播音响系统、火灾自动报警和自动灭火系统以及其他建筑弱电系统等。

1.1　电缆电视系统

电视系统是建筑弱电系统中应用最普遍的系统，它是多台电视机共用一套电视信号源的装置。国际上称为“Community Antenna Television”，缩写为CATV。由于系统各部件之间采用了大量的同轴电缆作为信号传输线以及多数城市已建立起了有线电视网，因而CATV系统也叫电缆电视系统。电缆电视系统是一个有线分配网络，除收看当地电视台的电视节目外，还可以通过卫星地面站接收卫星传播的电视节目。如果该系统配合一定的设备，如摄像机、录相机、调制器、计算机等，可自行编制节目，向系统内各用户进行传输播放及传输数据信号。

1.1.1　CATV系统的组成

CATV电视系统一般由前端网络、信号传输网络、用户分配网络三部分组成，其组成示意图见图12-1所示，建筑CATV电视系统的组成示例如图12-2所示。

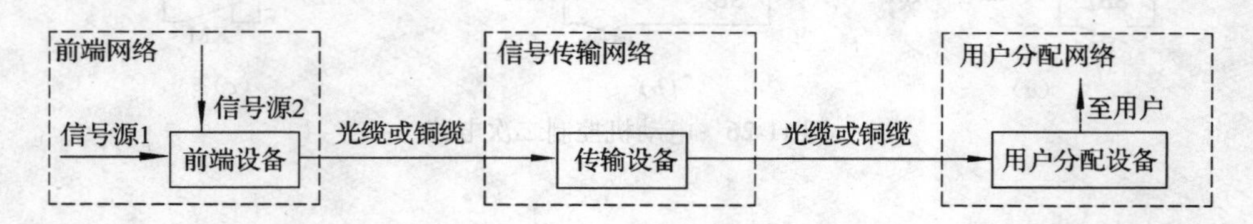

图12-1　CATV电视系统的基本构成

(1) 前端网络

前端网络的主要任务是提供CATV系统的音频及视频信号源和对信号源进行必要的处理，前端网络主要由信号源部分和前端设备等组成。

1）信号源。信号源部分是对 CATV 系统提供视频及音频信号或射频信号（视频和音频信号的混频信号称射频信号）。主要器件与设备有电视接收天线、卫星天线、光缆信号源、各类摄录放像设备、多媒体计算机设备等。目前城市建筑物多采用光缆或同轴射频电缆引接当地 CATV 电视系统信号源。

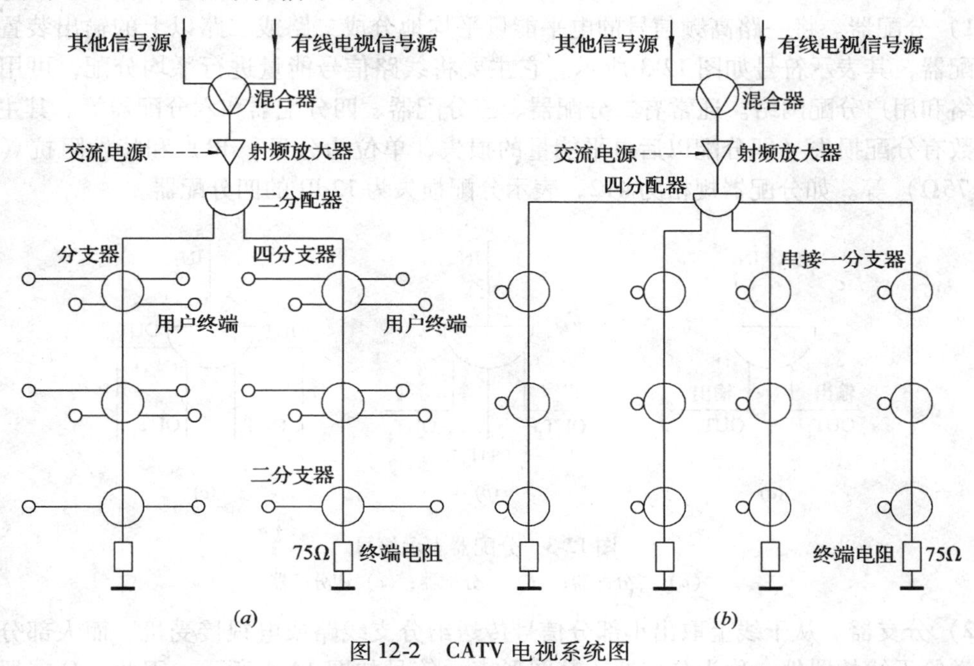

图 12-2　CATV 电视系统图

（a）用户终端位置不一致；（b）用户终端位置一致

2）前端设备。前端设备对 CATV 系统信号源提供的信号进行必要的处理和控制，主要器件有天线放大器、主干放大器（宽频带放大器）、卫星接收器、频道变换器、制式转换器、衰减器、混合器、解调器、调制器等。

（2）信号传输网络

信号传输网络的任务是把前端输出的高质量射频信号尽可能保质保量地传输给用户分配网络，因此，信号传输系统的质量对整个系统有直接的影响。主要器件及器材有线路放大器（或干线放大器）、光缆或同轴射频电缆、均衡器、电源供给器等。

1）干线放大器。用于传输干线的放大器称干线放大器，放大器是电缆电视系统中使用的一种有源器件。干线放大器的主要作用是补偿传输网络中的信号损失，一般多采用宽频带放大器。而干线放大器一般多带有自动电平控制（ALC）电路，ALC 电路由自动增益控制电路（AGC）和自动斜率控制电路（ASC）等组成，在信号放大的同时，用以平衡线路损耗的传输特性。

2）均衡器。均衡器是一种用来补偿射频同轴电缆衰减倾斜特性的装置，均衡器是电缆电视系统中使用的一种无源器件，主要由一些电感、电容和电阻元件等构成。因射频电视信号在同轴射频电缆中传输的损耗与频率的平方根成正比，即高频段的信号衰减大、低频段的信号衰减小。所以，要求均衡器的频率特性与电缆的频率特性相反，即低频段信号得到较大的衰减，而高频信号得到较低的衰减，从而弥补线路的传输损耗特性。

（3）用户分配网络

用户分配网络是把干线传输过来的射频信号分配给系统内的所有用户，并保证各用户的信号质量和各用户终端的电平均衡度。其主要器件有射频电缆、分支器、分配器、用户终端（即电视出口插座）等。

1）分配器。将一路高频信号的电平能量平均地分成二路或二路以上的输出装置，称为分配器，其表示符号如图 12-3 所示。它主要将线路信号能量进行平均分配，可用于前端网络和用户分配网络。通常有二分配器、三分配器、四分配器和六分配器等。其主要技术参数有分配损失（即分配以后电平能量的损失，单位为分贝，dB）和特性阻抗（一般均为75Ω）等。如分配器规格为412，表示分配损失为 12dB 的四分配器。

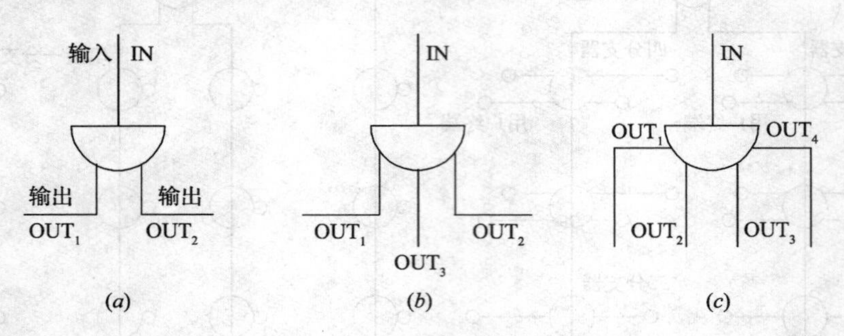

图 12-3　分配器表示符号

（a）二分配器；（b）三分配器；（c）四分配器

2）分支器。从干线上取出小部分信号传送给分支线路或电视接受机、而大部分信号仍传送给干线的器件，称为分支器，其图形表示符号如图 12-4 所示。因此，分支器的特点是以较小的插入损耗从传输干线或分配线路上分出部分信号经衰减后再送至分支线路或直接送至各终端用户。它由一个主输入端、一个主输出端和若干个分支输出端组成。根据分支输出端的数量，分支器分为一分支器、二分支器、四分支器三种。其主要技术参数有插入损失（干线输出端的损失，dB）、分支损失（分支输出端的损失，dB）和特性阻抗(75Ω)。如分支器规格为 208，表示分支损失为 8dB 的二分支器。

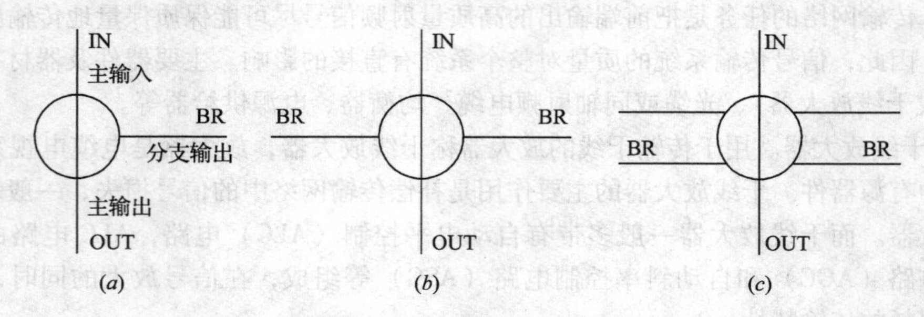

图 12-4　分支器表示符号

（a）一分支器；（b）二分支器；（c）四分支器

3）串接分支器。输出端口直接插接电视机用户插头的一分支器和二分支器称串接一分支器（或称串接单元）和串接二分支器（串接二单元）。

4）用户终端。CATV 电视系统的用户终端是供给电视机电视信号的接线器，或称为用户终端，又称为用户接线盒。有单孔盒和双孔盒之分：单孔盒仅输出电视信号，双孔盒既能输出电视信号又能输出调频广播的信号。

1.1.2 同轴射频电缆

在电缆电视系统中，各种信号都是通过电视传输线（又称馈线）进行传输的，它是信号传输的通道，根据装设部位，分为主干线、分支干线和分支线等。传输线目前主要采用同轴电缆和光缆，而建筑 CATV 用户系统的传输线多采用同轴射频电缆，光缆主要用于大中城市主干线的信号传输。

（1）同轴电缆的结构

同轴电缆是用高频绝缘介质，使内、外导体绝缘且保持轴心重合的高频特殊电缆，一般由内导体、绝缘体、外导体、护套等部分组成，其结构示意如图 12-5 所示。常用的同轴电缆型号有 SYV、SYFV、SDY、SYKV、SYDY 型等。

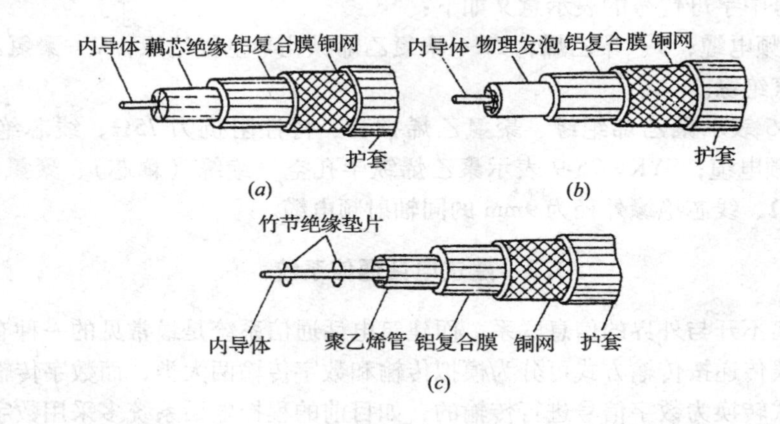

图 12-5 同轴射频电缆结构图

（*a*）藕芯电缆；（*b*）物理发泡电缆；（*c*）竹节电缆

1）内导体。同轴电缆内导体的作用是传输射频信号的主要通路。它通常是一根实心金属导体，截面一般为圆形，材料多采用铜质，也有采用空心铜管或双金属线等。

2）绝缘体。同轴电缆绝缘体的作用是将内导体与外部导体相互隔离。其材料主要有聚乙烯、聚氯乙烯等，常用的是介质损耗小、工艺性能好的聚乙烯。其绝缘形式可分为实心绝缘、半空气绝缘、空气绝缘等。

3）外导体。射频电缆外导体有双重作用，它既作为传输回路的一根导体，同时又具有屏蔽作用。它一般有金属管状结构（采用铝带纵包焊接，或者用无缝铝管挤包拉延而成）；铝箔纵包搭接结构（这种结构制造成本低，但会泄露电磁波，较少采用）和铜网及铝箔纵包组合结构（这种结构柔软性好、重量轻、接头可靠，其屏蔽作用主要由铝箔完成、由镀锡铜网完成导电功能，目前已广泛采用这种同轴电缆结构。

4）护套。护套的主要作用是抵抗电缆的老化及隔离外部环境，一般多采用聚氯乙烯或聚乙烯材料等制作。

（2）同轴电缆的类型

同轴电缆的类型主要是依据对内外导体间绝缘介质的处理方法不同而分为下列几种：

1）实心同轴电缆。此种电缆的内外导体填充以实心的绝缘材料。

2）藕芯同轴电缆。这种电缆将聚乙烯绝缘介质经过物理加工，使之成为纵孔（即藕芯状）半空气绝缘介质。比实心同轴电缆损耗小，但防水性能较差。

3）物理高发泡同轴电缆。这种电缆是在聚乙烯绝缘介质中注入气体（如氮气）使介质发泡，它不宜老化、不宜受潮，传输损耗小，一般可作干线性传输电缆。

同轴电缆的基本参数主要有特性阻抗（75Ω）、衰减常数（高、低频段衰减不同）和温度系数等。

（3）同轴电缆的标注

我国同轴电缆型号的基本组成形式如下：

分类代号	绝缘	护套	派生	–	特性阻抗	–	线芯绝缘外径	–	结构序号

其电缆型号中字母代号的表示意义如下：

S—同轴射频电缆；Y—聚乙烯；YK—聚氯乙烯纵孔半空气绝缘；V—聚氯乙烯；D—稳定聚乙烯空气绝缘。

如SYV-75-5表示聚乙烯绝缘、聚氯乙烯护套、特性阻抗为75Ω、线芯绝缘外径为5mm的同轴射频电缆；SYKV-75-9表示聚乙烯纵半孔空气绝缘（藕芯）、聚氯乙烯护套、特性阻抗为75Ω、线芯绝缘外径为9mm的同轴射频电缆。

1.2 建筑电话通信系统

现代建筑离不开与外界的信息联系，而建筑电话通信系统是最常见的一种有线通讯方式。信息的有线传递按传输方式可分为模拟传输和数字传输两大类，而数字传输是将信息按一定编码方式转换为数字信号进行传输的，如目前的程控电话系统多采用数字信号来传输各种信息。

1.2.1 电话通信系统及组成

电话通信系统一般由交换网络、传输网络、终端分配网络等组成。

（1）电话交换网络

电话交换网络主要由电话交换机、配线设备、电源设备以及接地等组成，一般可称之为电话交换站或电话站。通常在大型建筑物或建筑小区内设置。

1）电话交换机。电话交换机目前多采用程控电话，又称电脑电话。它主要由话路系统、中央处理系统和输入输出系统等三部分所组成。其基本原理是预先将交换动作的顺序编成程序集中存放在存储器中，然后由程序的自动执行来控制交换机的交换接续动作，以完成用户之间的通话业务。此外，还可以与传真机、个人电脑、文字处理机、主计算机等办公自动化设备连接起来，形成综合的业务网。因而可以有效的利用声音、图像进行多种信息交换，同时，还可以实现外围设备和数据的共享。

2）配线设备。配线设备用于电话局电信设备和交换机及用户之间的线路连接，使配线整齐、接头固定，并可进行跨接、跳线和在障碍时作各种测试之用。配线设备分为箱（柜）式和架式两类，配接方式分为直接配线、交接箱配线及这两种的混合配线等。配线设备还包括保安设备，其功能是在外线遭受雷击或与电力线相碰超过规定的电流、电压时能自动旁路接地，以保护设备和人身的安全。

3）电源设备。电源设备包括交流电源、整流装置、蓄电池组及直流屏等。其交流电源一般按二级负荷考虑，限于条件也可按三级负荷处理，但在直流方面需采取加大电池容量的措施。

4）电话站的接地。电话站的接地包括：直流电源接地、电信设备机壳的保护与屏蔽接地、入站通信电缆的金属护套或屏蔽层接地、避雷器及防高电位侵入接地等，这些接地一般采取一点接地方式，总接地电阻不大于4Ω，当与建筑物的供电系统接地、防雷接地互相连在一起时，总接地电阻（接线电阻）不应大于1Ω。

（2）电话传输网络

电话传输网络主要由各类电话通信电缆和传输设备等组成。从电信局或电话交换站的总配线架，需经过传输网络设备和传输线路，才能到达用户端的电信接收设备，通过电信电缆和电话线路将通信网络设备与用户终端设备有机的连接起来，才能高质量的传送音频、数据等电信信号。

（3）终端分配网络

终端分配网络是用户终端的分配系统，它是建筑设备工程中经常涉及的弱电安装工程之一。其主要设施有电话交接箱、分线箱、分线盒、用户线、用户出线盒等，如图12-6所示。

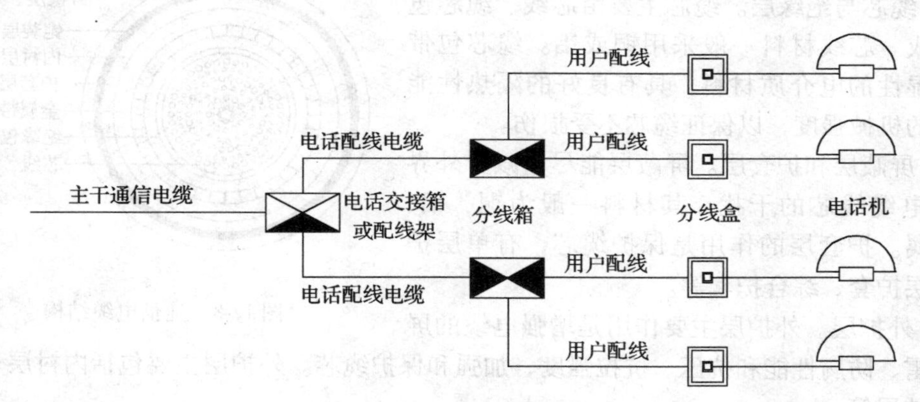

图12-6　用户电话分配网络示意图

1）电话交接箱。电话交接箱是连接主干电缆与配线电缆的接口装置。其结构主要由接线模块（接线端子、保安装置）、箱架结构（支撑和固定电缆和端子排）和箱体（金属构造，其主要作用是保护箱内设施与外界隔离）等构成。按设置方式分为杆上架空式交接箱、落地式交接箱和挂墙式交接箱等，容量范围约600～3600对。

2）电话分线箱与分线盒。电话分线箱与分线盒（端子箱）是将电话配线电缆转换为电话配线的交接装置，将其出线分给各电话出线盒，是配线电缆分线点所使用的分线设备。分线箱装有保安装置，以防雷电或其他高压从明线进入电信电缆，因此，分线箱主要用于用户引入线为架空明线的情况下；而分线盒不带保安装置，适用于容量不大的电话电缆引入线、且不大可能有强电浸入电缆的情况下。按安装场所分为室外分线箱（盒）及室内分线箱，其室内箱及安装示意如图12-7所示。

1.2.2　电话通信线路

（1）通信电缆的结构

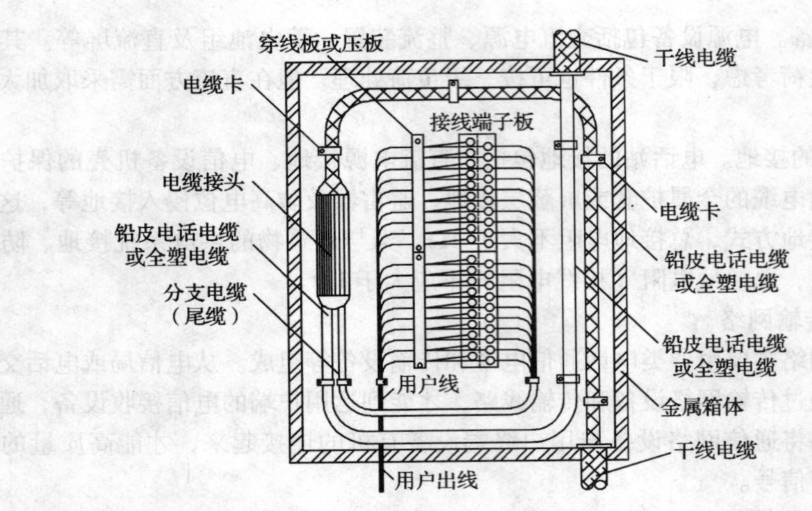

图 12-7　室内电话分线箱示意图

通信电缆主要由缆心、屏蔽、护套和外护层等组成，如图 12-8 所示。

1）缆芯与绝缘层。缆芯主要由芯线、缆芯包带等组成。芯线材料一般采用铜或铝。缆芯包带为非吸湿性的电介质材料，具有良好的隔热性能和足够的机械强度，以保证缆芯不受损伤。

2）屏蔽层和护套层。屏蔽层能尽量减少外界磁场对电缆线芯的干扰，其材料一般为铜、铝、钢等金属。护套层的作用是保护缆芯，有单层护套、双层护套、综合护套等。

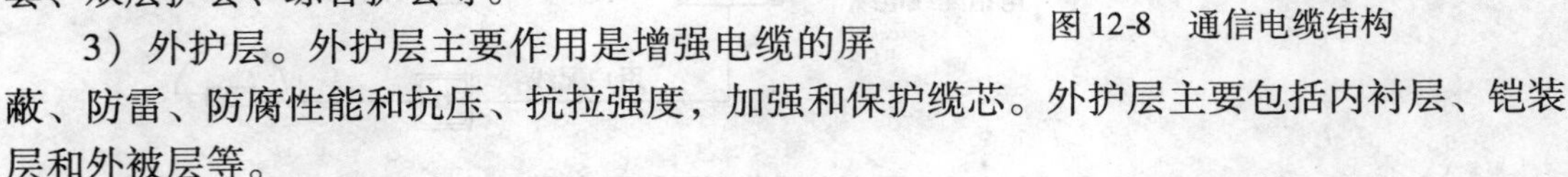

图 12-8　通信电缆结构

3）外护层。外护层主要作用是增强电缆的屏蔽、防雷、防腐性能和抗压、抗拉强度，加强和保护缆芯。外护层主要包括内衬层、铠装层和外被层等。

（2）通信电缆的型号

用于室内通信配线常用的线缆型号有 HPV、HVR、RVB、RVS 等，其型号组成如下。

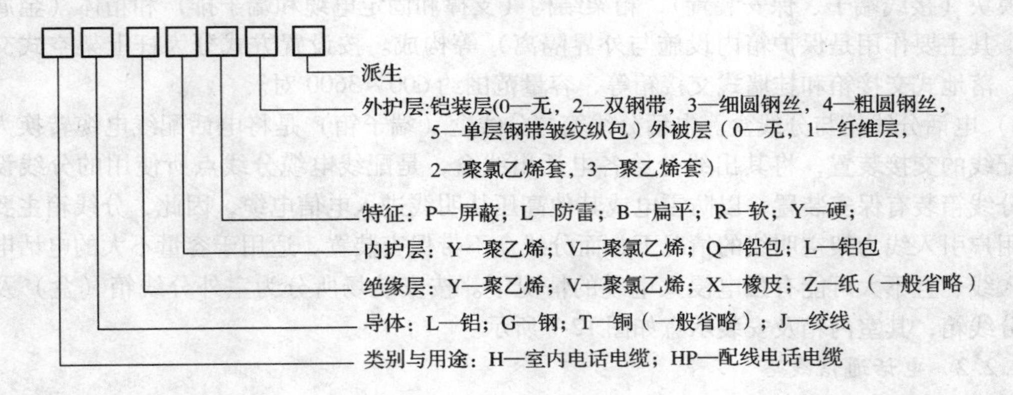

1.3 火灾自动报警与联动系统

火灾自动报警与联动系统主要用以监视建筑物现场的火情隐患，当存在火患开始冒烟而还未明火之前，或者是已经起火但还未成灾之前发出火情警报，以通知消防控制中心及时处理并自动执行消防前期准备工作和灭火工作等，如自动确认火灾、发出火灾报警信号等，同时还可自动启动减灾设备（如启动通风机、防火卷帘等）、灭火设备（如启动消防水泵、自动喷淋设备等）和指挥灭火（启动消防广播和消防电话）等。

1.3.1 火灾自动报警与联动系统的组成

火灾自动报警与联动系统主要由火灾探测器（又称感应器件）、火灾报警控制器（又称火灾报警装置）、声光信号报警装置（又称火灾警报装置，有时直接装于报警控制器内）以及具有其他辅助功能的装置等组成，其组成示意如图 12-9 所示。

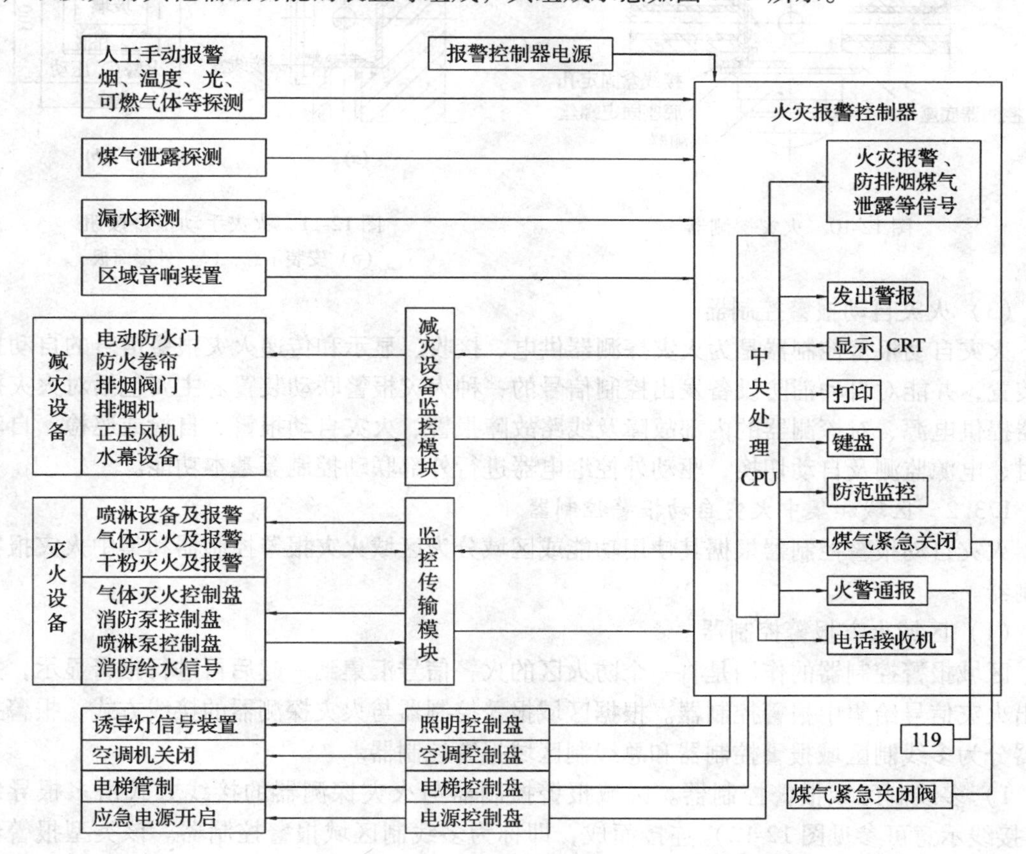

图 12-9 火灾自动报警与联动系统示意图

（1）火灾探测器

火灾探测器是能对火灾参数响应、自动产生火灾报警信号的有源感应器件，它将火灾产生的烟、光、温等信号转换成电信号送入火灾报警控制器，其电源由报警控制器提供。火灾探测器按其被探测的烟雾、温度、火光及可燃性气体等四种火灾参数，可分为四种基本类型，即：感烟探测器、感温探测器、感光探测器、可燃气体探测器。火灾探测器的外形及安装示意如图 12-10 所示。

（2）手动火灾报警按钮

火灾手动报警按钮是用手动方式启动火灾自动报警系统的器件，是火灾自动报警系统的配套器件。如 JB-SB-101 型报警按钮，它是应用于火灾现场的紧急人工报警的。当被监控现场确切发生火灾后，由现场人员紧急打碎报警按钮面板上的玻璃，则内部微动开关动作，发出火灾紧急报警信号。手动火灾报警按钮的紧急程度比探测器报警紧急，一般不需要确认，所以手动按钮要求更可靠、更确切，处理火灾要求更快。火灾探测器的外形及安装示意如图 12-11 所示。

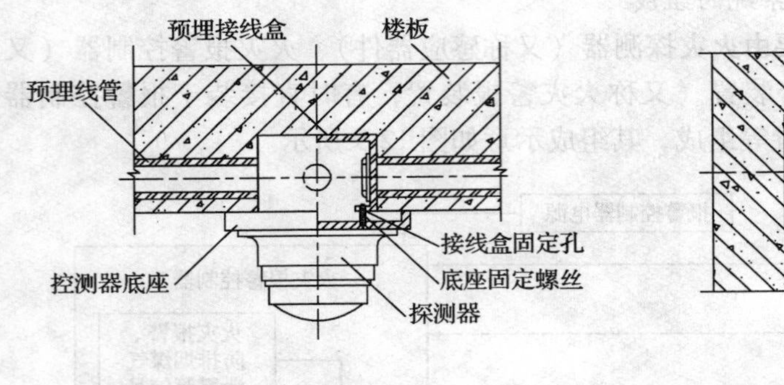

图 12-10　火灾探测器

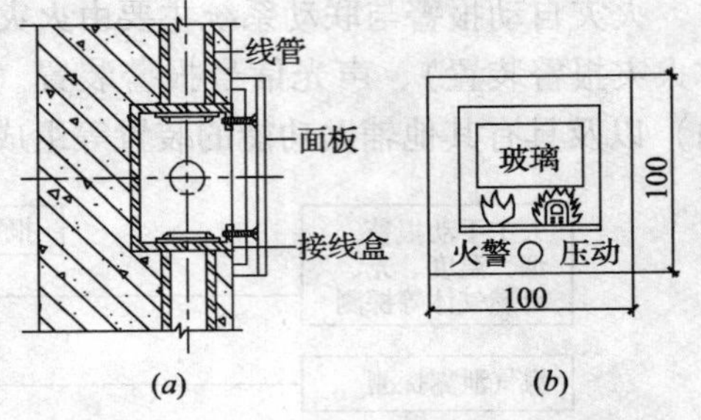

图 12-11　火灾手动报警按钮
（a）安装示意；（b）外形面板

（3）火灾自动报警控制器

火灾自动报警控制器是为火灾探测器供电、接收、显示和传递火灾报警信号的自动控制装置，并能对自动消防设备发出控制信号的一种火灾报警联动装置。主要包括对火灾探测器提供电源、对探测器的内部故障及线路故障报警、火灾自动报警、自检或巡检、自动记时、电源监测及自动切换、驱动外控继电器进行外部联动控制等基本功能。

1.3.2　区域和集中火灾自动报警控制器

火灾自动报警控制器根据其使用功能或区域分为区域火灾报警控制器和集中火灾报警控制器。

（1）区域火灾报警控制器

区域报警控制器的作用是将一个防火区的火警信号汇集到一起后再进行报警显示，并输出火灾信号给集中报警控制器。根据区域报警控制器与火灾探测器的接线方式，报警控制器分为多线制区域报警控制器和总线制区域报警控制器。

1）多线制区域报警控制器。区域报警控制器与火灾探测器的接线方式由多根导线（其接线示意可参见图 12-12）连接而成，即称为多线制区域报警控制器。该类型报警器又可分为有巡检功能和无巡检功能两类。报警器的主要功能是能直接或间接地接收来自火灾探测器和手动报警器的火灾报警信号，发出声、光报警。当报警控制器与火灾探测器之间的连线或电源发出故障时，能自动发出同火灾报警信号有区别的声、光故障信号。在故障、火警同时存在时，优先发出火警信号。能手动检查控制器自身的火灾报警功能，并能检查控制器与探测器之间的连线是否完好等。多线制区域报警控制器可用于一般小型火灾报警系统。

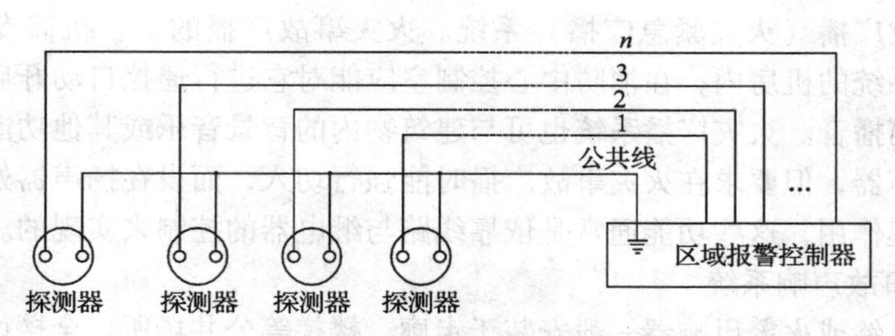

图 12-12　火灾探测器与区域报警器的连接

2）总线制区域报警控制器。区域报警控制器与火灾探测器的接线方式按总线连接而成，即称为总线制区域报警控制器。在大的报警系统中一般采用总线制区域报警控制器，总线制区域报警控制器大多由微机系统组成。与多线制区域报警控制器相比，除系统配线有区别外，对探测器也有不同要求。总线制区域报警控制器要求探测器必须具有编码底座，这实际上就是探测器与总线之间的接口元件。编码底座有两种基本形式，一种是采用机械式的微型编码开关，另一种是电子式的专用集成电路。由于这两种编码信息的传输技术不同，前者需要 4 根传输线，称四总线制。后者只需 2 根传输线，称二总线制。探测器的三线制底座接法见图 12-13。

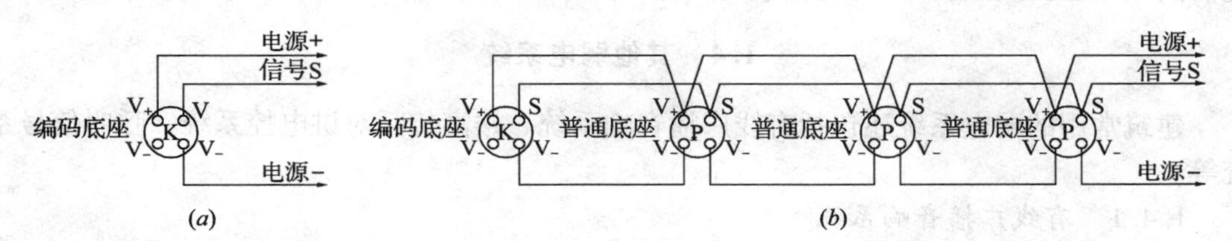

图 12-13　火灾探测器与编码报警回路（三线制）的连接

（*a*）回路串接单只探测器；（*b*）回路串接多只探测器

（2）集中火灾报警控制器

集中报警控制器的组成和工作原理与区域报警控制器基本相同。它的作用是将若干个区域报警控制器连成一体，将所监视的各个探测区域内的区域报警控制器输入的电信号以声、光的形式显示出来，它不仅具有区域报警的功能，而且还能向消防联动控制设备发出联动控制指令。从而形成功能较为完善的火灾自动报警和联动系统。

（3）火灾自动报警系统的供电

根据我国消防法规规定，火灾自动报警系统的供电电源分为主电源和备用电源。主电源的交流电源，一般由当地电网引取，并应按电力系统有关规定确定供电等级；而备用电源一般可采用蓄电池组或自备柴油发电机组，以确保火灾自动报警系统不受停电事故的影响。主、备电源应能保证在极短的时间内可靠完成自动切换或启动过程，以实现对消防报警系统的可靠供电。

1.3.3　火灾事故广播和紧急电话系统

火灾事故广播、火警声响和紧急电话系统也是火灾自动报警系统的重要组成部分。

（1）火灾事故广播系统

火灾发生后为了便于组织人员的安全疏散和通知有关救灾的事项，对一二级保护对象宜设置火灾事故广播（火灾紧急广播）系统。火灾事故广播的扩音机需专用，但也可放置在其他广播系统的机房内，在消防中心控制室应能对它进行遥控自动开启，并能在消防中心直接用话筒播音。火灾广播系统也可与建筑物内的背景音乐或其他功能的大型音响广播系统合用扬声器，但要求在火灾事故广播时能强行切入，而设在扬声器处的开关或者音量控制器不再起作用，这些功能通常是依靠线路与继电器的控制来实现的。

（2）火灾事故声响系统

火灾事故电铃或火警讯响器一般安装于走廊、楼梯等公共场所。全楼设置的火灾事故电铃系统，宜按防火分区设置，其报警方式与火灾事故广播相同，采取分区报警。设有火灾事故广播系统后，可不再设火灾事故电铃系统。在装设手动报警开关处，需装设火警电铃或讯响器，一旦发现火灾后，操作手动报警开关即可向本地区报警。

（3）火灾事故紧急电话系统

火灾事故紧急电话系统一般是与普通电话分开设置的独立系统，主要用于消防控制中心与火灾报警器设置点以及消防设备机房等处的紧急通话功能。火灾事故紧急电话通常采用集中式对讲方式，主机设置在消防中心控制室，分机分设在其他各个有关部位。某些大型火灾报警系统中，在大楼各层的关键部位及机房等处设置有与消防控制中心紧急通话的电话插孔，巡视人员携带的便携式话机可随时插入插孔进行紧急通话。

1.4 其他弱电系统

建筑常用的弱电系统还包括有线广播音响系统、楼寓传呼对讲电控系统、呼叫信号系统等。

1.4.1 有线广播音响系统

有线广播常用于宾馆、商场、展览馆、影剧院之类的娱乐场所以及交通建筑、教学建筑、大型公共等场所。

（1）有线广播音响系统的基本组成

有线广播音响系统按其功能分为一般语言扩声系统与音乐扩声系统。简单的语言扩声系统从声音的发送到声音的传播是由话筒、扩音机、广播线路及扬声器等设置完成的。一般影剧院的音乐扩声系统包括多路话筒和线路输入、调音台（控制台）、功率放大机（柜）、监听器、输出分配盘等设备。有线广播音响系统的组成示意如图 12-14 所示。

（2）有线广播音响系统的方式

有线广播音响系统的馈线输出电压一般多采用 110～120V，以减小传输电流和能量损耗。用户线宜采用 30V，但暗管配线时可为 110～120V。按输出馈送方式，分为定压传输式和有源终端式等制式，见图 12-15。

1）定压传输式。采用功率放大器的定压式（约 120V）输出，进行小电流的定压传输，每个终端均由阻抗变换器降压变换阻抗后再与扬声器进行匹配连接，见图 12-15（*a*）。目前在中小型系统中应用较为广泛。

2）有源终端式。采用功率放大器的低压音频式输出，进行音频电流的传输，在终端或某区域处再设置终端功率放大器后再与扬声器进行直接连接，见图 12-15（*b*）。有源终端式一般用于大型系统中。

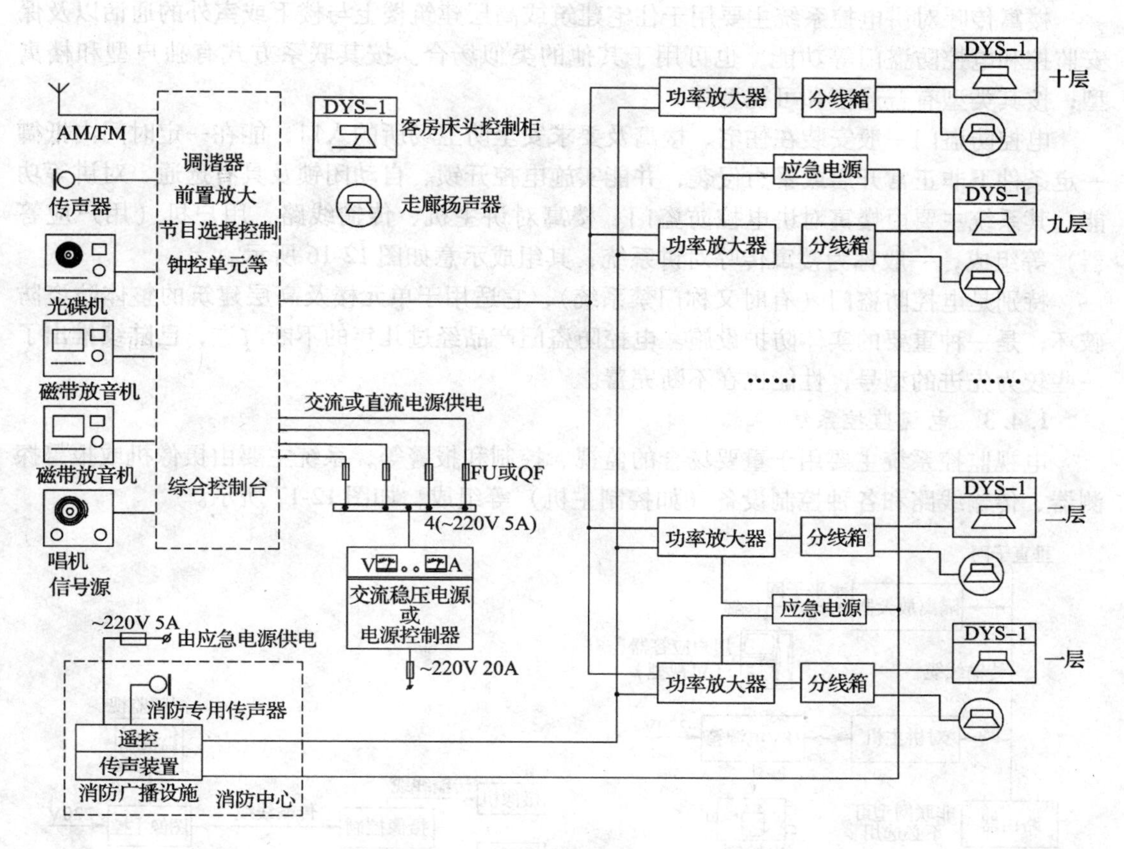

图 12-14　分区式有线广播音响系统示意图

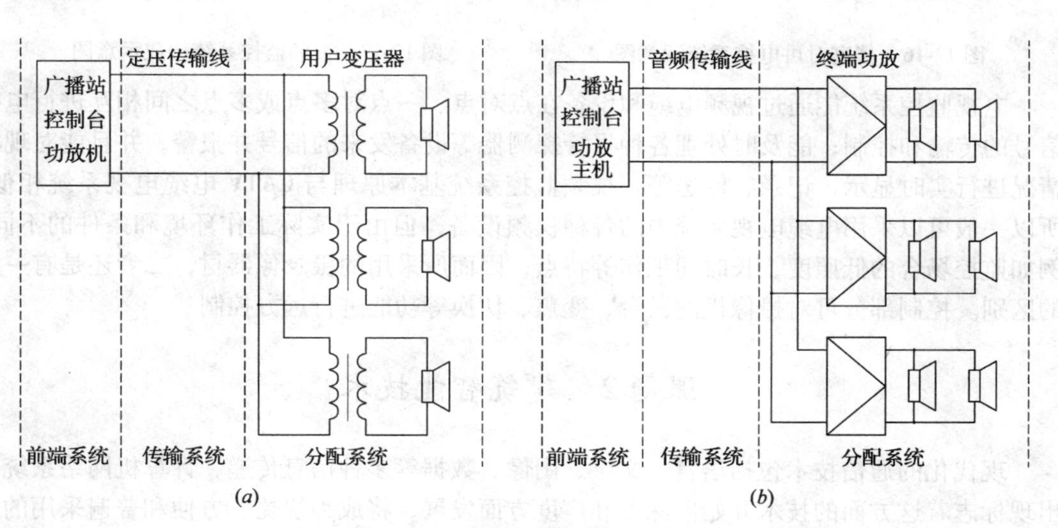

图 12-15　有线广播音响系统示意图

（a）定压传输式；（b）有源终端式

1.4.2 楼寓传呼对讲系统

楼寓传呼对讲电控系统主要用于住宅建筑或高层建筑楼上与楼下或室外的通话以及保安监控和电控防盗门等功能，也可用于其他的类似场合。按其联系方式有独户型和楼寓型；按其类型有普通型和可视型等。

电控防盗门一般安装在住宅、楼寓及要求安全防卫场所的入口，能在一定时间内抵御一定条件下非正常开启或暴力侵袭，并能实施电控开锁、自动闭锁及具有选通、对讲等功能。其系统主要由楼寓对讲电控防盗门、楼寓对讲主机、传输线路、用户机（用户应答器）等组成，一般称为楼寓传呼对讲系统，其组成示意如图 12-16 所示。

特别是电控防盗门（有时又称门禁系统），它适用于单元楼及高层建筑的整体防盗防破坏，是一种重要的实体防护设施。电控防盗门产品经过几年的不断改进，已陆续推出了一些较为先进的型号，性能也在不断完善。

1.4.3 电视监控系统

电视监控系统主要用于重要场合的监视、控制和报警等，系统主要由摄像机或报警探测器、传输线路和各种控制设备（如控制主机）等组成，如图 12-17 所示。

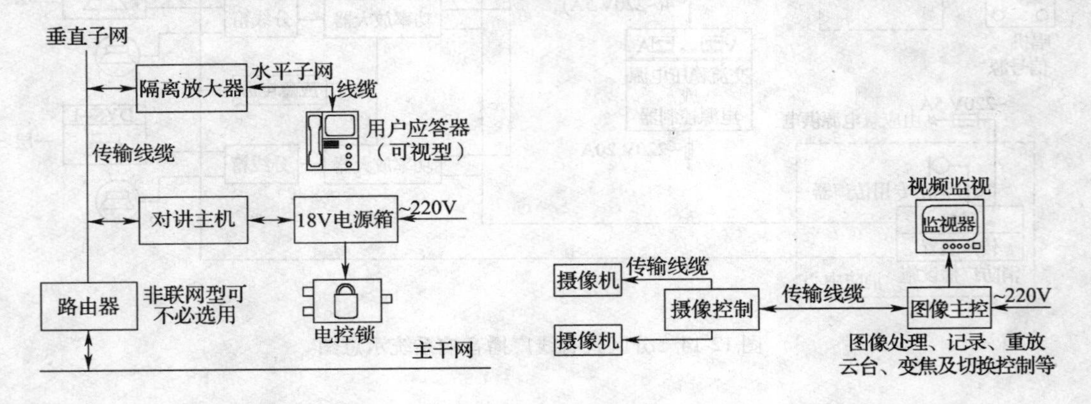

图 12-16 楼寓对讲电控系统示意图

图 12-17 视频监控系统构成示意图

电视监控系统能通过视频电缆和设备在点对点、一点对多点或多点之间相互进行电视信号的传输和控制；能及时处理各种报警探测器等设备发来的信号并报警；并且能对现场情况进行实时显示、记录、传送等。视频监控系统基本原理与 CATV 电缆电视系统相似，所以一般可以采用电缆电视系统中的各种视频设备，但由于实际工作环境和条件的不同，例如监控场合的低照度、长时间工作等特点，因而所采用的摄录像器材，二者还是有一定的区别。控制部分可对摄像机的云台、变焦、切换等功能进行远方控制。

课题 2 建筑智能技术

现代化的通信技术包括语言、文字、图像、数据等多种信息传递，计算机网络系统的出现标志着这方面的技术开始向深度和广度方面发展，将成为快捷、方便和普遍采用的通信手段，由此也伴随着智能建筑的产生和广泛的应用。

2.1 建筑智能系统的基本概念

建筑智能系统可以是一幢或一组大楼，大楼内拥有内部的电信系统，为大楼居住人员提供广泛的计算机和电信服务；大楼内还拥有供暖、通风、照明、保安、消防、电梯控制和进出大楼的监控等子系统。从而获得建筑物的高效率、高功能和高舒适性，以满足人们居住、工作、教育、娱乐等要求。根据建筑物和构筑物的功能还可分为智能大楼、智能广场、智能住宅和智能小区等。

2.1.1 建筑智能系统的组成

利用环境舒适的建筑物或建筑群内的综合布线系统（GC），将建筑设备自动化系统（BA）、办公自动化系统（OA）、通信自动化系统（CA）中所有分离的设备及信息功能单元等，有机地组成一个既能相互关联又能统一协调的整体，结合系统集成中心（SIC），对建筑物进行统筹管理和信息处理，这样的建筑综合技术，就可称为建筑智能系统，其组成示意如图12-18所示。

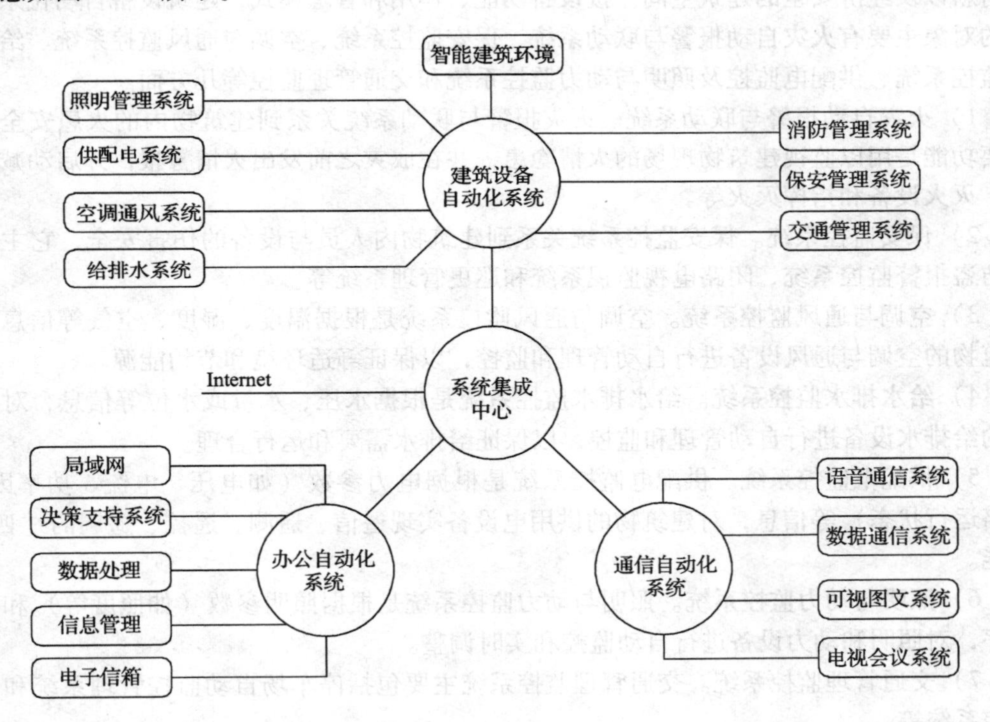

图12-18 建筑智能系统组成示意图

（1）系统集成中心（SIC）

其主要功能是汇集各系统信息及信息的综合管理：利用标准和规范的接口及界面实现各子系统之间的信息交换及通信；对建筑物各子系统进行综合管理；对建筑物内的各类信息进行实时处理并具有较强的信息通信能力。一般可由中心计算机和相应的管理软件进行实施。

（2）综合布线（GC）

综合布线是由线缆（光缆或铜缆）和有关器材将3A（OA、CA、BA）系统各类信息必备的基础设施及相关硬件连接成信息传输通道。综合布线一般采用积木式结构、模块化设计、统一的技术标准，能满足智能建筑各类信息传输的要求。

(3) 办公自动化系统（OA）

办公自动化系统是运用先进的计算机技术、通信技术、系统科学及行为科学，利用先进的信息处理设备（如计算机、传真机、复印机、打印机、电子邮件等），全面广泛地收集、整理、加工和使用信息，提高工作质量，为科学管理和科学决策提供服务。

(4) 通信自动化系统（CA）

通信自动化系统是为建筑物内工作和生活的用户提供易于连接和方便快速的各类通信服务，如语音信息、图文信息、数据通信和卫星通信等服务。

(5) 建筑设备自动化系统 BA

建筑设备自动化系统主要以计算机为平台，对建筑物内的建筑设备运行状况进行实时控制和管理，所以又称楼寓机电设备自动监控系统，从而获得温度、湿度和照度舒适、空气清新以及经济安全的建筑空间。按设备功能、作用和管理模式，建筑设备自动化系统涉及的对象主要有火灾自动报警与联动系统、保安监控系统、空调与通风监控系统、给水排水监控系统、供配电监控及照明与动力监控系统和交通管理监控等几方面。

1）火灾自动报警与联动系统。火灾报警与联动系统关系到建筑物内的火患安全，其主要功能是用以监视建筑物现场的火情隐患，并在成灾之前发出火情警报，并启动减灾设备、灭火设备和指挥灭火等。

2）保安监控系统。保安监控系统关系到建筑物内人员与设备的伤害安全，它主要包括防盗报警监控系统、闭路电视监视系统和巡更管理系统等。

3）空调与通风监控系统。空调与通风监控系统是根据温度、湿度、空气等信息，对建筑物的空调与通风设备进行自动管理和监控，以保证舒适环境和节约能源。

4）给水排水监控系统。给水排水监控系统是根据水压、水量或水位等信息，对建筑物的给排水设备进行自动管理和监控，以保证给排水需要和运行合理。

5）供配电监控系统。供配电监控系统是根据电力参数（如电压、电流、功率因数、电路运行状态）等信息，对建筑物的供用电设备实现遥信、遥测、遥控、遥调的“四遥”功能。

6）照明与动力监控系统。照明与动力监控系统是根据照明参数（如照度等）和预定程序，对照明和动力设备进行自动监控和实时调整。

7）交通管理监控系统。交通管理监控系统主要包括停车场自动监控管理系统和电梯监控系统等。

在现代化的城乡住宅小区内综合采用目前国际和国内最先进的 4C 技术（即计算机、自动控制、通信与网络和智慧卡运用技术），建立由小区综合信息服务和物业管理中心、通讯接入网和家庭智能化系统组成的“三位一体”小区服务与管理集成系统，它是目前建筑智能技术应用较多的领域。图 12-19 为住宅建筑智能家庭居室系统组成示意图。

2.1.2 建筑智能 BA 系统的结构形式和组成

建筑智能 BA 系统（楼寓自动化系统或建筑设备自动化系统）是建立在微电脑和计算机网络技术基础上采用最先进的现代通信技术的分布式控制系统，它允许实时地对各子系统设备的运行进行自动控制和监测。

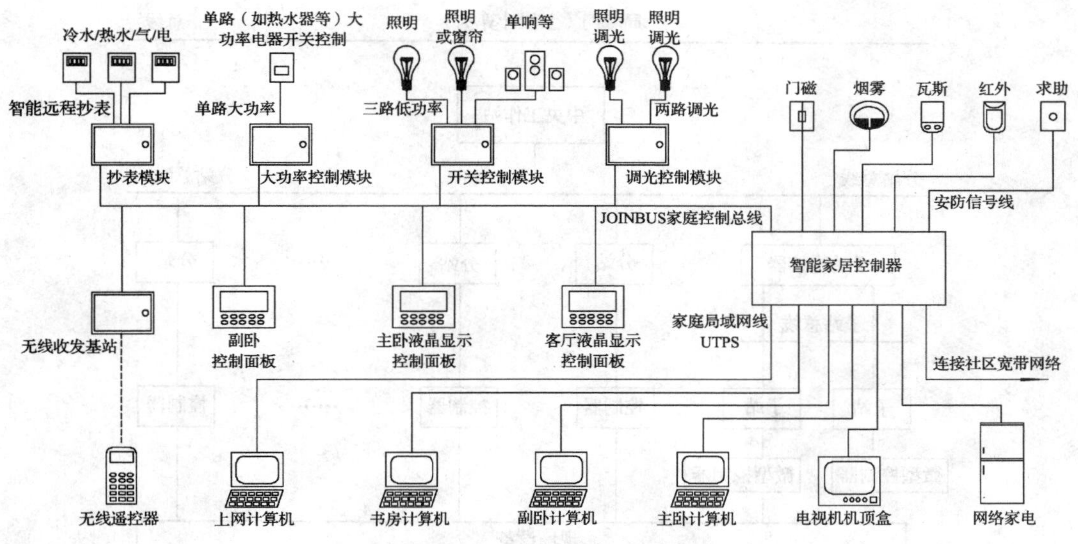

图 12-19 住宅建筑智能系统示意图

(1) 系统的结构形式

其网络结构一般可分为三层。

1) 信息域干线。最上层为信息域干线，按照中国国家标准推荐总线拓扑结构的以太网，作为局域网的干线，以实现网络资源的共享以及各工作站之间的通信。

2) 控制域干线。第二层为控制域干线，即完成集散控制的分站总线，它的作用是以不小于9600波特的通信速度把各分站连接起来，在分站上设置与其他厂商设备连接的接口，以便实现与其他设备的连网。

3) 子站总线。第三层为子站总线，它是由分散的微型控制器相互连接组成，子站总线通过子站连接器与分站总线连接。

(2) 系统的结构组成

建筑智能BA系统结构主要由中央控制站、区域控制器、现场设备、通信网络四部分组成，如图12-20所示：

1) 中央控制站。中央控制站直接接入计算机局域网，它是楼寓自动化系统的“主管”，是监视、远方控制、数据处理和中央管理的中心。此外，对来自各分站的数据和报警信息进行实时监控，同时向各分站发出各种各样的控制命令、并进行数据处理、打印各种报表、通过图形控制设备的运行或确定报警信息等。

2) 区域控制器（DDC分站）。区域控制器必须能独立完成对现场机电设备的数据采集和控制：它与下面的需要监控的设备直接连接，向上与中央控制站通过网络介质相连，进行数据的传输。并由其管理软件完成有关功能控制：如具有在线编程功能、最佳启/停程序、节能运行程序、最大需要程序、循环控制程序、自动上电程序、事故诊断程序、各子系统时间控制程序、假日控制程序、条件处理程序等。

3) 现场设备。现场设备直接与分站相连接，它将设备运行状态和物理模拟量或数字量等信号直接送到分站；反过来，分站输出的控制信号也可直接引用于现场设备。它主要包括传感器、触点开关和执行器等。

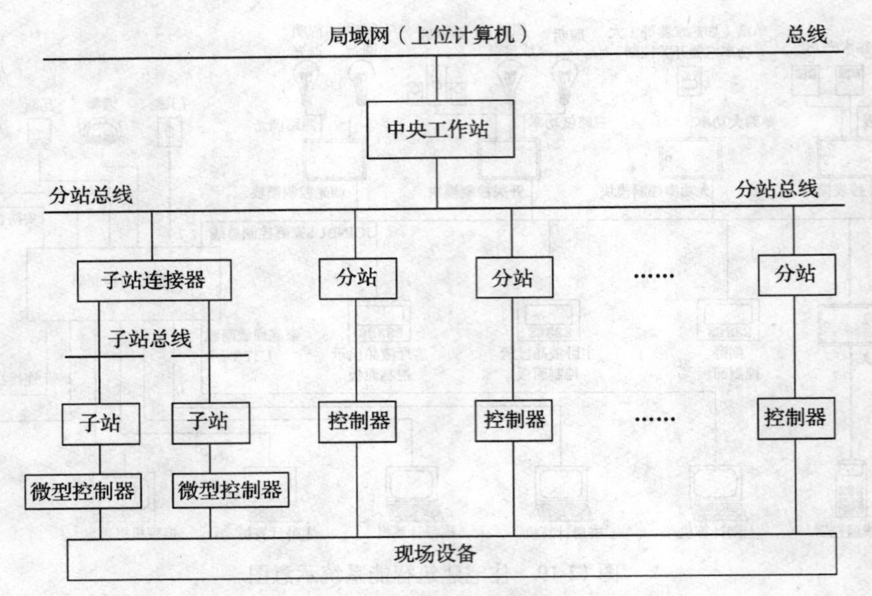

图 12-20　建筑智能系统结构示意图

① 传感器。利用传感器可将温度、湿度、压力、差压、位移、流量、电流、电压、功率等信息传送给系统，使系统能感知建筑物内的各类物理量。

② 触点开关。根据传感器反馈的物理参数，系统可向继电器、接触器、断路器等操作开关电器或 DDC 控制站发出操作指令。

③ 执行器。通过继电器、接触器、断路器或 DDC 控制站，系统可向风门执行器、电动阀门执行器等执行机构发出指令，以实现监控功能。

4）通信网络。中央控制站与分站通过屏蔽线缆或光缆连接在一起，组成区域网（即分站总线），以数字的形式进行传输。通信协议应采用标准形式。对于 BA 的各子系统，如保安、消防、楼寓机电设备监控等子系统可采用以太网将各子系统的工作站连接起来，构成局域网，从而实现网络资源，如硬盘、打印机的共享以及各工作站之间的信息传输等。通信协议可采用 TCP/IP 等。

除以上四部分外，还可增加操作站。

2.2　综合布线系统

建筑物综合布线系统（Premises Distribution System）是实现智能建筑的神经系统，它是智能建筑最基本又最重要的组成部分。

2.2.1　综合布线系统的作用

综合布线系统是采用线缆（铜缆和光缆）以及有关器件（如跳线架、配线架、信息模块等）在建筑物或建筑物群内构成一个高速通信网络，结合各类集成应用软件，可共享话音、数据、图像、建筑设备监控、消防报警、安防、能源管理等信息，它涉及建筑、计算机与通信技术等领域。AT&T、IBM、Seimon、鸿雁等国内外公司提供的结构化布线系统都支持智能建筑内几乎所有的弱电系统，包括支持采暖通风、空调自控、电气系统自动监控、安防等。同时，在实际应用中，应符合有关国家规范的允许范围内，并根据实际情况，将不同的建筑物自动化系统考虑纳入综合布线系统中。

2.2.2　综合布线系统的结构组成

综合布线系统主要由建筑物管理间子系统、垂直干线子系统、水平干线子系统、工作区子系统、建筑群和管理间子系统等组成，其结构示意如图12-21所示。其网络结构主要由综合布线器材与线缆等通过一定的布线及连接组合而成。由于篇幅有限不再一一叙述。

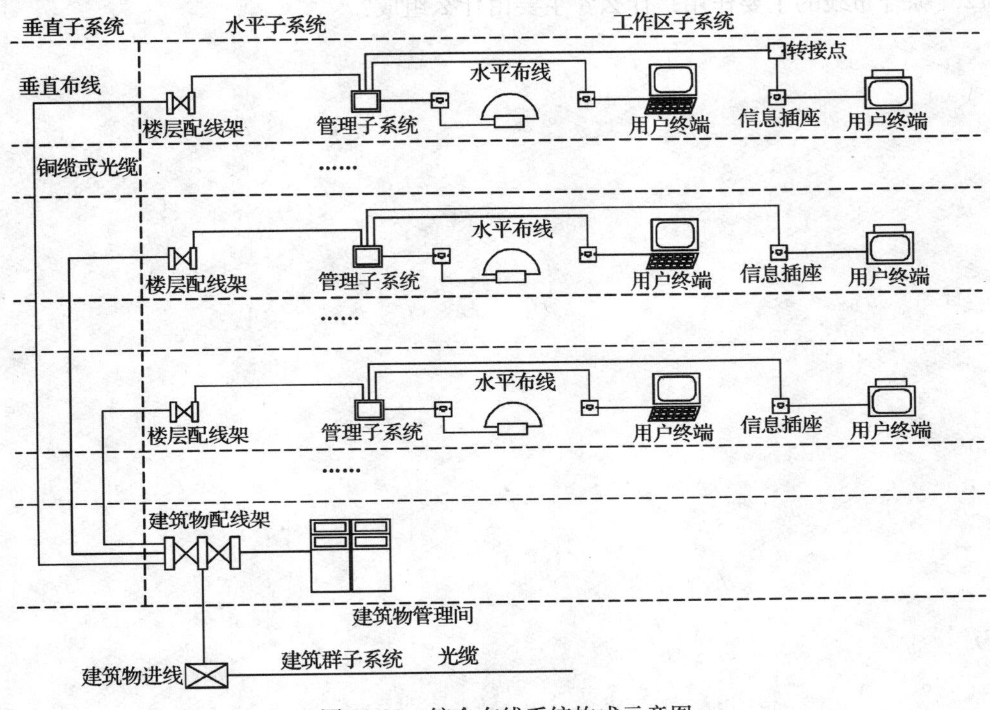

图12-21　综合布线系统构成示意图

(1) 综合布线常用部件

综合布线系统部件主要包括机柜、墙柜、跳线架、模块化配线架、理线架、信息面板（信息插座）、信息模块等。

(2) 综合布线常用线缆

综合布线系统线缆主要包括双绞线、非屏蔽线缆、屏蔽线缆、光缆等。其双绞线缆有5类、超5类、6类等，其导线对数有4对、25对等。

思考题与习题

1. 建筑弱电系统主要包括哪些内容？
2. 建筑弱电系统的线路主要有哪些敷设方式？
3. 建筑弱电系统的常用设备主要有哪些安装方式？
4. CATV电缆电视系统主要由哪些器件组成？
5. 建筑电话通信系统主要由哪些器件组成？

6. 火灾自动报警与联动系统的常用设备主要有哪些？
7. 分配器与分支器作用是什么？有什么区别？
8. 简述交接箱、分线箱（分线盒）与电话出线口的作用。
9. 火灾探测器主要分为哪几种类型？主要作用是什么？
10. 手动报警按钮的主要作用是什么？与火灾探测器有什么区别？
11. 建筑智能系统的主要功能是什么？主要由哪些子系统组成？
12. 综合布线的主要作用是什么？主要由什么组成？

主要参考文献

1　薛迪甘主编．焊接概论．北京：机械工业出版社，1983

2　劳动和社会保障部教材办公室．焊工工艺与技能训练．北京：中国劳动社会保障出版社，2002

3　《职业技能鉴定指导》,《职业技能鉴定教材》编审委员会．电焊工．北京：中国劳动出版社，2004

4　技工学校通用教材．焊工工艺学（第二版）．中国劳动出版社，2001

5　桂文杰主编．工程材料及加工基础．江苏科学技术出版社，1995

6　全国中等职业技术学校机械类专业通用教材．金属材料与热处理（第四版）．北京：中国劳动社会保障出版社，2001

7　张京山，王福强，陈彬主编．模具钳工基本技术．金盾出版社，1998

8　中国机械工程学会，第一机械工业部主编．机修手册（第七篇）．北京：机械工业出版社，1986

9　濮良贵，纪名刚主编．机械设计（第六版）．北京：高等教育出版社，1997

10　赵详主编．机械基础．北京：高等教育出版社，2001

11　刘泽深、郑贵臣、孙鼎伦主编．机械基础．北京：中国建筑工业出版社，1991

12　杨可桢、程光蕴主编．机械设计基础．北京：高等教育出版社，1994

13　张至丰主编．金属工艺学．北京：机械工业出版社，1997

14　王林根主编．建筑电气工程．北京：中国建筑工业出版社，2003

15　万恒祥主编．电工与电气设备．北京：中国建筑工业出版社，1993

全国建设行业中等职业教育推荐教材

（供热通风与空调专业）

书名	作者
识图基础与放样	汤敏
机电基础	王林根
流体力学与热工学	余宁
建筑构造	李莲　杨正民
建筑测量	李莲　王黎明
管道设备安装与测试	陆家才

全国中等职业教育技能型紧缺人才培养培训推荐教材

（建筑设备专业）

书名	作者
基本技能操作训练	张建成
工程测量实训	李莲
建筑给水排水系统安装	邢国清
采暖与供热管网系统安装	杜渐
通风与空调系统安装	余宁
冷热源系统安装	汤万龙
建筑供配电系统安装	杨其富
建筑电气照明系统安装	孙志杰
建筑弱电系统安装	梁嘉强
建筑电气控制系统安装	杨其富
安装工程造价与施工组织	张清

欲了解更多信息，请登陆中国建筑工业出版社网站：www. cabp. com. cn 查询。
在使用上述教材的过程中，若有何意见或建议，可发 Email 至：jiangongshe@163. com。